사이언스 픽션

SCIENCE
FICTIONS

스튜어트 리치
김종명 옮김

사이언스 픽션

과학은
어떻게 추락하는가

THE NAN
더 난 콘 텐 츠

캐서린을 위해

그것이 과학적 팩트다. 증거는 없다. 하지만 과학적 팩트다.

영국 코미디 프로그램 〈브래스 아이Brass Eye〉

서문:
과학은 사회적 활동이자 인간의 실수를 드러내는 도구

부정적인 것보다 긍정적인 것에 더 감동하고 흥분하는 것은 독특하고 지속적인 인간 지각의 오류다.

_프랜시스 베이컨, 《노붐 오르가눔(신기관)》(1620)

2011년 1월 31일은 평범한 대학생들에게 초능력이 있다는 사실을 전 세계가 알게 된 날이었다. 이날 한 편의 논문이 신문 헤드라인을 장식했다. 1,000명 이상의 대학생을 대상으로 한 실험에서 예지 초능력이 실제로 존재한다는 증거를 발견했다고 발표했기 때문이다. 예지 초능력은 초감각적 인지 능력을 통해 미래를 내다보는 능력이다. 더구나 이 연구 결과를 발표한 사람이 이름 모를 미치광이도 아니고 아이비리그의 코넬대학교 수석 심리학 교수 데릴 벰Daryl Bem이었기 때문에 그 충격은 남달랐다. 논문이 실린 저널도 심리학 분야의 주류학술지로서 동료 평가 과정이 철저하게 이루어지고 있다고 명성이 높았던 학술지였다.[1] 이 논문이 발표됨으로써 과학계는 지금까지 불가능한 것으로 여겨졌던 현상이 현실적으로는 실재하고 있음을 공식적으로 인정한 셈이 됐다.

그 당시 에든버러대학교에서 심리학 박사 과정을 밟고 있었던 나는 발표된 벰의 논문을 주의 깊게 읽어봤다. 논문에 의하면 벰이 했던 실험 중 하나는 다음과 같은 방식으로 실시됐다. 먼저 실험에 참여한 대학생들에게 컴퓨터 모니터에 표시돼 있는 두 개의 커튼 이미지를 보여준다. 두 개의 커튼 중 하나는 뒤에 다른 그림이 숨어 있다. 실험 조교는 학생들에게 다른 그림이 숨어 있을 것 같은 커튼을 마우스로 클릭하라고 지시한다. 다른 어떤 정보도 주어지지 않았기 때문에 학생들은 추측에 의존해 둘 중 하나를 선택하게 된다. 학생들이 클릭하면 즉시 커튼이 열리면서 자신의 선택이 옳았는지 알 수 있다. 실험은 이런 과정을 36번 반복하면 끝나도록 설계됐다.

실험 결과는 매우 놀라웠다. 만약 선택해야 할 커튼 뒤에 의자 같이 중립적이고 지루한 물체가 숨어 있을 때는 거의 완벽하게 무작위적 확률로 선택되는 것으로 나타났다. 실제로 학생들이 정답을 택한 확률은 49.8퍼센트로서 거의 50대 50의 확률이었다. 하지만 여기서 이상한 일이 벌어진다. 숨겨진 이미지를 포르노 사진으로 바꾸자 학생들이 이 커튼을 선택할 확률이 무작위적 확률보다 더 높아지는 경향을 보인 것이다. 정확히 말하자면 학생들 중 53.1퍼센트가 포르노 사진이 숨어 있는 커튼 이미지를 선택했다. 이는 '통계적 유의미성statistical significance'을 나타내는 p-값의 임계값을 만족시키고도 남는 연구 결과였다. 그의 논문에서, 벰은 사진이 컴퓨터 모니터상에 나타나기도 전에 어떤 무의식적이고 진화된 초감각적 성적 욕구가 작동해 조금이라도 더 많은 학생들이 에로틱한 사진을 선택하도록 영향을 미쳤을 것이라고 설명했다.[2]

벰의 다른 실험들은 앞선 실험처럼 성적이진 않았지만, 결과가 곤혹스러운 면에서는 그에 뒤지지 않았다. 그중 하나는 학생들에게 서로 아무 관련 없는 40개의 단어를 한 번에 하나씩 화면에 보여준 다음 학생들에게 기억할 수 있는 한 많은 단어를 컴퓨터에 입력하도록 기억력 테스트를 실시하는 실험이었다. 이렇게 기억력 테스트를 치르고 난 학생들에게 다시 무작위로 테스트에 나왔던 단어들 중 20개를 골라 보여줬다. 학생들로서는 잠시 후 어떤 단어를 보게 될지 초감각적 직관 능력이 없다면 알 방법이 없는 상황이다. 하지만, 벰의 논문은 학생들이 잠시 뒤에 보게 될 20개의 단어를 이전 기억력 테스트에서 더 잘 기억했다고 보고했다. 비유하자면 이것은 마치 시험공부를 하고, 시험을 보고, 그 후에 다시 같은 시험을 공부하면 그 이전에 쳤던 시험의 성적이 올라가는 것과 비슷하다. 즉, 이미 시험을 본 후에 한 공부가 시간을 거슬러 올라가서 성적을 올렸다는 의미가 된다. 물리학 법칙이 갑자기 바뀌지 않는 이상 시간은 한쪽 방향으로만 흘러가게 돼 있다. 결과보다는 원인이 항상 먼저 와야 하는 것이다. 하지만 이런 말도 안 되는 기괴한 결과들이 실린 벰의 논문이 버젓이 저명한 저널에 발표됐고, 그 시점부터 과학계가 인정한 과학 문헌의 한 부분이 돼버린 것이었다.

이 이야기에서 결정적 역할을 한 것은 논문에 포함된 벰의 실험이 매우 간단했다는 점이다. 이 실험을 하는 데는 데스크톱 컴퓨터 이상으로 복잡한 것이 필요 없었다. 만약 벰의 주장이 옳다면, 누구나 그의 실험 방법을 따라 하기만 하면 이 초자연적 현상에 대한 증거를 쉽게 얻을 수 있음을 의미한다. 심지어 아무런 연구 자원이 없는 박사 과정 학생도 충분히 따라 할 수 있는 실험이었다.

당시 내가 바로 그런 상황에 처해 있었고, 나는 그의 실험을 따라 해보기로 했다. 나는 당시 벰의 실험 결과에 회의적이던 다른 대학의 심리학자 두 명과 연락을 취했다. 하트퍼드셔대학교의 리처드 와이즈먼Richard Wiseman

과 골드스미스런던대학의 크리스 프렌치Chris French가 그들이다. 나를 포함해 세 그룹은 벰의 단어 기억력 실험을 각자가 속한 대학에서 재현해보기로 합의했다. 우리는 참가자들을 모집한 뒤 몇 주 후 벰의 실험을 재현했다. 기억력 테스트가 끝나기를 기다렸다가 참가자들에게 우리가 무엇을 찾고 있는지 설명해주자 모두 어리둥절한 표정을 지었다. 어쨌든 실험 결과를 얻었고, 결과적으로 우리는 아무것도 발견하지 못했다. 다행히도 우리 학생들은 초능력자가 아니었다. 테스트가 끝난 후 보여준 단어들은 앞선 기억력 테스트에서 아무런 도움이 되지 않았다. 물리학 법칙이 무사히 잘 작동하고 있다는 것이 증명된 실험이었다.

우리는 실험 결과를 바탕으로 논문을 작성한 다음 벰의 연구 논문을 게재했던 바로 그 저널, 〈성격과 사회 심리학 저널Journal of Personality and Social Psychology〉에 투고했다. 하지만 논문을 보냄과 동시에 우리는 문전박대를 당했다. 며칠도 되지 않아 즉시 저널의 편집자가 우리 논문을 거절한다는 통보를 보내왔기 때문이다. 저널 측의 설명에 의하면 이전 실험을 반복 재현한 연구는 원본 논문과 결과가 동일한지 여부와 무관하게 싣지 않는 것이 자신들의 출판 방침이라고 했다.[3]

저널의 이런 반응에 화가 난 것은 우리의 잘못이었을까? 이 학술지는 극도로 대담한 주장을 담은 논문을 발표했다. 만약 그 주장이 사실이라면 단순히 심리학자들에게 흥미롭게 느껴지는 것을 넘어 과학계 전체를 혁명적으로 바꿔놓을 만한 결과였다. 이 논문에서 주장한 내용은 대중적 영역에도 소개되며 대중 매체로부터도 상당한 주목을 받았다. 벰은 심야 토크쇼인 〈콜버트 리포트The Colbert Report〉에 출연하기도 했다. 이 토크쇼에서 진행자는 '시간 여행을 하는 포르노 사진time-travelling porn'이라는 기억에 남는 표현을 썼다.[4] 그런데도 저널의 편집자들은 자신들이 실은 논문에 의문을

표한 연구에는 출판의 기회조차 허락하지 않았다.[5]

과학계에 벌어지고 있는 사기극

그러던 와중에 과학계의 관행에 심각한 의문을 제기하게 만드는 또 다른 사건이 벌어졌다. 〈네이처Nature〉 다음으로 세상에서 가장 권위 있는 과학 학술지 중 하나인 〈사이언스Science〉는 네덜란드 틸부르크대학교의 사회 심리학자인 디데릭 스타펠Diederik Stapel의 논문 한 편을 발표했다. '지저분함과의 싸움Coping with Chaos'이라는 제목의 이 논문은 연구소와 거리에서 이루어진 몇 가지 실험을 통해, 사람들이 지저분하거나 더러운 환경에 노출되면 더 많은 편견을 보이고 인종적 고정관념도 더 쉽게 받아들인다고 주장했다.[6] 이 논문을 포함한 스타펠의 수십 편의 다른 논문들이 전 세계 신문의 헤드라인을 장식했다. 〈네이처〉의 뉴스 서비스는 '지저분함이 고정관념을 만든다'라는 기사를 썼고, 〈시드니 모닝 헤럴드〉는 '쓰레기가 있는 곳에 인종차별이 있다'라는 제목으로 헤드라인을 뽑았다.[7] 이 연구는 스타펠 자신의 표현에 의하면 '확실한 정책적 시사점'을 가지는 매우 이해하기 쉬운 결과를 도출한 사회심리학 연구의 전형적인 사례였다. 이 경우의 정책적 시사점은 물론 '정부는 환경적 무질서를 조기에 진단하고 즉시 개입하라'일 것이다.[8]

문제는 이 결과들이 모두 사실이 아니라는 점에 있었다. 스타펠의 동료 학자들 중 일부는 그의 실험 결과가 너무 완벽하다는 사실을 발견하고 의문을 가지기 시작했다. 대개의 경우 교수들은 매우 바쁘기 때문에 자료 수집과 같은 단순한 일은 학생들에게 맡기는 것이 보통이다. 하지만 스타펠의 경우 본인이 직접 모든 데이터를 수집했던 것으로 밝혀졌다. 2011년

9월 동료 교수들은 이러한 우려를 대학에 제기했다. 스타펠은 직위 정지를 당했고, 여러 건의 조사가 뒤따랐다.[9]

나중에 스타펠은 자신의 과거를 고백하는 자서전에서 자신이 연구를 위해 데이터를 수집하는 대신 혼자 밤늦게 자신의 사무실이나 부엌 식탁에 앉아 머릿속으로 생각한 결론을 뒷받침할 숫자를 스프레드시트에 입력함으로써 그 모든 일을 꾸며냈다고 밝혔다. 그는 자서전에서 "나는 끔찍하고, 어쩌면 역겹기까지 한 일들을 저질렀다"라고 썼다. "나는 연구 자료를 위조했고, 하지도 않았던 연구를 꾸며냈다. 나는 혼자 일했으며, 내가 무엇을 하고 있는지 정확히 알고 있었다. 나는 아무것도 느끼지 못했다. 혐오도, 수치심도, 후회도 없었다."[10] 그가 벌인 과학 사기극은 놀랍도록 정교했다. "나는 학교 전체를 가짜로 만들어냈다. 내 실험 결과를 함께 토론했던 교수들, 내가 가르쳤던 강의, 내가 기여했던 사회학습 수업, 그리고 내 실험에 참여해준 사람들에게 감사의 인사로 나눠준 선물들까지도 말이다."[11]

스타펠은 실험 참가자들에게 나눠줄 설문지를 인쇄해 동료들과 학생들에게 보여주면서 자신이 직접 조사하러 간다고 이야기했다. 그리고 아무도 보지 않을 때 설문지를 재활용 쓰레기통에 버렸다고 고백했다. 그런 일이 언제까지 들키지 않고 계속될 수는 없었다. 조사 결과 모든 것이 분명하게 드러났다. 교수직에서 정직된 지 얼마 되지 않아 그는 대학에서 해고당했다. 그리고 그가 이전에 발표했던 58편의 논문은 모두 데이터 조작을 이유로 철회됐다. 그의 모든 과학적 이력들도 삭제됐다.

벰과 스타펠 사건은 존경받는 교수들이 불가능해 보이는 결과를 발표하거나(벰), 완전히 조작된 연구 결과를 발표한 경우(스타펠)의 전형적인 사례들이다. 이 사건은 심리학계는 물론이고 과학계 전반에 엄청난 충격을 안겨줬다. 어떻게 신뢰받던 명망 높은 과학 저널들이 이렇게 엉터리 같은 논문들의 게재를 승인할 수 있었을까? 그동안 믿을 수 없는 연구 결과물들이 얼마나 많이 발표됐을까? 이 사례를 통해 현재 우리가 과학을 하는 방식에 심각한 문제가 있다는 것이 드러났다.

재현성이란 무엇인가

두 경우 모두 핵심적인 이슈는 '재현성replication' 문제에 있다. 어떤 과학적 발견이 진지하게 과학계에 받아들여지려면 우연히 일어난 일, 장비 결함, 과학자의 부정행위, 진실을 은폐한 결과가 아니어야 한다. 실제로 일어나는 실체가 있는 일이어야 하는 것이다. 그리고 원칙적으로는 만약 어떤 것이 실제로 일어나는 일이라면 누구나 같은 실험을 반복하더라도 같은 결과를 얻을 수 있어야 한다. 이것이 과학의 본질이고, 세상을 파악하는 다른 방법들과 과학을 구별하는 핵심이다. 만약 여러분이 한 일이 다른 사람들에 의해 재현되지 않는다면 결코 그것을 과학적이라고 이야기할 수 없다는 말이다.

벰의 실험이 믿을 수 없는 것이었다거나 스타펠이 실험을 꾸며냈다는 사실보다 정말 우려스러운 것은 따로 있다. 뜻하지 않은 실수나 결과를 조작하는 일은 항상 우리 주변에서 일어나고 있다. 사기꾼도 늘 존재해왔다.[12] 정말 심각한 문제는 이 두 가지 사건을 과학계가 어떻게 다루었는가 하는 점에 있다. 벰의 실험을 재현하려고 한 우리의 시도는 벰의 연구 결과를 게재했던 학술지로부터 즉시 거절당했다. 심지어 스타펠 사례의 경우 아무도 그의 연구 결과를 재현하려는 시도조차 없었다. 이 사례를 통해 실제로는 재현 가능성에 대한 확인도 없이 이러한 연구들이 주장하는 파격적인 결과를 과학계가 그냥 액면 그대로 받아들이며 만족한다는 것이 증명됐다. 결과가 재현되는지 검증하지 않고 어떻게 연구자가 주장하는 연구 결과가 단순한 우연이나 조작에 의한 것이 아니라는 것을 확신할 수 있을까?

문제의 연구를 하고 난 뒤 몇 년 후 벰은 언론과 다음과 같은 인터뷰를 했다. 이 인터뷰로부터 많은 과학자들이 재현성에 대해 어떠한 생각을 가지고 있는지를 잘 알 수 있었다. "나는 과학 연구가 엄격성을 추구하는 것에 전적으로 찬성한다. 하지만 나는 그런 과정에 필요한 인내심이 없었다. 내 과거 실험들을 살펴보면, 내가 했던 모든 연구 활동들이 결국은 설득을 위한 장치라는 것을 알 수 있을 것이다. 나는 내 논점을 증명하는 데 도움이 될 데이터들만 모았다. 나는 데이터를 설득의 도구로 사용하면서, '이것이 나중에 재현될 것인가, 그렇지 않을 것인가?'에 대해서는 전혀 걱정하지 않았다."[13]

하지만 벰이 말한 것처럼 결과가 재현될지 아닐지에 대한 걱정은 과학자들이 선택할 수 있는 사항이 아니다. 그것은 과학의 기본 정신이기 때문이다. 동료 평가 과정과 저널 출판 시스템에도 분명히 반영돼 있어야 할 과학의 기본 덕목인 것이다. 이것이 제대로 작동돼야만 잘못된 발견, 실험 오류, 조작된 데이터를 막아낼 수 있다.

앞으로 이 책에서 다루겠지만, 현재의 과학 시스템은 심하게 망가져 있는 상태다. 중요한 연구 결과가 과학자들에 의해 발견되더라도 학계에 보고할 만큼 흥미를 끌지 못하는 경우 과학자들은 양자택일을 한다. 즉, 과학계에서 흥미를 보이도록 연구 결과에 손을 대거나 혹은 그 결과들을 발표하지 않고 책상 서랍에 숨기는 것이다. 그 결과 과학 기록은 왜곡되고 의학, 기술, 교육 방법과 정부 정책은 훼손되고 있다. 인류 사회에 유용하게 사용될 결과를 기대하며 과학에 투입됐던 막대한 자원이 실제로는 전혀 도움 되지 않는 연구에 낭비되고 있는 것이다. 충분히 피할 수 있었던 오류와 실수가 동료 평가 과정이라는 마지노선을 아무 문제없이 무사통과하고 있다. 그로 인해 책, 언론 보도, 그리고 우리의 머릿속은 온통 부정확하고, 과장되고, 심각하게 오해의 소지가 있는 '사실'들로 가득 채워지고 있다. 최악의 경우에는 이로 인해 사람들이 죽는 일까지 일어나고 있다.

어떤 책들에서는 과학자들이 한 무리의 악당들과 싸우고 있는 것으로 묘사하고 있다. 사이비 과학자, 창조론자, 대체의학자, 평면지구론자, 점성가와 같이 과학을 본의 아니게 잘못 이해했거나 혹은 의도적으로 과학을 악용해 책임질 수 없는 이야기를 하는 사람들과 싸우는 역할이다.[14] 하지만 이 책은 조금 다르다. 여기에서는 현재 과학계에 깊이 숨어 있는 타락한 측면들을 드러낼 것이다. 연구가 행해지고 그 결과가 발표되는 과정에 영향을 미치는 부패한 과학의 단면들을 폭로할 것이다. 가장 혹독한 회의적 시각, 가장 날카로운 합리성, 가장 냉철한 경험론이 지배하고 있어야 할 과학계에 무능과 망상, 거짓말과 자기기만이 어지럽게 난무하고 있는 현실을 고발할 것이다. 진실에 더 가깝게 다가가는 길을 찾아야 한다는 과학의 핵심적인 목적이 훼손되고 있는 상황을 낱낱이 드러내도록 하겠다.

과학 출판 시스템과 동료 평가 과정의 현주소

이 책의 제1부에서는 과학을 한다는 것이 실험을 하거나 가설을 검증하는 것 이상의 의미를 포함하고 있다는 사실을 보여주고자 한다. 과학은 본질적으로 사회적인 활동이다. 과학자들은 자신이 발견한 것을 다른 사람들, 특히 다른 과학자들에게 확신시켜야만 하기 때문이다. 또한 과학도 인간이 하는 일이기 때문에 어떤 과학자도 비합리성, 편향, 주의 부족, 집단

편애, 그리고 원하는 결과를 얻기 위한 노골적 부정행위와 같은 인간적 한계에 쉽게 빠질 수 있으리라고 짐작할 수 있다. 따라서 과학계는 이런 인간 본성의 본질적 한계를 초월하고자 노력하는 동시에 과학자들이 서로를 설득하는 데 필요한 검증과 균형을 확보할 수 있는 시스템을 발전시켜왔다. 이상적으로는 이런 시스템을 통하면 제대로 된 과학적 결과와 부실한 연구 결과를 구분할 수 있어야 한다. 제1장에서는 과학계에 존재하는 이러한 검증 과정에 대해서 다루도록 하겠다. 주로 동료 평가 과정을 거쳐야 하는 학술지에서 채택하고 있는 표준 과정에 대해 논할 것이다. 하지만 제2장에서는 이런 표준 과정이 현실에서는 끔찍하게 잘못 작동하고 있다는 사실에 대해 이야기할 것이다. 그로 인해 많은 다양한 과학 분야에 걸쳐 재현이 불가능한 연구 결과들이 발표되고 있고, 그 과학적 진실이 매우 의심스러운 상황을 다룰 것이다.

제2부에서는 이런 문제의 원인이 무엇인지에 대해 살펴보도록 하겠다. 현재의 과학 출판 시스템은 인간이 가지고 있는 많은 한계들을 완화하거나 해결하기는커녕, 엉터리 같은 연구 결과로도 얼마든지 빛나는 과학적 이력을 쌓을 수 있는 시스템이다. 이것이 가능한 가장 큰 이유는 검증 시스템이 매우 객관적이며 결코 편향적이지 않다고 과학계 스스로 굳게 믿고 있기 때문이다. 동료 평가 제도가 존재한다는 사실만 믿고 이 시스템에 어떤 결점이 있는지에는 전혀 관심을 갖지 않는 독특한 안일함, 이상한 오만함이 과학계를 지배하고 있다. 그로 인해 동료 평가 과정을 통과한 논문이라면 세상의 작동 원리를 매우 객관적으로 잘 설명하고 있을 것으로 간주해버리는 것이다. 그러나 우리는 이 책에서 수십 편의 논문을 함께 살펴보면서 동료 평가 시스템만으로는 과학자들이 연구 결과에 대해 정직하고(제3장), 사심 없고(제4장), 세심하고(제5장), 냉철하다(제6장)는 것을 보장

할 수 없다는 것을 알게 될 것이다.

제3부에서는 현재 만연하고 있는 잘못된 과학적 관행에 대해 더 깊이 있게 다룰 것이다. 제7장에서는 이 모든 문제가 이전 장에서 다루었던 여러 종류의 폐단을 과학적 검증 시스템이 적절하게 처리하지 못해서 일어난 것이 아니라는 사실을 보여줄 것이다. 현재 학문적 연구가 이루어지는 환경이 오히려 이러한 문제들이 일어나도록 장려하는 방식으로 작동하고 있다는 것을 밝히도록 하겠다. 오히려 과학자들은 엄격하고 신뢰할 수 있는 연구 결과를 얻는 대신 명예, 명성, 연구 자금 및 평판에 집착하고 있다. 이런 다양한 문제점을 다룬 후에 마지막으로 제8장에서는 과학이 원래의 목적인 세상의 작동 원리를 파악하는 데 집중하도록 이끌기 위한 일련의 급진적 개혁 방안에 대해 다루도록 하겠다.

이 책에서 나는 과학계에 숨어 있는 약점들을 보여주기 위해 다양한 과학 분야에서 일어났던 교훈적 이야기들을 수면 위로 올릴 것이다. 내가 심리학자이기 때문에 그중에서도 심리학 분야의 사례들을 많이 들게 될 것이다.[15] 하지만 이 책에 심리학 관련 사례가 많은 이유는 오로지 내가 이 분야를 전공했기 때문만은 아니다. 벰과 스타펠 사건 이후 심리학자들은 치열한 자기반성의 시간을 가졌다. 그리고 다른 어떤 분야보다 더 뿌리 깊게 자리 잡고 있는 다양한 문제점들을 인지하고 이를 해결하기 위한 체계적 방법을 개발하기 시작했기 때문이다. 이렇게 개발된 방법들은 다른 여러 과학 분야로 확산돼 사용되고 있다.

망가진 과학 시스템을 고치는 첫 번째 단계는 잘못된 방향으로 과학을 이끌 수 있는 실수를 발견해 이것을 고치는 방법을 배우는 것이다. 이것을 달성하기 위해서는 우리가 모두 더욱 과학적으로 접근해야 한다. 이 책에서 나는 메타 과학에서 발표한 연구 결과에 많이 의존할 것이다. 메타 과학은 과학 연구 자체를 연구 대상으로 하는 비교적 새로운 종류의 학문 분야다. 만약 오류를 드러내고 이를 제거하는 과정을 과학이라고 정의한다면, 메타 과학은 과학 자체에 있는 오류를 드러내고 제거하는 것을 목표로 하는 학문이다.

과학을 한다는 의미를 되찾기 위한 자기반성

우리는 실수로부터 많은 것들을 배울 수 있다. 뮤지션인 토드 룬드그렌Todd Rundgren은 자신의 앨범 인트로 부분에 '스튜디오의 소리Sounds of the Studio'라고 그가 직접 명명한 게임을 따라 해보라는 메시지를 삽입했다. 룬드그렌은 음악을 녹음할 때 발생할 수 있는 모든 실수를 인트로에서 묘사했다. 콧노래, 야유, 'p'가 들어간 단어를 발음할 때 마이크에 터지듯 나는 소리, 뚝뚝 끊기는 편집 등의 실수들이다. 그는 사람들에게 이어지는 다음 곡과 다른 음반에서도 자신이 설명했던 것과 비슷한 실수가 있는지 주의 깊게 들어볼 것도 제안했다. 녹음실에서 일어나는 실수를 더 잘 이해하면 음악이 어떻게 만들어지는지에 대해 새로운 통찰력을 얻을 수 있다는 것이 그의 의도였다. 마찬가지로, 과학이 어떻게 잘못되고 있는지에 대해 알면 우리가 알고 있는 지식에 이르게 되는 과정에 대해 많은 것을 배울 수 있을 것이다.

하지만 현재 우리가 과학을 하는 방법에 심각한 문제점이 있다는 것을 알게 된다면 처음에는 매우 혼란스러울 수 있다. 뉴스나 베스트셀러 과학책, 다큐멘터리에서 봤던 흥미로운 결과들, 여러분이 친구들에게 얘기해주고 싶을 만큼 획기적인 결과, 세상이 어떻게 돌아가는지에 대해 다시 생각하게 만들었던 발견들 중 실제로는 재현되지 않는 부실한 연구에 근거하고 있는 것들이 얼마나 많을까? 당신의 의사는 당신에게 문제가 있는 연구 결과에 의존해 약물이나 치료법을 얼마나 처방했을까? 여러분은 몇 달 후면 완전히 뒤집힐 부실한 과학적 증거를 토대로 식생활, 구매 습관, 또는 생활 방식의 여러 측면을 얼마나 많이 바꿨을까? 정치인들은 검증을 통과하지도 못할 빈약한 과학을 들먹이며, 사람들의 삶에 큰 영향을 미칠 법률이나 정책을 몇 번이나 통과시켰을까? 각각의 질문에 대한 답은 '여러분이 생각하고 싶은 것보다는 훨씬 더 많다'이다.

모든 과학적 연구가 미래에 결코 뒤집을 수 없을 만큼 확고한 사실들에 기반하고 있기를 바라는 것은 순진한 생각이다. 세상은 그러기에는 너무 어지러운 곳이기 때문이다. 우리가 할 수 있는 일이라고는 단지 과학적 연구들을 어느 정도는 신뢰할 수 있기를 바라는 것뿐이다. 과학자들이 연구 과정에서 일어난 일을 정직하게 보고하고 있길 기대할 뿐이다. 만약 과학계가 자랑하고 있는 동료 평가 시스템이 이러한 신뢰를 보장하지 못한다면, 과학은 가장 기본적이고 중요한 것을 잃어버리는 것이다. 그럴 경우 과학이 가장 잘하는 능력인 꾸준한 새로운 발견, 신기술, 치료법, 신약의 진보로 우리 세계를 개혁시키는 것도 불가능하게 된다.

나는 과학을 땅에 묻기 위해서가 아니라 경배하기 위해 이 책을 쓰게 됐다. 이 책은 과학 그 자체나 과학적 방법을 공격하기 위한 것은 전혀 아니다. 현재 과학계의 잘못된 관행에 반대하고, 더 일반적인 과학적 방법과 원리를 보호하기 위해 이 책을 썼다. 앞으로 이 책에서 접하게 될 모든 과학적 문제들이 우리에게 그토록 충격적으로 느껴지는 이유는 과학이 그만큼 우리에게 중요한 분야이기 때문이다. 과학이 퇴색되고, 과학적 진보가 심하게 느려지면 우리는 인류의 가장 위대한 업적 중 하나를 잃을 위험에 처하게 된다.

하지만 과학계가 입고 있는 상처가 회복 불가능한 것은 아니다. 현실과는 거리가 있을지라도, 원칙적으로 과학은 여전히 강력하고 신뢰할 수 있는 지식 시스템이 될 잠재력을 갖추고 있기 때문이다. 우리가 이 책에서 조작, 편향, 부주의, 과장의 판도라 상자를 열고서 마주하게 될 과학적 실패 사례를 살펴볼 때, 바로 이런 문제들을 폭로한 것도 대부분 과학자들이었다는 점을 잊지 말아야 한다. 이러한 문제와 싸우고 이미 벌어진 혼란을 정리하기 위해 메타 과학이 제시한 영리한 아이디어들도 상당 부분 과학계 내부의 자성에서 나온 것들이었다. 비록 그동안 많은 과학 분야에 깊이 숨겨져 있었다 하더라도, 진정한 과학에 생명을 불어넣는 데 필요한 자기비판 정신은 여전히 과학계에 살아 숨 쉬고 있다.

이것은 정말 다행스러운 일이다. 왜냐하면 우리가 지금부터 알아보려는 과학계의 현실은 정말로 엉망진창이기 때문이다.

차례

SCIENCE FICTIONS

제1부

픽션을 닮은 과학

제1장:
과학은 어떻게 작동하는가

그러한 사고 분야에는 혼자서 일하는 일자리가 많지 않다. 적당한 정신적 훈련을 위해서는 동료들과의 협업과 대화가 필요하기 때문이다.

_데이비드 흄, 《에세이 작성에 대해》(1777)

과학은 사회적 구조물이다.

이 말만 보고 책을 던져버리기 전에, 내 말뜻이 무엇인지 한번 들어봐 주기 바란다. 나는 극단적 상대주의자, 포스트-모더니스트, 반과학적 십자군이 아니다. 그리고 실존하는 세상 따위는 없고 과학은 세상을 파악하는 데 사용되는 그리 특별할 것도 없는 하나의 수단이며, 우리가 선택해 믿을 수 있는 많은 '미신' 중의 하나일 뿐이라고 말하는 사람들과 같은 의미로 이 말을 쓰지는 않았다.[1] 과학은 질병을 치료하고, 뇌의 지도를 그리고, 기후를 예측하며 원자를 쪼개기도 한다. 과학은 우주가 어떻게 작동하는지를 알아내고 그 원리를 우리 의지대로 이용하는 데 있어 가장 쓸모 있는 방법이다. 다른 말로 표현하자면 우리가 진리에 접근하는 최선의 길이라고 할 수 있다. 물론 우리는 결국 진정한 진리에 도달하지 못할 수도 있다.

역사를 돌이켜보면 절대적이고 변하지 않는 진리가 있다는 주장이 얼마나 오만한지를 증명하는 사례들이 많기 때문이다. 하지만 세상을 더 잘 이해하기 위한 길을 가는 데 있어서 과학적 방법만큼 좋은 것은 없다.

이런 과학적 방법을 혼자서는 발전시킬 수 없다. 실험실에서 혼자 어떤 관찰을 하는 것만으로는 충분하지 않을 뿐만 아니라 자신이 뭔가 대단한 발견을 했다는 사실을 동료 과학자들에게 설득할 수 있어야만 한다. 이 과정에 과학의 사회적 요소가 개입된다. 과학자들이 특정 결론에 어떻게 이르게 됐는지를 동료 연구자에게 증명하는 것이 매우 중요하다는 점은 과거 철학자들도 아주 오랫동안 이야기해왔다. 존 스튜어트 밀은 이렇게 표현했다.

> 자연 철학 분야에서는 동일한 사실을 놓고 항상 다른 설명들이 존재해왔다. 지동설 대신 천동설이 있었고 산소 대신 플로지스톤phlogiston이 있었다. 그럴 때마다 항상 상대방의 주장이 왜 사실일 수 없는지를 입증해야 했다. 증명이 제시되고 그 증명을 이해하기 전까지는 그런 주장들에 대해 우리의 입장을 정할 수 없기 때문이다.[2]

이 때문에 과학자들은 팀을 이뤄 연구하고, 강의나 콘퍼런스에 발표하기 위해 전 세계를 돌아다니고, 세미나에서 논쟁을 벌이고, 연구 결과를 공유하기 위해 학회를 조직한다. 그리고 무엇보다 중요한 활동은 동료 평가를 통과해야 하는 학술지에 자신들의 연구 결과를 발표하는 것이다. 이런 사회적 활동들은 과학자로서의 특혜도 아니고 단순한 동지애의 발로도 아니다. 듣기에는 좀 역설적일 수 있겠지만, 이런 주관적 검증 과정들이 다른 것들과는 비교할 수 없을 정도의 객관성을 과학에 부여하게 된다.[3]

이런 의미에서 과학은 사회적 구조물이다. 세상을 향한 어떤 주장도 이런 공동체적 과정을 통하지 않고는 과학적 지식이라고 말할 수 없다. 이런 과정을 통해 과학적 실수와 오류를 찾아낼 수 있고, 동료 과학자들로부터 새로운 발견이 믿을 만하고 변동성이 적으며 중요한 결과라고 생각하는지에 대한 의견을 들어볼 수 있다. 모든 과학적 발견은 이러한 고통스러운 과정을 거쳐 동료 평가를 통과해 출판될 때만 사회에 큰 영향력을 미칠 수 있는 과학적 최종 성과물이 된다. 이 과정을 거쳐야만 일시적으로 유행을 따르는 말이나 미사여구 혹은 의견이 아니라 비로소 과학이라고 부를 수 있게 된다.

하지만 과학이 갖는 사회적 속성에는 동시에 단점도 존재한다. 과학자들은 동료 과학자들을 설득하기 위해 모든 노력을 다한다. 그렇게 해야만 동료 평가 과정을 통과해 학술지에 논문이 실릴 수 있기 때문이다. 이런 이유로 과학자들은 과학이 지닌 진실 추구라는 원래 목적을 망각하게 된다. 과학자들도 평범한 인간이기에 동료 과학자들을 설득하다 보면 항상 합리적이고 객관적인 방법만을 사용하는 것은 아니기 때문이다.[4] 우리가 조심스럽게 다루지 않으면 과학적 검증 과정 자체도 인간이 가진 약점들로 인해 쉽게 오염될 수 있다.

이 책은 우리가 보유한 귀중한 과학 탐구 과정을 제대로 돌보지 않았던 역사에 관한 것이다. 인간이 가진 약점을 간과했을 뿐만 아니라 오히려 그런 취약점을 증폭시키는 쪽으로 과학 시스템이 변하게 된 것에 관한 이야기이기도 하다. 최근 들어 동료 평가라는 과학 시스템이 원래 만들어진 취지인 과학적 연구 결과의 정확도와 신뢰도를 보증하지 못하고 있다는 사실이 점점 더 분명하게 현실로 드러나고 있다. 과학의 핵심적 강점이어야 할 과학 출판 시스템이 거꾸로 과학의 아킬레스건이 돼버린 것이다.

과학 출판 시스템이 왜 이렇게 잘못돼버렸는지를 이해하기 위해 우리는 먼저 시스템이 제대로 작동하면 어떤 일이 일어나는지를 이해해야 한다.

논문 출판과 동료 평가의 세계

먼저, 당신이 어떤 과학 연구를 하려 한다고 가정해보자. 가장 먼저 해야 할 일은 해당 분야의 과학 문헌을 찾아서 읽어보는 것이다. 여기에는 수많은 학술지와 전문 잡지가 포함된다. 이것들은 새로운 과학적 지식이 세상으로 나오는 출구 역할을 한다. 과학자들이 자신들의 연구 결과를 공유하는 정기 간행물을 만들려는 아이디어는 1665년으로 거슬러 올라간다. 영국 왕립학회의 헨리 올덴버그Henry Oldenburg는 왕립학회 철학회보인 〈철학적 소통: 세상 많은 곳에 존재하는 독창적인 사람들에 의해 현재 진행되고 있는 과업, 연구 그리고 노동에 관하여〉라는 제목의 창간호를 발표했다.[5]

원래 의도는 독창적인 과학자들이 이 잡지에 편지를 보내서 자신의 연구 결과에 대해 설명하고 관심 있는 독자들이 읽도록 하는 것이었다. 그 이전의 과학자들은 부유한 귀족의 궁전에서 홀로 연구하거나 개인적인 후원자나 상인 협회를 위해 일했었다. 당시 과학은 진리를 찾는 노력이라기보다는 방문한 손님들을 재미있게 해주는 흥밋거리 정도의 역할에 그쳤다. 과학자들은 때론 혼자서 책을 출간하거나 비슷한 분야의 동료들과 편지를 교환하는 모임을 조직하곤 했다. 왕립학회와 같은 단체도 사실은 이렇게 서신을 교환하는 모임에서 출발한 것이었다.[6]

올덴버그가 만든 저널의 창간호는 뉴스 레터와 같은 형식으로서 최신 실험이나 새로운 발견에 대해 다루었다. 1권 1호에서는 자연과학자이자 대학자였던 로버트 훅Robert Hooke이 나중에 목성의 대적점Great Red Spot으로 알려진 현상을 최초로 발견했다는 사실을 다음과 같이 표현하고 있다.

훅Hooke 씨는 그의 훌륭한 12피트짜리 망원경으로 몇 달째 관찰해오다 며칠 전(1664년 5월 9일 저녁 9시경) 그의 친한 친구에게 3개의 목성 띠 중 가장 큰 띠에서 작은 반점을 발견했다고 말했다. 그 후 반점을 관찰하는 과정에서 그 반점이 목성 지름의 반에 해당하는 거리를 동에서 서로 2시간 만에 이동했음을 발견했다.[7]

이 저널은 〈왕립학회의 철학적 소통〉이라는 더 기억하기 쉬운 제목으로 바뀐 채 오늘날까지 발간되고 있다.[8] 시간이 지날수록 이 저널에 실린 짧은 뉴스는 실험과 연구에 대한 자세한 설명이 포함된 더 긴 기사로 대체됐다. 이제 이 저널은 전 세계적으로 3만 개가 넘는 학술지 생태계 중의 하나가 됐다. 현재의 학술지 생태계는 모든 과학 분야에서 가장 주목할 만한 연구를 최초로 출판하는 것을 목표로 〈네이처〉와 〈사이언스〉와 같은 일반 저널에서부터 구근류에 관한 논문에만 관심을 보이는 〈미국 감자 연구 저널〉과 같은 특수 저널에 이르기까지 다양하다.[9] 〈철학적 소통〉과 같은 저널은 여전히 학회에 의해 운영되고 있지만, 대부분의 저널들은 엘스비어Elsevier, 와일리Wiley, 스프링거 네이처Springer Nature와 같은 영리 회사가 소유하고 있다.[10] 최근 학술지 생태계에 이루어진 변화는 과학 저널이 모두 온라인으로 제공된다는 점이다. 이로 인해 개인적으로 출판사에 구독료를 지불할 여유가 있거나 대학 도서관이 대신 지불하는 경우 모든 사람이 과학 저널을 볼 수 있게 됐다. 세상에 존재하는 모든 과학 지식이 사람들의 손가락 끝으로 오게 된 것이다.[11]

자신과 관련된 분야의 저널을 읽을 경우 새로운 연구 아이디어가 떠오를 수도 있다. 어떤 결과를 예측할 수 있게 해주는 과학적 이론을 발견할 수도 있다. 그 이론에 따라 가설을 세우고 영리한 방법으로 테스트해볼 수도 있을 것이다. 기존의 지식에서 빠져 있던 부분을 어떻게 메울지 알게 될 수도 있다. 영감의 불꽃이 튀어 어쩌면 기존에 없던 완전히 새로운 실험에 대한 아이디어를 내게 될지도 모른다. 하지만, 여러분이 이 중에 어떤 것이라도 시도하려면 먼저 필요한 것이 있다. 그것은 연구에 필요한 자금을 마련하는 것이다. 새로운 장비나 재료를 구입하고, 실험 참가자를 모집하고, 연구 수행을 위해 과학자들을 고용하고 그들의 급여를 지불하기 위해서는 연구비가 필요하다. 만약 여러분이 스스로 실험실을 운영할 여유가 있는 제약회사가 아니라면, 연구 비용을 마련할 수 있는 가장 일반적이고도 중요한 방법은 연구 자금 신청서를 작성하는 것이다. 이런 자금은 정부, 기업, 기금, 비영리 단체, 자선단체, 혹은 부유한 개인에게서 나온다. 여러분은 세금으로 지원되는 기관인 국립보건원National Institutes of Health이나 미국국립과학재단National Science Foundation에 연구 자금 신청서를 내거나 웰컴 트러스트Welcome Trust, 빌 앤 멀린다 게이츠 재단Bill & Melinda Gates Foundation 같은 과학 기금 자선단체에 연구 자금을 신청할 수 있다.[12]

하지만 연구 자금은 절대 쉽게 얻을 수 있는 것이 아니다. 모든 과학자에게 현재 가장 힘든 일이 무엇이냐고 물어본다면 대부분 수없이 거절당하면서도 자신들의 최신 연구 아이디어를 테스트하는 데 필요한 자금을 끌어오는 것이라고 말할 것이다. 연구 자금에 대해 이렇게 집착할 수밖에 없는 상황은 과학 자체에 연쇄적으로 영향을 미친다. 우리는 책의 뒷부분에서 이 주제에 대해 다루게 될 것이다. 하지만 우선 여기서는 여러분이 연구 자금을 성공적으로 확보했다고 가정하고 이야기를 계속해보자. 이제 당신은 연구를 시작할 수 있게 됐다. 그다음으로는 연구 데이터를 수집해야 한다. 입자를 깨뜨리기 위해 입자 가속기의 지하 터널에서 입자끼리 충돌시키거나, 캐나다 북극의 암석에서 화석을 찾거나, 페트리 접시에 박테리아가 자라는 데 적합한 환경을 만들거나, 수백 명의 사람을 대상으로 실험실에서 설문지 작성을 하도록 하거나, 복잡한 컴퓨터 모델을 실행하게 될 것이다. 이런 과정은 며칠, 몇 달 혹은 몇 년이 걸릴 수도 있다.

이렇게 어렵게 연구 데이터가 모이면 직접 혹은 수학을 전공한 동료를 통해 다양한 통계적 기법을 적용해 분석을 진행하게 된다. 통계적 기법은 그 자체로도 지뢰밭이다. 여기에 대해서는 나중에 다시 다루도록 하겠다. 그런 다음 이것들을 모두 모아 학술지에 발표할 형태로 논문을 작성한다. 일반적인 논문의 경우 도입부Introduction에서는 해당 주제와 관련돼 이미 알려진 내용은 무엇이고, 자신의 연구를 통해 어떤 내용이 추가됐는지에 대해 설명한다. 실험 방법Method 섹션에서는 다른 연구자들도 정확하게 동일한 실험을 재현할 수 있도록 여러분이 했던 일을 자세하게 기술하게 된다. 결과Results 섹션에서는 연구 결과를 숫자, 도표, 그래프화하고 통계 분석 결과를 보여준다. 그다음 토론Discussion 섹션에서는 발견된 모든 것들이 어떤 의미를 갖는지에 대해 깊이 있는 사고와 고찰을 논하는 순으로 논문을 마무리하게 된다. 보통의 경우에는 이런 섹션들에 앞서 전체 연구와 그 결과를 요약하는 150단어 내외의 짧은 문장으로 작성된 요약Abstract 섹션으로 논문을 시작하는 것이 관례다. 전체 논문은 저널의 구독료를 내지 않으면 읽을 수 없지만 이런 요약문은 누구라도 읽을 수 있다. 이런 이유로 인해 요약 섹션은 자신의 연구 결과가 매우 흥미롭게 들리도록 하는 목적으로 작성된다. 다양한 길이와 분량의 논문들이 있고, 때로는 순서가 바뀔 수도 있지만, 일반적으로는 이 구성을 따라가게 된다.[13]

논문이 준비되면, 여러분은 과학 저널의 세계로 들어가 논문 출판 경쟁을 벌이게 된다. 최근까지만 해도 저널에 논문을 제출한다는 것은 여러 편의 종이 출력물을 편집자에게 보내는 것을 의미했다. 하지만, 오늘날에는 이 모든 것들이 온라인으로 처리되고 있다. 많은 과학 저널들이 여전히 낡고 오류투성이인 웹사이트를 운영하고 있다. 차라리 논문을 비둘기에 묶어 보내는 것이 더 낫겠다고 느낄 수도 있다. 게다가 저널의 편집자는 종종 나이 많은 학자들로 구성돼 있다. 이들은 투고된 논문을 읽고(솔직히 이야기하자면 요약문만 읽고) 학술지에 실을 가치가 있는지를 결정하는 사람들이다. 대부분의 저널들, 특히 명망 높은 저널들은 자신들의 폐쇄성 및 낮은 출판 승인율(예를 들어 〈사이언스〉는 7퍼센트 미만)에 자부심을 가지고 있다. 이 단계에서 대부분의 논문은 소위 '책상 거절desk rejection'돼 저자들에게 반송된다.[14]

이것이 저널에 발표되는 논문의 품질을 유지하기 위한 과정의 첫 번째 단계다. 편집자는 저널의 주제와 일치하면서 과학적 흥미와 질적 측면에서 가능성 있는 논문과 다시 볼만한 가치가 없는 논문으로 분류하는 역할을 맡게 된다. 편집자의 흥미를 끈 극히 일부의 논문은 그다음 단계인 동료 평가peer review 단계를 거친다. 이 단계에서 편집자는 해당 연구 분야의 전문가로 알려진 두세 명의 과학자를 찾은 다음 그들에게 원고를 보내주고 평가하고 싶은지 물어본다. 대개의 경우 그들은 너무 바쁘기 때문에 논문 리뷰를 거절한다. 그러면 편집자는 동료 평가를 해줄 과학자가 몇 명 나올 때까지 자신이 가지고 있는 명단의 사람들에게 계속 물어보게 된다. 검토자가 정해지고 나면 논문을 투고한 저자들은 동료 평가자들의 승인이 떨어질 때까지 초조하게 기다리는 시간을 갖게 된다.

과학자를 포함한 대부분의 사람들은 이 동료 평가 과정이 과학 출판계에 있어서 처음부터 늘 존재해왔던 지극히 중요한 과정이라고 생각하지만, 의외로 그 역사는 복잡하다. 17세기 영국 왕립학회의 경우 일부 회원들에게 특정 논문이 〈철학적 소통〉에 게재될 만큼 충분히 흥미롭다고 생각하는지 물어보는 경우는 있었지만, 각 논문에 대한 서면 평가를 요구하는 것은 적어도 1831년 전까지는 시도되지 않던 관행이었다.[15] 사실 오늘날 우리가 익숙하게 알고 있는 동료 평가 제도가 보편적 절차로 자리 잡은 것은 20세기가 한참 지난 시점이다. 이것은 알베르트 아인슈타인이 1936년에 〈물리학 리뷰Physical Review〉 저널의 편집자들에게 보낸 편지에서 알 수 있다. 아인슈타인은 감히 다른 물리학자에게 자신의 논문이 저널에 게재될 가치가 있는지 논평해달라고 했다는 사실에 화를 내며 논문 제출을 철회하겠다고 통보했다.[16] 실제로 동료 평가 제도는 정착되기까지 꽤 오랜 시간이 걸렸다. 모든 저널이 동료 평가를 위해 독립적인 전문가에게 논문을 보내는 현대적 모델을 채택함으로써 오늘날과 같은 게이트 키핑 역할을 확립하게 된 것은 1970년대에 이르러서였다.[17]

동료 평가에 참여하는 과학자들은 보통의 경우 익명으로 남는다. 이것은 축복이기도 하고 저주이기도 하다. 해당 과학자들의 반발에 대해 걱정하지 않고 마음 놓고 비판할 수 있다는 점에서는 축복이라 할 수 있다. 특히 젊은 과학자들의 경우 명망 있는 교수들의 연구 결과가 가진 문제점에 대해 매우 솔직하게 말할 수 있게 된다. 하지만, 동일한 이유에서 저주이기도 하다. 과학자들의 반발에 대해 전혀 걱정하지 않고 마음 놓고 비판할 수 있기 때문이다. 동료 평가 후 원저자들에게 피드백된 내용에서 실제로 발췌한 문장들을 보면 실감이 될 것이다.

- "어떤 논문들은 읽는 것 자체가 매우 즐겁다. 그러나 이 논문은 그런 논문들 중 하나는 아니다."
- "이 연구 결과는 젖은 국수 가락처럼 힘이 없다."
- "논문의 원고는 세 가지 주장을 하고 있다. 첫 번째 주장은 우리가 이미 수년 동안 알고 있었던 사실이고, 두 번째 주장은 우리가 이미 수십 년 동안 알고 있었던 사실이

며, 세 번째 주장은 우리가 이미 수 세기 동안 알고 있었던 사실이다."

- "해당 분야의 종말에 기여하고 있는 것으로 보이는 이 논문이 해당 분야의 발전에는 기여하지 못하고 있어 유감이다."
- "이 문장을 쓰는 동안 혹시 발작을 겪었나요? 이 문장을 읽을 때 저는 발작을 일으키는 것처럼 느껴졌습니다."[18]

검토자의 평가가 이와 같다면 아마도 편집자는 여러분의 논문 게재를 거절하게 될 것이다. 그럴 경우 여러분은 그 시점에 그냥 포기할 수도 있고, 혹은 다른 저널에 제출함으로써 모든 출판 과정을 다시 시작할 수도 있다. 만약 다른 저널에서도 실패하는 경우 논문 게재가 받아들여질 때까지 수준을 낮춰가면서 6개 혹은 그보다 많은 저널에 제출해보는 것이 결코 드문 일은 아니다. 반면 검토자가 깊은 인상을 받았다면 검토자의 지적에 따라 새로운 분석이나 실험을 진행해 논문을 수정하거나 특정 섹션을 다시 작성해 편집장에게 보내는 기회를 얻게 된다. 수정한 원고를 보낸 후에도 지적 사항이 있으면 이를 또다시 수정하는 과정을 여러 차례 더 반복할 수도 있다. 이 과정에 몇 개월이 더 걸릴 수도 있다. 이 과정을 거쳐 최종적으로 검토자가 만족하게 되면 편집장은 출판을 승낙하고 논문은 저널에 실리게 된다. 만약 해당 저널이 종이에 인쇄된 출판물을 발행한다면, 당신의 소중한 작품이 인쇄물로 출력돼 나오는 것을 볼 수 있을 것이다. 그렇지 않다면, 당신은 저널의 공식 웹사이트에서 당신의 논문을 보는 정도의 감격으로 만족해야 할 것이다. 이로써 모든 출판 과정이 끝난다. 최종적으로 당신은 과학 문헌 데이터베이스에 발자국을 남겼고, 이력서에 추가할 수 있는 논문이 한 편 생긴 것이다. 더불어 다른 연구자들이 당신의 논문을 인용할 수 있게 됐다. 축하한다. 이제 오늘 하루의 나머지 시간은 쉬도록 하라.

위에 요약된 논문 출판 과정은 너무 간략하고 일반적인 수준이지만, 기본적으로 모든 과학 분야에서 유사한 형태의 동일한 과정이 이뤄진다. 하지만 최종 출판물이 동료 평가라는 난관을 모두 통과했다고 해서 해당 연구에서 이루어진 것들을 충실하게 대표하고 있는지는 의문스럽다. 이 부분에 대해서는 나중에 다루도록 하겠다. 지금은 먼저 다른 것에 대해 살펴봐야 하기 때문이다. 우선 논문을 제출하는 연구자, 저널의 편집자, 이를 검토하는 동료 과학자 등 출판 과정에 관련된 모든 사람이 과학이 요구하는 믿을 만한 정직성과 청렴성을 가지고 행동했다는 것을 어떻게 확인할 것인가? 연구 결과물을 평가할 때 모든 사람이 공정하고 합리적으로 행동할 것을 규제하는 법률은 현실적으로는 존재하지 않는다. 그렇다면 우리에게 필요한 것은 집단 가치로 공유된 정신으로 과학자들의 행동을 통일시키는 것이다.[19] 이러한 과학계에 필요한 불문율의 성문화를 시도한 사람이 바로 사회학자 로버트 머튼Robert Merton이다.

1942년 머튼은 오늘날 '머튼 규범Mertonian Norms'으로 알려진 네 가지 과학적 가치를 주창했다. 어느 것 하나 멋진 이름을 가진 것은 없지만 모두 과학자들이 갖춰야 할 올바른 기준임은 분명하다. 첫째 규범은 보편주의universalism이다. 과학적 지식은 누가 발견했건 그 지식을 찾기 위해 사용한 방법이 옳다면 모두 같은 가치를 가진 지식이라는 주장이다. 또 인종, 성별, 나이, 성적 취향, 소득, 사회적 배경, 국적, 인기 여부와 같은 과학자의 다른 특징들이 그들이 주장하는 사실들의 가치를 평가하는 것과는 무관해야 한다는 주장이다. 마찬가지로 여러분은 연구자들이 얼마나 유쾌한 사람인지 혹은 불쾌한 사람인지를 기준으로 누군가의 연구를 판단할 수 없다. 무뚝뚝한 내 동료들 중 일부에게는 틀림없이 위안이 될 수 있는 규범이다. 두 번째 규범은 첫 번째 규범과 관련 있는 항목으로서 사심 없음 disinterestedness이다. 과학자들은 돈, 정치, 이념, 개인적 이해, (개인, 대학, 국가 또는 그 밖의 어떤 것을 위한) 명성을 얻기 위해 과학계에 종사해서는 안 된다는 것이다. 과학은 새로운 것을 발견하거나 우주가 작동하는 원리를 이해하기 위해서 연구하는 것이다. 그 이상도 그 이하도 아니다.[20] 찰스 다윈이 말한 것처럼, 과학자는 "바라는 것도, 애착도 없어야 한다. 단지 돌과 같은 심장을 가져야 한다."[21]

나머지 두 가지 규범은 우리에게 과학의 사회적 속성을 일깨워준다. 세 번째 규범은 공동체성communality이다. 과학자들은 지식을 서로 공유해야 한다는 주장이다.[22] 이 규범은 연구 결과를 저널에 게재해 다른 사람들이 볼 수 있도록 해야 한다는 생각의 토대가 된다. 우리는 모두 과학이라는 일을 함께하고 있다. 따라서 우리는 다른 과학자들의 연구 내용을 자세하게 알아야 한다. 그래야 그것에 대한 평가를 할 수도 있고, 그것을 기반으로 더 진보된 연구도 할 수 있다.[23] 마지막으로, 조직적 회의주의organized scepticism가 있다. 어떤 것도 신성 불가침한 것은 없다. 따라서 어떤 과학적 주장도 절대 액면 그대로 받아들여서는 안 된다. 우리는 모든 데이터와 그것을 얻는 데 사용한 과학적 방법론이 옳은지에 대해 제대로 확인할 때까지는 결과에 대한 판단을 보류해야 한다. 조직적 회의주의라는 규범을 현실에서 가장 잘 구현한 것이 바로 동료 평가 과정이라고 할 수 있을 것이다.

과학은 사회적 활동이다

이론적으로는 모든 것이 아주 완벽해 보인다. 네 개의 머튼 규범들을 잘 따르면 신뢰할 수 있는 과학적 문헌을 틀림없이 얻어야 한다. 뉴턴의 유명한 표현과 같이, 우리가 거인의 어깨 위에 딛고 서서 더 멀리 볼 수 있어야 한다. 물론 거인들도 종종 틀려왔던 것은 사실이다. 앞에서 존 스튜어트 밀이 언급했던 예를 두 가지만 들어보자. 예전에 우리는 태양이 지구 주위를 공전한다고 믿었다. 그리고 불타오르는 태양은 플로지스톤phlogiston이라 불리는 특별한 원소로 가득 차 있다고 믿었다.[24] 그러나 이보다 더 나은 데이터가 등장하자 우리는 결국 이 이론을 폐기하게 됐다. 사실, 과학자가 마음을 바꾸는 것은 하나의 미덕으로 보아야 한다. 생물학자인 리처드 도킨스는 자신이 경험했던 '옥스퍼드 동물학부의 존경받는 원로 과학자'에 대해 다음과 같이 묘사하고 있다.

> 그 원로 과학자는 그동안 골지 기구Golgi Apparatus(세포 내부의 미세한 구조) 같은 것은 존재하지 않는다고 열정적으로 믿었고, 그렇게 학생들에게 가르쳐왔다. 그의 주장에 따르면 골지 기구는 우연히 관찰된 아무 의미 없는 물체일 뿐이었다. 당시 옥스퍼드에서는 매주 월요일 오후 학과 전체가 외부 방문 강사의 강연을 듣는 것이 관례였다. 어느 월요일에 옥스퍼드를 방문한 외부 강사는 미국의 세포 생물학자였다. 그는 강연에서 골지 기구가 실제로 존재한다는 주장과 함께 완벽하게 설득력 있는 증거를 제시했다. 강의가 끝나자, 원로 과학자는 홀 앞으로 성큼성큼 걸어가 이 미국인과 격정적으로 악수하면서 다음과 같이 말했다. "존경하는 동료 과학자 양반. 고맙습니다. 지난 15년 동안 제가 틀렸었습니다." 우리는 손이 빨개지도록 손뼉을 쳤다. 하지만 현실은 조금 다르다. 모든 과학자가 그렇게 말하지는 않기 때문이다. 자신은 그러지 못하면서도 원로 과학자의 행동은 이상적인 것이라고 입에 발린 말을 한다. 정치인들이었다면 아마 무책임하게 입장을 바꾸었다고 원로 교수를 맹비난했을 것이다. 아직도 그날의 기억은 목구멍에 뜨거운 것이 올라오는 느낌으로 남아 있다.[25]

이 일화는 과학에 '자기 교정' 기능이 있다고 말할 때 사람들이 상상하는 바로 그 장면을 보여주는 사례다. 몇 년 또는 몇십 년이 걸리더라도, 오래되고 잘못된 생각은 새로운 데이터에 의해 결국 뒤집히게 된다. 다소 심한 표현일 수도 있겠으나 물리학자 막스 플랑크Max Planck가 이야기한 것처럼, 고집 센 구세대들이 죽고 나면 과학은 다음 세대가 맡을 것이다.[26] 하지만 이것은 어디까지나 이론상으로 그렇다는 말이다. 현실에서는 이 장의 앞부분에서 설명했던 과학 출판 시스템이 이상주의적 머튼 규범과 어색한 동거를 하고 있다. 현재의 과학 출판 시스템은 여러 가지 면에서 과학의 자기 교정 기능을 방해하는 역할을 하고 있다. 현실에서는 연구 자금을 놓고 경쟁하며 권위 있는 학술지에 논문을 게재하고자 노력하는 과학자들이 한편에 있고, 다른 한편에는 과학적 연구 결과에 대해 개방적이고 냉철하며 회의적인 평가 시스템이 존재하고 있다. 이 책을 읽어나가면서 이런 모순적인 상황에 대해 점점 더 구체적으로 알아가게 될 것이다.

지금은 도킨스가 예로 들었던 원로 과학자의 마음을 바꾼 것이 무엇이었는지에 대해 생각해보자. 그것은 바로 '완벽하게 설득력 있는 증거'였다. 데이터 자체가 설득력이 없거나, 더 나쁘게는 정확하지 않은 데이터를 사용해 현재의 과학 이론을 수정하거나 개선하려는 노력은 아무런 의미가 없다. 이 지점에서 우리는 이 책의 서론에서 다루었던 논점으로 다시 돌아가게 된다. 연구 결과가 우리의 신뢰를 얻기 위해서는 그것이 재현 가능한 것이어야 한다는 점이다. 과학 철학자 칼 포퍼 경은 다음과 같이 말했다.

> 반복 가능한 실험이 그러하듯, 원칙적으로 어떤 일이 일정한 법칙이나 규칙에 따라 재현될 수 있을 때만 우리가 발견한 것이 사실인지를 테스트할 수 있다. 심지어 우리 자신이 관찰한 것조차도 반복 관찰되거나 엄격한 테스트를 통과하기 전까지는 새로운 발견

이라거나 과학적 관찰이라고 심각하게 받아들여서는 안 된다. 반복 재현될 때만 우리가 단지 일회성 '우연'을 다루고 있는 것이 아님을 스스로 납득할 수 있다.[27]

1950년대 이 글을 쓸 당시의 포퍼에게는 이런 생각이 매우 혁명적이거나 처음 듣는 말은 아니었을 것이다. 〈철학적 소통〉이 등장한 17세기 초창기로 돌아가면, 우리는 왕립학회의 공동 창립자인 화학자 로버트 보일이 사람들에게 자신의 발견이 재현 가능한 것임을 확인시키기 위해 매우 특별한 노력을 했음을 발견하게 된다. 그는 자신의 유명한 공기 펌프를 이용해 사람들에게 공기와 진공의 여러 성질을 설명하기 위한 실험을 반복해 보여줬다. 그런 후 문제의 현상을 목격했다는 증언에 사람들이 서명하도록 했다.[28] 또한 보일은 그가 쓴 글에 상세한 설명을 포함함으로써 "실험을 소개받은 사람들이 실수하지 않고 특이한 실험을 별 어려움 없이 반복할 수 있도록 했다."[29] 그는 자신의 실험을 재현하는 데 필요한 복잡한 도구들을 만드느라 큰 어려움을 겪었으면서도 영국과 유럽 여러 지역의 자연과학자들이 공기 펌프 실험을 재현하도록 격려하고 도와주는 일을 계속했다.[30]

그 후 반복 재현성은 오랜 기간 과학이 제대로 작동하는지 확인하는 데 중요한 역할을 해왔다. 이것은 또한 과학의 사회적 측면이기도 하다. 과학적 결과는 여러 관찰자들에 의해 확인된 후에라야 진지하게 받아들여지기 때문이다. 하지만 보일에서 현대 과학계로 넘어오는 과정 어딘가에서 많은 과학자들이 반복 재현성의 중요성에 대해 망각하게 된 것 같다. 인간 본성의 한계로 오염된 과학 출판 시스템이 직면한 현실과 머튼적 이상주의가 충돌하면서 이상이라는 것이 현실보다는 너무나도 허약하다는 것이 증명됐다. 그 결과 어떤 깨달음을 주기보다는 신뢰할 수 없고 믿기 어려우며 우리를 혼란스럽게 만드는 재현 불가능한 연구들로 과학 문헌이 가득 차게 됐다.

다음 장에서, 우리는 과학 문헌들이 얼마나 신뢰할 수 없고, 믿기 어려우며, 재현 불가능한 곳이 됐는지 살펴보게 될 것이다.

제2장:
반복 재현의 위기 –
과학의 위기를 자초한 학자들

끓어오르는 야심만이 나를 움직인다.

_윌리엄 셰익스피어, 《맥베스》

출판됐다는 것과 진실이라는 것은 서로 동의어가 아니다.

_브라이언 노섹 Brian Nosek**, 제프리 스파이스**Jeffrey Spies**, 맷 모틸**Matt Motyl

나에게 지난 10년간 가장 의미 있었던 심리학 책을 꼽으라면 대니얼 카너먼Daniel Kahneman의 《생각에 관한 생각Thinking, Fast and Slow》이다. 카너먼의 책보다 우리 정신에 더 좋은 지침을 주는 책은 찾기 어렵다고 감히 이야기할 수 있다. 그는 2002년 인간의 합리적 혹은 비합리적 의사결정에 관한 탁월한 연구 업적으로 노벨 경제학상을 수상했다. 또한 그는 우리의 추론 능력의 한계를 보여주는 수십 편의 실험 결과를 논문으로 발표했다. 《생각에 관한 생각》은 즉시 출판계에서 돌풍을 일으켰다. 누적 판매 금액이 수백만 달러에 달했고, 오늘날까지도 여전히 잘 팔리는 책으로 남아 있다. 여기에는 다 이유가 있다. 이 책이 인간 사고에서 일어나는 모든 실수와 편향들에 대해 살펴본 생생하고 아름다운 설명이 있는 한 편의 여행기이기 때문이다.[1]

이 책에서는 많은 주제들을 다루고 있는데 그중에서도 카너먼은 심리학자들이 말하는 '프라이밍priming' 현상에 대한 연구를 특별히 소개하고 있다. 프라이밍 현상은 언어와 밀접한 관련이 있다. 예를 들어, 컴퓨터 화면에 일련의 단어들을 하나씩 보여주고 '스푼'이라는 단어가 나타날 때마다 버튼을 누르라고 한다. 이때 앞에서 본 단어가 포크(또는 수저류와 관련된 다른 단어)이면 나무(또는 식사 도구와 관련이 없는 단어)라는 단어를 앞에서 봤을 때보다 훨씬 더 빠르게 스푼이라는 단어에 반응해 버튼을 누르게 된다. 심리적으로 포크라는 단어를 앞에서 보면 그것과 유사한 성격의 단어에 더 빨리 반응할 수 있게 된다는 것이다.[2]

하지만 카너먼이 소개한 실제 사례는 이보다 더 놀라웠다. 책에는 의식하지 못하는 사이에 특정 개념을 프라이밍해 인간의 행동을 극단적으로 변화시킬 수 있다는 사회-심리학 연구 결과가 실려 있다. 그중 한 가지 사례는 '맥베스 효과'로도 잘 알려진 현상이다. 2006년 〈사이언스〉에 발표된 한 연구에 의하면 실험 참가자들에게 비윤리적 행동에 대한 이야기를 베껴 적으라고 지시하자 실험이 끝난 후 비누를 사고 싶어 하는 마음이 들 확률이 높아졌다는 것이다. 그리고 과거에 했던 비윤리적 행동을 떠올려 보라고 요구할 경우 연구실을 나가면서 소독용 천을 집어 들 확률이 더 높다는 것을 발견했다.

이것은 프라이밍이 단지 단어에 국한되는 것만이 아니라는 것을 보여주는 사례다. 뇌는 우리가 상상했던 것보다 훨씬 더 상호 연결된 방식으로 작동한다는 것을 의미하는 연구 결과로 해석될 수 있다. 느슨하게 연결된 것처럼 보였던 여러 개념들이 사실은 매우 강하게 연결돼 있었던 것이다. 이 사례는 도덕성과 청결성이라는 개념 사이에 뿌리 깊은 연결 고리가 있다는 증거로도 보인다. 논문의 저자들은 이런 사례를 통해 왜 손 씻기가

전 세계 수많은 종교의식의 일부가 돼 있는지도 알 수 있다고 주장했다.[3]

카너먼은 또한 '머니 프라이밍money priming'에 대한 연구에 대해서도 소개했다. 2006년 〈사이언스〉에 발표된 논문에서, 사회 심리학자들은 사람들에게 돈에 대해 은근히 상기시켜주는 것, 예를 들면 흩날리는 지폐 그림이 화면 보호기로 떠 있는 컴퓨터 앞에 앉게 하는 것만으로도 스스로 자급자족하는 것처럼 느끼게 되고 이로 인해 다른 사람들에 대해 별로 신경 쓰지 않게 된다는 것을 발견했다.[4] 저자들에 의하면 사람들은 머니 프라이밍에 노출되면 '혼자 놀고, 혼자 일하고, 새로 알게 된 사람들과 신체적 거리를 두는 것'을 선호하게 된다고 한다.[5] 실제로 머니 프라이밍에 노출된 사람들에게 낯선 사람들과 얼굴을 맞대고 대화를 나누는 자리를 마련해달라는 요구를 하면 빈 화면보호기를 봤던 사람들에 비해 의자 간 거리를 거의 30센티미터 이상 더 떨어뜨려 놓는다는 사실을 발견했다. 간단한 화면보호기로도 사람들의 행동에 엄청난 변화를 만들어낸 것이다. 모든 유명한 프라이밍 연구들에서는 이런 식의 패턴들이 동일하게 나타나 있다. 매우 미묘한 프라이밍으로도 사람들의 행동 방식에 인상적인 변화가 일어난다고 주장하는 식이다.

카너먼은 이러한 종류의 프라이밍 연구 결과가 "판단과 선택에 대해 우리가 가지고 있는 의식적이고 자율적 주체로서의 자아상을 위협한다"고 결론지었다. 하지만 그는 연구 결과들의 신뢰성에 대해서는 전혀 의심하지 않았다. 심지어 "우리는 프라이밍 효과가 행동에 영향을 준다는 사실을 믿는 것 외에는 선택의 여지가 없다"라고도 했다. "이런 결과들은 지어낸 것이 아니며, 통계적 우연도 아니다. 이 연구에서 얻은 주요 결론들이 사실이라는 것을 인정할 수밖에 없다. 더 중요한 것은, 연구 결과들이 여러분의 참모습에 대해 말하고 있다는 사실을 받아들여야 한다는 점이다."[6]

하지만 이 연구 결과들이 가장 권위 있는 과학 저널들에 발표됐어도 카너먼은 프라이밍 효과를 완전히 신뢰하지 말았어야 했다. 나중에 드러났지만, 디데릭 스타펠의 사기 행각과 데릴 벰의 이상한 심령 결과물의 출판과 함께, '재현 위기'라고 알려진 문제를 처음 촉발시킨 것이 바로 이 프라이밍 연구였기 때문이다.[7]

바로 그 최초의 프라이밍 연구에서, 연구원들은 참가자들에게 뒤죽박죽 섞인 단어 목록에서 이상하게 느껴지는 단어를 골라내도록 했다. 이상한 단어들을 빼고 남은 나머지 단어들은 재배치하면 자연스러운 문장을 만들 수 있는 식이었다. 참가자의 절반에게는 무작위적이고 중립적인 단어들이 섞여 있는 단어 목록을 주고, 나머지 절반에게는 노인과 관련 있는 단어들이 섞여 있는 단어 목록을 줬다. 예컨대 '낡은, 회색, 현명한, 니트, 플로리다' 등과 같은 단어들을 목록에 포함시킨 것이다. 플로리다는 은퇴자 수가 많은 것으로 유명한 주다. 주어진 과제를 끝내고 참가자들은 실험 장소에서 자유롭게 떠났다. 이때 연구원들은 참가자들에게는 알리지 않은 채 그들이 건물을 나가기 위해 얼마나 복도를 빨리 걸어 내려갔는지 시간을 쟀다. 그 결과 생각과 행동 사이에 깊은 심리적 연관성이 있다는 사실이 다시 한번 더 증명됐다. 노인 관련 단어 목록들을 골라내야 했던 참가자들의 경우 대조군 그룹보다 실험실을 더 천천히 걸어 내려간 것으로 밝혀졌기 때문이다.[8]

1996년에 발표된 이 연구는 다른 논문에 5,000번 이상 인용됐고 심리학 교과서에 실리기도 했다. 나도 학생 시절에 이 주제에 대해 배웠던 기억이 난다. 2012년에는 한 독립 연구 그룹이 동일한 실험을 반복 재현하려고 시도했다. 과거보다는 훨씬 더 큰 표본 크기의 참가자들을 대상으로 더 발전된 기술을 이용해 재현 실험을 진행한 것이다. 재현 실험 결과 놀랍게도 걷는 속도에는 어떤 차이도 나타나지 않았다. 과거 연구에서는 연구 보조원들이 어떤 참가자들이 어떻게 행동하리라 예상하고 스톱워치로 시간을 쟀을 것이기 때문에, 이런 편견이 시간을 재는 타이밍에 영향을 줄 수 있다고 저자들은 설명했다. 반면 반복 재현 연구에서는 스톱워치를 쓰는 대신 적외선 빔으로 참가자들의 보행 속도를 측정했다. 그 결과 프라이밍 효과는 존재하지 않는다는 것이 증명됐다.[9] 몇 년 후에는, 또 다른 연구소에서 맥베스 효과와 머니 프라이밍 효과에 대한 재현 실험을 실시했다. 이 실험에서도 훨씬 더 표본 수를 늘리고 대표성 있는 사람들로 참가자 그룹을 구성했다.[10] 실험 결과는 이전 연구 결과를 반복 재현하는 데 실패했다. 카너먼의 주장대로 다양한 프라이밍 연구 결과가 '조작'됐다고 생각할 증거는 없었다. 우리로서는 그 연구 결과들이 선의에 의해 얻어졌다고 가정해야 할 것이다. 하지만 '통계적 우연'은 어떤가? 아마도 프라이밍 연구들이 재현되지 않는 정확한 이유는 이것 때문이 아닐까 싶다.

다른 프라이밍 연구도 별반 다르지 않다. 한 프라이밍 연구는 모눈종이 위에 멀리 떨어진 두 점을 서로 연결하게 함으로써 '거리'라는 개념을 프라이밍시키면 참가자들이 그들의 친구나 친척들과 '거리감'을 느낄 가능성이 높다고 주장했다. 2012년에 이 연구를 반복 재현하는 실험이 실시됐으나 이것 역시 재현에 실패했다.[11] 다른 연구에서는 도덕적 딜레마에 대한 글을 인쇄할 때 글의 주변을 체크무늬 패턴으로 장식하면 참가자들이 좀 더 극단적인 판단을 한다고 주장했다. 이 체크무늬 패턴이 '이분법적 흑백 논리'라는 개념을 프라이밍했기 때문이라는 것이다. 이 실험 역시 2018년 반복 재현에 실패했다.[12] 비슷한 분야의 연구로서, 혐오감을 프라이밍하면 사람들이 판단을 내릴 때 더 도덕적으로 선택한다는 주장의 연구에 대해서도 2015년 리뷰는 의심의 눈길을 보내고 있다.[13]

카너먼에게 경의를 표하고 싶은 부분은, 그가 나중에 프라이밍 효과의 과학적 확실성을 지나치게 강조하는 실수를 저질렀다고 스스로 인정했다는 점이다. 《생각에 관한 생각》을 출판한 지 6년이 지난 후 카너먼은 "내가 그 책에서 소개했던 아이디어들은 내가 책을 썼을 때 믿었던 것보다는 실험적 증거가 훨씬 더 약했다"고 밝혔다. "그것은 실수였다. 나는 내 열정을 가라앉히고 냉정하게 판단하기 위해 무엇이 필요한지 잘 알고 있었다. 그런데도 나는 더 철저하게 고민하지 않았다."[14] 그러나 이미 그로 인한 피해는 손쓸 수 없는 상태가 됐다. 노벨상 수상자가 프라이밍 연구 결과들을 믿을 수밖에 없다고 말하는 장면을 수백만의 사람들이 벌써 목격해버렸기 때문이다.

짐바르도와 밀그램의 실험

심리학적 효과를 다룬 연구 결과 중에 수백만 명의 사람들에게 잘못 알려진 것이 프라이밍만은 아니다. 하버드 심리학자 에이미 커디Amy Cuddy는 2012년 '파워 포즈power posing' 이론을 주장하는 TED 강연으로 유명해졌다. 그녀는 채용 면접과 같이 스트레스를 많이 받는 상황에 들어가기 직전, 개방적이고 넓은 자세로 서 있을 수 있는 화장실 같은 개인적인 장소에서 2분 정도 파워 포즈 자세를 취할 것을 권했다. 예를 들어, 다리를 벌리고 엉덩이에 손을 얹고 있는 자세를 취하면 된다. 그녀의 주장에 따르면 이 강력한 자세가 심리적, 호르몬적 자극을 준다고 한다. 2010년 커디와 그녀의 동료들이 한 실험에서, 파워 포즈를 취하도록 한 사람들은 팔짱을 끼거나 앞으로 구부정하게 앉도록 요구받은 사람들과 비교했을 때, 스스로 강해졌다고 느낄 뿐만 아니라 베팅 게임에서 더 높은 위험을 감수하는 성향을 보이는 것을 발견했다. 또한 이 사람들은 테스토스테론 수치가 높아진 반면, 스트레스 호르몬인 코르티솔의 수치는 감소했다고 보고했다.[15]

2분짜리 파워 포즈로 사람들이 '인생의 성과를 크게 바꿀 수 있다'는 커디의 메시지는 크게 화제가 됐다. 커디의 강연은 총 조회수 7,350만 건을 돌파하며 TED 강연 중 두 번째로 높은 시청률을 기록했다.[16] 그 뒤를 이어 2015년에는 커디가 쓴 자기계발서인 《자존감은 어떻게 시작되는가Presence》가 〈뉴욕타임스〉의 베스트셀러가 됐다. 출판사에서는 커디의 책이 '스트레스를 크게 받을 수 있는 상황에서 우리를 공포로부터 해방시켜 줄 수 있는 마법과 같은 과학'을 사람들에게 선보였다고 설명했다.[17] 영국 보수당은 상당한 조롱을 감수하면서까지 커디의 메시지를 진지하게 받아들이는 것 같았다. 보수당의 정치인들이 각종 회의와 연설에서 다리를 넓게 벌리고 서 있는 자세를 취하고 있는 사진들이 쏟아졌기 때문이다.[18] 그러던 와중에 2015년 다른 과학자 그룹에서 이 파워 포즈 효과를 반복 재현하는 실험을 진행했다. 실험 결과 파워 포즈를 취한 참가자들은 자신이 더 강해지는 느낌을 받았다고는 했지만, '테스토스테론, 코르티솔, 그리고 베팅 게임에서 더 큰 재정적 위험을 감수하는 효과'는 확인할 수 없었다고 보고했다.[19]

반복 재현 위기가 불거지자 관심의 스포트라이트는 과거 심리학 연구들로 옮아갔다. 그리고 그 결과 역시도 매우 우려스러운 것으로 나타났다. 심리학 역사상 가장 유명한 연구를 꼽으라고 한다면 아마 1971년의 스탠퍼드 감옥 실험Stanford Prison Experiment일 것이다. 심리학자인 필립 짐바르도Phillip Zimbardo는 한 무리의 젊은이들을 '간수'와 '죄수'로 나누고 스탠퍼드대학교 심리학과 지하에 있는 모의 감옥에 일주일 동안 머무르게 했다. 짐바르도에 따르면 놀라울 정도로 빠르게 '간수'들이 '죄수'들을 괴롭히기 시작했으며, 심지어 간수들이 죄수들을 너무 가학적으로 학대하는 바람에 실험을 일찍 끝내야만 했다고 한다.[20] 스탠리 밀그램Stanley Milgram이 1960년대에 실시한 복종에 대한 연구에서 많은 실험 참가자들이 자발적으로 불쌍한 '실험자'에게 강한 전기 충격을 가하려 한다는 결과의 발견과 더불어 (전기 충격과 실험자는 모두 가짜였으나 참가자들은 이 사실을 모른다) 짐바르도의 실험은 인간의 행동에 영향을 주는 주변 상황의 힘을 보여주는 중요한 증거 자료로 자주 인용됐다.[21] 좋은 사람이라 할지라도 나쁜 상황에 몰아넣으면 모든 것들이 매우 빠른 속도로 나빠질 수 있다는 것이 요점이다. 전세계 대학에서는 지금도 모든 심리학과 학생들에게 스탠퍼드 감옥 실험을 가르치고 있으며, 짐바르도는 가장 유명하고 존경받는 현대 심리학자 중 한 사람이 됐다. 그는 이라크 아부그라이브 교도소에서 발생한 미군 경비대원 사건의 재판에서 전문가 증인으로 증언하면서, 자신의 실험 결과를 토대로 경비대원들이 죄수들에게 가한 충격적인 학대와 고문의 이유는 단지 그들이 처한 상황과 맡아야 할 역할 때문이라고 주장했다.[22]

이전에도 그 연구 결과의 의미에 대해 항상 논란이 있었지만, 최근에야 스탠퍼드 감옥 실험이 얼마나 형편없는 연구였는지에 대해 진지하게 들여다보는 연구가 시작됐다.[23] 2019년, 연구원이자 영화감독인 티보 르 텍시에Thibault Le Texier는 〈스탠퍼드 감옥 실험의 진실〉이라는 제목의 논문을 발표했다. 그 논문에서 텍시에는 그전에는 전혀 알려지지 않았던 짐바르도의 테이프 녹취록을 공개했다. 녹취록에는 짐바르도가 실험에 참여한 '간수'들에게 어떻게 행동해야 할지에 대해 매우 자세한 지침을 줌으로써 자신이 직접 실험에 관여했음이 드러나 있다. 죄수 역할을 맡은 실험 참가자에게 화장실 사용을 금지하는 것과 같은 학대 방법에 대해서도 구체적으로 제안했다.[24] 이런 식으로 연극을 하듯 만들어진 연구 결과는 보통의 사람들이 어떤 사회적인 역할을 맡게 됐을 때 유기적으로 자연스럽게 나타나는 행동 사례와는 당연히 차이가 날 것이다. 오랫동안 엄청난 관심을 받아왔지만, 스탠퍼드 감옥 실험의 결과는 과학적으로는 전혀 의미가 없는 결과임이 밝혀졌다.[25]

과학의 위기

여러분도 예상할 수 있듯이 실패한 반복 재현 실험(프라이밍 연구), 기괴한 결과(벰의 초자연적 발견), 연출된 반응의 폭로(짐바르도 실험), 조작(스타펠의 가짜 데이터)과 같은 일련의 사건들이 겹쳐서 일어나자 심리학자들은 겁에 질리게 됐다. 급기야 자신들의 분야에서 발표되는 많은 실험 결과들에 대해 얼마나 신뢰를 가질 수 있을지에 대해 의문을 가지기 시작했다. 심리학자들은 현재 상황의 심각성을 파악하고자 과거 중요한 연구 결과에 대해 각기 다른 여러 연구소에서 대규모의 반복 재현 실험을 실시하기로 했다. 이와 같은 노력들 중 대규모 컨소시엄을 구성해 3개의 주요 심리학 학술지에서 발표된 100개의 논문을 대상으로 실시한 반복 재현 시험이 있다. 2015년 〈사이언스〉에 발표된 이 재현 실험 결과는 너무도 처참해 읽는 것이 고통스러울 정도였다. 결과적으로 39퍼센트의 연구만이 재현에 성공했기 때문이다.[26] 또 다른 노력으로는 2018년 세계 2대 종합 과학 저널인 〈네이처〉와 〈사이언스〉에 발표된 21개의 사회과학 논문을 반복 재현하려는 시도가 있다.[27] 이 경우 62퍼센트가 재현에 성공했다. 다양한 종류의 심리학 현상에 대한 연구 결과를 검증하기 위한 또 다른 협력 조사에서는 반복 재현율이 77퍼센트, 54퍼센트, 38퍼센트로 나타났다.[28] 또한, 반복 재현에 성공한 연구라 할지라도 거의 모든 최초 연구들이 그 효과의 크기를 과장하고 있다는 점도 발견했다. 결과적으로는 모든 심리학 연구의 약 절반 정도가 반복 재현 위기로 인해 순식간에 과학 지도상에서 사라져버린 셈이 됐다.[29]

상황이 이러한데도 사람들은 우리가 아직은 최악의 위기를 맞은 것은 아니라고 생각한다. 다음과 같은 두 가지 이유가 있다. 첫째, 일부 연구 결과의 경우 실제로는 아무 문제가 없는데도 단지 운이 나빠서 재현되지 못했을 가능성이 있다.[30] 둘째, 일부 연구 결과가 반복 재현에 실패한 것은 원래 연구와는 실험 방법이 달라졌기 때문일 수 있다. 하지만, 사소한 실험 방법의 수정 후에 연구 결과가 달라질 정도로 연구의 강건성이 취약한 경우, 그 연구가 실제로 얼마나 유용하고 의미 있게 사용될지는 의문이다.[31] 이런 이유 때문에 한두 번의 재현 시도만으로는 해당 연구 결과가 실제로 '재현 가능'한지 여부를 확실히 결정하기 어려울 때가 있다. 더욱이 재현율은 심리학 분야마다 다른 것처럼 보인다. 예를 들어, 2015년 〈사이언스〉에 발표된 인지심리학(기억, 지각, 언어 등에 대한 연구) 분야의 논문들은 사회심리학(위에서 다루었던 은유 프라이밍 연구) 분야의 논문들보다는 재현율 면에서 더 나았다.[32]

이러한 재현 위기가 심리학 전반에 미친 영향은 그야말로 파괴적이었다. 이것은 단지 프라이밍이나 파워 포즈 같이 가벼우면서도 눈에 띄는 연구에만 국한된 것은 아니었다. 스탠퍼드 감옥 실험을 비롯해 훨씬 더 '심각한' 과거의 심리학 연구들 또한 의심의 대상이 됐다. 재현 연구는 897년 교황 스테파노 6세가 전임 교황이었던 포르모소의 시신을 발굴해 재판에 넘겨 유죄를 받게 만든 것처럼, 아무 관련 없는 오래된 골동품들을 파내서 그것이 나쁘다고 보여주는 일종의 보여주기식 행위와는 다르다. 연구 결과들이 반복 재현에 실패한다고 하더라도 여전히 과학자들과 베스트셀러 작가들은 반복적으로 그 연구들을 인용하기 때문이다. 그리고 그런 연구 결과들을 기반으로 일련의 유사 연구, 베스트셀러 인기 서적들이 계속해서 발표되는 악순환의 고리가 만들어지게 된다. 그런 의미에서 '위기'라는 단어는 적절한 선택인 것 같다.

과학계를 위협하는 불확실성

특히 심리학에 반복 재현 위기가 많이 나타난 것은 심리학이라는 학문이 지닌 독특한 특징 때문이라고 우리 자신을 설득하려 할지도 모른다. 심리학자들은 다양한 성격, 배경, 경험, 기분, 변덕스러움을 가진 매우 복잡한 인간들을 이해하기 위해 애쓰는 골치 아픈 직업을 가지고 있다. 그들이 연구하는 대상인 인간의 사고, 감정, 주의력, 능력, 인식과 같은 것들은 대개 무형의 존재들이다. 불가능하지는 않지만 모두 실험실에서 정확히 밝혀내기는 어려운 것들이다. 더구나 사회 심리학이라는 학문은 이렇게 복잡한 성향의 인간들이 어떻게 상호 작용 하는지를 연구하는 분야다. 하지만 단순히 연구 과제가 복잡하다는 사실 때문에 심리학 연구 결과들이 다른 분야의 과학에 비해 특히 신뢰도를 잃은 것일까?

그렇지 않다. 이 논쟁의 배경에는 더욱 심오한 진실이 깔려 있다. 많은 심리학 연구들은 그들이 관심을 가지고 있는 현상을 거의 수박 겉핥기식으로만 다룬다. 물리학 같은 '더 난해한' 과학들은 학문 자체가 어렵기 때문에 더 나은 이론과 정확하고 객관적인 측정법을 발달시켰다. 반복 재현성 측면에서 문제가 있는 학문이 심리학만은 아닐 것이다. 분명한 것은 아직 다른 학문 분야에서 심리학만큼 반복 재현성 문제를 체계적이고 상세하게 조사한 사례가 없다는 점이다. 매우 다양한 분야의 과학에서도 동일한 문제가 있으리라는 것을 추측할 수 있는 사례들이 많이 발견되고 있다.

- 경제학 분야의 경우, 2016년 18편의 미시경제학 연구(사람들이 연구실에 들어와 경제적 행동에 대한 실험에 참여한다는 면에서 볼 때 심리학 연구와 크게 다르지 않음) 논문을 대상으로 한 반복 재현성 조사 결과 재현율이 61퍼센트에 불과했다.[33]
- 신경과학 분야의 경우, 2018년 MRI를 이용해 사람이 어떤 종류의 일을 완수하는 동안 혹은 스캐너 속에 누워 있는 동안의 뇌 활동을 기록한 데이터를 기반으로 연구한 결과의 반복 재현성을 조사했을 때는 단지 '보통 정도의 반복 재현성'을 보였을 뿐이다.[34] 그러던 중 한 연구 논문이 발표되면서 기능적 뇌 영상 촬영 학계 역시 큰 충격에 휩싸였다. 이 분야에서 일반적으로 이미지 데이터를 분석하는 데 사용되고 있는 소프트웨어 패키지의 기본 설정에 통계적 오류가 있었기 때문이다. 그로 인해 엄청난 수의 거짓-양성 결과가 수정되지 않은 채 우발적으로 양산됐을 것이며, 결과적으로 지금까지 이 분야에서 발표된 연구의 약 10퍼센트 정도가 이런 오류의 영향을 받았을 수 있다는 주장의 논문이었다.[35]
- 진화생물학과 생태학 분야의 경우, 지금까지 교과서에 수록돼 여러 세대에 걸쳐 학생들에게 가르쳐온 일련의 고전적 발견들이 현재 반복 재현 시도와 비판적 검토의 대상이 되고 있다. 예를 들면, 유명한 '길들임 증후군' 현상이 그런 사례다. 야생 러시아 여우들을 골라서 길들이자 귀가 흐늘흐늘하고 얼굴이 넓어지는 신체적 특징이 나타나기 시작했다는 과거 연구 결과는 크게 과장된 것임이 밝혀졌다. 길든 종들이 보인다는 대부분의 신체적 특징들은 이미 그들이 선택돼 길들기 전부터 존재하고 있었다는 사실이 드러났다.[36] 그리고 새들의 성선택과 관련해서도 우리가 잘 알고 있다고 생각했던 많은 사실들이 더 확실한 증거들의 등장과 함께 기각됐다. 예를 들어, 수컷 핀치새의 다리에 빨간 밴드를 채워도 암컷 핀치새들에게 매력적으로 작용하지 않는다는 사실이 밝혀졌다. 또한 수컷 참새들이 빕bib이라고 부르는 목에 난 검은 깃털이

많다고 해서 무리에서 더 큰 지배력을 행사하지는 않았다. 그리고 암컷 푸른 박새들이 특정 깃털 색깔의 수컷에 더 끌린다는 증거도 결정적인 것이 아니라고 밝혀졌다.[37]

- 해양 생물학 분야의 경우, 2020년 실시된 대규모 반복 재현 실험에서 기후변화의 결과인 해양 산성화가 물고기 행동에 영향을 준다는 어떤 증거도 존재하지 않는 것으로 밝혀졌다.[38] 과거 10여 년 전에 발표됐던, 산성화된 환경이 물고기의 방향 감각을 상실시킴으로써 포식자가 분비한 화학적 신호로부터 도망가기보다는 그 신호를 향해 헤엄쳐 가기도 한다는 여러 편의 연구 결과가 반복 재현에 실패한 것이다.
- 유기화학 분야의 경우, 〈유기합성Organic Synthesis〉 저널은 제출받은 모든 논문에 대해 편집위원들이 직접 자신의 연구실에서 반복 재현해보는 이례적 정책을 운용하고 있다. 그 결과 제출된 논문의 7.5퍼센트가 반복 재현되지 않는다는 이유로 거절됐다고 보고했다.[39]

다른 사례도 셀 수 없이 많다. 내가 이 책에서 다룰 거의 모든 사례는 해당 과학적 '발견'들을 여러모로 면밀히 조사했을 때 관찰된 것보다는 그 결과가 덜 분명하거나 혹은 완전히 사실이 아닌 것으로 판명된 것들이다. 이러한 사례들이 과학계가 그토록 중요하다고 강조하던 과학적 검증 과정을 모두 통과한 연구 결과들이라는 점은 굉장히 우려스럽다. 이것들은 그나마 다행히도 우리에게 드러난 사례들이다. 만약 지금까지 세상에 발표된 모든 연구 결과를 대상으로 반복 재현 시도를 한다면 얼마나 많은 연구 결과들이 재현 불가로 드러날 것인지 우리 자신에게 질문을 던져봐야 한다.

과학계에 이러한 불확실성이 만연하고 있는 한 가지 이유는 서문에서 다룬 것처럼 그동안은 반복 재현 연구를 하는 사람들이 거의 없었기 때문이다. 대부분의 과학 분야에서는 얼마나 반복 재현 연구를 하는지에 대한 통계를 내지 않는다. 그나마 특정 분야에서 실시됐던 반복 재현 연구를 조사하면 매우 암울한 결과가 나온다. 경제학의 경우 발표된 모든 논문 중 이전 결과를 반복 재현한 연구는 0.1퍼센트에 불과하다. 심리학 분야에서는 이 수치가 조금 더 높다. 하지만 여전히 1퍼센트를 조금 넘는 정도로 형편없는 수준이다.[40] 우리 모두가 새로운 발견을 위해 앞으로만 전진할 뿐 이전 지식이 얼마나 건실한지 확인하기 위해 멈추지 않고 있는 점을 감안하면 위에서 예로 들었던 반복 재현 실패 사례가 발생하는 것이 그리 놀랄 만한 일은 아닐 것이다.

놀랄 만한 사실이 하나 더 있다. 아마 여러분은 저널에 게재된 논문과 동일한 데이터 세트를 놓고 분석을 실시한다면 당연히 논문과 동일한 결과를 얻게 되리라 생각할 것이다. 하지만 불행히도 많은 학문 분야에서 겉으로 보기에는 매우 간단해 보이는 이 과제를 수행하는 데 있어 끔찍한 어려움을 겪어왔다. 바로 반복성reproducibility에 대한 문제다. 동일한 질문을 다른 데이터 세트를 대상으로 던졌을 때 같은 결론이 나오느냐를 의미하는 재현성replicability과는 조금 다른 개념이라고 할 수 있다. 그렇다면 어떻게 동일한 데이터를 가지고도 같은 결과를 얻을 수 없는 일이 생길까? 한 가지 이유는 가끔 원본 연구에 오류가 포함될 수 있다는 것이다. 다른 이유는 연구자들이 보고한 데이터 분석 결과가 투명한 과정을 통해 얻은 것이 아닐 경우다. 즉, 저자들이 통계 수치들을 비틀고 가공하는 과정을 거쳐도 논문에는 그런 과정을 솔직하게 싣지 않는 것이다. 그럴 경우 다른 연구자들이 같은 데이터를 가지고도 원래 연구자들의 데이터 가공 과정을 동일하게 따라갈 수 없다. 그들만의 특별한 방식으로 통계를 내므로 일반적인 분석 방법과는 다른 결과가 나올 수밖에 없다. 비유하자면 군침 도는 음식 사진과 함께 실린 재료와 조리법이 그 음식을 만들기에 턱없이 부족한 요리책과 같다고 할 수 있다.

예를 들면 세금 정책과 그것이 국가의 경제 성장에 어떤 영향을 미치는가를 연구하는 학문인 거시경제학 분야에서 발표된 67편의 논문 중 동일한 데이터 세트를 재분석했을 때 원본 논문과 결과가 일치한 경우는 22편에 불과했다. 심지어 원저자로부터 도움을 받더라도 그 성공률은 아주 미소하게 향상되는 정도에 그쳤다.[41] 지구과학 분야에서는 조사한 39편의 논문 중 동일한 결과를 얻는 데 어려움을 보인 것이 무려 37편이었다.[42] 머신러닝 연구자들은 '추천 알고리듬'에 관한 과거 논문들을 분석했다. 아마존이나 넷플릭스 같은 웹사이트에서 여러분과 비슷한 사람들이 과거에 선택한 것을 바탕으로 유추해 미래의 고객들이 무엇을 사고 무엇을 보고 싶을지 먼저 제안하는 용도로 사용하는 컴퓨터 프로그램을 대상으로 진행됐다. 최근 권위 있는 컴퓨터 과학 콘퍼런스에서 발표됐던 18개의 연구를 조사한 결과 7개만이 재현 가능했다.[43] 마치 시드니 해리스Sidney Harris가 그린 다음의 고전 만화가 실제 생활에서 일어나는 것 같다.

여러분들은 앞에 내가 지적한 상황들이 왜 중요한지에 대해 궁금증을 가질 수 있을 것이다. 우리는 이론경제학 같은 중요한 학문 분야의 재현성이 형편없이 떨어진다는 사실에 대해서는 다들 심각성을 인지하고 있다. 하지만, 만약 그보다는 가벼운 주제인 파워 포즈 효과나 우두머리 수컷 참새들이 더 많은 검은 깃털을 가졌는지와 같은 연구 결과에 대해 많은 학자들이 동의하지 않는다면 우리 삶에 얼마나 큰 영향을 미칠까? 이 경우 두 가지 일이 일어날 수 있다. 첫 번째는 과학의 광범위한 원칙이 흔들리게 된다는 점이다. 과학은 우리 사회에서 매우 핵심적인 역할을 하는 중요한 분야다. 질 낮고 반복 재현 불가능한 연구로 인해 절대 훼손되어서는 안 되는 분야다. 만약 어느 한 분야라도 우리가 과학에 대해 가지고 있던 기준이 무너지는 것을 용인한다면, 그동안 쌓아 올렸던 과학 전체의 명성이

"내 생각에는 이 단계에 대해 조금 더 자세하게 설명해야 할 것 같아."

무너져 내릴 위험이 있다. 두 번째로는 재현성 부족이 지금까지 우리가 그리 깊이 고민해보지 않았던 과학 분야에서 즉시 심각한 문제로 이어질 수 있다는 사실이다. 그 분야는 바로 의학계다.

심리학에서 재현 위기가 발생하고 있던 무렵, 생명공학 회사인 암젠Amgen의 과학자들은 최고 명성의 과학 저널에 발표된 53편의 획기적 '임상 전' 암 연구 논문을 재현하려고 시도했다. 임상 전 연구는 신약 개발의 초기 단계에서 실험용 쥐나 시험관 속에 배양된 인간 세포를 대상으로 이루어지는 연구를 의미한다.[44] 그 결과 단지 11퍼센트에 해당하는 6편의 논문만이 재현에 성공했다. 또 다른 회사 바이엘Bayer에서 실시한 재현 시험 결과는 20퍼센트 정도의 재현 성공률을 보임으로써 암젠의 결과와 크게 다르지 않았다.[45] 일반적으로 신규 항암제의 임상 시험 결과는 실망스러운 경우가 많다. 사전 임상 연구에서 확실한 결과가 나오지 않는 현실이 원인이 아닐까 싶다. 추정에 의하면 신약의 경우 임상 전 연구로부터 시작해서

인간에게 사용될 수 있는 항암제로 성공하게 되는 확률은 3.4퍼센트에 불과하다.[46]

심리학계에서와 마찬가지로 재현 성공률이 저조하게 나오자 암 연구자들은 자신들이 속한 연구 분야 전체는 어떤 상태에 있는지 궁금해하기 시작했다. 2013년 51편의 중요한 과거 임상 전 암 연구를 재현하기 위해 독립적인 연구소들이 참여해 조직적이고 협력적인 노력을 시작했다.[47] 그런 연구 중에는 특정 유형의 박테리아가 대장암의 종양 성장과 관련이 있을 수 있다는 논문도 있고, 백혈병에서 발견된 일부 돌연변이가 특정 효소의 활동과 관련 있다는 논문도 포함됐다.[48] 하지만 이런 재현 연구들은 제대로 시작도 하기 전에 심각한 장애물에 부딪혔다. 모든 원본 논문에 실린 실험 설명 섹션의 정보가 다른 연구 그룹들이 그 실험을 다시 실행하기에 충분하지 않았기 때문이다.[49] 관련 논문에는 사용된 특정 세포의 밀도를 비롯해 측정 및 분석 방법에 대한 설명들이 실려 있지 않았다. 재현 실험은 진전이 없었고, 연구자들은 도움을 요청하기 위해 원래 연구를 진행했던 과학자들을 수소문해 연락해야 했다. 원저자들은 당시 연구 결과를 자세히 다룬 오래된 실험 노트를 뒤지기도 하고, 이미 다른 직장으로 옮겨간 이전 연구팀의 구성원들에게 연락하기도 했다.[50] 이 과정에 도움을 주기를 꺼리는 몇몇 연구자들도 있었다. 재현 실험자들에 의하면 연락 과정에서 '최소한의 도움' 혹은 '전혀 도움 되지 않음'으로 분류된 연구자들이 45퍼센트나 됐다고 한다.[51] 아마도 그들은 재현 실험을 하는 사람들의 실력이 충분하지 않음을 우려했거나, 자신들의 연구 결과가 재현되지 않았을 때 향후 연구 자금을 얻는 데 어려움을 겪을까 봐 두려워했을 것이다.[52]

이후에는 생물 의학계의 논문을 무작위로 샘플링해 임상 시험이 포함된 268편의 논문에 대해 대규모로 재현하는 연구가 실시됐다. 그 결과 한 편의 논문을 제외하고는 모든 논문이 연구의 전체 내용을 논문에 보고하지 않았다는 사실이 밝혀졌다. 이럴 경우 해당 연구들을 재현하려면 발표된 논문 외에도 더 많은 추가적인 세부 사항이 필요하다는 의미가 된다.[53] 또 다른 분석 결과에 따르면, 54퍼센트의 생물 의학 연구 논문들은 어떤 종류의 동물, 화학 물질, 세포를 실험에 사용했는지조차 충분히 설명하고 있지 않았다.[54] 이것이 얼마나 이상한 일인지에 대해 잠시 생각해보자. 논문에는 단지 연구에 대한 피상적인 설명만 있고 재현에 필요한 세부 사항이 실려 있지 않아 이를 얻기 위해 저자들과 몇 달 동안 이메일을 주고받아야 한다면 애초에 논문을 쓴 이유가 무엇이었을까? 17세기 로버트 보일 시대의 과학자들이 연구의 모든 세부 내용을 발표하게 된 근본적 동기는 다른 사람들이 그들의 연구를 면밀히 조사한 후 재현할 수 있도록 도와주기 위해서였다는 사실을 기억해야 한다. 앞에서 사례로 들었던 논문들은 이런 관점에서 매우 기초적인 테스트도 통과하지 못하는 논문들이다. 또한 이 논문들을 출판한 저널들 역시 그들이 담당해야 할 매우 기본적인 기능이라고 할 수 있는 비판적 감시자 역할을 수행하는 데 실패했다고 할 수 있다.

이런 이유들로 인해 야심 차게 시작했던 암 연구 재현 프로젝트는 재현 대상 논문의 수를 계속 줄여야만 했다. 재정적인 문제는 물론이고 재현 실험을 어렵게 만드는 많은 현실적 어려움에 부딪혔기 때문이다. 이로 인해 처음에는 50편의 논문을 재현 대상으로 했으나 결국은 18편의 논문에 대해서만 재현 연구를 수행할 수 있었다.[55] 이 글을 쓰고 있는 시점에 이 중 14편에 대한 재현 연구 결과가 보고됐다. 그 결과 5편의 논문은 중요한 결과가 명확하게 재현될 수 있었다(효소와 백혈병 간의 연관성에 관한 논문). 4편의 논문은 부분적으로 재현됐고, 3편의 논문은 재현에 명백하게 실패했다(박테리아와 대장암 사이의 연관성 논문). 그리고 2편의 논문은 연구 결과에 대한 해석조차 불가능했다.[56] 재현 연구는 그 자체로 절대 쉽지 않은 연구인 것이다.

하지만 의학계에서 발생하는 재현성 문제는 단지 실험실에 기반을 둔 사전 임상 연구 결과에만 영향을 미치는 것이 아니라는 점에 심각성이 있다. 현장에서 의사들이 환자를 치료하는 방법에도 직접적인 영향을 미칠 수 있기 때문에 매우 중대한 문제다. 재현 연구 결과 일반적으로 적용되고 있는 치료법들이 확실한 의학적 증거에 기초하는 것이 아니라 종종 질 낮은 연구에 기반하고 있음이 밝혀지고 있다. 흔히 의학적 상식으로 의료계에서 널리 받아들여지고 있던 것들이 새로운 연구 결과에 따라 뒤집히고 있다. 이런 현상이 너무 자주 일어나고 있기 때문에 의학자인 비나이 프라사드Vinay Prasad와 애덤 시푸Adam Cifu는 '의학적 반전medical reversal'이라는 이름을 붙이기도 했다.[57]

특히 충격적인 의학적 반전 사례는 '마취 중 의식anaesthesia awareness' 현상과 관련된 것이다. 수술 도중 피부를 절개하는 것과 같은 상황에서 의식이 깨어남에 따라 극심한 통증을 느끼는 경우가 있다. 이때 환자가 움직이거나 말을 할 수 없는 악몽 같은(하지만 감사하게도 아주 드물게 일어나는) 현상을 최대한 충격적이지 않게 부르는 이름이 마취 중 의식 현상이다. 1990년대 진행됐던 연구들은 환자가 정말로 의식이 없다는 것을 확인시켜주는 장치, 즉 두피에 부착된 전극을 이용해 마취심도를 감시하는 '이방체 지수 모니터bispectral index monitor'라는 장치의 사용을 외과 의사들에게 권고했다. 이 연구 결과는 의학계에서는 오랫동안 일반적인 상식으로 굳어졌다. 2007년까지 미국 내 수술실의 절반이 이방체 지수 모니터를 보유하고 있었고, 전 세계에서 이루어진 약 4천만 건의 수술에 이 장치가 사용됐다.[58] 하지만 최근 들어 이방체 지수 모니터에 대한 초기 연구 결과가 제대로 된 수준의 연구가 아니었다는 사실이 밝혀졌다. 2008년에는 이에 대해 광범위하면서도 수준 높은 재현 연구가 실시됐다. 그 결과 이방체 지수 모니터는 전혀 쓸모없는 장치인 것으로 판명됐다. 이방체 지수 모니터에 표시된 값들이 목표 범위 내에 있을 때도 마취 중 의식 현상이 발생했기 때문이다.[59]

그뿐만 아니라 2019년 프라사드와 시푸는 동료들과 주요 3개 의학 저널에 발표된 3,000편 이상의 논문을 검토한 결과 의료계에서 널리 받아들여지고 있는 관행을 뒤집은 논문이 396편 이상 있음을 발견했다.[60] 다음은 그중 몇 가지 사례다.

- **출산:** 이전의 몇몇 연구들에서는 쌍둥이를 출산할 경우 계획된 제왕절개를 하는 것이 아기들에게 가장 안전한 선택이라고 주장했다. 적어도 북미에서는 이것이 출산 시 표준적인 관행이 됐다. 그러나 2013년에 있었던 대규모 무작위 실험에서는 제왕절개를 하지 않아도 아이들의 건강에는 아무런 영향이 없다는 사실이 밝혀졌다.[61]
- **알레르기:** 땅콩 알레르기는 생명에 치명적일 수 있다. 만약 부모가 땅콩 알레르기를 가지고 있다면, 아이들도 땅콩 알레르기를 일으킬 위험이 더 높다. 의학계에서는 이전 연구 결과를 바탕으로 알레르기 위험이 있는 아기들을 위해 적어도 세 살까지는 땅콩 섭취를 피하고, 모유 수유하는 엄마들도 역시 섭취를 피하라고 당부했다. 하지만 이 조언과 실제는 완전히 반대인 것으로 밝혀졌다. 2015년에 시행된 무작위 실험에서 땅콩 알레르기 위험이 있던 아동들이 유아기에 땅콩을 먹을 경우 다섯 살까지 알레르기 발생 확률이 2퍼센트에 불과했던 반면, 땅콩을 피했던 아동들은 거의 14퍼센트가 땅콩 알레르기를 일으킨 것으로 나타났기 때문이었다.[62]
- **심장마비:** 과거 몇몇 실험에서는 심장마비 환자의 체온을 몇 도 정도 내리면 살아남을 가능성이 더 높아진다고 보고했다. 이 결과를 토대로 환자의 체온을 내리는 처치

방법이 구급대원 가이드라인에 포함되기 시작했다. 그러나 2014년에 대규모로 실시된 연구에서는 그런 조치가 생존율을 높이는 데 아무런 도움도 되지 않았고, 심지어 환자가 병원으로 이송되는 동안 두 번째 심장마비를 일으킬 가능성을 증가시켰을 수도 있다는 것을 보여줬다.[63]

- **뇌졸중:** 과거 연구에 따르면 뇌졸중 발병 후 며칠 내에 할 수 있는 최선의 방법은 가능한 한 빨리 환자를 움직이게 하는 것이었다. 최대한 환자를 빨리 일으켜서 침대에 앉게 하고, 서게 하고, 가능하다면 돌아다니게 하는 것이었다. 이러한 '조기 거동early mobilisation' 개념은 병원에서 널리 사용하고 있는 뇌졸중 환자 치료 가이드라인에 포함돼 있다. 그러나 2015년 실시된 대규모 무작위 실험에서는 뇌졸중 환자에게 조기 거동 치료를 적용하면 오히려 더 나쁜 결과가 나타난다는 것을 보여주고 있다.[64] 그리고 2016년 실시된 또 다른 연구에서는 뇌졸중 환자에게 혈소판 수혈(이론적으로는 응고와 관련된 혈액 세포를 보충함으로써 추가적인 출혈을 막아주는 절차)을 허용하는 현재 의료계의 관행이 실제로는 상황을 더 악화시키고 있음을 증명했다.[65]

이런 현실을 감안할 때 의사들은 물론이고 의학 치료법에 대한 가이드라인을 작성하는 사람들이 현재 쓰고 있는 치료법이 매우 빈약한 의학적 증거에 근거하고 있다고 느끼는 것도 무리는 아니다. 하지만 그나마 그것을 대체할 치료법이라고 제시되고 있는 것들도 과학적 증거가 전혀 없는 상황이다. 따라서 그들이 매우 곤란한 상황에 처해 있다고 할 수 있다. 자신들의 임무가 당장 치료가 필요한 환자들을 돕는 것이기 때문이다. 오늘날 과학자들은 기술, 연구 방법, 그리고 연구 자금 지원 측면에서의 발전으로 인해 당연히 과거보다는 훨씬 더 나은 연구를 할 수 있게 됐다. 그것이 정상적인 과학적 진보다. 그런데도 과학자들은 그동안 계속해서 의사와 환자들을 실망시켜왔다. 연구 설계 수업을 수강한 경험이 있는 대학생 수준에서도 쉽게 인지할 수 있을 정도의 부적절하고 질 낮은 연구를 수행하고 그 결과를 발표함으로써 의학 연구 분야의 수준을 떨어뜨려왔다. 문제는 이렇게 수준 낮은 연구 결과가 발표되는 그 순간에도 우리는 이런 문제를 어떻게 해결할 수 있는지 이미 해답을 알고 있었다는 점이다. 단지 우리는 그것을 실천에 옮기지 않았을 뿐이다.

의학 연구 분야에서 발표되는 전체 문헌을 살펴볼 수 있다면 이 분야에서 얼마나 많은 논문들이 불확실한 상태에 있을지 충분히 추측해볼 수 있을 것이다. 우선 의학 치료의 질을 체계적으로 평가하는 유명한 자선단체인 코크란 연합Cochrane Collaboration에서 발표한 많은 종합 리뷰 논문들을 참조하는 것이다. 그들이 발표한 리뷰에 의하면 놀랍게도 의문이 제기된 치료법들의 45퍼센트는 실제로 효과가 있는지 결정할 증거가 불충분하다고 결론 났다.[66]

겉으로 보기에만 과학적으로 증명된 것처럼 보일 뿐 실제로 효과도 없고 심지어 환자에게 해로운 치료법을 의사들이 믿고 사용함에 따라 얼마나 많은 환자들이 헛된 희망을 품거나, 고통을 받았거나, 심지어 죽기까지 했을까? 그런 사람들이 겪었을 비참함은 차치하고라도, 얼마나 많은 돈이 헛되게 낭비됐을지 생각해보라. 임상 전 연구의 절반만이 재현 가능하다고 했을 때(물론 합리적이기는 하지만 논란의 여지가 있는 추론이다) 재현할 수 없는 수준 낮은 연구에 매년 지출되는 금액이 미국에서만 280억 달러에 이를 것으로 계산된다. 이는 제약 회사 지원금, 정부 보조금 및 기타 출처의 자금을 포함한 액수다.[67] 또 다른 추정치는 이보다 훨씬 큰 금액을 이야기하고 있다.[68] 설령 연구 재현성이 50퍼센트보다 훨씬 더 높다 하더라도, 여전히 엄청난 액수의 돈이 수준 낮은 연구 때문에 버려지고 있다는 사실은 바뀌지 않는다. 심지어 이 계산은 임상 전 연구만을 대상으로 한 것이다. 믿을 수 없는 임상 전 결과를 토대로 사람을 대상으로 임상 시험을 계속 진행할 경우 천문학적 연구 자금이 낭비될 것이다. 이 계산은 단지 연구 비용 자체만을 감안한 것이다. 이런 연구 결과를 바탕으로 비효율적 치료법을 만들 때 발생되는 추가적인 비용 낭비는 포함되지도 않았다. 마취 중 의식이 돌아오는지를 감시하기 위해 수백만 명의 환자에게 사용하고 있는 이방체 지수 모니터와 같은 사례가 대표적이다.

출판된 논문이 거짓으로 판명되다

이 모든 실패와 반전들을 감안한다면, 많은 과학자들이 연구 분야의 반복 재현성 수준이 어느 정도나 될지 걱정해야 할 것이다. 1,500명 이상의 과학자를 대상으로 한 2016년 설문 조사에서 52퍼센트는 자기 분야에서 이루어지고 있는 연구의 재현성에 '중대한 위기'가 찾아왔다고 생각하는 것으로 나타났다. 물론 이 조사는 〈네이처〉 저널 웹사이트에 게재된 설문지에 답한 사람을 대상으로 한 것이어서 전체를 대표하는 적당한 표본은 아니다. 설문에 답한 과학자의 38퍼센트는 적어도 '다소의 위기'는 있다고 믿고 있었다.[69] 그중 거의 90퍼센트의 화학자들은 다른 연구자의 결과를 재현하지 못한 경험이 있다고 답했다. 생물학자의 경우 80퍼센트, 물리학자, 공학자, 의학자들의 경우 70퍼센트가 같은 답변을 했다. 심지어 자신의 연구 결과를 스스로 다시 재현하는 데 어려움을 겪었다고 답한 사람들의 수치도 이보다 약간 낮은 정도에 불과했다. 물론 이 조사 결과는 제대로 된 설문 조사로부터 얻은 것은 아니었다. 아마도 재현 위기를 걱정하는 과학자들일수록 해당 설문지에 답할 가능성이 더 높을 것이다. 따라서 이 수치는 다소 과장된 것일 수 있다고 봐야 한다. 하지만 이 조사 결과는 자신이 직접 수행했던 연구는 물론이고 그 외 얼마나 많은 과학 문헌을 우리가 믿을 수 있을지에 대한 우려가 과학계에 광범위하게 퍼져 있음을 잘 나타내고 있다.

사실 우리는 이런 결과를 예상했어야 한다. 2005년 메타 사이언스 학자 존 이오아니디스John Ioannidis는 〈왜 출판된 연구 결과들은 대부분 거짓인가〉라는 다소 자극적 제목의 논문을 발표했다. 논문에서는 수학적 모델을 사용해 다음과 같은 결론을 내렸다. 과학 연구가 잘못될 수많은 가능성이 존재함을 감안하면, 어떤 논문에서 주장하는 연구 결과가 수학적으로 거짓일 가능성이 사실일 가능성보다는 더 높다는 것이다.[70] 이오아니디스의 논문은 발표된 후 처음 5년간 800회 이상 인용되는 등 뜨거운 관심을 받았고 이와 관련된 많은 논쟁들이 벌어졌다. 하지만, 연구의 질을 향상시키기 위해서는 과학자들이 현실적으로 필요한 변화를 실제로 추진해야 한다. 당시 이런 변화가 일어나지 않았다는 차원에서 본다면 이 불길한 예언성 경고는 과학계에서 단지 소귀에 경 읽기처럼 취급됐다고 할 수 있겠다.[71] 그러다가 2011년 벰의 초능력 연구 논문 발표, 스타펠 조작 사건과 함께 비슷한 시기에 일어난 심리학계의 프라이밍 연구와 항암제 연구의 재현 실패 문제가 불거졌다. 그렇게 촉발된 재현성 위기 문제는 과학계가 심각한 문제에 직면해 있음을 광범위하게 인식하는 계기가 됐다. 오늘날 과학 연구가 어떻게 수행되고 있는지와 이 문제들이 핵심적으로 연결돼 있다는 것을 분명하게 깨닫게 된 것이다.[72] 그렇다면 〈왜 출판된 연구 결과들은 대부분 거짓인가〉와 같은 선동적 제목의 논문이 터무니없는 주장이 아니라 합리적인 문제 제기로 인식될 수밖에 없었던 배경은 무엇일까? 이제부터 과학이 잘못될 수 있는, 그리고 실제로 잘못되고 있는 많은 사례들에 대해 살펴보도록 하겠다.

SCIENCE FICTIONS

제2부

실수와 오류를 은폐하는 학자들의 속마음

제3장:
조작 –
논문 사기가 만들어낸 새로운 진실

우리가 사기꾼을 찾아내고 싶지 않을지라도, 그 이유 때문에 사기에 무감각해지려고 노력해서는 안 된다. 사람들이 사기꾼을 두려워하면, 사기꾼들은 바보들을 깔보기 때문이다.

_노먼 맥도널드 Norman MacDonald, **《격언과 도덕적 성찰》**(1827)

인터넷에서 우리가 찾아볼 수 있는 참으로 감동적인 순간은 질병이나 장애가 있는 사람들이 새로운 과학 기술의 도움으로 자신의 삶을 한순간에 바꾸는 장면들이다. 달팽이관 이식 수술을 받은 아이들이 난생처음 들을 수 있다는 사실에 놀라면서 기뻐하는 모습, 백내장을 가지고 태어난 아이들이 수술 후 광명을 찾는 모습, 전투에서 다리를 잃은 군인들이 새로 수술한 의족으로 다시 첫걸음을 내딛는 모습을 담은 영상들이 그런 예다.[1] 이런 동영상들이 소셜미디어상에서 널리 퍼지는 데는 충분히 그럴 만한 이유가 있다. 우리의 마음을 따뜻하게 해줄 뿐만 아니라 과학의 위대한 힘을 일깨워주는 역할도 하기 때문이다. 이런 영상들을 통해 우리가 깨달을 수 있는 것은 과학이 이상적으로 사용될 때 우리의 건강과 삶을 크게 증진시킬 수 있다는 사실이다.

하지만 지금부터 하고자 하는 이야기는 이와는 좀 다르다. 이토록 순수한 과학적 효과들이 얼마나 왜곡되고 타락될 수 있는지에 대해 이야기할 것이기 때문이다. 지금부터 최첨단의 획기적 치료를 받는다고 생각했던 환자들이 어떻게 금세기 들어 최악의 과학 사기 사건의 희생자가 됐는지에 대해 다룰 것이다. 이 사건들이 절망적인 상황에 빠진 환자들을 온라인에서 꼬드기는 대체 의학 사기꾼들이 벌인 사기극이 아니었다는 데 놀라기는 이르다. 세계에서 가장 저명한 의과 대학의 복도와 세상에서 가장 존경받는 과학 학술지에서 벌어진 사기극이었다는 점에서 충격은 배가된다. 이 사건은 가장 뻔뻔한 사기꾼들일수록 평범한 사람들의 눈에는 잘 보이지 않을 수 있다는 사실을 보여주는 사례가 될 것이다.

최악의 과학 사기 사건 – 파올로 마키아리니의 인공 기관지 이식

기관지windpipe가 질병이나 부상으로 심하게 손상되면 외과 의사는 더 이상 손상된 관의 끝을 다시 연결해 붙일 수가 없다. 이런 경우 새로운 기관지 이식만이 환자를 살릴 수 있는 유일한 방법이다.[2] 크기가 큰 다른 장기 이식의 경우와 마찬가지로, 기관지를 이식하는 것은 극도로 어렵다. 우선 기증자가 사망해야 하므로 기관지를 기증하는 사람을 찾기도 어렵고, 기증자와 기증받는 사람이 유전적으로 맞지 않을 경우 이식받는 사람의 면역 체계로부터 거부당하기 때문이다. 그래서 외과 의사들은 장기 이식 대신 환자들에게 인공 기관지를 이식하려는 시도를 수십 년째 해오고 있다. 인공기관지는 놀라울 만큼 다양한 재료를 사용한다. 재료의 범위는 플라스틱, 스테인리스스틸, 콜라겐, 심지어 유리에 이르기까지 다양하다. 하지만 이러한 시도는 거의 항상 실패해왔다. 인공 기관지가 몸속에서 고정되지 않고 이리저리 움직이는 문제와 함께 관이 막히거나 감염이 발생하는 등의 문제가 뒤따랐기 때문이다. 21세기 초에 이르러서 인공 기관지는 현실적으로 실현 가능한 옵션이 아니라는 것이 의학계의 일반적인 생각으로 굳어졌다.[3]

그러던 중, 2008년 저명한 의학 저널 중 하나인 〈랜싯Lancet〉에 기관지를 성공적으로 이식했다는 블록버스터급 논문 한 편이 발표됐다. 이 논문의 저자는 이탈리아 외과 의사인 파올로 마키아리니Paolo Macchiarini였다.[4] 마키아리니가 제시한 새로운 개념은 기증받은 기관지에 이식을 받는 사람의 줄기세포 샘플을 미리 '씨앗'처럼 심는 것이었다. 줄기세포는 끝없이 분열하고 신체의 다른 세포를 수리하고 교체할 수 있는 세포다. 이렇게 줄기세포를 심은 기관지를 특별히 설계된 인큐베이터에 얼마간 방치하면, 줄기세포는 기증받을 기관지를 '지배'하게 되고 이로 인해 이식 후 거부 반응이 방지된다는 개념이다. 이것이 실제로 가능하다면 이것만으로도 엄청난 진전이라고 할 수 있다. 하지만 여전히 궁극적인 목표는 완전한 인공 기관지를 만드는 것이었다. 그래야만 기관지 기증자가 필요 없어지기 때문이다. 이처럼 면역 체계 거부 반응이 생기지 않도록 인공 기관지의 표면을 이식받는 사람의 줄기세포층으로 덮는다는 마키아리니의 아이디어는 마침내 그 목표를 이룰 수 있었을까?

불과 몇 년 후, 그 질문에 대한 긍정적 결과가 나타나기 시작했다. 2008년 첫 논문이 발표된 후로 천재적 외과 의사 마키아리니의 명성은 갈수록 높아져갔다. 그는 2010년 이미 그곳에서 일하고 있던 교수 14명의 추천을 받아 스웨덴 카롤린스카 기술대학Karolinska Institute의 객원 교수로 채용됐다. 또한 그 대학의 부속 병원인 카롤린스카 병원에도 수석 외과 의사로 채용됐다. 카롤린스카 기술대학은 단순히 훌륭한 대학이 많은 나라에서 최고로 손꼽히는 대학이라는 의미만 있는 곳이 아니다. 이 대학은 바로 노벨 생리의학상의 본거지이기 때문이다. 이런 명망 높은 기관에 독창적인 줄기세포 기술로 재생 의학에 혁명적 발전을 가져온 외과 의사 마키아리니가 고용되는 것은 어찌 보면 매우 당연한 일이었다.

2011년 7월, 카롤린스카 기술대학은 인공 기관지 이식의 다음 단계가 성공적으로 이루어졌다고 발표했다. 마키아리니가 '역사상 최초로 줄기세포를 심은 탄소 실리콘 기관지'를 암 환자에 이식하는 수술을 막 끝낸 것이다.[5] 그해 11월 이식 수술의 세부 사항을 담은 논문이 발표됐다. 비슷한 시기에 마키아리니는 카롤린스카 병원에 입원한 또 다른 환자를 대상으로 같은 수술을 했다.[6] 〈랜싯〉에 게재된 또 다른 논문에서 마키아리니는 이식 성공의 '확실한 증거'에 대해 설명하고 있었다. 2012년 한 해 동안 마키아리니는 또 다른 3명의 환자를 대상으로 인공 기관지 수술을 실시했다. 한 사람은 카롤린스카 병원의 환자였고 두 사람은 마키아리니가 또 다른 수술 기지로 삼고 있었던 러시아 크라스노다르의 환자였다. 그 후 2년 동안 러시아에서 두 번의 수술을 더 실시했고, 마키아리니는 더 많은 과학 논문을 통해 이 좋은 소식을 세상에 널리 알렸다.[7]

그중 하나가 2014년 〈바이오머티리얼Biomaterials〉 저널에 발표된 논문이었다. 이 논문에는 '전기 방사로 만든 기관지 골격'을 전자 현미경으로 찍은 사진들이 실려 있었다. 반면 첫 번째 수술 환자가 어려움을 겪었다는 사실은 아주 간단하게만 언급돼 있었다. 논문에는 주로 새로운 기술의 경이로운 결과들에 대한 설명뿐이었다. 사실 저자들은 매우 충격적인 상세 내용을 논문에서 생략하고 있었다. 논문의 저널 게재가 승인되기 7주 전에 논문에 언급된 문제의 환자가 사망했다는 사실이다.[8] 두 번째 수술 환자는 수술 후 3개월 만에 첫 번째 환자보다 훨씬 더 일찍 사망했다.[9] 세 번째 카롤린스카 환자는 몇 차례의 후속 수술을 받았으나 모두 실패한 후 결국 2017년에 사망했다.[10] 러시아 환자들의 경우 그보다는 조금 더 나았다. 첫 번째 러시아 수술 환자였던 상트페테르부르크의 발레 무용수 율리아 툴릭Julia Tuulik은 기자에게 그녀의 비극적 상태를 다음과 같이 설명했다.

> 모든 게 너무 안 좋다. 나는 크라스노다르의 병원에서 6개월 이상을 보냈다. 30회 이상의 전신마취 수술을 받았다. 첫 수술 후 3주 만에 고름이 새는 화농성 누공이 생겼고, 그때부터 목이 썩어 들어가기 시작했다. 현재 내 몸무게는 47킬로그램이다. 나는 거의 걷지 못한다. 호흡 곤란도 있고, 이제 목소리도 나오지 않는다. 그리고 썩는 냄새가 너무 강해서 사람들이 코를 막고 뒤로 물러선다.[11]

툴릭은 수술 2년 만인 2014년 사망했다.[12] 가장 가슴 아픈 것은 수술 전에는 그녀의 생명에 전혀 지장이 없는 상태였다는 점이다.[13] 다른 한 러시아 환자는 '자전거 사고'로 사망했고, 또 다른 환자는 수술 다음 해 알려지지 않은 이유로 사망했다. 수술 후 생존한 러시아 환자도 있었다. 하지만 그 이유는 다행히 마키아리니가 이식했던 인공 기관지를 제거했기 때문이었다.[14] 2013년 마키아리니는 언론의 관심 속에 미국 일리노이주 피오리아의 한 병원에서 한국계 캐나다 아동을 수술하기도 했다. 그녀는 수술 후 불과 몇 달 만에 사망했다.[15]

수술 후 마키아리니의 환자들을 돌봤던 카롤린스카 병원의 의사들은 환자들의 끔찍한 상태와 저널에 보고된 빛나는 결과의 불일치를 도저히 받아들일 수 없었다. 그들은 함께 모여 카롤린스카 기술대학의 학장에게 이 사실에 대해 항의했다. 하지만 그들에게 돌아온 반응은 놀라움과 걱정 대신 그들의 단체 행동을 방해하고 침묵시키려는 시도였다. 대학 측은 심지어 의사들이 의료 기록을 살펴봄으로써 환자들의 사생활을 침해했다고 주장하며 경찰에 신고했다(이 혐의들은 신속하게 기각됐다).[16] 결국 대학 측은 외부의 압력에 굴복해 인근 웁살라대학교의 교수에게 해당 사건을 조사하도록 했다.

2015년 5월에 종결된 2만 단어에 달하는 보고서의 결론은 더 이상 의심의 여지가 없었다. 마키아리니는 여러 가지 혐의에서 '과학적 위법 행위에 대해 유죄'였던 것이다.[17] 7편의 논문을 통해 마키아리니는 환자 상태가 호전됐다고 거짓 주장을 했다. 수술 후에는 환자가 오랫동안 건강하게 생활한 것처럼 보이게 묘사하기도 했다. 마키아리니의 환자들은 심각한 합병증에 시달렸고 때로는 더 많은 수술을 받아야 했으나 그는 이러한 사실을 보고하지 않았다. 본질적으로 인간을 대상으로 진행됐던 의학 실험의 하나였지만 이에 합당한 윤리적 기준도 지키지 않았다. 심지어 그는 쥐를 대상으로 한 기관지 이식 실험의 연구 데이터를 위조하기도 했다.[18]

사람들은 이 이야기가 이 정도에서 끝났을 것이라고 생각할 것이다. 그러나 독립 조사 과정에서 여러 혐의점에 대해 마키아리니의 답변을 들은 후, 카롤린스카 기술대학은 자체적으로 내부 조사를 다시 실시하기로 결정했다. 그리고, 2015년 8월 발표된 자체 조사 결과에 따르면 외부에 알려지지 않은 어떤 정보에 근거해 실제로는 어떤 위법 행위도 일어나지 않았다고 결론 내렸다.[19] 그다음 주 〈랜싯〉은 사설에 '파올로 마키아리니는 과학적 위법 행위에 대해 무죄'를 받았다고 축하 글을 올리기도 했다.[20] 이로써 마키아리니는 의학계의 가장 큰 두 기관에서 면죄부를 받게 됐다.

그 후 2016년 1월 도저히 무시하거나 은폐할 수 없을 정도로 믿음을 배신하는 두 사건이 일어났다. 먼저 〈배니티 페어Vanity Fair〉에 기사가 하나 실렸다. 2014년 마키아리니와 그가 청혼했던 NBC 뉴스 제작자 베니타 알렉산더Benita Alexander와의 로맨스를 다룬 긴 기사였다.[21] 마키아리니가 그녀에게 자신이 교황 프란치스코의 주치의이며 자신의 결혼식에 교황뿐만 아니라 오바마, 러셀 크로우, 엘튼 존과 같은 세계 유명 인사들을 초대할 것이라고 말했다는 것이다.[22] 그러나 〈배니티 페어〉가 바티칸에 연락했을 때 교황에게는 마키아리니라는 이름의 주치의가 없다는 답변이 돌아왔다. 그뿐만 아니라 알렉산더와의 관계를 유지하는 동안 마키아리니는 줄곧 다른 누군가와 결혼한 상태였다는 것도 밝혀졌다. 심지어 두 명의 어린 자녀도 있었다.[23]

두 번째 사건은 스웨덴 TV에서 3부작 다큐멘터리인 〈실험The Experiment〉을 방송한 것이었다. 제작자들은 마키아리니가 수술한 환자들의 삶이 그의 엄청난 무능함으로 인해 어떻게 파괴되고 때로는 목숨까지 잃게 됐는지를 끔찍하리만큼 자세하게 보여줬다. 카롤린스카 환자 중 첫 번째 환자의 기관지를 기관지경으로 촬영하는 장면도 포함됐다. 심지어 마키아리니가 〈랜싯〉의 논문에서 '거의 정상적인 기도'라고 묘사한 것과는 전혀 다르게 상처 나고, 막히고, 구멍까지 난 기도가 등장한다.[24]

이 두 가지 사건으로 인해 카롤린스카 기술대학은 마키아리니 사례를 완전히 새롭게 조사하지 않으면 안 되는 상황에 직면하게 됐다. 이번에는 중요한 사람들이 처벌을 면치 못했다. 마키아리니를 처음부터 보호해왔던 이 대학의 부총장은 결국 사임해야 했다. 연구소장과 대학 이사회 의장, 당시 마키아리니의 노벨상 임명을 추진했던 노벨상 위원회의 위원도 차례로 사임했다.[25] 2016년 3월, 마키아리니는 마침내 그의 직위에서 물러났다.[26] 첫 인공 기관지 수술을 한 지 7년 만의 일이다.

일이 이렇게 되자 불과 몇 년 전까지만 해도 마키아리니의 논문에 아무 문제가 없다는 태도를 취하던 〈랜싯〉도 결국 마키아리니의 인공 기관지에 관한 논문을 철회할 수밖에 없었다.[27] 카롤린스카 기술대학은 2018년 중반에 그의 다른 논문들 중 몇 편에서도 과학적 위법 행위를 발견했다고 밝히고 이들 논문 리스트를 온라인에 공개했다. 현재 이 논문들은 모두 철회된 상태다.[28] 해임된 후 마키아리니는 러시아로 가서 '연구'를 계속했다. 물론 연구 대상은 기관지가 아닌 식도였다.[29] 다행히도 그가 최근에 발표한 논문의 대상은 사람이 아니다. 그와 그의 새로운 동료들은 죽은 개코원숭이에서 채취한 세포가 플라스틱 식도에 맞는지에 대해 연구를 진행했다.[30] 현재 그의 근황은 불분명하다. 2017년 중반 러시아 정부는 마키아리니에 대한 연구 자금 지급을 중단했다. 따라서 그가 더 이상 수술을 계속하기는 어려울 것으로 보인다.[31] 마키아리니가 수술했던 환자들과 관련해서는 아직 세상의 정의가 살아 있는 것처럼 보인다. 2018년 12월 스웨덴 검찰 당국은 마키아리니에게 두 건의 살인 혐의를 적용해 수사를 재개한다고 발표했다.[32]

도대체 이 사건에 대한 조사 과정은 왜 그토록 지루하게 이어졌을까? 그리고 여러 환자들이 끔찍하고 고통스러운 죽음을 맞이했는데도 조사 과정에서 대학이 해당 책임자를 해고하기는커녕 비난조차 하지 못하도록 보호하고 나선 이유는 무엇이었을까? 오히려 조작된 결과를 내부 고발했던 사람들을 대학이 맹렬히 비난한 이유는 무엇일까?[33] 자신의 평판과 명성을 높이기 위해 마키아리니가 그의 '획기적' 수술을 이용했음은 분명한 사실이다. 하지만 카롤린스카 기술대학으로서는 마키아리니가 국제적 확장 계획에 도움이 되는 큰 자산이기도 했다. 홍콩에 설치되고 있던 이 대학의 새로운 재생 의학 센터가 잘 운영되기 위해서는 저명한 인기 의사와의 협업이 필요했을 것이라는 주장이 제기됐다.[34] 이 사건을 처음 접했을 때 대학 측이 느꼈을 극심한 공황 상태와 당혹감도 이 사건을 은폐하려 했던 하나의 요인으로 작용했을 것이다. 대중은 말할 것도 없고 그들 스스로도 카롤린스카 같은 명성 높은 대학이 위험한 사기꾼의 손에 환자들을 맡겼다는 사실을 절대 인정하고 싶지 않았을 것이다.

지금까지 인공 기관지 사례처럼 끔찍하리만큼 직접적으로 사람들의 생존에 영향을 미쳤던 과학 사기 사건은 없었다고 해도 과언이 아닐 것이다. 마키아리니만큼 충격적이고 현란한 과학 사기범도 흔치 않을 것이다. 그의 이야기에서 크게 깨달을 수 있는 교훈이 몇 가지 있다. 첫 번째는, 과학 자체에 조직적 회의주의가 내재돼 있지만 과연 과학의 얼마나 많은 부분을 우리가 신뢰할 수 있을지에 대한 의문이다. 연구들이 실제로 논문에 보고된 바와 같이 행해졌고, 통계 분석에서 나온 수치들이 사실 그대로이고, 논문에서 주장했던 방식대로 환자들이 정말로 회복됐는지를 신뢰할 수 있을 것인가. 보통의 사기 사건들은 사기꾼들이 사람들 사이에 존재하는 신뢰를 얼마나 심하게 악용할 수 있는지 보여준다.

두 번째 교훈은 연구 결과와 사람들에게 적용할 수 있는 수준의 조직적 회의주의가 연구 기관에도 동일하게 적용되어야 한다는 것이다. 다른 어떤 관심사보다 명성과 성공에 대한 갈망을 우선시하는 악당들은 역사적으로 항상 존재했다. 그렇더라도 카롤린스카 기술대학이나 〈랜싯〉 같은 저명한 과학 기관들이라면 그런 악당들이 과학에 영향을 주지 못하도록 최선을 다하고, 설사 그런 일이 일어나더라도 명백히 밝혀내서 벌줄 것이라고 믿을 수 있어야 한다. 하지만 애석하게도 이러한 연구 기관들 스스로도 명성을 얻고자 저명한 과학자들을 고용해 대외적으로 광고하는 것이 현실이다. 그 결과, 희대의 사기꾼들이 저지른 일에 대해서도 의도적으로 못 본 체하거나, 때로는 나아가서 사기꾼들을 적극적으로 보호하는 행동까지 하도록 만드는 것이다.

이러한 현실이 계속된다면 우리는 이보다 더 심하게 망가질 수도 있다. 과학계는 객관적이고 정직하며 조작이란 것을 극도로 혐오하는 시스템이라는 이미지로 자신들을 포장하고 이를 자랑스럽게 여긴다. 하지만 그로 인해 오히려 그들 가운데에서 나쁜 악당들을 발견하지 못하도록 방해받을 수도 있다. 이런 시스템에서는 마키아리니와 같은 악당이 과학계에 존재할 수 있다는 상상조차 너무나 혐오스러운 것이다. 그래서 많은 사람들이 명백한 과학적 위법 행위의 징후조차도 못 본 척하는 태도를 취한다. 어떤 사람들은 과학계에 조작이 만연해 있고, 그 영향이 심각하다는 사실 자체를 부정하고 있다. 우리가 이 장에서 다루게 되겠지만 과학에서의 사기 사건은 우리가 간절히 바라는 대로 매우 희귀한 시나리오가 아니다. 사실은 고통스러울 정도로 흔한 일상이 돼버렸다.

놀랍도록 간단한 과학 사기 – 조작

20세기 들어 가장 유명하면서도 터무니없었던 과학 사기 사건 중 하나도 역시 이식과 관련된 것이었다. 이번에는 피부 이식 사례였다. 마치 마키아리니 사건을 예언하는 것처럼, 1974년 뉴욕의 저명한 슬론-케터링Sloan-Kettering 암 연구소에서 일하던 피부과 의사 윌리엄 서머린William Summerlin은 자신이 아주 간단한 기술을 통해 피부 이식 거부 문제를 해결했다고 주장했다. 그는 수술 전에 이식할 피부를 특별한 영양소 속에 담가 놓아 배양함으로써 검은 쥐의 피부 일부를 면역 거부 반응 없이 흰 쥐에 성공적으로 이식했다고 발표했다. 실제로 그런 일이 일어나지 않았다는 것만 빼면 모든 것이 그럴싸해 보였다. 실제로는 흥미로운 새로운 발견을 연구소장에게 보여주러 가기 전에 그가 흰 쥐의 털에 검정 펠트펜으로 색칠을 한 것이었다. 이런 사실은 나중에 실험실의 연구 보조원에 의해 드러났다. 연구 보조원이 쥐한테서 이상한 냄새가 나는 것을 알아차리고 알코올을 사용해 쥐의 털을 문질러봤던 것이다. 정작 쥐를 대상으로 한 성공적인 이식 수술은 없었다. 서머린은 즉시 해고됐다.[35]

이렇듯 불법적인 조작 충동을 느끼게 되는 과학자가 서머린 혼자는 분명히 아닐 것이다. 과학 논문을 상징하는 논문에 실린 그래프들에서 흔히 이런 조작의 증거들을 찾을 수 있다. 컴퓨터 그래픽의 발전으로 인해 자르기, 복제, 명도 조절, 쪼개기, 채색 또는 기타 방법으로 이미지를 변경해 원하는 결과로 만들어내는 과정이 지금보다 더 쉬운 때는 없었다. 물론, 포토샵 시대 훨씬 이전에도 사진을 훌륭하게 조작하는 것이 아주 불가능하지는 않았다. 유명한 니콜라이 예조프Nikolai Yezhov 정치위원의 사례를 보면 알 수 있다. 그는 소련 지도자의 눈 밖에 난 나머지 이오시프 스탈린과 함께 찍은 사진에서 갑자기 사라졌다. 1961년 〈사이언스〉는 달걀에서 처음으로 기생충인 톡소플라즈마 곤디gondii를 발견했다고 주장한 인도 수의학자들의 논문을 게재한 것에 대해 사과했다. 곤디는 면역력이 약한 사람들에게 치명적인 톡소플라즈마증을 일으키는 기생충으로서 건강에 잠재적 위험 요소다.[36] 〈사이언스〉가 사과한 이유는 기생충이 존재했다는 증거였던 알 속의 낭종을 찍은 현미경 사진이 가짜인 것으로 판명 났기 때문이다. 인도 수의학자들이 두 개의 각기 다른 낭종이라고 주장했던 사진이 사실은 같은 사진을 확대해 수평으로 뒤집어놓은 것이었다. 돌이켜보면 이 사진 조작 사건은 지극히 발견하기 쉬운 위조였지만 논문을 동료 평가했던 어느 누구도 이것을 발견하지 못하고 지나쳤다. 조작 사실이 발각된 후 해당 연구원들은 은퇴하거나 직위에서 정직당했다.[37]

여러분은 아주 게으른 과학 사기꾼들만이 누구나 쉽게 알아볼 수 있는 복제된 이미지를 논문에 사용할 것이고, 우리는 그들의 속임수를 쉽게 찾아내리라 생각할지도 모르겠다. 그러나 복제 이미지 사용은 근절되지 않고 지금까지도 끊임없이 반복되고 있는 골칫거리다. 최근 수십 년 사이에 일어났던 가장 두드러진 사기 사건의 경우도 이미지 복제가 핵심적인 내용이었다. 2004년 한국의 생물학자 황우석 교수는 인간 배아를 성공적으로 복제했다는 논문을 〈사이언스〉에 발표했다. 다음 해 같은 저널에서 그는 해당 배아들로부터 최초의 인간 복제 줄기세포 라인을 만들어냈다고 보고했다. 줄기세포의 잠재성은 무한히 증식할 수 있다는 사실 이외에도 어떤 세포로도 변할 수 있는 능력을 가진 '만능pluripotent'세포라는 점에 있다. 줄기세포는 뉴런, 간세포, 혈액세포와 같은 다른 종류의 조직으로 자유롭게 바뀔 수 있다. 흡사 스위스-아미 나이프와 같은 세포다. 황 교수가 논문을 위해 만들었던 11개의 복제 줄기세포 라인은 사람들의 손상된 조직을 고치고, 다치거나 병든 장기를 재생하는 개인 맞춤 줄기세포 치료의 가능성을 의미하는 획기적인 사건이었다. 앞서 사례로 들었던 기관지 이식 수술에 줄기세포가 사용됐던 것도 동일한 사람에게서 얻은 줄기세포를 사용해 치료하면 면역 체계가 거부할 가능성이 낮아지기 때문이다. 같은 해 발표된 또 다른 연구에서 서울대 황 교수팀은 세계 최초로 스너피Snuppy라는 이름의 아프가니스탄 사냥개의 복제견을 탄생시켰다고 주장했다.[38]

이러한 성과들이 한국에서 황우석을 얼마나 유명하게 만들었는지는 형언하기 어려울 정도다. 그는 언론에서 대대적인 추앙을 받았다.[39] 그의 얼굴 위로 '세계의 희망-한국의 꿈' 등의 문구가 적힌 포스터가 거리에 등장하고 대중교통에도 그의 사진이 붙었다.[40] 2005년 한국 우체국은 그의 연구를 기념하는 특별 우표를 발행했다. 휠체어에서 일어나 공중으로 뛰어올라 사랑하는 사람을 껴안는 사람의 실루엣을 시리즈로 표현한 우표였다.[41] 황 교수를 '최고의 과학자'로 임명한 한국 정부는 황 교수의 연구에 엄청난 돈을 쏟아부었다. 수백 명의 여성이 황 교수의 연구에 난자를 기증하기 위해 그에게 손을 내밀었다.[42]

여러분들은 다음에 어떤 일이 일어났는지 예상할 수 있을 것이다. 〈사이언스〉에 실린 논문을 면밀히 조사한 결과, 각기 다른 환자에서 채취한 개별 세포 라인이라던 두 장의 사진이 사실은 같은 사진이라는 것이 밝혀졌다. 분명히 밝혀두지만 이런 종류의 사진이 우연의 일치로 같게 나올 확률은 제로에 가깝다. 그뿐만 아니라 완전히 다른 것이라고 제출했던 두 개 이상의 사진에서도 겹치는 부분이 나왔다.[43] 같은 사진의 일부를 잘라서 사용했기 때문이다. 만약 이런 문제들만 있었다면, 누군가 실수로 사진을 혼동하거나 표시를 잘못했다고 생각할 수도 있을 것이다. 하지만 실제로 벌어진 일은 이와는 거리가 멀었다. 황 교수 연구소의 내부 고발자들은 실제로 만들어진 세포 라인은 11개가 아닌 2개였으며, 그나마도 복제 배아에서 나온 것이 아니었다는 사실을 폭로했다.[44] 나머지 세포 사진들도 황 교수의 지시로 조작되거나 고의로 레이블을 다르게 붙인 것이었다. 연구 프로젝트 전체가 속임수였던 것이다.

이미지 조작에 대한 우려가 제기되기 훨씬 전부터 이미 황 교수는 기증된 난자의 사용 용도와 난자 추출 시의 잠재적 위험성에 대해 기증자에게 충분히 알리지 않고 난자를 채취한 것 때문에 곤경에 처해 있었다. 황 교수는 또 자기 실험실의 여성 연구원들에게 실험을 위해 난자를 기증하라고 압력을 가하기도 했다.[45] 그 외에도 여러 비리들이 연이어 폭로됐다. 황 교수가 연구비 일부를 자신이 관리하던 여러 은행 계좌로 빼돌렸다는 사실도 드러났다. 그는 이 돈들을 과학적 연구 장비 구매에 사용했다고 주장했지만, 조사 결과 '연구 장비' 지출 목록에는 아내를 위한 새 차와 후원

정치인들을 위한 기부금이 포함돼 있는 것으로 밝혀졌다.[46]

황 교수를 칭송하는 언론의 분위기가 너무나 광적이어서 이 엄청난 과학 사기 사건이 폭로됐음에도 그를 숭배하는 사람들을 잠재울 수는 없었다. 시위자들은 부정적인 기사를 게재한 언론사의 사무실 밖에 모여 항의했고, 그들의 분노는 황 교수를 옹호하는 수천 개의 게시물이 되어 신문사의 온라인 포럼을 가득 채웠다.[47] 하지만 당국은 이 사기 사건에 대해 필요한 조치를 취하지 않을 수 없었다. 조사 결과 황 교수는 대학에서 해고당했고, 그 후 형사 기소됐으나 집행유예 2년을 선고받고 가까스로 감옥행은 피할 수 있었다.[48] 요즘 그는 이름 없는 대학에서 여전히 복제 연구에 몰두하고 있다. 그의 연구에 대한 언론의 관심은 한때 그가 받았던 것에 비하면 아주 미미한 정도에 불과하다. 여담이지만 황우석의 모든 위조된 업적 중 스너피는 진짜였다. DNA 검사 결과 스너피는 타이라는 이름의 또 다른 아프간 사냥개의 진짜 복제견임이 밝혀졌다. 스너피는 2015년에 죽었지만 어떤 의미에서 스너피는 여전히 살아 있다. 스너피의 복제견 4마리가 2년 후에 태어났기 때문이다.[49]

사기 사건을 벌이기 전 황 교수는 이미 한국에서 유명한 과학자였고 세계에서도 가장 저명한 생물학자 중 한 명이었다. 그가 그런 위치에서 사람들의 관심을 크게 받고 있었음을 감안할 때, 어떻게 그렇게 노골적이고 부주의한 사기 행각을 벌이고도 무사할 수 있다고 생각했을까? 그에 대한 대답은 단지 황 교수 개인의 문제가 아니라, 과학적 시스템의 붕괴로부터 찾을 수 있을 것이다. 우리가 앞에서 다루었듯이 과학적 시스템은 대체로 상호 간의 신뢰에 기반을 두고 있다. 모든 사람은 기본적으로 다른 사람들도 윤리적으로 행동할 것이라고 가정한다. 불행하게도 바로 이런 환경이 사기꾼이 마음 놓고 활개 칠 수 있는 조건이 된다. 기생충 같은 가짜들이 공동체의 집단적 선의에 편승하는 것이다. 황우석이 그렇게도 뻔뻔한 사기를 칠 수 있었다는 사실은 반대로 현실에서는 논문 검토자와 편집자가 얼마나 쉽게 속아 넘어가는지를 잘 보여주는 반증이다. 우리는 논문 검토자와 편집자들이 모든 과학적 발견에 매우 엄격한 회의적 태도를 취할 것이라고 굳게 믿는 경향이 있다. 하지만 이들도 흥미진진하고 '획기적인' 결과에 직면했을 때는 보통 사람들과 다름없이 잘 속아 넘어간다는 사실을 보여주는 좋은 사례가 되겠다.

세포의 현미경 사진 외에 생물학 분야에서 이미지를 이용해 사기를 치고자 하는 사람들이 흔히 타깃으로 삼는 것이 블로팅blotting이다. 블로팅은 분자생물학자들이 사용하는 분석 기술로서 많은 형태로 변형이 가능하다. 주로 실험을 통해 새롭게 만들거나 검사하고자 하는 화학 물질의 조성을 역엔지니어링하기 위해 사용하는 기법이다. 최초의 기술은 이 기술의 발명가이자 생화학자인 에드윈 서던Edwin Southern의 이름을 따서 명명된 서던 블로트Southern blot다.[50] 서던 블로트는 방사능 태깅을 사용해 DNA 염기 서열을 감지하는 데 사용된다. 블로팅 분석을 거치면 유전학 관련 뉴스에 자주 등장하는 익숙한 이미지가 만들어진다. 마치 물에 번진 것 같은 다양한 크기의 반직사각형이 수직 사다리나 '레인' 형태로 배열된 모양이 된다.[51] 각기 다른 유형의 블로트는 유형마다 다른 화학 물질을 탐지할 수 있다. 노던 블로트, 웨스턴 블로트 등 원본 기술의 이름에서 유래된 각각 다른 유형의 블로트들이 있다.[52] 많은 생물학 실험들이 특별한 방식으로 특정 블로트가 나타난다는 사실에 의존하고 있다. 예를 들어, 웨스턴 블로트는 특정 박테리아나 바이러스의 존재를 의미하는 특정 단백질의 분비를 검출해냄으로써 일부 질병을 진단해내는 데 사용된다. 과학자들은 그들의 실험에서 일부 화학 물질이 검출됐다는 결정적 증거로서 블로트 이미지를 논문에 자랑스럽게 삽입하고 있다. 바로 여기에 조작이 개입된다.

황 교수의 '발견'이 있고서 10년 뒤인 2014년 일본 이화학연구소RIKEN의 과학자들은 유도만능줄기세포 분야에서 획기적인 결과를 보고하는 두 편의 논문을 〈네이처〉에 발표했다.[53] 황 게이트에서 문제가 됐던 줄기세포와 달리 유도만능줄기세포는 성숙한 성인 세포로 만들 수 있기 때문에 굳이 배아에서 나온 세포를 사용할 필요가 없다.[54] 유도만능줄기세포의 발명은 2012년 노벨상을 가져다줬다. 하지만 유도만능줄기세포를 만드는 표준 과정은 매우 힘들고도 비효율적이다. 그 과정에 몇 주가 소요되며 많은 폐기물을 만들어낸다.[55] 그러던 중 이화학연구소 연구팀이 유도만능줄기세포를 만들어내는 혁신적 방법을 찾아냈다고 주장한 것이다. 자극야기성다기능성획득세포Stimulus-Triggered Acquisition of Plurip, STAP라고 불리는 기술이다. 연구팀은 단지 성숙된 세포를 약산으로 세척하거나 세포에 물리적 압력을 가하는 것과 같은 가벼운 스트레스를 주기만 하면 쉽게 만능줄기세포를 얻을 수 있다고 주장했다. 이 연구의 책임자였던 오보카타 하루코小保方 晴子는 현미경 이미지, 그래프, 블로트로 이루어진 매우 인상적인 일련의 증거들을 제시했다. 모두 성인 세포가 성공적으로 만능줄기세포로 재프로그래밍됐다는 것을 보여주는 DNA 증거였다.

이것은 엄청나게 혁명적인 사건이었고 오보카타는 갑자기 일본에서 모든 사람이 알 정도의 유명인이 돼버렸다. 그녀와 그녀의 기발한 실험실 도구에 관한 기사들이 모든 신문에 기사화됐다. 그녀는 애완 거북이를 키우고 있었고, 실험실은 무민 캐릭터들로 장식돼 있었다. 그녀는 하얀 실험가운 대신 할머니가 선물한 일본 앞치마인 갓포기割烹着를 입고 있었다. 언론에서는 그녀를 탁월한 여성 과학자의 빛나는 본보기로 포장해 보도했다.[56] 하지만 이 사건도 그리 오래가지는 못했다. 그녀의 논문이 발표된 지

며칠 만에 과학자들은 오보카타의 논문에 실린 이미지에서 몇 가지 불일치하는 점들을 발견하기 시작했다. 특히 논문에 실린 4개 레인의 DNA 블로트에 이상한 점이 있음을 찾아냈다. 4개의 레인은 당연히 모두 같은 블로트에서 나왔어야 했지만, 자세히 보면 한 레인의 배경이 다른 레인보다 어둡고 가장자리는 지나치게 날카로웠다. 이것은 다른 그림에서 잘라낸 후 다른 레인과 잘 맞도록 교묘하게 크기를 조정한 결과라고 나중에 밝혀졌다.[57] 물론 논문의 내용에는 이런 행위가 이루어졌다는 설명은 없었다. 누구보다도 투명성을 유지해야 할 과학자로서 절대 해서는 안 될 행동이다. 이런 사실이 보도된 후 더 많은 이상 징후가 발견됐다. 사진 속의 몇몇 색들은 촬영 후에 인화 과정에서 보정이 이루어진 것으로 밝혀졌다. 오보카타는 이미지 복제 조작에도 관여한 것으로 드러났다. 그녀의 두 번째 논문에 포함된 두 장의 사진이 사실은 같은 사진이었던 것이다. 별로 놀랍지도 않지만 같은 사진을 뒤집은 다음 마치 다른 사진인 것처럼 사용한 것이었다.

한편 이례적으로 전 세계의 많은 연구소들이 오보카타의 결과를 재현하기 위해 많은 노력을 기울였다. STAP의 단점 중 하나를 꼽자면 다른 사람들이 재현하기 지나치게 쉬울 정도로 간단한 기술이었다는 점일 것이다. 한 세포 생물학 교수는 전 세계 연구원들이 진행하고 있는 재현 실험의 결과 보고서를 보낼 수 있도록 웹사이트까지 만들었다. 그는 접수된 보고서 중 긍정적이거나 고무적인 결과에는 초록색 폰트를, 실패한 결과에는 빨간색 폰트를 사용해 표시했다. 재현 보고서가 웹사이트에 등록되기 시작하자 거의 모든 결과가 빨간색으로 나타났다.[58] 논문에 실린 이미지를 검증하려는 사람들과 실험 자체를 재현하려는 외부 압력에 더해, 이화학연구소에서도 이 사건에 대해 자체 조사를 실시했다. 그리고 조사 결과 이미지 조작이 확인됐다. 오보카타와 동료들은 〈네이처〉에 논문 철회를 요청했고, 2014년 6월 논문은 철회됐다. 그리고 그녀는 그해 12월 이화학연구소를 그만두었다.[59]

좀 더 자세한 조사 결과 오보카타가 저지른 범죄가 초기에 제기된 이미지 조작 혐의를 훨씬 넘어선다는 것이 밝혀졌다. 오보카타는 옛날 연구 결과에 실렸던 도표를 가져와 새로운 연구인 것처럼 꾸미고, 세포가 얼마나 빨리 자라는지 보여주기 위해 데이터를 조작하기도 했다. 그녀의 실험에서 실제로 만능줄기세포가 발견된 것은 그녀의 샘플들이 다른 배아줄기세포에 오염됐기 때문에 나타난 현상이었다.[60]

STAP 이야기의 마지막 부분은 끔찍하게도 슬픈 결말이었다. 이화학연구소 보고서에 따르면, 뛰어난 줄기세포 생물학자이자 논문의 공동 저자였던 사사이 요시키笹井芳樹 씨는 오보카타의 사기에 가담하지는 않았지만, 오보카타의 결과를 확인하지 않은 '중대한 책임'을 지고 2014년 8월 이화학연구소에서 자살했다.[61] 당시 그는 52세였다. 그는 유서에서 오보카타의 속임수가 발견되면서 촉발된 언론의 분노에 대해 언급하고 있었다.[62]

얼마나 많은 논문이 철회되는가

황 교수와 오보카타의 이야기에는 매우 이례적인 공통점이 한 가지 있다. 바로 조작된 논문들이 엄청나게 유명해졌다는 점이다. 이 논문들이 세계에서 가장 유명한 저널인 〈사이언스〉와 〈네이처〉에 실렸기 때문이다. 물론, 쉽게 확인 가능한 가짜 논문들이 저명한 잡지의 검증 과정을 무사히 통과했다는 것은 충분히 우려할 만한 일이다. 하지만, 반대로 저널에 게재된 논문들은 즉시 전 세계의 주목을 받고 정밀한 검증의 대상이 될 수 있었다. 이런 종류의 사기 사건이 최고 수준의 저널에서 일어날 수 있다면, 그것은 곧 훨씬 더 많은 사기 논문들이 상대적으로 덜 알려진 저널에서는 비일비재하게 게재되고 있다는 것을 의미했다. 그렇다면 우리는 다음과 같은 질문을 던져볼 수 있다. 생물학자들은 얼마나 자주 그들 논문 속 이미지를 위조할까?

2016년 미생물학자 엘리자베스 비크Elisabeth Bik와 그녀의 동료들은 이 질문에 대한 답을 알아내기로 마음먹었다. 그들은 40개의 생물학 저널을 검색해 2만 621개의 웨스턴 블로트가 포함된 논문을 찾아냈다.[63] 비크는 모든 블로트를 직접 훑어보고 사진 이미지에 부적절한 중복이 있는지를 확인했다. 이 작업은 진정으로 엄청난 분석이었다고 생각된다. 그녀가 발견한 것은 엉터리 과학 사진을 전시하는 갤러리를 몇 개는 채우고도 남을 만한 분량의 사례들이었다. 그림 1과 같이 이미지를 단순하게 복제하는 것뿐만 아니라, 황 교수식의 오려 붙이기, 오보카타식의 잘라내고 크기를 조정하는 방식을 포함한 모든 종류의 조작 기술들이 총망라돼 있었다. 결론

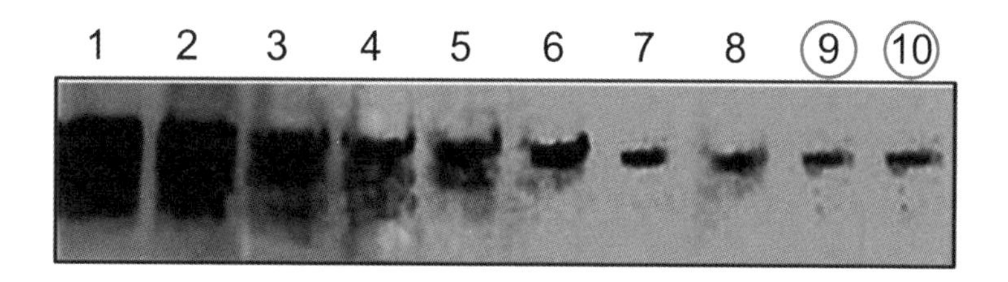

그림 1. 비크와 동료들이 발견한 중복된 웨스턴 블로트. 마지막 두 밴드(9열과 10열)는 동일한 것으로 밝혀졌는데, 이미지는 복제됐고 오른쪽 이미지는 약간 크기만 조정됐을 뿐이다. 아마도 포토샵과 같은 소프트웨어를 사용했을 것이다. 문제의 논문은 후에 수정됐다. 이미지는 Bik et al.(2016) mBio에서 가지고 온 것이다.

적으로 전체 논문의 3.8퍼센트(25편 중 1편)에 문제가 있는 이미지가 포함돼 있었다. 그 이후 비크와 동료들은 세포생물학 저널 한 편을 선정해 추가 분석을 진행했고 그 결과 6.1퍼센트의 논문에서 이전보다 훨씬 더 많은 조작이 있었음을 발견했다.[64]

물론 대부분 연구자가 의도하지 않은 단순한 실수였고 저자들은 문제가 된 부분을 해결하고 수정 논문을 내놓을 수 있었다. 하지만 이 중 약 10퍼센트의 논문은 해당 문제 때문에 결국 철회됐다. 논문을 작성하는 과정에 무언가 불법적인 일들이 벌어졌었음을 암시하는 결과다. 만약 이 철회 비율을 일반적인 세포생물학 논문에 적용한다면, 해당 분야의 과학 문헌에서 철회해야 할 논문의 수는 3만 5,000편에 달한다는 계산이 나온다. 이 사례에서 적어도 몇 가지 긍정적인 면은 발견할 수 있다. 명성이 높은 저널일수록 이미지 중복 논문 건수가 더 적다는 것이다. 아마도 이와 같은 범죄를 계속해서 저지르는 사람들에 대한 이야기만큼 흥미로운 것도 없을 것이다. 비크와 그녀의 팀은 위조된 이미지가 포함된 논문을 발견했을 때, 같은 저자가 다른 논문에서도 이미지 조작을 했는지 확인했다. 이 경우 40퍼센트 정도의 확률로 동일한 이미지 조작이 이루어지고 있는 것을 발견했다. 하나의 이미지가 복제된 것은 단순한 부주의로 볼 수도 있다. 하지만 이미지 조작이 두 번 이상 일어나면 이것은 사기라고 봐야 할 것이다.

측정 오차와 샘플링 오류

지금까지 우리는 주로 이미지 기반의 속임수에 초점을 맞춰왔다. 하지만, 사기가 발생하는 대상은 더 세밀한 곳까지 파고든다. 과학적 사기를 저지르고 숨기기에 더 효과적인 장소는 숫자다. 연구 데이터 세트를 구성하는 것은 숫자의 행과 열이기 때문이다. 서문에서 우리는 디데릭 스타펠 사건을 다루었다. 그는 자신이 원하는 결과를 스프레드시트에 직접 입력한 후 그것들을 진짜 데이터인 것처럼 건넸다. 이러한 종류의 데이터 사기는 과학 연구에서 얼마나 자주 발생할까? 그리고 우리는 얼마나 쉽게 이것을 찾아낼 수 있을까?

다행히도 렘브란트나 베르메르의 작품을 위조하고 웨스턴 블로트 이미지를 그럴싸하게 만들어내는 것이 극도로 어려운 작업인 만큼 데이터 세트를 그럴듯하게 위조하는 것도 전혀 쉬운 일이 아니다. 허공에서 지어낸 데이터는 현실 세계에서 발생한 데이터가 가지고 있을 것으로 예상되는 특징들을 가지고 있지 못하기 때문이다.[65] 한 치의 오차도 없는 정확한 과학은 존재하지 않는다. 과학적 숫자에는 많은 오차가 포함되기 때문이다. 어떤 값이든 측정하려고 할 때 참값에서 약간은 벗어날 수밖에 없다. 한 나라의 경제적 성과, 세계에 남아 있는 희귀한 오랑우탄의 수, 아원자 입자의 속도, 혹은 심지어 누군가의 키를 재는 것만큼 단순한 일에 이르기까지 측정하고자 하는 세상 모든 값에는 항상 오차가 포함되게 마련이다. 키를 잴 때 약간 구부정하게 서 있어서 오차가 생길 수도 있고, 줄자가 약간 미끄러지거나 단순히 실수로 틀린 숫자를 적을 수도 있다. 이것을 측정 오차라고 한다. 측정 오차를 줄이는 방법은 있어도 완전히 피해가는 방법은 없다.[66]

측정 오차와 사촌 관계처럼 비슷하게 우리에게 똑같이 골치 아픈 현상이 샘플링 오류다. 과학자들이 모든 연구 대상을 일일이 완벽하게 전수 조사하지는 못한다. 세포의 집합이든 외부 행성, 외과 수술, 혹은 재정적 거래 관계든 모두 마찬가지다. 대신 우리는 전체를 대표하리라 생각되는 표본을 샘플링해 연구하고, 그것으로부터 나온 결과를 집단 전체로 확대해 일반화하려고 노력한다. 통계학자들은 사람들의 집합이 아닐지라도 데이터 집단 전체를 '인구population'라고 부른다. 문제는 여러분이 채취한 표본의 특성이 여러분이 정말로 알고 싶어 하는 것(예를 들면 전 국민의 평균 키)과 결코 정확하게 일치할 수 없다는 데 있다. 어떤 사람들이 무작위로 표본에 포함됐는지에 따라 표본의 평균이 약간씩 달라지기 때문이다. 그리고 이렇게 고른 일부 표본의 경우 우연히 전체 집합의 실제 평균과는 크게 다를 수도 있다.[67]

측정 오차와 샘플링 오류는 모두 예측 불가능하다는 특징을 가지고 있다. 하지만 이런 현상이 발생할 것이라는 사실 자체는 예측 가능하다. 표본, 측정법 또는 그룹이 달라지면 데이터의 특성도 달라진다. 이에 따라 평균, 최댓값, 최솟값을 비롯해 데이터의 거의 모든 특징이 달라진다. 측정 오차와 샘플링 오류는 일반적으로는 바람직하지 않은 현상으로 여겨지지만, 조작된 데이터를 탐지하는 수단으로는 매우 유용하게 사용될 수 있다. 서로 다른 그룹을 대상으로 얻은 데이터 세트가 너무 깔끔하게 서로 비슷해 보인다면 뭔가 수상한 일이 일어나고 있는 것이라고 짐작할 수 있기 때문이다. 유전학자 J. B. S. 할단Haldane은 "인간은 매우 질서 있는 동물이다. 따라서 자연의 무질서를 흉내 내는 것을 매우 어려워한다"라고 말했다. 이것은 사기꾼들도 마찬가지다.[68]

2011년 사회심리학자인 로런스 사나Lawrence Sanna와 더크 스미스터스Dirk Smeesters 사례는 데이터가 가진 이런 원리 때문에 적발됐다. 사나는 사람들이 더 높은 곳에서 머물 때 친사회적으로 행동한다는 연구 결과를 발표했다. 스미스터스는 사람들이 빨간색과 파란색을 쳐다보는 것만으로도 유명인에 대한 생각에 영향을 받는다고 주장했다.[69] 두 논문의 주장은 외견상 그들이 제안한 인간 행동에 대한 이론을 확실히 뒷받침해주는 매우 인상적인 결과였다. 그런데 이 논문들을 자세히 살펴보니 매우 이상한 점이 드러났다. 심리학자 유리 사이먼손Uri Simonsohn은 두 논문에 실린 다양한 그룹을 대상으로 얻은 데이터들의 범위(예를 들면 최고점수와 최저점수의 차이)가 거의 동일하다는 사실을 발견했다. 각각의 그룹들은 서로 매우 다른 특성을 지녔는데도 이런 결과를 얻은 것이다. 사이먼손의 계산에 의하면 실제 데이터에서 이런 일이 일어날 가능성은 극히 낮았다. 스미스터스의 경우도 마찬가지였다. 이번에는 그룹 간의 평균값이 너무 비슷했다. 이러한 현상 역시 실제 데이터상에서는 매우 일어나기 어려운 일이다. 실제 데이터에서는 측정 오차 때문에 수치들이 크게 다르게 분포됐을 것이기 때문이다.[70] 이런 문제점이 드러나자 두 논문은 철회됐고 두 연구원들은 불명예퇴직을 해야 했다.[71]

통계적 데이터를 조작할 경우 이렇게 의심스러운 정황이 숫자에서 나타나는 것은, 마치 열대 지방을 운행하는 유람선에서 여러분의 신용카드가 사용되고 은행에서 신용카드를 정지시키는 일과 같다고 할 수 있다. 카드 사용이 정상적인 용도와는 맞지 않고, 카드 사기로 보이는 특이한 활동이 나타났기 때문에 카드를 정지시키는 것이다.[72] 마찬가지로 조작된 데이터들에서는 독특한 특징들이 다수 나타난다. 이런 특징들을 발견하면 의심스러운 마음으로 데이터의 세세한 부분까지 들여다보아야 한다. 예를 들면 누락된 데이터 포인트가 거의 없이 너무 완벽해 보이는 데이터 세트와 같은 경우가 되겠다. 현실에서는 수많은 이유로 데이터 세트에서 데이터 포인트가 누락된다. 예를 들면 참가자가 연구 도중에 빠지거나 시험기에 오류가 발생하는 것과 같은 경우 때문이다. 숫자의 분포도 예상되는 수학적 규칙을 따르지 않을 수도 있다.[73] 실제 세계에서 일어날 법한 효과의 크기보다 훨씬 큰 효과를 보여줌으로써 진짜처럼 믿게 만드는 데이터도 있다.[74]

과학 사기가 어려울까, 진짜 연구가 어려울까

어떤 사기범들은 가짜 데이터를 진짜처럼 보이게 하는 것이 얼마나 어려운지 잘 알고 있다. 따라서 그들은 매우 창의적인 방법으로 사기의 흔적을 감추려 노력한다. 정치학자 마이클 라코어Michael LaCour는 캘리포니아대학교 로스앤젤레스 캠퍼스 대학원생이었던 2014년 대규모의 방문 조사를 통해 얻은 흥미로운 결과를 〈사이언스〉 저널에 발표한 바 있다.[75] 이 연구 데이터에 의하면 동성애 사회 운동가의 방문을 받은 적이 있는 사람들의 경우, 동성애 결혼에 대해 장기적으로 긍정적인 영향을 받는다고 한다. 즉, 제대로 권리를 보호받고 있지 못한 소수 집단의 사람을 개인적으로 만나는 것만으로도 사람들은 그들의 권리를 훨씬 더 지지하게 된다는 주장이었다. 이 연구 결과는 동성 결혼에 대해 매우 낙관적인 메시지로 해석될 수 있었고, 즉시 동성 결혼 합법화를 위한 아일랜드의 2015년 국민투표 캠페인에 사용됐다. 캠페인은 결국 성공적으로 끝났다.[76]

두 명의 정치학자, 데이비드 브룩만David Broockman과 조슈아 칼라Joshua Kalla는 이 연구 결과에 감명을 받았다. 그들은 자신들도 그와 비슷한 연구를 해보고 싶었다. 하지만 연구를 하기 전 라코어의 데이터 세트를 조사하는 과정에서 매우 이상한 점을 발견했다. '동성 결혼을 얼마나 지지하는지'에 대한 대답의 점수 분포가 그들이 잘 알고 있는 오래된 조사 결과인 공동 캠페인 분석 프로젝트Cooperative Campaign Analysis Project, CCAP와 의심스러울 정도로 유사했던 것이다. 두 결과 데이터의 분포 상태가 사실상 거의 동일했다. 또한, 캠페인 운동가와 접촉한 후 설문 참가자들의 태도가 변했는지 여부를 조사했던 후속 연구 데이터에서도 이상한 점을 발견했다. 설문 참가자 중 단 한 명도 당초의 견해에서 바뀐 사람이 없었기 때문이다. 다시 한번 말하지만 결과 데이터는 오차를 동반한다. 이와 같이 규모가 큰 데이터 세트에서는 시간의 흐름에 따라 데이터들이 앞뒤로 많이 변화되는 것이 자연스러운 현상이다.

결과적으로 라코어의 데이터 세트는 조작된 것으로 드러났다. 라코어는 CCAP 설문 조사 결과 얻은 수치들에 무작위 노이즈를 추가한 후 마치 그 데이터들이 새로운 연구에서 나온 것처럼 가장했던 것이다. 후속 연구 데이터 역시 동일한 방법으로 조작됐다. 라코어가 세대별 방문자를 교육했다고 논문에서 밝혔던 내용도 완전한 허구였다. 심지어 설문 조사는 한 번도 실시된 적이 없었다. 운 나쁘게 논문의 공동 저자가 됐던 명망 높은 정치학 교수 도널드 그린Donald Green은 그의 데이터 조작에는 참여하지 않은 것으로 밝혀졌다. 그는 후에 라코어가 그에게 보여줬던 '가장 바로크적이고 화려한 장식을 가진 놀라운 조작의 결과물'에 감탄했다고 했다. 그는 이렇게 말했다. "이야기도 있고, 에피소드도 있고 … 그래프와 차트도 있다. 진짜 데이터 세트를 분석하는 것 외에 이 모든 것을 지어내었을 것이라고는 상상조차 할 수 없었다."[77]

나는 2015년 5월 라코어의 연구에 대한 브룩만과 칼라의 보고서가 발표됐던 것을 분명히 기억한다.[78] 그 보고서는 내가 샌프란시스코에서 열리는 콘퍼런스에 가기 위해 에든버러에서 비행기에 탑승하기 바로 직전 온라인에 게시됐다. 13시간 후 샌프란시스코에 도착하자 소셜미디어에서 내가 팔로우하던 모든 과학자가 이 사건에 대해 이야기하고 있었다. 그 보고서는 충격적이었다. 라코어의 데이터 조작 방법을 세세하게 폭로하고 있어서 라코어는 더 이상 도망갈 곳이 없게 됐다. 〈사이언스〉는 즉시 라코어의 논문을 철회했고, 그가 이른 나이에 〈사이언스〉에 발표했던 논문 덕분에 프린스턴대학교에서 받았던 일자리 제의도 이와 함께 날아갔다.[79]

라코어가 그의 사기 행각을 감추기 위해 얼마나 노력했을지를 떠올리면

차라리 해당 연구를 실제로 진행하는 것이 더 쉬웠을 것이라고 생각된다. 그랬다면 그의 데이터 세트에 대해 정밀 조사가 진행되고 그의 경력이 망가지는 최악의 시나리오는 피했을 것이다. 하지만 사나, 스미스터스, 스타펠과 마찬가지로 라코어가 데이터 조작으로 얻고자 했던 것은 '데이터에 대한 통제'였다. 그것은 〈사이언스〉 저널에 발표할 가치가 있는 논문임을 동료 평가자들에게 확신시키기 위해 필요한 조건에 정확하게 들어맞도록 데이터를 가공하는 것이었다. 그에게는 결과가 불분명하고 해석이 불확실한 특징을 가지고 있는 현실 데이터의 스냅샷이 아니라, 즉시 현실 세계에 적용할 수 있는 깨끗하고 효과적인 데이터가 필요했던 것이다. 출판 시스템과 대학 취업 시장이 요구하는 것도 바로 그런 조건의 데이터다.

이 사례를 통해 다시 한번 확인할 수 있었던 것은 사기꾼들은 매력적이고 흥미로운 발견을 보기 원하는 동료 평가자들의 희망뿐만 아니라 다른 사람을 신뢰하는 그들의 본성을 이용한다는 점이다. 동료 평가 시스템에 동료 과학자에 대한 신뢰가 어느 정도는 개입되는 것을 피하기는 어렵다. 논문을 검토하는 사람이 모든 데이터에 대해 조작의 징후가 있는지를 일일이 다시 확인할 수는 없기 때문이다. 하지만, 데이터 조작 사례들을 통해 우리는 조직적 회의주의가 제대로 작동하려면 과학에 대한 기준이 더 높아져야 한다는 점을 깨닫게 된다. 과학을 위해서 이제는 과학자들이 서로를 조금 덜 신뢰하기 시작해야 할 때인지도 모르겠다.

과학계에서 얼마나 많은 조작이 이뤄지는가

이제 우리는 이런 질문을 던질 준비가 됐다. 다양한 종류의 모든 과학적 사기를 포함한 부정행위가 과학계에 얼마나 널리 퍼져 있는가? 조작의 규모를 추정하는 한 가지 방법은 철회된 논문의 수를 살펴보는 것이다. 논문 철회는 논문으로서는 가장 불명예스러운 종말이다. '과학계의 사형'이라고 불리기도 한다.[80] 사형이 이루어진 이후에 철회된 논문들은 일종의 연옥에 들어간다. 철회된 논문을 단순히 삭제해버리면 더 많은 혼란을 야기할 수 있다. 특히 이미 다른 연구에서 많이 인용된 논문의 경우에는 더욱 그렇다. 대신 더 이상 합법적이지 않은 논문이라는 표시를 단 채 저널의 웹사이트에 온라인 상태로 영구적으로 유지된다. 종종 논문의 본문 페이지에 대각선으로 커다랗게 '철회RETRACTED'라고 빨간 색의 굵은 글씨로 표시되기도 한다.

논문 철회와 관련된 정보를 얻을 수 있는 가장 좋은 곳은 리트랙션 워치Retraction Watch라는 웹사이트다. 이 웹사이트는 새롭게 철회된 논문을 시간순으로 기록하고, 저널과 저자들에게 연락해 무엇이 잘못됐는지를 알아내어 웹사이트에 게재한다. 웹사이트의 소유자인 이반 오란스키Ivan Oransky와 애덤 마커스Adam Marcus는 1970년대 이후 과학 문헌에서 철회된 1만 8,000건 이상의 논문들을 분류한 데이터베이스를 2018년 발표했다. 이 자료는 과학의 추한 측면에 관심이 있는 사람들에게는 보물 창고와도 같다. '철회 사유'라는 이름이 붙은 섹션에서 보이는 '이해 충돌', '저자 위조', '저자의 위법 행위', '자료 파괴', '형사 소송'과 같은 문구들은 논문과 관련돼 끔찍한 스토리들이 숨어 있음을 암시한다.[81]

물론 리트랙션 워치의 데이터베이스가 철회된 모든 논문을 기록한 완벽한 목록은 아니다. 철회된 논문들이 일부 빠져 있거나 저널에 따라 논문 철회를 인정하거나 강조하는 정도가 다르기 때문이다. 또한 논문을 철회했다고 해서 반드시 조작됐음을 의미하는 것도 아니다. 많은 경우 저자들 스스로 실수를 발견하고 논문을 철회하는 경우도 있기 때문이다. 어떤 논문들의 경우 철회 이유가 모호한 경우도 있다. 예를 들어, 2020년 초 노벨 화학상을 수상한 프랜시스 아널드Frances Arnold는 그녀의 연구팀이 발표한 〈사이언스〉 저널의 효소 관련 논문을 철회한다고 발표했다. 우선 논문대로 결과가 재현되지 않았고 '제1저자의 실험실 노트를 세심하게 조사'한 결과 핵심 실험 데이터와 결과를 기입하는 과정에 누락이 있었음을 밝혀냈기 때문이다.[82] 아널드 연구실의 학생이었던 그 제1저자가 단순히 실수를 한 것인지 혹은 더 나쁜 짓을 했는지는 분명하지 않다. 아널드는 고통스러울 정도로 솔직하게 시인했다. '모두에게 사과한다.' 그녀는 트위터를 통해 말했다. '이 논문이 제출됐을 때 나는 조금 바빴고, 내가 당연히 해야 했던 일을 잘하지 못했다.'[83]

일반적인 철회 사유 중 정직한 실수는 전체의 약 40퍼센트 혹은 그 이하다. 대부분은 조작(대략 20퍼센트), 중복 출판, 표절과 같은 형태의 부도덕한 행동에 기인한다.[84] 시간이 갈수록 논문 철회 수도 증가하고 있다. 그렇다고 해서 논문 조작이 늘어나고 있다고 이야기할 수는 없다. 저널 편집자들이 논문 조작을 찾아내는 데 있어서 더 현명해지고 있음을 의미할 수도 있고, 아널드처럼 저자들 스스로 본인들의 실수를 더 기꺼이 받아들이고 있다는 것을 뜻할 수도 있기 때문이다.[85]

사회에서 소수의 범죄자가 대부분의 범죄를 저지르는 것과 마찬가지로, '리트랙션 워치 데이터베이스'는 모든 철회 논문의 25퍼센트가 단지 2퍼센트의 과학자들에 의해 이루어졌음을 보여주고 있다.[86] 최악의 범죄자들은 리트랙션 워치의 리더보드에 이름을 올리게 된다. 일종의 역 노벨상 수상 후보에 해당한다고 볼 수 있다.[87] 우리가 잘 알고 있는 디데릭 스타펠은 논문 철회 58회로 5위에 올라 있다. 현재 논문 철회 부문에서 가장 강력한 우승 후보자는 약물 실험 데이터를 가짜로 지어낸 일본의 마취과 의사 후지이 요시타카藤井善隆로 철회된 논문의 수가 놀랍게도 183건에 달한다. 2000년 저널 〈마취와 무통증Anaesthesia & Analgesia〉에 전달된 한 통의 편지는 후지이가 보고한 데이터들이 '믿을 수 없을 정도로 너무 좋다!'라고 했다.[88] 리트랙션 워치의 큐레이터들이 확인한 바에 의하면 그것은 칭찬의 말이 아니었다.[89] 그 편지를 쓴 사람들은 후지이의 실험 참가자 중 부작용으로 두통을 호소한 사람들의 수가 그가 발표한 13개 논문에 걸쳐 정확히 동일했고, 8개의 추가 논문에 사용된 다른 그룹에서도 거의 동일하다는 것을 발견했다. 앞에서 살펴본 사례와 같이 그의 데이터는 진짜 데이터로 보기에는 지나치게 깔끔하고 균일했다. 하지만 이 편지가 도착한 지 10년이 지나도록 아무런 조치도 취해지지 않았다. 그러는 동안 후지이는 매우 저명한 해부학 저널들에 가짜 논문을 계속해서 게재했다. 2012년에 이루어진 또 다른 분석 결과 그의 많은 데이터들은 현실적으로는 얻어질 수 없는 숫자들이라는 점이 밝혀지면서 후지이의 논문에 대한 공식적인 조사가 시작됐다. 이로써 그의 경력은 끝이 났다.[90] 조사 결과에 따르면 172편의 논문에서 조작된 데이터가 발견됐다. 그 이후로도 더 많은 조작 논문이 발견됐고 후지이는 이 방면에서 세계 신기록을 갱신하게 됐다. 반면 조사 결과 어떤 조작도 포함되지 않았다고 결론 내려진 논문도 3편이 있었음이 드러났다.[91]

리트랙션 워치의 리더보드에 이름을 올린 과학 사기계의 거물들을 포함해 부적절한 이유로 논문을 철회한 과학자들을 모두 합치면 실제로 얼마나 많은 과학자들이 논문을 작성할 때 부정한 방법을 쓸까? 전체 논문 중에서 철회된 논문의 비율은 1만 건 중 약 4건, 즉 0.04퍼센트로서 너무 걱정하지 않아도 될 정도로 낮은 수치처럼 보인다. 물론 어떤 논문들은 사기가 아닌 이유로 철회된 것도 있다. 하지만 어떤 저널들은 거짓 데이터를 발견하는 노력을 하지 않거나 혹은 발견되더라도 철회하려 하지 않는다. 따라서 이 수치는 현실을 파악하는 데 별로 도움이 되지 않는다. 만약 여러분이 익명을 전제로 과학자들에게 논문 작성 시 어떤 종류이든 부적절한 방법을 사용해본 적이 있는지 물어본다면 어떻게 될까?

지금까지 이런 의문을 가지고 실시된 연구 중 가장 대규모로 실시된 것은 7개의 설문 조사를 종합한 연구였다. 그 결과 1.97퍼센트의 과학자들이 적어도 한 번은 데이터를 조작했다고 시인한 것으로 나타났다.[92] 과학자 50명 중 1명이 조작 경험이 있다고 시인하는 것이 별로 놀랍지 않을 수도 있다. 심지어 익명 조사에서도 사람들은 자신의 사기를 자백하기 싫어한다는 것을 고려한다면 그 숫자는 훨씬 더 많을 것이라고 예상할 수 있다. 하지만 설문 조사에서 실제로 데이터를 위조한 다른 연구자를 알고 있는지 물었을 때 이 수치는 14.1퍼센트까지 뛰어올랐다. 물론 조사 대상 중 일부는 다른 경쟁 그룹의 연구에 대해 오해하고 있거나 과민 반응함으로써 문제를 과장할 수도 있다는 점은 감안해야 할 것이다.[93]

과학 사기꾼들의 프로필

그렇다면 과학 사기꾼들은 어떤 사람들인가? 더 이상 데이터 조작 행위를 하지 못하도록 FBI처럼 사기꾼들의 전형적인 특징을 모아 '프로필'을 만들 수는 없을까? 논문 조작 사건에 대한 리뷰 보고서에서 신경과학자 찰스 그로스Charles Gross 교수는 사기를 저지르는 사람들의 프로필을 단정할 수 있는 확실한 증거가 없다는 점을 아쉬워했다. 그런데도 그는 언론에 잘 알려진 사기 사건에 자주 등장하는 인물들의 전형적인 유형을 묘사하려는 시도를 했다. 그가 묘사한 사기꾼은 빠르게 변하고 경쟁이 치열한 현대 생물학 분야나 의학계 소속의 엘리트 기관에서 일하고 있는 똑똑하고 야심찬 청년이다. 이런 곳에서는 연구 결과에 따른 이론적, 임상적, 재정적 영향이 크기 때문이다.[94] 이 장에서 다루었던 사례들을 다시 떠올려본다면 쉽게 그림이 그려질 것이다. 파올로 마키아리니 사례는 이런 묘사에 거의 완벽하게 들어맞는다.

그로스는 특히 사기꾼의 전형적 유형을 남성으로 한정했다. 이것은 최악의 사기범들 사이에서 분명하게 나타나는 패턴이다. 현재 리트랙션 워치 리더보드의 상단에 이름을 올리고 있는 32명의 과학자 중 단 한 명만이 여성이다.[95] 이런 사실이 우리에게 어떤 중요한 점을 시사하는지 알기 위해서는 각 분야에서 남성과 여성의 기본 비율이 얼마나 되고, 이에 따라 남성이 과잉 대표되는 것은 아닌지를 먼저 알아야 한다. 미국 연구 진실성 사무국의 2013년 한 연구는 이러한 성 비율의 차이를 고려했을 때 사실상 남성들이 조작의 주체인 것으로 지나치게 과장된다는 것을 발견했다.[96] 모든 과학 분야에 걸쳐 논문 철회와 수정 실태를 조사한 2015년의 한 논문에서는 성별에 따른 차이는 없었음을 보고했다. 하지만, 이 논문이 모든 중요한 기본 전제들을 고려했는지는 확실하지 않다.[97]

엘리자베스 비크와 그녀의 동료들은 웨스턴 블로트 이미지를 조작한 논문들을 데이터베이스로 만든 후 조작 문제가 있는 논문들이 다른 논문들과 어떤 면에서 차별화되는 특성이 있는지 확인했다.[98] 그 결과 이미지 조작이 특정 나라에서 일어날 가능성이 더 높은 것으로 드러났다. 조작된 이미지가 포함된 논문의 수가 인도와 중국에서 압도적으로 많았기 때문이다. 반면 미국, 영국, 독일, 일본, 호주 등은 매우 적었다. 저자들은 이러한 차이점들이 문화적 차이로부터 오는 것이라고 설명했다. 인도와 중국 같은 나라에서는 과학적 위법 행위에 대해 느슨한 규칙과 가벼운 처벌이 적용되고 있다. 이것이 많은 수의 잠재적 조작 연구를 양산하는 원인일 수 있다는 것이다.[99] 이것은 과학이 행해지는 사회적 환경이 연구 품질에 막대한 영향을 미친다는 것을 강조하는 결과라고 할 수 있다.

다른 사람들도 이와 비슷한 추측을 했다. 의사이자 작가인 스티븐 노벨라Steven Novella는 중국 과학자들의 침술 실험 결과가 100퍼센트 긍정적 효과를 보였다는 매우 의심스러운 연구 결과를 인용하면서(설사 침술이 완벽하게 효과가 있었다 하더라도 우연히 효과가 없게 나오는 경우가 적어도 몇 건은 있을 것이라고 예상하는 것이 현실적으로는 자연스럽다), 중국의 정치적 상황이 훌륭한 과학을 수행하는 데 좋지 않을 수도 있다고 주장했다.

> 전체주의 정부가 과학이 꽃을 피울 수 있는 환경을 조성하지 않을 것이라는 합리적 우려도 있다. 과학의 특성상 기본적으로 투명성이 뒷받침돼야 하고, 결과의 가치를 객관적으로 평가하는 방법이 필요하며, 이념적으로 중립적이어야 하기 때문이다. 이런 것들은 전체주의 정권하에서 환영받는 개념은 절대 아니다. 아마 전체주의 정부하에서 존경받고 권력을 향유하는 위치로 승진하는 과학자들은, 체제의 문화적 선전이 진짜라는 것을 증명함으로써 정권을 기쁘게 하는 사람들일 것이다. 이렇게 선별적 압력이 가해지는 환경에서는 연구 진실성의 우선순위가 결코 높을 수가 없다.[100]

원인이 무엇이든 간에 문제가 심각하다는 점에는 중국 과학자들도 동의하는 것으로 보인다. 2010년대 초 중국의 생물의학 연구자들을 대상으로 한 한 설문 조사에서는 동료들이 출판한 생물의학 논문의 약 40퍼센트에 모종의 과학적 위법 행위가 있었을 것으로 생각한다고 집계됐다. 또한 71퍼센트의 연구자들이 이런 잘못된 행위에 대해 중국 당국이 '아무렇지도 않거나 거의 신경을 쓰지 않는다'고 대답했다.[101]

무엇이 조작을 하게 만드는가

그러나 성별이나 출신 국가에 대한 대략적인 이야기를 제외하고는 아직 우리가 전형적 과학 사기범의 프로필에 대해 알고 있는 것은 매우 막연할 뿐이다. 인구 통계적 기준으로 그들을 식별할 수 없다면, 조작 동기를 아는 것이 이들을 가려내는 데 도움이 될까? 왜 사기범들은 발각될 경우 잃을 것이 많은데도 그런 뻔뻔한 짓을 저지를까? 2014년 발표된 한 논문에 따르면 연구 진실성 사무국에서 부정행위로 검열을 받은 미국 과학자들의 경우 수년 전부터 자금난에 허덕였던 것으로 나타났다. 이에 대해서는 연구 지원금에 대한 절박함을 조작의 동기로 볼 수도 있겠지만, 진실성 사무국 조사를 받던 기간 동안에 그들의 연구 자금이 고갈된 것으로도 해석할 수 있다. 즉, 자금 부족 때문에 부정행위를 한 것이 아니라 부정행위가 오히려 자금 부족 현상을 불러왔을 수도 있는 것이다.[102]

또 다른 동기로서는, 사기꾼들이 과학을 무엇으로 생각하는지에 대한 비정상적인 이해를 들 수 있겠다. 면역학자이자 노벨상 수상자인 피터 메다와르 경Sir Peter Medawar은 사기를 저지르는 과학자들은 본능적으로 진실에 대해 많은 신경을 쓰지만 정작 무엇이 진실인지에 대한 그들의 생각은 현실과 크게 단절돼 있다고 주장했다. "나는 과학 사기의 가장 중요한 동기는 평범한 과학자라면 무시하거나 믿지 않을 이론이나 가설을 진지하게 중요하다고 생각하는 그들의 열정적 믿음에 있다고 생각한다. 이 경우 사기범들이 자명한 사실이라고 믿었던 것이 무엇인지 드러나면 사기범들의 동료들은 충격에 휩싸일 수밖에 없게 된다."[103] 물리학자 데이비드 굿스타인David Goodstein은 이와 같은 의견에 동의한다. "사기를 저지른 사람들의 목적이 과학의 본질에 거짓을 주입하는 것인 경우는 거의 없다"고 그는 이야기한다. "그들은 자신들이 과학이라는 창고에 한 조각의 진실을 더한다고 굳게 믿고 있다. 하지만, 실제 과학계가 요구하는 어려운 검증 과정을 통과하는 수고는 외면한다."[104]

굿스타인은 자신이 속한 분야에서 발생한 유명한 사례를 생각하고 이런 말을 한 것이다. 2001년 유명한 미국 벨 연구소에서 일하고 있던 독일의 고체 물리학자 얀 헨드릭 숀Jan Hendrik Schön은 탄소 기반의 트랜지스터를 발명했다고 주장함으로써 세계를 깜짝 놀라게 했다. 트랜지스터는 전류를 개폐하고 증폭함으로써 전자 신호를 제어하는 장치다. 실질적으로 모든 전자 회로의 기본이 되는 중요한 구성 요소다. 그의 주장은 이런 스위치 동작이 단일 분자 내에서 일어날 수 있다는 것이었다.[105] 만약 이것이 사실이라면 현재 마이크로칩에서 사용되는 표준 물질인 실리콘으로 만들어지는 어떤 트랜지스터보다도 작은 트랜지스터를 만들 수 있다. 또한 회로가 만들어지는 방식에 극적인 변화가 일어나게 됨을 의미한다. 이 발명으로 우리는 마침내 분자 크기의 회로를 만들 수 있게 되는 것이고, 나아가 나노기술의 혁명적 발전으로 이어질 것이다. 스탠퍼드대학교의 한 교수는 숀의 기술이 '단순함에 있어서 특히 탁월하다'고 칭찬했으며, 그는 과학계의 수많은 상을 휩쓸었다.[106] 숀은 극소 트랜지스터 기술과 함께 또 다른 기술들도 재빠르게 개발함으로써 세계 최고의 논문 발표 기록을 세웠다. 2000년과 2002년 사이에 저명한 물리학 전문 저널에 수많은 논문을 발표했을 뿐만 아니라 〈사이언스〉 저널에 9편의 논문을, 〈네이처〉에는 7편의 논문을 게재했다. 대부분의 과학자들에게는 이 대단한 학술지에 한 편이라도 논문을 싣는 것이 자신들의 경력에 있어서 일생일대의 사건이다. 이렇게 되자 숀이 노벨상을 수상할 수도 있다는 소문까지 나돌았다.

하지만 그 소문은 금방 의심으로 바뀌었다. 다른 독립적인 연구실에서 숀의 실험을 반복하는 데 큰 어려움을 겪었기 때문이다. 줄기세포를 만드는 STAP 기법과 마찬가지로 숀의 실험 역시 쉽게 다시 확인할 수 있을 정도로 매우 간단한 특징을 가지고 있었다. 그런데 숀이 발표한 몇 편의 논문에 실린 완전히 다른 실험에서 얻은 결과들이 정확히 서로 같은 수치를 나타낸다는 사실이 밝혀졌다.[107] 벨 연구소는 숀에게 연구 결과를 뒷받침하는 원본 데이터를 제출할 것을 요구했고, 이에 대한 상세한 조사가 시작됐다. 그러나 마치 개가 숙제를 먹어 치워버렸다고 변명하는 것처럼, 숀은 자신의 컴퓨터에 충분한 메모리가 없어 대부분의 데이터를 삭제했다고 조사 위원회에 통보했다.[108] 그러나 조사 위원회는 심지어 그가 제출한 자료에서도 명백한 위법 행위의 증거를 찾을 수 있었다. 예를 들어, 숀이 두 개의 각기 다른 분자에서 얻은 전류를 비교한 결과라고 제시한 데이터는 첫 번째 분자에서 얻은 값에 단순히 2를 곱한 후 두 번째 분자에서 얻은 데이터라고 주장했음이 밝혀졌다. 두 번째 분자의 데이터라고 주장하는 수치를 반으로 나누었을 때 첫 번째 분자의 데이터와 소수점 이하 다섯째 자리까지 동일하다는 사실이 드러났다.[109] 조사 결과 복사, 조작, 그리고 전면적 데이터 가공이 이루어진 증거들을 발견했다. 이 자신만만했던 사기꾼은 너무 완벽해서 도저히 진짜일 수 없는 데이터를 조작해낸 것이었다.

사기꾼들의 동기를 찾는 데 있어 특히 관심이 가는 부분이 숀 사건에 대한 긴 조사 보고서의 마지막에 나타나 있다. 그것은 숀이 보낸 짧은 답변이었다. 비록 자신은 "실수"를 저질렀고 "신뢰성 측면에서 부족함을 깨닫는다"고는 했지만, 여전히 "자신이 보고한 과학적 효과는 진짜이고, 흥미롭고, 연구할 가치가 있다는 것을 진정으로 믿고 있다"고 호소했다.[110] 우리는 물론 사기꾼들이 하는 말을 극도로 조심스럽게 받아들여야 한다. 그러나 숀이 자신의 이론에 대한 믿음을 가지고 있다는 사실은 분명해 보인다. 이미 자신의 많은 연구 결과들이 과학 문헌에서 삭제됐음에도(현재 리트랙션 워치 리더보드에서 32편의 논문이 철회돼 15위에 올라 있다) 숀의 분명한 믿음은 메다와르와 굿스타인이 지적했던 망상과 자기기만의 형태로 나타난 것으로 보인다.[111] 확실하게 알 방법은 없으나 숀은 자신의 놀라운 트랜지스터를 진심으로 믿었고, 그에게 약간의 규칙 위반은 이 기술이 세계의 주목을 받기 위해서 어쩔 수 없는 필요악이었을지도 모른다.

스타펠도 그의 저서에서 비슷한 감정을 표현했다. 그는 진심으로 꼭 성공해야 할 연구에서 실망스러운 결과를 얻기 시작한 후, 자신이 어떻게 사회심리학 연구를 조작하기 시작했는지에 대해 묘사하고 있다.

> 간절히 희망하던 대로 결과가 나오지 않을 때, 그리고 그 희망이 철저한 문헌 분석에 기초하고 있음을 스스로 잘 알고 있을 때, 이번이 이 주제에 대한 세 번째 실험이고 이전 두 번의 실험에서는 좋은 결과가 나왔을 때, 어딘가에서 다른 사람들이 비슷한 연구를 수행해서 좋은 결과를 얻고 있음을 알고 있을 때, 그렇다면 연구 결과를 약간 손봐도 되지 않을까?[112]

숀이나 스타펠 같은 사기꾼들은 이 책에서 우리가 계속해서 살펴보게 될 가장 극단적인 사례를 대표하는 인물들이다. 과학자들은 '진실'을 밝히기 위해 자유를 택한다. 하지만 사기꾼들은 그들이 진실이길 바라는 것을 위해 술수를 택한다.[113]

논문 조작의 파급 효과

이유가 무엇이었든 간에 과학 사기범들은 과학에 비극적이고도 중대한 피해를 줌으로써 인간이 만든 가장 소중한 유산을 훼손한다. 첫째, 시간 낭비에 대해 생각해보라. 사기 사건을 수사하는 데는 몇 주, 몇 달, 심지어 몇 년 동안의 강도 높은 작업이 필요하다. 특히 부정행위는 한 편의 논문에 그치는 것이 아니라 더 많은 연구 사례로 전이되는 경우가 많기 때문에, 각각의 부정행위는 법의학 수준의 세심한 관심을 가지고 조사하지 않으면 안 된다. 그런데, 이 조사에 참여한 대부분의 사람들은 조사 목적으로 특별하게 고용된 것이 아니다. 종종 그들은 공공의 이익을 위해 바쁜 와중에도 자신의 연구를 보류한 채 사기 사건을 조사하는 과학자들이다. 그리고 조사 과정은 증거를 수집하는 것만으로 끝나지 않는다. 내부 고발자, 데이터에서 이상한 점을 발견한 사람들, 논문 조작을 주장하기 위해 저널이나 대학과 접촉해본 사람들은 아무리 명백한 사기성 논문이라고 해도 철회 과정은 결코 쉽지 않다고 말할 것이다. 그나마도 관련 기관에서 무시하거나 대충 넘어가려 하지 않는 경우에만 가능한 일이다.

시간만 낭비되는 것이 아니라 돈도 낭비된다. 황우석 교수가 연구비에서 횡령한 돈처럼 연구 자금에 대한 직접적인 손실은 처음부터 사실이 아닌 결과를 보완하기 위해 이어지는 헛된 연구에 날린 돈에 비하면 아무것도 아니다. 예를 들어, 미국에서 최초로 과학 사기범으로 수감된 에릭 포울만Eric Poehlman은 미국 정부로부터 받은 납세자의 돈 수백만 달러를 10여 년 동안 아무 쓸모없고 조작된 자료를 생산하는 데 낭비했다.[114] 문제는 여기에서 그치는 것이 아니다. 그나 다른 사기꾼들의 연구를 따르거나 재현하기 위해 얼마나 많은 선의의 과학자들이 연구 지원금을 낭비했을까?

시간과 돈의 낭비는 차치하고라도, 조작 사건은 과학자들의 사기를 심각하게 떨어뜨리는 결과를 낳는다. 우리가 살펴본 것처럼 그렇게 많은 사기꾼들이 과학계에 침투할 수 있었던 단 한 가지 이유는 보통의 과학자들이 선량하게 열린 마음으로 사람들을 무조건 신뢰하기 때문이다. 동료 평가 과정에서의 규범은 결과의 해석에 대해 회의적 시각으로 보는 것이다. 하지만 보통의 경우 동료 평가자들은 데이터가 가짜일 수도 있다고 생각하지 않는다. 현실적으로는 과학계에 사기가 만연하고 있다. 따라서 우리 모두는 의심스러워 보이는 논문을 접했을 때 일반적으로 보이는 반응에 한 가지 옵션을 특별히 추가할 필요가 있다. 즉, 누군가가 우리에게 거짓말을 하고 있을지도 모른다고 생각하는 것이다.

이렇게 각별한 주의를 기울여야 하는 것은 다른 사람들의 논문만이 아니다. 사기는 과학자들 자신의 연구실에서도 일어날 수 있다. 논문은 연구자 단독으로 저술되는 경우가 거의 없다. 따라서 사기를 저지르는 공동 저자가 때로는 무고한 동료들로 이루어진 연구팀 전체의 명성을 더럽힐 수 있다. 마이클 라코어의 가짜 동성 결혼 연구 사례처럼 사기범들은 후배 연구원인 경우가 많다. 이럴 경우 선배 공저자들의 이름은 진흙탕 속으로 같이 끌려 들어가게 된다. 반대의 경우도 있다. 기성 과학자들의 무모한 행동으로 인해 후배들의 경력이 위태롭게 되는 경우다. 예를 들면, 스타펠 사기 사건에 대한 조사 보고서에서는 그의 학생들의 박사 학위 논문 중 10편 이상이 그가 만든 가짜 데이터에 의존하고 있다고 밝혔다.[115] 그리고 우리는 이미 STAP 줄기세포 스캔들에 연루돼 스스로 목숨을 끊었던 사사이 요시키 사례로부터 명예가 더럽혀질 경우 어떤 극단적 대가까지 치를 수 있는지를 봤다.

조작은 과학 문헌들을 오염시킨다. 논문을 철회하면 해당 논문이 인용되는 수가 눈에 띄게 줄어들긴 하지만 종종 그것만으로는 충분치 않은 경우가 많다. 철회된 논문이 여전히 그 사실을 모르는 과학자들에 의해 정기적으로 인용되기 때문이다.[116] 2009년까지 20편의 논문을 철회한 해부학자 스콧 루벤Scott Reuben의 사례를 추적한 연구 결과가 2015년 발표됐다. 그는 현재까지 24편의 논문을 철회함으로써 리더보드 27위에 올라 있다. 논문이 철회된 후 5년 동안, 그의 논문들은 274개의 다른 논문에 인용됐고, 이 논문을 인용했던 과학자들 중 1/4만이 그 논문이 철회됐다는 사실을 나중에 알게 됐다.[117] 다른 몇몇 철회된 논문들을 분석한 결과, 철회된 논문을 인용한 논문의 83퍼센트는 심지어 이미 철회된 논문에 대해 긍정적인 평가를 내리고 있었다. 게다가 철회 사실에 대해서는 전혀 언급하지 않고 있었다. 이 좀비 논문들은 아무도 그들이 죽었다는 것을 알아차리지 못한 채 여전히 과학 문헌계를 어슬렁거리고 있다.[118] 확실히 어떤 저널들은 게재됐던 논문이 철회됐다는 것을 알리는 데 있어 다른 저널들보다 형편없다.[119] 철회된 논문들은 철회 이유가 무엇이든 여전히 정기적으로 인용되고 있다. 그리고, 이런 논문들이 비판받지 않고 있다는 사실은 상당히 많은 과학 연구들이 완전히 잘못된 정보에 의존하고 있음을 의미한다. 이런 식으로 논문 조작은 가짜 결과가 실린 해당 논문에만 문제가 되는 것이 아니라 훨씬 더 많은 과학 문헌에 파급 효과를 미치게 되는 것이다.

그 피해는 과학계에만 국한되지 않는다. 사기의 영향은 조작 논문이 게재된 저널을 훨씬 넘어서는 범위까지 미친다. 환자를 치료하는 의사 같은 사람들은 논문에 실린 연구 결과를 보고 실제로는 효과가 전혀 없거나 심지어 매우 위험한 치료나 기법을 환자에게 적용하게 된다. 후자의 예로는 리트랙션 워치 리더보드에 2위를 차지하고 있는 마취과학자 요아힘 볼트 Joachim Boldt가 있다.[120] 볼트는 외상 수술 중에 혈액량 증량제로 사용되기도 하는 물질인 히드록시에틸 전분에 대한 연구 데이터를 조작했다. 그의 아이디어는 혈액 손실이 발생한 후 히드록시에틸 전분이 잔여 혈액의 순환을 도와줌으로써 쇼크를 방지할 수 있다는 것이었다. 볼트의 가짜 연구 결과로 인해 히드록시에틸 전분은 이 용도로는 안전한 물질로 인식됐다. 이 주제에 대한 이전의 모든 관련 논문들을 종합 검토한 '메타 분석' 연구 결과도 볼트와 같은 결론에 도달했다. 하지만 이러한 결론은 볼트의 사기 행각이 밝혀지기 전에 나온 것이었다. 볼트의 사기 행각이 밝혀지고, 그의 가짜 결과가 메타 분석 대상에서 제외되자 결과는 극적으로 바뀌었다. 사실은 히드록시에틸 전분을 투여받은 환자들의 사망 가능성이 더 높았던 것이다.[121] 볼트의 사기극은 해당 연구 분야 전체를 왜곡시켰고, 연구 결과를 액면 그대로 믿은 외과 의사들이 담당했던 환자들은 생명의 위험에 빠졌다.[122]

가장 최악의 과학 사기 사건 중에 과학계와 의학계를 속였을 뿐만 아니라 매우 중요한 의학적 치료에 대한 대중의 인식에도 엄청난 영향을 미친 사건이 있었다. 엄청난 공포와 혼돈을 야기했던 그 사기 사건은 20여 년 전 일이지만 우리는 오늘날까지도 여전히 그 후유증 아래 살아가고 있다. 바로 1998년 의학저널 〈랜싯〉에 발표된 영국 의사 앤드루 웨이크필드 Andrew Wakefield의 백신 연구에 대한 이야기다.[123] 웨이크필드와 그의 공동 저자들은 표본으로 뽑힌 12명의 아이들을 대상으로 진행했던 연구 결과를 근거로 MMR(홍역, 볼거리, 풍진) 백신이 자폐증과 관련이 있다고 주장했다. MMR 백신을 맞은 후 인체에 남아 있던 홍역 바이러스가 장과 뇌에 자폐증과 관련된 증상을 일으키는 원인 물질이 된다는 이론이었다. 이 증상은 웨이크필드가 최초로 발견한 것으로서 '자폐성 장염'이라고도 불린다.[124] 논문 발표 후 열린 기자회견에서 웨이크필드는 어린이들의 면역 체계가 감당하기에는 세 가지 균의 조합이 너무 부담되기 때문에 MMR을 3개의 개별 백신으로 나눠야 한다고 거듭 주장했다.[125]

지금은 대부분의 사람들이 웨이크필드의 연구 결과에 신빙성이 없다는 것을 알고 있다. 1998년 이후로 MMR 백신 또는 다른 백신들과 자폐 스펙트럼 장애 사이에는 아무런 연관성이 없다는 것이 수차례의 대규모 심층 연구를 통해 밝혀졌기 때문이다.[126] 연구 결과 결합된 백신은 개별 백신만큼 안전하다는 것이 증명됐다.[127] 그러나 많은 사람들이 모르고 있는 사실은 웨이크필드의 논문이 정직한 실수이거나 연구 방향이 막다른 골목에 부딪혀 어쩔 수 없이 내린 이해 가능한 결론이 아니었다는 점이다. 그의 논문은 처음부터 사기였다.[128]

이 연구가 발표되고 나서 연구 참여자에 대한 논란이 있고 난 뒤, 탐사 저널리스트 브라이언 디어Brian Deer는 웨이크필드의 연구 데이터와 그의 조작 동기에 대해 조사하기 시작했다. 디어가 〈BMJBritish Medical Journal〉(구 영국 의학 저널)에 발표한 일련의 충격적인 논문은 웨이크필드가 그의 논문에 실린 아이들 12명의 의료 세부 기록들을 어떻게 잘못 전달하고 조작했는지에 대해 자세하게 묘사하고 있다.[129] 그는 모든 아이가 MMR을 접종한 직후 자폐증 관련 증상을 나타냈다고 허위 '사실'을 꾸며냈다. 하지만 현실은 달랐다. 몇몇 아이들은 백신 접종 전에 이미 그런 증상을 보였다는 기록이 있었고, 다른 몇몇은 접종 후 몇 달이 지난 후에야 증상이 나타났으며, 어떤 아이들은 자폐증 진단조차 받지 않았던 것으로 밝혀졌다.[130]

조작 동기와 관련해서 디어는 웨이크필드가 해당 연구 결과와 관련해 두 가지 주요한 재정적 이해관계에 엮여 있었음을 보여줬다.[131] 첫 번째로, 그는 자폐증 아동의 부모를 대리해 백신 제조업체들을 고소할 계획을 세우고 있던 변호사에게 상당한 자문료를 받고 고용된 상태였다.[132] 실제로 웨이크필드가 연구를 위해 환자들을 모집하는 과정에 해당 변호사와 연결된 백신 반대 압력 단체가 관련돼 있었다. 둘째로, 그의 연구 결과가 발표되기 1년 전 그는 단일 홍역 백신과 관련된 특허를 신청했다. 그의 연구 결과로 인해 사람들이 결합 MMR 백신을 두려워하게 되고 접종을 하지 못하게 됐다면 당연히 이로부터 이득을 얻었을 것이다.[133] 이러한 이해관계 중 어느 것도 논문에 공개되지 않았다는 것은 변명의 여지가 없다. 논문에서는 단지 해당 연구가 '특별 수탁자'로부터 자금 지원이 됐으며 아이들의 부모들이 '이 연구에 원동력을 제공'했다고 적혀 있을 뿐이다.[134]

2004년 디어가 이런 우려를 가지고 처음으로 〈랜싯〉에 연락을 취했을 때, 그는 저널 편집자들의 격렬한 저항에 부딪혔다. 저널 편집자들의 이런 반응은 약 10년 후 같은 저널에서 일어났던 마키아리니 사건의 전조라고도 볼 수 있다.[135] 결국 디어의 조사 결과 덕분에 웨이크필드의 논문은 2010년에 마침내 철회됐다. 하지만 철회될 때까지 12년 동안 웨이크필드의 논문은 공식적인 과학 문헌의 일부로 존재했다. 또한 역사상 가장 긴 청문회를 거친 후 웨이크필드는 영국 종합 의료 위원회 등록 명부에서 제외됨으로써 영국에서는 더 이상 의사로 활동할 수 없게 됐다. 이것은 단순히 논문을 위조한 것뿐만 아니라, 적법한 승인 절차를 거치지 않고 대장내시경 등과 같은 불필요한 의료시술을 아동들에게 행했기 때문이다.[136] 의료 위원회는 그가 '뻔뻔한 무관심'하에 행동했다고 표현했다. 이는 이 장에서 우리가 살펴봤던 모든 사기꾼의 행동을 표현하기에 적절한 단어라고 생각된다.[137] 웨이크필드는 그 이후로도 미국 백신 저항 운동 분야에서 활동하며 명성을 날렸다. 그가 만든 백신 반대 영화인 〈백스드Vaxxed〉는 2016 뉴욕시 트리베카 영화제에서 이 영화제의 설립자이자 백신 회의론자인 로버트 드니로의 지원을 받으며 상영될 계획이었으나 대중들의 분노로 취소되기도 했다.[138]

웨이크필드의 사기극은 사람들의 백신 공포에 불을 붙였고, 그것은 어떤 종류의 바이러스보다 빨리 퍼졌다. 영국의 많은 언론들이 MMR에 대해 '그냥 질문만 던지는' 스타일의 기사를 싣기 시작했고, 그로 인해 많은 부모들은 백신에 대해 불안감을 가지기 시작했다. 이런 행태에 〈데일리 메일Daily Mail〉이 주동자 역할을 했고, 자신들은 어떤 미디어 군중 심리에도 휩쓸리지 않는다고 자부해오던 잡지사 〈프라이빗 아이Private Eye〉도 2002년에 MMR에 대해 특별호를 발간하며 웨이크필드를 결합 백신이라는 기득권층에 대항하는 갈릴레오 같은 인물로 묘사했다.[139] 언론에서 MMR 백신 문제를 이런 태도로 다루기 시작하자 우려했던 현상이 발생했다.[140] 이 사태가 일어났던 1990년대 후반 영국의 MMR 접종률은 이미 '집단 면역'이 발현되는 데 필요한 수준인 95퍼센트까지 도달해 있었다. 즉, 충분히 많은 사람들이 예방 접종을 받았기 때문에 백신 성분에 알레르기가 있는 사람들은 백신 접종을 하지 않아도 위험하지 않은 상태가 유지됐던 것이다. 하지만 1998년 이후 접종률은 80퍼센트까지 곤두박질쳤고, 이에 따라 홍역 발생률은 상승세로 돌아섰다.[141] 홍역이 전 유럽과 다른 지역에서도 발병하기 시작했고 오랫동안 홍역이 없었던 나라들에서도 새로운 발병 사례가 등장하기 시작했다. 세계보건기구WHO의 가장 최근 추정치에 따르면 2018년 한 해에만 홍역과 그에 따른 합병증으로 14만 명 이상이 사망한 것으로 나타났다. 홍역은 백신 접종만 잘 받으면 충분히 예방할 수 있는 질병이다. 따라서 이러한 사태가 일어나고 있는 것은 매우 비극적이고도 낙담스러운 상황이다.[142] 웨이크필드의 과학적 조작 때문에 전 세계의 어린이와 병약한 사람들 그리고 개발도상국 사람들이 상당한 위험에 처하게 됐다고 이야기해도 지나친 과장은 아니다.

과학 사기의 패착, 신뢰를 무너뜨리다

〈랜싯〉 같은 저명한 과학 저널에 웨이크필드의 연구가 실린 것은 과학 출판 역사상 최악의 결정 중 하나로 기록될 것이다. 신뢰할 수 있는 과학이 사회 전체의 복지를 위해서 무엇보다 중요하다는 점과, 나쁜 연구를 걸러내는 동료 평가 시스템도 얼마든지 실패할 수 있다는 가능성을 이 사례보다 더 확실하게 보여주는 사례는 찾아보기 어려울 것이다. 이 문제는 다시 한번 과학에 대한 대중의 '신뢰'라는 주제로 우리를 돌아오게 한다. 여러분이 자녀들에게 백신을 맞히는 것은 중요한 결단을 내려야 하는 행위라고 할 수 있다. 아이들에게 어떤 일이 일어나도록 적극적으로 행동하는 것이기 때문이다. 하지만 이런 결단도 백신의 안전성에 대한 의사들의 결정을 부모들이 신뢰할 때 가능한 것이다.[143] 백신이 안전하지 않다는 것을 암시하는 논문이 과학적 동료 평가 과정을 통과해 유명한 학술지에 실린다면, 누구나 합리적인 의심을 바탕으로 백신에 경각심을 갖게 될 것이다. 그 논문이 발표된 후 몇 년 동안 사람들은 백신에 대해 진정으로 누구를 믿어야 할지 모르는 그런 상황에 처하게 됐다. 사실상 아직도 많은 사람들이 그런 상태에서 빠져나오지 못하고 있다.[144]

이런 식으로 과학에 대한 대중의 신뢰를 무너뜨리는 것이 아마도 과학 사기가 미치는 가장 치명적인 결과가 아닐까 싶다. 사람들은 그동안 자녀들의 건강에 영향을 미칠 수 있는 민감한 부분에서도 과학을 높이 신뢰했었다. 사기꾼들이 가장 잘하는 짓이 바로 그런 신뢰를 이용하는 것이다. 사기범들에게도 분명히 책임이 있지만, 우리 과학 시스템 또한 비난받아 마땅하다. 현재 가장 명망 높은 저널들일수록 과학자들에게 깜짝 놀랄 만한 연구 결과만 투고하도록 장려하고 있기 때문이다. 이로 인해 그런 놀랄 만한 연구 결과를 얻기 위해 일부 소수의 과학자들이 속임수로 눈을 돌리게 되는 것이다. 이러한 분위기를 유명 저널들이 어느 정도는 조장하고 있다고 해도 과언이 아니다. 그뿐만 아니라 명성 높은 저널일수록 불법적이었다는 증거가 확실히 밝혀졌어도 이를 인정하고 논문을 철회하는 데 있어 미온적이거나 부정적인 반응을 보인다.[145] 대학들 또한 비난에서 자유로울 수 없다. 종종 대학들의 자체 조사는 지지부진하기 일쑤이고, 도저히 변호할 가치가 없는 사람들을 옹호하고 심지어 적극적으로 내부 고발자들을 색출하는 것을 마키아리니 사례로부터 봤다.[146] 물론 원칙적으로 사기죄로 기소된 사람들은 유죄가 입증될 때까지는 무죄로 간주되어야 한다. 서로 신뢰하는 분위기를 망치는 데 있어 무턱대고 아무에게나 혐의를 뒤집어씌우는 것보다 더 효과적인 방법은 없다. 그러나 책임 있는 위치에 있는 사람들이 결정을 미룰수록, 그리고 가짜 논문들이 과학 문헌계에 오랫동안 존재할수록 우리의 시스템과 제도가 과학을 막다른 궁지로 몰아가는 셈이 된다. 크게 보면 그 결과 사회 전체가 붕괴될 수도 있다.

지금까지 다루었던 모든 과학 문헌의 오염 사례, 시간과 자금의 낭비, 신뢰가 가지는 부정적 효과, 그로 인한 사망 사건마저도 최악의 상황은 아니라고 생각하게 만드는 또 다른 무서운 시나리오가 있다. 그것은 바로 이런 것들은 단지 우연히 우리에게 알려진 것들에 불과하다는 것이다. 우리가 아직까지 잡지 못한 사기꾼들이 있고, 그들은 이 장에서 살펴본 어떤 사기꾼들보다 더 똑똑하고, 더 교활하고, 더 위험한 것은 아닐까? 많은 과학 사기범들은 데이터 조작이나 위조된 이미지를 찾기 위해 논문을 검토하는 과정에서 발각된 것이 아니라, 마침 적절한 때에 적절한 장소에 있었던 내부 고발자에 의해 사기 행각이 폭로된 것이다. 일부 사기꾼들은 이런 식으로 발각되는 것을 회피하고, 자신의 범행을 보다 효과적으로 은폐하면서 아무런 의문도 제기하지 못할 정도의 완벽한 가짜 과학을 만들어냈을 가능성도 있다. 우리가 이런 사기꾼들을 결코 찾아내지 못할 가능성도 분명히 존재한다.[147]

왜 우리는 과학의 더 많은 부정행위를 살펴보고자 하는 여정을 시작해야 하는가? 과학이 제공할 수 있는 최악의 상황은 앞에서 다루었던 너무도 영화 같고 화가 나는 이야기들로 충분하지 않았을까? 이렇게 생각하는 것이 당연하다. 하지만 지금까지 소개한 과학 사기꾼 이야기들이 비록 무섭기는 하지만 다음 장에서부터 다루려고 하는 이야기들은 어떤 면에서는 과학계에 훨씬 더 심각한 문제를 고발하는 것들이다. 단순히 이미지를 위조하거나 자료를 조작하는 것처럼 노골적이고 사람들의 눈길을 끄는 사례들의 수준을 넘어선다. 앞에서 살펴봤던 명백한 여러 조작 사건과는 달리, 앞으로 보게 될 사례들은 겉으로 보기에는 선하고 정직한 과학적 의도로 치장하고 있다. 이것들은 훨씬 더 미묘하고도, 훨씬 더 음흉한 문제다. 가장 최악인 것은 이런 일들이 우리가 생각했던 것보다 훨씬 더 많이 과학계에 퍼져 있다는 사실이다.

제4장:
편향 – 실패한 실험의 결과가 사라지다

채택된 가설은 그것에 들어맞는 모든 것에 대해서는 우리에게 예리한 눈을 주지만 그것과 모순되는 모든 것에 대해서는 우리의 눈을 멀게 만든다.

_아르투어 쇼펜하우어, 《의지와 표상으로서의 세계》(1818)

교리를 받아들이면 과학은 죽음을 선택하게 된다.

_T. H. 헉슬리, '다윈 기념비' (1885)

미국의 저명한 과학자이자 의사인 새뮤얼 모턴Samuel Morton은 전 세계에서 수집한 수백 개의 인간 두개골을 대상으로 진행된 그의 연구 결과를 호화로운 삽화 책 시리즈로 1830년대와 1840년대에 출간했다.[1] 그가 사용했던 연구 방법은 겨자 씨앗으로 두개골을 채우고(나중에는 산탄총알을 채웠다), 안에 채웠던 씨앗과 총알의 수를 세서 두개골의 부피를 추론하는 것이었다.[2] 그는 이런 방식으로 두개골의 부피를 측정한 후 유럽인들의 두개골이 아시아, 아메리카 원주민 그리고 아프리카 사람들보다 크다고 결론 내렸다. 그리고 이러한 두개골의 크기 차이가 집단의 다양한 '정신적, 도덕적 능력'을 보여준다고 주장했다.[3] 또한, 그는 이를 근거로 서로 다른 인종들은 그 기원이 전혀 다르다는 이론을 제시하기도 했다. 당시 그의 주장은 국제적으로 엄청난 반향을 불러일으켰다. 그의 연구 결과는 과학 인종주의와 인간을 우월한 집단과 열등한 집단으로 나누려고 시도하는 움직임에 중요한 이론적 근거를 제공했고, 19세기와 20세기에 최악의 역사적 참상들이 벌어지는 단초가 됐다.

모턴은 그룹별로 두개골 부피의 평균 측정값이 다르다는 주장과 함께, 수집한 대부분의 두개골을 측정한 방대한 데이터도 함께 제공했다. 이러한 데이터 투명성은 당대에는 이례적이었고 미래의 연구자들까지도 그의 데이터를 볼 수 있게 해줬다. 모턴과 그의 이론들이 대부분 잊혔을 때, 1978년 고생물학자 스티븐 제이 굴드Stephen Jay Gould는 모턴의 데이터를 다시 한번 점검했다.

굴드에 의하면 모턴의 두개골 분석 결과는 다양한 종류의 모순을 포함하고 있었었다. 우선 그는 분명하지 않은 임의의 기준에 따라 인종 그룹별로 데이터를 다르게 처리한 것으로 보였다. 예를 들면 측정값이 높았던 백인 두개골의 경우에는 결과를 보고했으나, 동일하게 큰 측정값을 보였던 북미 원주민의 두개골의 경우에는 측정 결과를 보고하지 않았다. 어떤 그룹에는 과도하게 많은 남성들을 포함시키기도 했다.

일반적으로 남성들은 몸집이 더 크기 때문에 두개골의 부피도 더 클 수밖에 없다. 이런 식의 정당하지 않은 방법으로 특정 인종 그룹의 평균값을 올렸던 것으로 드러났다. 또한 몇몇 그룹의 측정값을 계산할 때는 실수가 있는지 여러 번 확인했지만, 어떤 그룹의 경우에는 그렇게 하지 않았다는 것도 발견했다. 또한 씨앗을 사용한 측정값과 더 신뢰할 수 있는 산탄 총알을 사용한 측정값 사이에는 큰 차이가 존재했다.

씨앗과 산탄 총알 사이의 측정값 차이는 특히 흑인과 북미 원주민의 경우가 백인보다 컸다. 이는 모턴이 씨앗을 사용할 때 발생하는 측정 오차를 선택적으로 이용했을 가능성을 암시한다. 굴드는 어떻게 이러한 일이 발생했을지에 대해 다음과 같은 '가능성 있는 시나리오'를 제안했다.

> 모턴은 엄청나게 큰 흑인들의 두개골을 집어 들고는 씨앗을 가볍게 채우고 몇 번 대충 흔든 후에 씨앗의 개수를 세서 두개골의 부피를 측정했다. 반면 매우 작은 백인 두개골을 집어 들었을 때는 씨앗을 채우고 세게 흔든 다음 엄지손가락으로 대후두공foramen magnum(척수가 들어가는 두개골의 밑부분에 있는 구멍)을 눌러 씨앗을 꽉꽉 채웠다. 이러한 행동은 의식적인 자각 없이 자연스럽게 이루어졌을 것이다. 사람이 어떤 것에 대해 기대를 하면 행동에도 강력한 지침이 되기 때문이다.[4]

굴드는 모턴이 이런 식으로 백인의 두개골이 다른 인종들의 두개골보다 더 크게 보이게 했을 것이라고 설명했다. 실제로, 그가 했던 모든 실수가 결과적으로는 측정 결과를 우연히 동일한 방향으로 이동시키도록 작동한 것으로 드러났다. 그는 백인이 우월하다고 가정했고, 이런 가정이 굴드가 말한 '사전 선호도의 횡포'에 의해 무의식적 실수를 유발한 것으로 해석할 수 있는 부분이다.[5] 모턴이 데이터를 객관적으로 제대로만 분석했더라도 인종 집단들의 두개골 사이에는 아주 미미한 차이만 있을 뿐이라는 사실을 쉽게 알아차렸을 것이다. 굴드에 의하면 모턴의 측정 결과에는 실제로 인종적 우위 관계라는 이론을 쌓아 올릴 수 있었던 데이터는 존재하지 않았다.

모턴 사례는 현실에서 찾아보기 힘든 아주 예외적 사건이 아니다. 굴드는 이런 식의 편향적 사고가 미치는 영향이 현재에도 과학계 전반에 걸쳐 만연해 있을 가능성이 높다고 말했다. "나는 깔끔하고 분명해 보이는 연구 결과에 대해서만 지위와 힘을 보상해주는 직업 세계에서는 사기, 조작, 데이터 가공 같은 행태가 스스로 의식하지 못하거나 아주 어렴풋한 정도로만 인식된 상태에서 널리 퍼져 있으며, 심지어 피할 수 없는 지경에 와 있지 않을까 의심한다."[6]

이런 점에서 굴드는 전적으로 옳았다. 그가 1970년대에 이런 결과를 발표한 이후, 날이 갈수록 과학자들은 거의 의도적 사기에 가까운 방식으로 자신들의 입맛에 맞도록 확률을 조작하고 있기 때문이다. 그리고 이 장의 후반부에서 과학자들의 이데올로기적 편향에 관한 문제도 다루겠지만, 모턴을 예로 들었던 인종적 편견 같은 정치적 견해는 이 장의 주요 초점은 아니다. 우리가 걱정하는 편향은 과학 그 자체가 이루어지는 과정에 관한 것이다. 즉, 명확하고 흥미로운 결과만을 선호하는 편향성, 자신이 좋아하는 이론을 지지하는 편향성, 경쟁자의 주장을 제압하는 편향성과 같은 것이다. 이 중 어느 것이 됐든 무의식적으로 데이터를 가공할 동기를 제공하기에는 충분하다. 심지어는 불만족스러운 결과가 완전히 사라지기도 한다.

이것은 매우 아이러니한 상황이다. 앞에서 우리가 논했던 바에 의하면 과학은 우리를 객관적인 사실에 가장 가깝게 근접시켜주는 수단이기 때문이다. 모든 사람의 연구 결과를 철저한 검토와 조사의 대상이 되게 함으로써 개인들이 가진 편향을 극복하게 하는 과정이 과학이어야 한다. 그러나 과학이 완벽하고 공정하리라는 이상적인 믿음이 너무 강한 나머지, 우리는 실제로 과학이 수행되는 과정의 모든 단계에서 편향이 나타나고 있다는 사실은 보지 못하고 있다. 이전 연구 결과에 대한 검토, 연구의 설계, 데이터의 수집, 결과에 대한 분석, 논문 발표 여부의 결정과 같은 것들이 과학 수행 과정들이다.[7] 이러한 과정에서 나타나는 편향을 간과하는 경향이 우리에게 본능적으로 내재돼 있기 때문에, 새롭게 얻은 모든 지식이 정확하게 요약돼 있어야 하는 과학 문헌들이 실제로는 진실과 희망 섞인 생각이 뒤죽박죽된 곳으로 바뀌어버렸다.[8]

이 장은 과학 문헌 전반에 영향을 미치는 여러 종류의 편향들을 설명하는 것에서 시작하겠다. 그런 다음 어떻게 이런 편향들이 개별 연구 결과에 영향을 미치게 되는지에 대해 자세히 살펴보겠다. 그 목표에 도달하기 전에 우리는 잠깐 통계학을 들러서 갈 필요가 있다. 과학자들이 데이터를 분석할 때 통계를 어떻게 사용하고, 오용하고, 오해하고 있는지에 대해 살펴볼 것이다. 마지막으로, 우리는 과학자들을 진리에서 멀어지게 하는 여러 내적 혹은 외적인 힘들에 대해 논할 것이다.

확률과 p-값

아주 오래된 철학적 질문이 있다. '왜 무無가 아니고 무언가가 있는 걸까?' 우리는 과학적인 과정에 대해서도 비슷한 질문을 던질 수 있다. '왜 연구를 시작하면 아무것도 발견하지 못하는 일은 없고 항상 무언가를 찾는 일만 있을까?' 독자들이 신문의 과학 페이지를 읽으면서 과학자들의 주장은 항상 검증되고 그들의 가설은 확실한 연구 결과로 뒷받침된다고 생각하는 것은 지극히 당연한 일이다. 흥미로운 것을 찾지 못한 연구가 신문에 나는 것은 닭에게 이빨이 나는 것만큼이나 드문 일이기 때문이다. 충분히 이해가 가는 일이다. 신문은 항상 '새로운' 것을 싣고 있을 것이라는 기대를 사람들로부터 받기 때문이다. 신문은 '이미 일어난 모든 일에 대한 철저한 기록'이 아니다.

반면 과학 문헌은 신문과는 달리 '과학 과정에 일어난 모든 일에 대한 철저한 기록'이어야만 한다. 물론 현실은 다르다. 과학 문헌 역시 신문과 유사하게 새롭고 흥미로운 스토리를 편애하고 있다. 과학 저널을 읽어보면 사람들은 끝도 없이 긍정적인 연구 결과들이 발표된다는 것을 알 수 있다. 과학자들이 예측했던 일이 실제로 일어나거나 더 새로운 사실이 발견되는 경우에만 과학 저널에 실린다. 연구자들이 아무것도 발견하지 못하고 빈손으로 끝나게 되는 연구가 발표되는 경우는 매우 드물다. 잠시 후 우리는 '긍정적인' 결과와 '아무것도 얻지 못하는' 결과 사이의 기술적 혹은 통계적 정의에 대해 살펴볼 것이다. 지금으로서는 과학자들이 전자에 해당하는 긍정적인 결과를 얻기를 희망하고, 아무것도 얻지 못하는 후자의 경우 매우 실망하게 된다는 사실을 아는 것만으로도 충분하다.

과학 문헌에 얼마나 긍정적인 결과들이 많이 실리는지에 대해 정량적으로 연구한 논문이 있다. 메타 과학자 다니엘 파넬리Daniele Fanelli는 2010년 실시된 연구에서 모든 과학 분야에 걸쳐 2,500편에 달하는 논문을 조사했다. 그리고, 얼마나 많은 과학자들이 자신들이 세운 첫 번째 가설에 대해 긍정적 결과를 얻었는지를 합산했다. 물론 과학 분야마다 긍정적 결과를 얻는 확률은 달랐다. 그 비율이 가장 낮았던 것은 우주 과학이었다. 하지만 수치상으로 볼 때 여전히 높은 비율인 70.2퍼센트를 보여줬다. 심리학/정신과 분야가 가장 높은 비율을 보인 것은 그리 놀라운 일은 아니다. 이 분야에서는 긍정적 결과의 논문이 91.5퍼센트를 차지했다.[9] 심리학 분야에서 이토록 놀라운 연구 성공률을 보이고 있는 데 반해 실제로 심리학 연구 논문들의 반복 재현성이 가장 낮다는 사실 사이에 존재하는 격차를 서로 조화시키기는 매우 어렵다.[10]

우리가 과학 연구에 이토록 높은 성공률을 기대해서는 안 된다는 주장에 대해 여러분은 이해가 안 될지도 모르겠다. 과학자들은 자신들의 연구 분야에 대해 충분한 배경지식을 가지고 있는 사람들이고, 가설이란 것이 보통은 합리적 추론이지 어두운 곳에서 아무렇게나 찔러보는 행위는 아니기 때문이다. 하지만 그렇더라도 과학자들이 초능력자가 아닌 다음에야 파넬리가 보고한 정도의 높은 긍정적 결과를 얻기는 어렵다. 보통 연구 중에는 막다른 골목에 부딪히게 되고, 떠오른 멋진 아이디어를 테스트했을 때 예상했던 대로 결과가 나오지 않는 상황들이 비일비재하다. 하지만 이런 상황들이 존재한다는 증거는 과학 문헌에는 전혀 등장하지 않는다. 이런 모든 시행착오들은 다 어디로 갔을까? 과학자들의 가설이 실제로는 옳았는데도 단지 운이 나빴기 때문에 예상했던 결과를 얻지 못하는 '거짓 음성false negative' 결과들은 모두 어디에 있는가? 이런 점들을 고려할 때, 현재 과학 문헌상에서 나타나는 긍정적 결과가 차지하는 비율은 단순히 높은 정도가 아니다. 비현실적으로 높다.[11]

항상 이렇게 긍정적 결과가 높게 나오는 데는 매우 간단하고도 참담한 이유가 있다. 어떤 결과를 얻었는지를 보고 과학자들이 논문 발표 여부를 결정하기 때문이다. 우리가 추구하는 이상적 과학 세계에서는 연구 결과와는 무관하게 연구의 방법론이 가장 중요하다고 여겨진다. 비록 연구 결과가 좋지 않더라도 잘 설계된 연구 계획에서 출발해 새로운 가설을 시험한 좋은 연구였다는 점에 사람들이 동의하면 그 결과는 출판될 수 있어야만 한다. 이럴 경우 머튼이 주창했던 '사심 없음'이라는 규범이 실제로 지켜지게 되는 것이다. 과학자들이 각자 선호하는 이론을 가지게 되는 것은 사심 없음이라는 규범을 위반하는 행위다. 이상적 세계에서 과학자들은 연구 결과가 어떻게 나올 것인지에 신경 쓰기보다는 연구 과정이 엄격한지에 대해 더 많은 관심을 가져야 한다.

하지만 이런 이상적 세계는 현실과는 거리가 멀다. 어떤 가설을 증명하는 것으로 보이는 긍정적 연구 결과를 얻으면 이는 매우 화려한 수식어로 작성돼 저널에 제출된다. 반면 가설을 뒷받침하지 않는 '실패'한 연구는 조용히 서랍 속으로 사라지고, 과학자들은 다음 연구 대상을 찾아 나선다.

이런 식의 행동을 보이는 것은 과학자들뿐만이 아니다. 저널 편집자와 논문 검토자들 또한 연구 결과가 얼마나 흥미로운가에 따라 논문의 저널 게재를 승낙하고 발표를 결정한다. 연구 결과에 이르는 과정 자체가 얼마나 꼼꼼했는지는 논문 발표의 결정 기준이 아니다. 이런 현실적 상황이 과학자들에게 피드백되기 때문에 모든 것이 악순환의 고리로 빠지게 된다. 저널에 게재될 가능성이 희박하다면 누가 뚜렷한 결과도 없는 논문을 제출하려 하겠는가?

이런 상황을 지칭해 '출판 편향publication bias'이라고 부른다. 또 다른 말로는 다소 요즘 시대에는 어울리지 않는 표현이긴 하지만 '책상 서랍 문제'로 부르기도 한다. 과학자들이 실패한 연구 결과를 세상에 알리지 않고 책상 서랍에 숨긴다는 뜻이다.[12] 어떻게 보면 '역사는 승자에 의해 작성된다'라는 말과도 맥이 닿는 이야기다. 과학적 연구 결과에 대해 이것을 적용해 본다면 '발표할 긍정적인 결과가 없다면, 아무것도 발표하지 말라'라는 말로도 표현할 수 있겠다.

출판 편향이 현실에서 실제로 어떻게 작용하는지 이해하기 위해서는, 과학자들이 어떻게 연구 결과를 '성공' 혹은 '실패'라고 판단하는지에 대해 더 자세히 들여다볼 필요가 있다. 즉, 어떻게 그들이 데이터를 분석하고 해석하는지에 대해 살펴볼 필요가 있는 것이다. 이 시점에 우리는 앞 장에서 가짜 데이터 세트를 논할 때 다루었던 개념인 '모든 데이터에는 오차가 포함돼 있다'라는 주제로 돌아갈 필요가 있다. 모든 측정과 표본에는 무작위로 자연 발생하는 통계적 변동 요인인 측정 오차와 표본 오차가 포함돼 있다. 이런 이유 때문에 인위적으로 가짜 데이터를 만드는 것이 극히 어려워진다. 그뿐만 아니라 과학자들이 찾고자 하는 의미 있는 신호를 노이즈로부터 구별해내기도 어려워진다. 숫자에 포함된 노이즈로 인해 끊임없이 무작위로 튀는 데이터와 예외적인 값이 생기게 되기 때문이다. 어떤 경우에는 사실상 무의미하고 오해의 소지가 있지만 겉으로 보기에는 뭔가 의미 있어 보이는 특이한 패턴들도 나타난다. 예를 들어 전적으로 우연에 의한 것이라 할지라도, 새로운 약을 복용하는 그룹과 위약을 복용하는 대조군 사이에 통증 호소 확률에 명백한 차이가 나타날 수도 있다. 재현 실험을 다시 실시할 경우 관찰되지 않을 우연한 노이즈 때문에 두 인자 사이에 마치 상관관계가 있는 것처럼 보일 수도 있다. 예를 들면 입자가속기를 이용한 연구에서는 무작위적으로 일어나는 우연한 변동 현상을 의미 있는 에너지 신호라고 생각할 수 있는 것이다. 그렇다면 여러분이 관심을 가지고 있는 현상과 우연과 오차에 의해 일어난 무작위적 노이즈 간의 차이는 어떻게 구별할 수 있을까? 그 질문에 대한 답을 대부분의 과학자들은 p-값을 계산하는 것으로 해결한다.

이 p-값('확률값, probability value'의 줄임말)은 어디에서 온 것일까? 예를 들어, 우리가 스코틀랜드 남성이 스코틀랜드 여성보다 키가 크다는 가설을 시험한다고 가정해보자. 물론, 우리는 그 가설이 실제로도 사실임을 안다. 평균적으로 전 세계의 남성은 여성들보다 키가 더 크기 때문이다. 하지만 동시에 우리는 모든 남성이 모든 여성보다 키가 큰 것은 아니라는 사실도 안다. 검증하고자 하는 가설과 반대되는 특수한 사례를 누구나 생각할 수 있다.[13] 하지만, 스코틀랜드 남성과 여성 사이에 키 차이가 있는지 정말 모른다고 가정해보자. 스코틀랜드 인구는 550만 명밖에 되지 않는다. 그런데도 이 사람들의 키를 다 측정한다는 것은 현실적으로 불가능하다. 따라서 이 문제를 좀 더 쉽게 다루기 위해서는 적당한 크기의 표본을 무작위로 추출해 연구해야 한다. 일단 우리에게는 연구 자금이 충분하지 않기 때문에 남성 10명과 여성 10명만 표본으로 추출해 연구한다고 가정해보겠다. 표본을 추출하는 이 단계에서부터 노이즈가 개입된다. 키라는 것은 개인마다 차이가 크다. 따라서 우연히 혹은 우리가 앞에서 다루었던 표본 오차로 인해 유별나게 키 큰 여성들과 유별나게 키 작은 남성들로만 표본을 구성할 수도 있다. 또한 측정 오차라는 것을 완벽하게 제거하는 것은 불가능하기 때문에 모든 사람의 키를 완벽하게 정확하게 잴 수는 없다. 지난 장에서 다루었던 것처럼 사람들이 구부린다든지, 줄자가 미끄러지는 등의 경우가 생기기 때문이다.

측정 결과 표본상의 여성들이 남성들보다 평균 10센티미터 더 작다는 사실을 발견했다고 가정하자.[14] 그렇다면 이 결과가 실제 인구의 키 차이를 반영하는 것인지(즉, 우리가 진짜 신호를 발견한 것인지) 아니면 단지 노이즈인지(우연히 일어난 사건을 보고 있는 것인지) 어떻게 알 수 있을까? 이것을 알아보기 위해 우리는 공식적 통계 테스트로 두 그룹을 비교할 필요가 있다. 여기에 사용되는 통계 테스트의 종류는 무궁무진하다. Z-테스트, t-테스트, 카이-제곱 테스트chi-squared tests, 우도 비율likelihood ratio 과 같은 종류의 테스트들이 있다. 이 중에 어떤 방법을 선택하느냐 하는 것은 무엇보다도 데이터의 종류가 무엇인가에 따라 좌우된다. 오늘날에는 모든 데이터를 컴퓨터 소프트웨어에 입력해 테스트한다. 이러한 통계 테스트 프로그램 중 하나를 실행하면 다른 많은 유용한 숫자와 함께 그 결과값으로 p-값을 얻을 수 있다.[15]

p-값은 과학계에서 가장 일반적으로 사용되는 통계값 중 하나지만 그 자체로 매우 혼란스러운 정의를 가지고 있다. 최근의 한 표본 조사 결과, 심리학 교과서의 도입부 중 89퍼센트가 p-값에 대해 잘못된 정의를 내리고 있는 것으로 나타났다. 나는 이 책에서 같은 실수를 반복하지 않으려 한다.[16] p-값은 여러분이 관심을 가지고 있는 현상이 실제로는 일어나고

있지 않은데도 연구 데이터상으로 마치 그런 현상이 실제로 일어나고 있는 것처럼 보이거나 그 효과가 훨씬 더 크게 나타나고 있는 것처럼 보일 확률이다.[17] 분명한 것은 p-값이 여러분의 결과가 참일 확률(참이란 것의 의미가 무엇이든)이나 그 결과가 얼마나 중요한지에 대해 알려주는 것은 아니라는 점이다. p-값은 단지 다음과 같은 질문에 대답할 뿐이다. '당신의 가설이 사실이 아닌데도 순수한 노이즈로 말미암아 여러분이 얻은 것과 같은 데이터가 나타날 가능성이 얼마나 될까? 또는 훨씬 더 큰 효과가 있는 것처럼 보일 가능성은 얼마나 될까?'[18]

우리가 예로서 살펴보고 있는 키 연구 사례의 경우 p-값이 0.03이라고 가정해보자. 이것은 스코틀랜드 인구에서 실제로는 남성과 여성 사이에 키 차이가 없는데도 같은 수의 표본을 무한 반복 추출할 경우 단지 3퍼센트의 사례에서만 10센티미터 이상의 키 차이를 볼 수 있다는 것을 의미한다. 즉, 평균적으로 스코틀랜드 남성은 스코틀랜드 여성보다 키가 크다는 사실을 발표할 경우 이것이 사실이 아닐 확률이 3퍼센트라는 것이다. 달리 말하면, 실제로는 스코틀랜드의 남성과 여성의 키가 같을 경우, 표본 연구에서 나타난 만큼의 키 차이 혹은 그보다 더 큰 차이가 나타날 확률이 매우 낮다는 의미다. 물론 그렇다고 해서 전혀 불가능한 것은 아니다.

p-값의 정의가 이렇기 때문에 대부분 p-값은 낮을수록 더 좋다. 하지만 우리가 얻은 결과가 노이즈 때문이 아니라는 것을 확신하려면 p-값이 얼마나 낮아야 할까? 다른 관점에서 보자면 이 질문은 거짓 양성false positive 확률(실제로는 효과가 없는데도 효과가 있다고 결론 내릴 확률)을 어디까지 우리가 감수할 것인가에 대한 문제다.[19] 여기에 대해 1920년대의 선구적 통계학자인 로널드 피셔Ronald Fisher는 과학자들의 결정을 돕기 위해 p-값에는 어떤 임계값이 정해져야 한다고 주장했다. 이 임계값보다 p-값이 클 경우, 실제

로는 아무 일도 일어나지 않지만 우연히 우리에게 관찰되는 현상이 일어날 확률이 높기 때문에 연구 결과를 무효로 간주해야 하고, 임계값보다 작을 경우에만 연구 결과를 '통계적으로 유의미한statistically significant' 것으로 간주해야 한다는 것이다.

그 후로 이 p-값이라는 개념은 엄청난 혼란을 가져왔다. 현대인의 귀에 '유의미significant'라는 단어는 크거나 중요한 효과를 가진다는 것을 의미하는 것으로 들린다. 하지만 우리가 방금 살펴본 바와 같이 p-값이 아무리 낮다고 해도, 유의미하다는 말의 의미는 조금 다르다. 반면 효과의 '크기size'라는 개념은 여러분의 가설이 사실이 아닌데도 우연히 그에 부합하는 결과를 관찰하게 될 확률인 p-값과는 다르다. 우리가 살펴보고 있는 키 연구에서 '효과의 크기'는 스코틀랜드 남성의 키가 스코틀랜드 여성보다 얼마나 큰지를 의미하는 말이다. 즉, 우리 사례에서 효과의 크기는 10센티미터가 된다.

예를 들면 어떤 약물이 실제로는 특정 질병에 아주 미미한 효과를 보일 뿐이지만, 약물이 보여주는 결과가 확실하게 거짓 양성 반응이 아닌 것처럼 나타나는 일은 얼마든지 가능하다. 즉, 효과의 크기는 작지만 통계적으로 유의미한 것처럼 데이터가 보일 수 있다는 말이다. 피셔가 이 용어를 썼을 당시, 사람들은 '유의미'라는 단어를 다소 다른 의미로 이해했다. 유의미라는 단어의 진정한 의미는 어떤 일이 실제로 일어나고 있음을 데이터가 '확인'시켜준다는 것이다. 반면, 그 어떤 일이라는 것이 반드시 주목할 필요가 있는 일일 필요는 없다.[20]

어쨌든 애초에 피셔는 '통계적으로 유의미한' p-값의 임계값을 0.05로 정해야 한다고 제안했다. 이는 동시에 각 통계 시험에서 거짓 양성 오류가 발생할 확률을 5퍼센트 이상으로 허용해서는 안 된다는 것을 의미하기도 한다. 이 정의에 따르면 우리의 키 연구 사례는 p-값이 0.03이므로 통계적으로 유의미한 결과다. 1926년에 발표된 매우 중요한 한 편의 논문에서 피셔는 '과학적 사실이 실험적으로 확립된 것으로 간주되려면, 적절하게 설계된 실험이 이 정도 수준의 유의미함에 이르지 못할 확률이 거의 없어야만 한다'고 썼다.[21]

하지만, p-값의 임계값을 0.05로 잡은 것은 지극히 임의적이다. 이는 스코틀랜드의 웹사이트인 '탭스앱taps-aff.co.uk'의 사례와 비슷하다고 할 수 있다. 이 웹사이트는 전국 모든 지역의 날씨를 확인한 다음, 온도가 섭씨 17도(화씨 63도) 이상인 모든 지역에서 '탈의taps aff' 가능한 것으로 자동적으로 알리도록 돼 있다. 이는 신사들이 공식적으로 윗도리를 벗은 채 돌아다닐 수 있을 정도로 따뜻하다는 의미다.[22] 여기서 기준으로 잡은 17도는 매우 합리적이긴 하지만 여전히 지극히 임의적인 기준이다. 어떤 사람들은 20도를 넘지 않는 한 상체를 드러내려 하지 않을 수도 있다. 더 튼튼한 사람들은 아마도 15도만 넘어도 윗도리를 벗고 싶어 할 것이다. 나중에 피셔는 같은 논리로 어떤 것을 통계적으로 검사하느냐에 따라 일부 연구자들은 유의미의 기준을 다르게도 설정할 수 있다고 언급했다.[23]

2012년 유럽 입자 물리 연구소CERN의 물리학자들이 힉스 보손Higgs Boson을 발견한 이후 '5 시그마 증거5 sigma evidence'라는 것이 유명해졌다. 이 용어는 매우 중요한 실험에 극도로 엄격한 p-값을 적용했다는 사실을 멋있게 들리도록 표현한 것일 뿐이다. '5 시그마'에 해당하는 p-값의 임계값은 0.0000003이다.[24] 거대 강입자 충돌기Large Hadron Collider를 건설하는 데 막대한 자원을 쏟아부었기 때문에, 물리학자들은 노이즈가 섞인 데이터에 의해 실제 상황을 오판하게 되는 것을 정말로 원하지 않았다. 따라서 자신들이 얻은 증거들이 매우 높은 기준을 통과하도록 p-값을 설정한 것이다.

그러나 힉스 보손과 같은 아주 예외적인 경우를 제외하고는 임계값 0.05는 사용상의 적합성, 전통, 관성적인 측면에서 오늘날 가장 널리 사용되는 기준으로 남아 있다. 과학자들은 통계적으로 유의미한 결과라는 사실을 논문에 싣기 위해 통계표를 열심히 뒤져 p-값이 0.05보다 낮은지 확인한다. 이런 과정에서 정작 0.05라는 값은 애초에 지극히 임의적으로 정해진 것이었다는 사실을 잊기 쉽다. 리처드 도킨스는 인간의 '불연속적 사고'에 대해 아쉬움을 표한 바 있다. 실제로 세상은 어지럽고 불분명하며 애매한 방식으로 움직이고 있는데 인간은 뚜렷하고 분명하게 나누어진 범주로 세상을 보려는 경향이 있다는 것이다.[25] 이런 예를 낙태에 관한 논쟁에서도 찾을 수 있다. 흔히 낙태에 관한 논쟁은 배아 또는 태아가 언제 '사람'이 되는가에 집중된다. 사람들은 배아와 사람 사이에 분명한 선이 존재해서 우리가 사람이 되는 순간을 정확히 특정할 수 있다고 믿는다. 도킨스가 속한 진화생물학 분야에서 한 종이 다른 종으로 진화하는 순간을 정확히 찾아내려는 노력을 기울이는 것 역시 마찬가지 사례다.

과학자들은 비록 그런 일을 했다는 사실에 만족감을 느낄지는 모르겠으나 그런 노력 자체는 헛수고에 불과할 뿐이다. p-값의 경우에 있어서도 유사한 일들이 벌어지고 있다. 통계적 유의성에 대한 컷오프 값으로 0.05를 정해놓고 그보다 낮은 값이 나올 경우 연구 결과가 '진짜'라고 생각하고, 그보다 큰 값이 나올 경우 연구 결과가 '무효'라고 생각하는 일이 실제로 벌어지고 있다. 그러나 0.05라는 것은 앞서 사례로 들었던 17도 탈의[taps-aff] 규칙이나 정확하게 법적 생일이 되어야 아이들을 어른 취급하도록 하는 사회적 결정 같은 관습적 규칙이라고 할 수 있겠다.

출판 편향과 메타 분석

다소 복잡한 통계적 문제로 화제를 전환하기 전에 우리는 과학자들이 긍정적인 결과만을 발표하고 효과가 없는 연구는 감추려 한다는 출판 편향에 대해 다룬 바 있다. 이제 우리는 과학자들이 연구 결과를 발표할 것인지 여부를 어떻게 결정하는지 알 수 있게 됐다. 즉, 매우 신성한 값으로 여겨지는 p-값의 임계값 0.05 이하의 '유의미한' 결과는 논문에 실어 저널에 제출하는 반면, 그보다 높은 값을 보이는 결과들은 조용히 서랍 속에 숨겨 놓는 것이다. 피셔의 자의적 통계 컷오프 개념이 연구 결과의 '효과 있음' 혹은 '중요함'이라는 인식과 결합돼 과학 역사에 이토록 부정적 영향을 끼치게 된 것이다.

때때로 한 발 떨어져서 과학 문헌 전체를 크게 보면 출판 편향의 특징적인 흔적이 나타나 있음을 확인할 수 있다. 이렇게 한 발 떨어져서 보는 작업의 일환이 메타 분석 연구다. 메타 분석 연구는 이전의 여러 연구 결과들을 모아 종합적으로 고찰함으로써 특정 주제에서 어느 정도의 효과(때로는 '진짜' 효과라고 불리는 것)가 실제로 있는지를 가늠하는 학문이다. 메타 연구의 주제로는 백신이 특정 질병으로 인한 사망률을 감소시키는지 여부가 될 수도 있고, 기후변화와 농작물 수확량 간에 연관성이 존재하는지를 확인하는 연구가 될 수도 있다.[26]

해당 주제와 관련된 연구 결과를 모을 때 메타 분석가는 두 가지 수치에 세심한 주의를 기울이게 된다. 첫 번째는 효과 크기effect size다. 앞에 들었던 두 가지 예 중 백신의 경우 백신 접종에 따라 1년에 사망 사례를 몇 건 정도만 감소시킨다면 효과 크기가 작다고 할 수 있고, 수천 명의 생명을 구한다면 효과 크기가 크다고 할 수 있다. 그리고 기후변화의 예에서는 작물의 수확량에 관리 가능한 정도의 작은 영향만 있을 경우에는 효과 크기가 작은 것이고, 크고 파괴적인 영향을 미치면 효과 크기가 큰 것이 된다. 우리는 연구 과정에 일어나는 표본 추출 오류와 측정 오류 때문에 개별 연구들이 효과 크기에 대해 다양한 추정치를 내놓게 된다는 사실을 잘 알고 있다. 따라서 특정 논문 한 편에만 의존해 전체적인 효과 크기를 추정하는 것은 현명한 방법이 아니다. 어떤 질문이든 해당 주제의 더 많은 연구 결과를 가지고 분석하는 것이 일반적으로 더 나은 방법이다. 연구 과정에 무작위로 발생하게 되는 노이즈는 표본을 바꿔가며 조사할 경우 서로 상쇄될 수 있다. 따라서 많은 연구 결과를 대상으로 하는 메타 분석 연구로부터 계산된 효과 크기가 개별 연구로부터 내놓는 추정치보다는 일반적으로 더 신뢰할 수 있는 것으로 여겨진다.

메타 분석에서는 수집된 논문들에서 보고한 효과 크기를 단순히 산술평균으로 계산해 전체 효과를 가늠하지는 않는다. 메타 분석가가 관심을 갖는 두 번째 수치는 표본 크기sample size다. 다른 조건이 모두 같다면 표본 크기가 큰 연구일수록 더 많은 데이터를 기초로 한 결과이기 때문에 전체 모집단의 평균이라고 할 수 있는 효과의 '참값'에 더 가까워질 것이다. 즉, 효과의 참값에 대한 예측치는 표본 크기가 큰 연구가 표본 크기가 작은 연구보다 더 정확할 가능성이 높다.[27] 10명의 스코틀랜드 남성과 10명의 스코틀랜드 여성을 표본으로 하는 연구의 경우, 얼마든지 우연한 확률로 키 작은 남성과 키 큰 여성들만 고를 수 있을 것이다. 그러면 전체를 대표하지 못하는 표본을 선택함으로써 잘못된 결론에 도달하는 상황이 발생한다. 하지만 1,000명의 남성과 1,000명의 여성을 표본으로 추출한다고 상상해보라. 이 경우 우연한 확률로 일반적이지 않은 특징을 가진 1,000명의 사람들을 선발할 위험은 단지 10명을 뽑을 때보다는 확실히 낮아진다. 이런 경향은 대부분의 사례에서 관찰된다. 소규모 표본 연구로는 현실에 대한 제한된 범위의 스냅샷을 검토하는 수준에 불과하다. 표본 크기가 작은 연구일수록 샘플링 오류에 더 크게 노출되므로 연구 결과는 더 많은 가변성을 가지게 되는 것이다. 결과적으로 더 큰 오차 범위에 노출되므로 실제 효과를 과대 혹은 과소 추정하게 될 가능성이 높아진다. 이런 이유로 메타 분석 연구에서는 표본 크기가 큰 연구의 효과 크기에 더 높은 가중치를 주게 된다. 그 결과가 실제로 참값에 더 가까울 확률이 높기 때문이다.[28]

출판 편향의 관점에서 우리가 관심을 가지고 볼 필요가 있는 것은 효과 크기와 표본 크기가 어떻게 서로 연관돼 있는가 하는 점이다. 한 인자와 다른 인자와의 관계를 그래프로 그리면 1개 연구 표본이 하나의 점으로 그래프상에 표시될 것이고, 그 모양은 그림 2의 A와 비슷할 것으로 예상된다. 하지만 이것은 이상적인 메타 분석 결과를 가정한 것이며 실제 데이터 세트에서 이렇게 분명한 경향이 나타나는 경우는 거의 없다.

이 '깔때기 그래프'(이렇게 명명한 것은 그래프의 모양을 보면 금방 이해할 수 있을 것이다)를 잘 살펴보면 Y축 하단으로 내려갈수록 표본 크기가 작은 연구를 표시하고 있고 효과 크기의 변동 폭은 크다는 것을 알 수 있을 것이다. 반면 Y축 상단으로 올라갈수록 표본 크기가 큰 연구로서 효과 크기의 평균값을 중심으로 그래프상의 점들이 모여 있음을 알 수 있다. 즉, 우리가 앞에서 살펴본 바와 같이 표본 크기가 클수록 연구 결과가 더 정확해진다는 사실을 보여주고 있다.

또한, X축 상에 표시된 효과 크기가 연구마다 큰 폭으로 변하고 있다는 사실로부터 우리가 왜 특정 개별 연구에서 얻은 효과 크기를 그대로 참값으로 받아들여서는 안 되는지도 알 수 있다. 여러 개별 연구 결과들 중 참값에 가까운 효과 크기를 나타내는 연구도 물론 있겠지만, 정도는 다르지만 다른 개별 연구들에서는 '진짜' 효과 크기를 과소평가하거나 과대평가하고 있기 때문이다. 반면 표본 크기가 큰 연구들의 경우 대부분 훌륭한 예측 결과를 보여주고 있다. 이 깔때기 그래프에는 지금까지 우리가 이야기했던 내용이 모두 담겨 있다. 만약 모든 연구 결과들이 결국은 효과 크기의 참값에 수렴할 것이라고 가정하면, 예상할 수 있는 그래프 모양은 그림에서 보는 것과 같이 뒤집힌 깔때기 형태로 나타날 것이다.

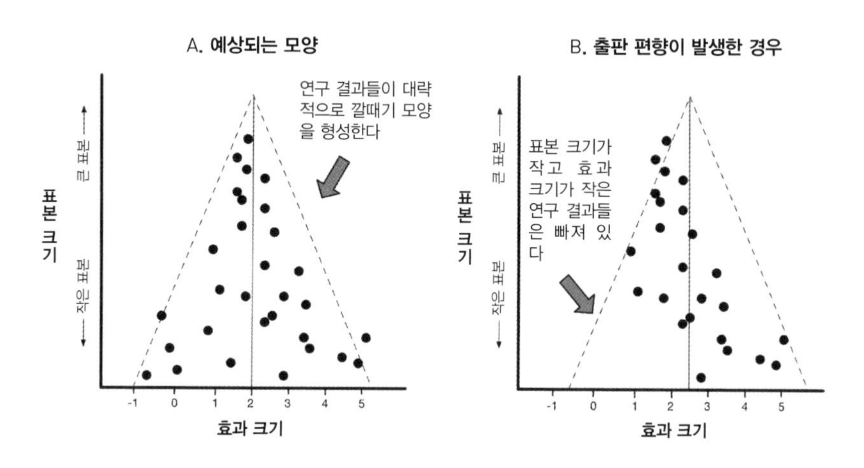

그림 2. 두 가지 다른 시나리오의 가상 메타 분석 결과로 예상되는 깔때기 모양. 시나리오 A는 특정 주제에 대한 30개의 연구 결과가 모두가 발표됐을 경우 예상되는 효과 크기 결과의 분포도다. 시나리오 B는 표본 수가 적고 효과 크기도 작은 좌측 하단의 연구 결과 6개가 누락된 경우의 결과 분포도다. 이 경우는 출판 편향이 분명하게 일어났음을 보여주는 패턴이다. 각 그래프의 중앙에 있는 수직선은 메타 분석에 의해 계산된 효과의 평균 크기다. 시나리오 B의 경우 이 수직선이 약간 오른쪽으로 옮겨져 있다. 메타 연구는 발표된 연구 결과만을 대상으로 하기 때문에 작은 효과 크기들이 사라짐에 따라 평균 효과 크기는 실제 참값보다 더 커지게 된다.

고고학 분야에서는 발굴하는 과정에 특정 물건이 보이지 않는 경우 이를 근거로 조사 대상에 대해 흥미로운 사실을 유추할 수 있다. 예를 들면 무기가 보이지 않는다면 조사 대상이 군인이 아니고 민간인이라는 의미로 해석하는 식이다. 마찬가지로 메타 분석에서도 보이지 않는 것들을 통해 많은 것을 유추할 수 있다. 만약 메타 분석 결과 그래프가 그림 2의 B에 더 가까워 보인다면 어떨까? 이 그림에는 당연히 관찰될 것으로 예상됐던 한 부분이 빠져 있다. 깔때기형 그래프의 왼쪽 아래에 나타날 것으로 예상되던 작은 표본 크기와 작은 효과 연구들이 빠져 있는 것이다. 고고학자처럼 생각한다면 메타 분석가는 그 연구 결과들은 발표되지 않고 책상 서랍으로 들어갔을 것이라고 추측할 수 있을 것이다. 왜 그랬을까? 이에 대해 가능한 설명은 다음과 같다. 작은 표본에서 얻은 작은 효과의 연구들은 연구 결과 p-값이 0.05보다 높게 나타날 것이고, 이로 인해 해당 연구 결과들은 별로 중요하지 않은 연구로 취급돼 결국 발표되지 않았을 것이다.

아마도 이 연구를 진행한 과학자들은 다음과 같이 생각했을 것으로 추측된다. '음, 이것은 단지 작은 규모의 연구였을 뿐이고, 아마도 데이터의 노이즈 때문에 효과가 작게 나타났을 것이다. 생각해보니, 이런 소규모 연구에서 큰 효과를 찾을 수 있으리라고 기대했던 내가 바보였어! 이런 연구 결과를 저널에 발표한다는 것은 아무런 의미가 없어.' 그러나 데이터에 잠재적 노이즈가 있는데도 동일한 소규모 표본 연구 결과가 우연히 큰 효과를 보였다면 어떻게 됐을까? 아마도 그들은 자신들이 얻은 긍정적 결과를 기꺼이 저널에 제출해 논문이 게재되도록 애썼을 것이다. 우리의 기존 신념과 희망에 맞는 방식으로 증거를 해석하는, 확증 편향에 빠지기 쉬운 것이 인간이 가진 본성이다. 이런 인간 본성에 기초한 이중적 잣대가 바로 출판 편향의 뿌리인 것이다.

메타 분석 결과의 전체적 결론은 그림 2의 A가 아니라 B에 기초해 내려진다는 것을 이해하면 출판 편향이 과학 문헌을 어떻게 왜곡하는지도 알 수 있을 것이다. 깔때기 모양 그래프에서 효과 크기가 작은 연구 결과를 제거한다면, 메타 분석 결과 얻은 효과 크기는 출판 편향 때문에 실제 효과의 참값보다 커질 수밖에 없다. 그 결과 우리는 이를 근거로 특정 효과의 크기가 실제보다는 더 크고 중요할 것이라는 과장된 견해를 갖게 되고, 실제로는 아무런 효과도 존재하지 않는데도 무언가 중요한 것이 있다고 믿게 되는 것이다. 효과가 없거나 모호해 보이는 연구 결과를 과학자들이 발표하지 않고 숨기면 과학 문헌을 읽는 모든 사람에게 눈가리개를 씌우는 것과 마찬가지 상황이 된다.

최근에 발표된 깔때기 그래프 중 가장 두드러진 것은 심리학자 데이비드 생크스David Shanks와 그의 동료들이 진행했던 메타 분석 연구에서 나타났다.[29] 그 연구는 프라이밍의 한 형태인 '로맨틱 프라이밍'에 대한 조사 결과였다. 남성들은 매력적인 여성의 사진을 보고 나면 더 많은 위험을 기꺼이 감수하려 하고, 더 많은 돈을 소비재에 쓰려고 한다는 가설을 대상으로 한 메타 연구였다. 즉, 파트너를 유혹하기 위해 '과소비'를 하게 된다는 아이디어에 대한 연구였다. 이 주제에 대해 43개의 독립적인 실험이 실시됐고 이로부터 15편의 논문이 발표됐다. 연구 결과들을 모아 메타 분석을 한 결과는 이 가설을 뒷받침하는 것처럼 보였다. 그러나, 이 연구 결과들을 모아 깔때기 그래프를 그려봤더니 데이터의 일부가 사라진 것이 발견됐다. 효과가 보이지 않았던 연구 결과들이 출판 편향에 의해 발표되지 않고 사라졌다는 강력한 증거로 볼 수 있는 부분이다. 실제로 생크스와 그의 동료들이 직접 로맨틱 프라이밍 현상을 재현하기 위해 독자적으로 대규모의 실험을 실시했을 때, 그들은 가설을 뒷받침할 어떤 효과도 발견하지 못했다. 재현 실험 결과에서는 해당 효과 크기가 0으로 수렴하는 것을 발견했다.

출판 편향은 다른 분야 못지않게 의학계에서도 두드러져 보인다. 예를 들어, 2007년의 한 메타 분석 연구에 따르면 암에 걸릴지 미리 검사하는 예후 검사법에 대한 연구 논문의 경우 90퍼센트 이상이 효과 있음으로 보고하고 있다는 것이 밝혀졌다. 하지만 현실은 이와 다르다. 지금도 여전히 누가 암에 걸릴지 예측하는 문제에 있어서는 누구도 큰 성공을 거두고 있지 못하고 있기 때문이다. 따라서, 우리는 이 연구 결과들에서 무엇인가가 빠져 있을 것이라는 사실을 짐작할 수 있다.[30] 또 다른 메타 연구에서는 심장 질환의 잠재적 표지 물질에 대한 연구 논문 49편을 분석했다. 예를 들면, 심장마비 위험을 안고 사는 사람들의 혈액 속에서는 특정 단백질이 더 흔하게 관찰될 것이라는 가설을 테스트한 연구들에 관한 논문들이다. 이들 중 36편 정도의 논문이 긍정적 효과가 있는 것처럼 편향적 보고를 하고 있었다.[31] 발표된 논문들은 이러한 바이오 마커bio-marker, 즉 생체표지자의 유용성을 명백하게 부풀리고 있었다.

치료법의 경우에 있어서도 마찬가지 현상이 일어나고 있다. 환자에게 약을 처방하는 의사들은 약물의 부작용과 긍정적 효과 사이에서 어느 정도 절충점을 찾는다. 예를 들어 항우울제와 같은 경우 메스꺼움과 불면증 같은 일반적인 부작용이 있는데도 환자가 복용할 가치가 있는지를 결정하게 되는 것이다. 만약 이런 상황에서 의학 문헌들이 어떤 약물의 효과를 부풀려 의사들에게 전달한다면(최근 항우울제의 경우 효과가 전혀 없는 것은 아니지만 처음 믿었던 것만큼 강력하지는 않은 것으로 밝혀졌다), 그들이 환자에게 내리는 처방은 합리적인 근거에 의한 치료법이 아닌 것이 되고 만다.[32]

만약 여러분이 이 책을 읽기 전에는 출판 편향에 대해 들어본 적이 없었다면 그것 역시 충분히 이해가 가는 일이다. 출판 편향이 과학계에 숨겨진 가장 당혹스러운 비밀들 중 하나였기 때문이다. 2014년 주요 의학 저널에 실린 리뷰를 조사한 결과 31퍼센트의 메타 분석 연구들은 출판 편향에 대해서 확인조차 하지 않은 것으로 나타났다. 이 메타 분석 연구의 대상이었던 논문들을 제대로 다시 확인해본 결과 19퍼센트의 논문에서 출판 편향이 존재함을 발견했다.[33] 그 이후 진행된 암 연구 리뷰에 대한 분석 결과는 더 심각했다. 72퍼센트의 리뷰가 논문들의 출판 편향성 체크 결과를 포함하지 않고 있었다.[34] 더구나 메타 분석의 대상이 된 데이터 세트에서 출판 편향의 흔적이 발견된다면, 그다음에는 어떻게 해야 할지 정확히 알 수 없는 경우가 많다. 효과의 평균 추정치를 하향 조정해야 할까? 만약 그래야 한다면 얼마나 하향 조정해야 할까?[35] 이런 골치 아픈 문제를 피하기 위해 실제로는 이런 편향이 있다는 것 자체를 완전히 부정하지는 않았을까 하는 의심이 든다.

출판 편향에 대한 고고학적 접근 방식의 문제점은 깔때기 그래프상의 공백을 추측에 의존해 메워야 한다는 것이다. 그래프상의 공백에는 작은 규모의 표본을 대상으로 작은 효과를 발견한 연구들이 있었을 것으로 예상된다. 물론 깔때기 그래프는 출판 편향 이외의 이유로도 이상한 모양으로 나타날 수 있다. 특히 메타 분석 대상으로 수집된 연구들 사이에 너무 큰 차이점이 존재하는 경우 그럴 수 있다.[36] 출판 편향이 위에서 설명한 것보다 더 미묘하고, 따라서 극히 식별하기 어려운 경우도 많다. 이런 종류의 편향을 확인하는 데 있어 더 좋은 방법은 없을까?

한 가지 대안적 접근 방식은 다음과 같다. 즉, 확실히 종료된 연구 중에서 긍정적 효과를 보인 것부터 효과가 없는 것까지 다양한 결과가 나타났던 일련의 연구를 선정한 다음, 각 유형의 연구 결과들 중 얼마나 많은 수가 최종적으로 출판까지 이어졌는지를 확인하는 것이다. 정확히 이런 작업을 2014년 정치학자 애니 프랑코Annie Franco가 이끄는 스탠퍼드 연구원들이 진행했다. 이 프로젝트에는 '책상 서랍 열기unlocking the file-drawer'라는 이름이 붙었다.[37] 그들은 2002년에서 2012년 사이 정부의 연구 프로그램에 지원한 저자들이 발표했던 논문들을 살펴봤다.[38] 중앙 정부 연구 자금 프로그램의 지원을 받는 데 성공해 연구가 진행된 프로젝트 리스트를 입수해 필요할 경우 프랑코와 그녀의 동료들은 저자들에게 직접 연락했다. 결론적으로 완료된 연구의 41퍼센트는 그들이 세운 가설에 대해 강력한 증거를 찾았고, 37퍼센트는 혼재된 결과를 보였고, 22퍼센트는 가설이 무효인 결과를 얻었음이 밝혀졌다. 결과가 아니라 연구 방법이 더 중요한 세상이라면 각 사례별로 발표된 논문들의 비율도 비슷해야 할 것이다. 하지만 실제로는 유형별로 논문 발표율이 매우 달랐다. 효과가 강력, 혼재, 무효인 논문의 비율은 각각 53퍼센트, 37퍼센트, 9퍼센트였던 것이다. 강력한 효과를 보인 연구가 논문으로 발표될 확률과 무효 결과를 보인 연구가 논문으로 발표될 확률 간의 차이는 44퍼센트에 달한다.[39]

프랑코와 동료들은 과학자들을 대상으로 한 설문 조사에서 가설이 무효로 나타난 연구 결과의 65퍼센트는 논문 투고는커녕 아예 작성조차 되지 않았다는 사실을 알게 됐다. 무효 연구 결과는 저널에 논문이 게재되지 않을 것이라고 예상했기 때문이다. 한 과학자는 "가설이 무효인 것으로 나타난 연구 결과로는 인상적인 논문을 쓸 수 없다는 것이 현재 과학 출판계가 안고 있는 불행한 현실이다"라고 말했다. 또 다른 과학자는 "과학계에서는 긍정적인 결과를 선호하기 때문에 무효인 연구 결과를 가지고 논문 투고를 할 수는 없다"라고 말했다. 많은 과학자들이 무효인 연구 결과를 얻을 경우 어깨를 한 번 으쓱하고는 다음 프로젝트로 넘어간다. 어떤 과학자는 "시간 제약, 관심 부재, 그리고 세상을 흔들 만한 결과를 얻지 못한 이유가 합쳐져 논문을 작성할 수 없었다"라고 인정했다.[40] 연구 결과가 '책상 서랍'

안으로 사라지는 현상은 실제로 존재하고 있었던 것이다.[41]

사업과 정치에 있어서 가장 문제가 되는 것은 예스맨이다. 많은 책들은 관리자와 리더들에게 모든 결정 과정에서 항상 고개를 끄덕이는 사람들로 자신의 주변을 채우지 않도록 조심하라고 말한다. 그들은 심지어 나쁜 결정 앞에서도 고개를 끄덕이기 때문이다. 윈스턴 처칠은 다음과 같이 말했다. "잘못된 정책을 만들어내는 가장 흔한 이유 중 하나는 높은 위치에 있는 리더에게 듣기 좋아하는 말을 하려는 유혹 때문이다. 따라서 자신의 운명적 결정이 가져다줄 결과에 대해 지도자는 대부분 냉혹한 현실을 받아들이기에는 지나치게 낙관적으로 전망하게 된다."[42] 마찬가지로 논문 발표를 해야 하는 현실 때문에 과학계에서는 출판 편향이라는 과정을 통해 예스맨을 만들어낸다. 그 결과 모든 긍정적인 결과들은 논문에서 볼 수 있지만, 무효로 나타난 결과는 우리에게 보이지 않는다. 이런 식의 불완전한 정보에 근거해 중요한 결정을 내리는 것은 재앙으로 가는 지름길이다.

마지막으로 출판 편향에는 도덕적 문제가 얽혀 있다. 만약 실험 참가자들을 대상으로 연구를 했고, 특히 그들이 약을 먹거나 실험적인 치료를 받았다면, 그들을 위해서라도 연구 결과를 가감 없이 발표해야 할 의무가 있는 것이다. 그렇지 않으면, 고통스러운 과정이나 부작용을 포함해 그들이 겪었던 모든 어려움이 헛수고가 되기 때문이다. 다른 사람이 지원한 자금으로 실시된 연구에 대해서도 비슷한 주장을 할 수 있다.

출판 편향은 과학적, 실제적, 윤리적 관점에서 중요한 문제가 된다. 불행하게도 과학계에 오래전부터 뿌리 깊게 박혀 있는 문제, 즉 긍정적 결과를 선호하는 편향이 일으키는 문제는 출판 편향에만 국한돼 있지 않다.

p-해킹

야심적이고 성공 지향적인 과학자에게 출판 편향 현상은 큰 골칫거리다. 무효로 나온 결과를 책상 서랍에 숨기는 것은 논문 발표가 불가능함을 의미하고, 그렇게 되면 이력서에 뿌듯하게 한 줄의 경력을 추가하지 못하기 때문이다. 물론 이러한 손해를 보지 않고 얻은 결과를 잘 이용하는 한 가지 방법이 있다. 바로 데이터에 손을 대는 것이다. 이것은 우리가 지난 장에서 다루었던 명백한 조작이나 위조와는 다르다. 오히려, 이것은 일종의 무의식적인 또는 반쯤은 의식적인 데이터 가공 행위다. 굴드의 표현에 의하면 '어렴풋이 인지하며 행하는 속임수'인 것이다. 과학자들은 별다른 나쁜 의도 없이 이런 속임수를 쓰는 데 쉽게 빠지게 된다. 사실, 데이터 조작이 무서운 것은 과학 문헌에 잘못된 결론이 등재되기 때문만은 아니다. 많은 과학자들이 자신도 인지하지 못한 채 무의식적으로 그런 행위를 하고 있다는 점이 더 문제다. 혹은 그런 행위를 하고 있다는 것은 알고 있더라도 그것이 왜 잘못된 것인지 모르고 있다는 데 심각성이 있다.

뷔페에서 큰 접시를 쓸 경우 원래 먹을 수 있는 것보다 훨씬 더 많은 양을 먹게 된다는 이야기를 들어봤을 것이다. 그 이야기를 들어봤다는 것은 여러분이 브라이언 완싱크Brian Wansink 교수에 대해 간접적으로 알고 있다는 뜻이다. 코넬대학교의 음식과 브랜드 연구소 소장인 완싱크는 오랫동안 식품 심리학과 관련해 세계에서 가장 영향력 있는 목소리를 내왔다. 인기 서적을 출간하고 조지 W. 부시 대통령 시절 미국 농무부 영양 정책 및 홍보 센터 소장으로 2년간 근무했으며 수백 편의 논문을 발표하기도 했다. 이 논문들은 오바마 시절 미국 학교에서 시행됐던 '더 스마트한 식당' 운동에 이론적인 토대를 제공하기도 했다.[43] 심지어 그는 노벨상을 재미있게 패러디해 '사람을 웃기고, 그 후 무언가 생각하게 만드는' 연구를 뽑아 시상하는 이그 노벨상Ig Nobel Prize을 수상하기도 했다. 그가 수상했던 2007년 연구는 사람들을 속여 그들이 의도했던 것보다 훨씬 더 많은 수프를 먹도록 한 실험이었다. 이 실험에서 그는 수프 그릇을 조작해 계속해서 수프가 다시 채워지도록 만들었다.[44] 밑 빠진 수프 그릇의 경우처럼 음식 심리 연구 분야에서 기발하고 눈길을 끄는 결과를 만들어내는 완싱크의 능력은 한계가 없는 것처럼 보였다. 그릇 크기에 대한 연구뿐만 아니라, 배고픈 상태에서 음식 쇼핑을 하면 더 많은 칼로리의 음식을 사게 된다고 주장하기도 했다. 설탕이 많이 들어 있는 시리얼 박스에 있는 캐릭터들의 눈은 아래를 내려다보는 경향이 있다는 것도 발견했다. 놀랍게도 슈퍼마켓 상품 진열대에 섰을 때 캐릭터들은 아이들과 눈을 마주치게 된다. 그리고 세서미스트리트Sesame Street에 나오는 캐릭터인 엘모의 스티커를 사과에 붙일 경우 아이들이 쿠키 대신 사과를 더 많이 선택하게 된다고도 했다.[45]

2016년 후반이 되면서 이 모든 주장들이 하나씩 무너지게 됐다. 완싱크는 대학원생 중 한 명에게 뉴욕 피자 레스토랑에서 수집한 데이터 세트 분석을 어떻게 독려했는지에 대해 자신의 블로그에 썼다.[46] 그는 원래의 가설이 '실패했다'고 블로그를 통해 밝혔다. 그러나 그 가설이 무효였다고 발표하거나 전체 자료를 책상 서랍에 감추는 대신 대학원생에게 "그 데이터 세트에는 무언가 건질 만한 것이 있을 거야"라고 말했다. 그 학생은 완싱크의 말에 따라 "매일 … 새롭고 엉뚱한 분석 결과를 들고 왔다. 그리고 매일 … 자료를 분석할 다른 방법을 생각해냈다". '유의미한' 어떤 것을 찾기 위해 끊임없이 데이터 세트를 파헤쳤음을 공개적으로 인정한 것이다. 이로써 완싱크는 본의 아니게 그가 연구를 수행하는 방식에 큰 문제가 있음을 드러냈다. 하지만 불행히도 수천 명의 다른 과학자들이 지금도 완싱크와 동일한 방법으로 연구를 수행하고 있다.

이러한 문제를 'p-해킹'이라고 부른다.[47] $p<0.05$의 기준은 어떤 효과가 실제로 존재함을 의미하는 것으로서 논문 발표에 있어 매우 중요하게 여겨지는 기준이다. 자신의 연구 결과가 모호하거나 실망스럽게 나올 경우 과학자들은 p-값을 약간 비틀거나 해킹하는 방법을 사용해 p-값을 임계값인 0.05 이하로 떨어뜨리려 한다. 이때 사용하는 p-해킹에는 두 가지 종류가 있다.

첫 번째는 특정 가설의 증명을 추구하는 과학자들이 많이 사용하는 방법으로서 0.05 미만의 p-값을 얻을 때까지 조금씩 다른 방식으로 실험 결과에 대한 분석을 반복하는 것이다. 그들은 가능한 한 모든 방법을 동원해 즉흥적으로 데이터 세트 자체를 변경한다. 예를 들어, 특정 데이터 포인트를 제거하거나, 하위 그룹 내의 결과를 다시 계산하거나(예를 들면 남성 그룹에서의 효과를 체크해본 후, 여성 그룹에 대해서도 체크한다), 다른 통계 테스트를 적용해보는 등의 방법으로 유의미한 결과를 얻을 때까지 중단하지 않고 새로운 데이터를 계속 수집한다.[48] 두 번째 옵션은 어떤 가설도 염두에 두지 않고 단순히 기존 데이터 세트에 대해 여러 종류의 통계 테스트를 실시한 다음 0.05 미만의 p-값을 얻는 결과만을 보고하는 것이다. 이때 과학자들은 마치 자신들이 처음부터 그 결과를 찾았던 것처럼 보고한다. 종종 스스로 그렇다고 믿는 경우도 많다.[49]

두 번째 p-해킹 방법은 결과가 알려진 후에 가설을 세우는 것으로서 하킹HARKing, Hyposthesising After the Results are Known이라고도 불린다. 이러한 해킹 방법은 유명한 '텍사스 저격수Texas sharpshooter' 이야기에 비유될 수 있다. 어떤 저격수가 권총을 가지고 헛간 측면에 무작위로 총을 쏜 다음 우연히 서로 가까이 있는 몇 개의 총알구멍 주위에 과녁을 그린 다음 애초부터 그곳을 겨냥하고 쏘았다고 주장한다는 이야기다.[50]

두 종류의 p-해킹은 모두 같은 실수에 대한 예다. 아이러니하게도 정확히 이런 실수들을 피하기 위해 p-값이 제안됐다. 즉, 순전히 우연으로 나타난 연구 결과를 참값으로 잘못 해석하지 않도록 고안된 방법이 p-값인 것이다. p-값은 애초에 노이즈로부터 진짜 신호를 골라내는 데 도움을 주기 위해 설계됐지만, 동일한 연구 주제로 많은 수의 실험을 반복 실시할 경우에는 이 기능이 제대로 작동하지 않게 된다는 문제점을 안고 있다. 데이터에 약간의 수정을 가하거나 다른 종류의 통계 테스트를 실시해 p-값을 구함으로써 자신에게 주사위를 한 번 더 던질 기회를 주는 것과 같은 효과를 낳게 되기 때문이다. 이렇게 반복되는 시도 끝에 우연히 나타난 결과를 가지고 '참값'이라고 선언할 기회를 주는 것과 마찬가지다.

앞서 우리가 다루었듯이 $p<0.05$라는 임계값이 가지는 의미는 만약 우리의 가설이 거짓이라고 가정할 때 (예를 들어, 우리의 신약이 실제로 효과가 없을 때) 존재하지 않는 효과를 존재하는 것처럼 믿는 거짓 양성 결과를 얻게 될 확률을 5퍼센트 미만으로 제한한다는 뜻이다. p-값은 우리의 실험이 실제로 성공하지 못했음에도 성공한 것으로 믿게 만드는 결과를 얻을 확률을 의미한다. 하지만 그 5퍼센트는 테스트를 한 번만 실시했을 때의 확률이다. 우리가 세운 가설이 거짓임에도 통계 테스트의 수를 증가시키면 거짓 양성 결과를 얻을 가능성이 눈덩이처럼 커진다는 것은 간단한 수학 계산만으로도 쉽게 알 수 있다.[51] 우리가 동일한 가설에 대해 다섯 번의 서로 독립적인 테스트를 실시하면 거짓 양성 반응이 적어도 한 번 이상 나타날 확률이 23퍼센트로 높아지기 때문이다. 스무 번을 테스트하면 이 확률은 64퍼센트가 된다. 이런 식으로 반복 테스트를 계속하게 되면 피셔가 제안했던 유의미성의 허용 오차 수준인 5퍼센트를 훨씬 넘어서는 거짓 양성 확률을 얻게 된다. 이럴 경우 p-값은 진짜 신호를 식별하는 것을 돕는 대

신 우리를 노이즈의 바다에 가라앉힐 것이다.

p-값이라는 개념을 직관적으로 이해하기는 어렵다. p-값을 설명하기 위해 통계학자들이 즐겨 사용하는 비유가 있다. 내가 한 봉지의 동전을 가지고 있다고 상상해보자. 이때 나는 혹시 뒷면보다 앞면이 더 자주 나오도록 동전들의 무게가 분포돼 있지 않을까 걱정하고 있다. 이 봉지에서 동전 하나를 꺼내어 다섯 번 던졌더니 매번 앞면이 나왔다. 이것은 적어도 뭔가 이상한 일이 벌어지고 있다는 것을 설득력 있게 보여주는 일말의 증거라고 할 수 있을 것이다. 하지만 동전을 던졌을 때 세 번 앞면이 나오고 두 번 뒷면이 나왔다고 해보자. 이 경우는 내 이론을 증명할 수 있는 훌륭한 증거로는 볼 수 없다.

이때 나의 최초 이론을 버리는 대신 다른 동전들에서는 어떤 결과가 나오는지 확인하기로 마음먹었다고 해보자. 그리고 동전 봉지에서 더 많은 동전들을 꺼내어 계속해서 던지다가 마침내 다섯 번 연속으로 앞면이 나오는 동전을 발견했다고 해보자. 이 경우 처음 동전을 던졌을 때 다섯 번 연속 앞면이 나왔을 때보다는 내 가설을 뒷받침하는 증거로서의 설득력이 훨씬 떨어진다는 점에는 동의할 것이다. 하지만 이렇게 여러 번 동전을 던질 때마다 그럴싸한 이야기를 입히면 어떻게 될까? "사실 나는 봉지에서 새로운 동전을 꺼낼 때마다 변형된 형태의 새로운 가설을 실험하고 있었다"라고 말하는 것이다. "두 번째 동전을 던질 때는 왼손으로 튕길 때 앞면이 나오도록 무게 배분이 돼 있는지 테스트하는 것이었다. 세 번째 던질 때는 실내 온도가 20도를 넘어야 가설이 적용되는지 확인하고 있었다. 네 번째 던질 때는 …" 이쯤 되면 여러분은 일이 어떻게 돌아가는지 알 수 있을 것이다. 심지어 스스로도 매번 새롭고 흥미로운 다른 가설들을 시험하고 있다고 확신할 수도 있다. 하지만 근본적으로는 같은 테스트를 여러 번 반복할 기회를 줌으로써 거짓 양성 반응이 나타날 확률을 높이고 있을 뿐이다. 그러던 중에 우연히 다섯 번 연속으로 앞면이 나오는 일이 발생하면, 그 데이터만 발표하고 싶은 유혹이 생길지도 모른다.

이와 같은 논리는 매우 놀라운 우연의 일치 같은 상황이 일어났을 때도 동일하게 적용될 수 있다. 예를 들어, 몇 달 동안 연락하지 않던 사람을 우연히 떠올렸는데, 정확히 그 순간에 그로부터 문자 메시지를 받은 경우다. 하지만 전 세계에서 수천 혹은 수백만 명의 사람들이 누군가를 떠올리지만 그 순간 그런 메시지를 받지 못하는 사람이 대부분일 것이다. 인구가 수백만 명이라면 백만 분의 일의 확률로 일어나는 일도 여러 번 일어나게 된다. 우연한 일이 일어날 수 있도록 계속해서 시도의 기회를 늘려가다 보면, 결국은 원하던 그 일이 일어나게 될 것이라는 점은 확실하다. 많은 사례들 중에서 특수하게 일어난 사례를 골라낸 후 그것을 우연히 일어난 일이 아니라는 증거로 삼을 수는 없다. 물론 확실하게 한 번만 검정을 실행해 $p<0.05$ 기준을 만족했다 하더라도 우연히 거짓 양성 결론을 얻게 될 확률은 여전히 존재한다. 그러나 이런 위험성은 p-해킹을 할 경우보다는 현저히 낮아진다. 여러 번 동일한 테스트를 반복하는 p-해킹의 경우 그중 하나가 잘못된 결론을 유도할 위험이 갈수록 높아지기 때문이다.

이것이 많은 과학자들이 파악하지 못하고 있는 p-값에 대한 근본적 통찰이다. 실제로 아무런 일도 일어나지 않고 있는데도 여전히 '유의미한' p-값을 얻을 확률은 존재한다. 특히 통계 테스트를 여러 번 실행하는 경우에는 그 확률은 점점 더 높아진다.[52] 다음 해에 무슨 일이 일어날지에 대해 수천 가지 예언을 하는 '점술가'의 예언과도 비슷하다. 그들은 다음 해 연말이 되면 자신들이 맞힌 것만 강조함으로써 마법과 같은 예지 능력을 지닌 것처럼 보이게 만든다.[53] 통계라는 주사위를 여러 번 굴리면 비록 우연이더라도 아주 기이한 데이터를 얻을 수 있고 이것이 통계적으로 유의미한 것처럼 보이게 할 수도 있다.[54] 이 과정에서 유의미하지 않은 것으로 나타난 모든 시도를 숨기면 비록 노이즈에 근거한 결과라 할지라도 사람들에게는 완벽하게 사실인 것처럼 믿게 만들 수 있다.

이 논의는 우리를 다시 완싱크의 대학원생과 피자 레스토랑 자료 사례로 돌아오게 만든다. 당시 대학원 학생들이 매일 새롭게 데이터를 분석하려고 시도했고 이 과정에서 많은 p-값이 계산됐다. 하지만 그중 몇 명의 분석 결과만이 저널에 출판됐다. 과학 출판의 불문율을 고려할 때 발표된 결과들은 $p<0.05$ 기준을 통과한 것들이었을 것이다. 과학 문헌을 읽는 우리로서는 이 과정에서 실제로는 얼마나 많은 시험이 행해졌는지 모른다. 많은 결과가 보이지 않도록 숨겨졌기 때문에, 이 사례를 하나의 연구 내에서 일어나는 출판 편향이라고 이야기해도 무방할 것이다. 만약 우리가 실험의 모든 과정과 무효인 결과를 포함한 모든 데이터를 볼 수 있다면 이 사례를 텍사스 저격수의 전형적인 사례라고 이야기할 수도 있을 것이다. 완싱크는 본의 아니게 그의 블로그 게시물에서 자신이 목표 과녁을 우연히 얻은 값으로 옮김으로써 통계적으로 유의미하게 보이도록 했다고 밝혔다. 하지만, 관련된 통계적 원리를 이해하는 사람들이 볼 때 이 사례에서 완싱크는 과녁을 헛간의 한쪽 벽에 그린 것이 아니라 그의 발에 그린 다음 자기 발을 쏜 것이다.

완싱크가 블로그에 글을 쓴 이후, 의심을 품고 있던 일부 독자들이 그의 논문에 있는 숫자들을 하나씩 조사하기 시작했다.[55] 그 결과 p-해킹은 그가 저지른 여러 통계적 조작 행위 중 하나에 불과했다는 사실이 밝혀졌다. 그가 피자 데이터를 이용해 발표한 네 편의 논문에서는 150개 이상의 오류가 발견됐다. 이것은 논문들 사이에 일관성 없는 것으로 나타난 오류들의 전체 숫자다. 때로는 같은 논문 내에서도 일관성 없는 오류들이 발견됐다.[56] 완싱크의 다른 연구들을 조사하기 시작하자 더 심한 경우들이 발견됐다. 요리책과 관련된 한 논문에 실린 데이터를 재분석했을 때는 거의 모든 숫자가 잘못됐음이 밝혀졌다.[57] 사과에 엘모 스티커를 붙인 논문에서는 그래프 표기가 잘못돼 있었고 연구 방법에 대해서도 잘못 기술돼 있었다.[58] 이런 오류들이 밝혀지자 곧 논문 철회가 시작됐다. 이 책을 쓰는 시점에 완싱크의 논문들 중 18편이 철회됐다.[59] 그의 블로그가 포스팅된 지 2년이 채 되기도 전에 완싱크는 코넬대학교에 사표를 제출했다.[60]

그의 논문 철회가 본격화되고 언론이 들끓는 와중에 〈버즈피드뉴스Buzzfeed News〉의 한 기자는 문제가 된 엘모 논문을 쓸 때 완싱크가 동료 저자 중 한 명에게 보냈던 이메일을 공개했다. 논문 조작을 입증할 결정적인 증거였다. 이메일에서 완싱크는 이렇게 밝혔다. "비록 엘모 스티커가 사과의 선택을 71퍼센트 증가시키지만, 어떤 이유에서인지 p값은 0.06으로 나타났습니다. 내가 보기에는 p-값을 더 낮추어야 할 것 같습니다. 이 데이터에 대해 어떻게 생각하는지 알려주기 바랍니다. 데이터를 살펴보고 약간의 수정을 통해 0.05보다 낮은 p-값을 얻을 수 있었으면 좋겠습니다."[61]

이 사례는 동료들에게 노골적으로 해킹을 권장하는 드문 사례다. 그러나 이는 단지 너무 노골적이기 때문에 주목을 받았던 한 가지 사례일 뿐이다. 나는 완싱크 이야기가 폭로됐을 때 많은 과학자들이 가시방석에 앉아 있는 것처럼 불편했을 것이라고 생각한다. 자신들도 똑같이 저지르고 있는 관행이고, 단지 완싱크는 스펙트럼의 극단에 있었을 뿐이라는 것을 모두들 잘 알고 있을 것이기 때문이다. 다만 완싱크처럼 엉성하게 일을 처리하지 않았거나 재분석을 요청하는 이메일을 노골적으로 보내지 않았기 때문에 드러나지 않았을 수도 있다. 혹은 기록이 남지 않도록 직접 만나서 요청했을 수도 있다.[62] 하지만 0.05 이하의 p-값을 얻고자 하는 과학자들의 욕망이 너무 강하고, 저널들도 흥미롭고 화려한 긍정적 결과만을 선호한다면 p-해킹은 우리에게는 피할 수 없는 숙명이 될 것이다.

완싱크의 우연한 고백은 결국 그에게 나쁜 결과를 안겨줬다. 반대로 한 저명한 과학자가 자신이 과거에 무의식적으로 데이터를 해킹했음을 솔직하게 인정했을 때 과학계는 그의 용기에 격려를 보냈다. 제2장에서 '파워 포즈'라는 개념의 엄청난 성공에 대해 다루었던 것을 기억할 것이다. 이 개념은 2010년 발표된 한 논문에 바탕을 둔 것이었다. 하지만 결국 이 논문은 재현 실험에 실패했다. 지금은 에이미 커디라는 이름이 파워 포즈라는 개념과 거의 동의어가 돼 있지만, 사실 그녀는 논문의 제1저자가 아니었다. 제1저자는 버클리대학의 데이나 카니Dana Carney였다. 2016년에 카니는 파워 포즈에 대한 그녀의 견해가 달라졌다고 성명을 발표했다. 몇 년 동안 '파워 포즈'에 대한 생각에 변화가 있었고, 결국 파워 포즈 효과는 진짜가 아니라고 생각한다고 발표한 것이다. 그녀는 원본 실험에 대한 사실들도 나열했다. 실험의 표본 크기는 42개로 매우 작았으며 효과 크기 역시 거의 없는 것이나 마찬가지였다는 것이다. 그녀가 실토한 다음과 같은 사실들은 그 논문이 명백하게 p-해킹의 결과물이었음을 드러내고 있다.

- 참가자들을 중간중간 모집했다. 모집하면서 동시에 계속 파워 포즈의 효과를 확인했다. 즉, 유의미한 결과를 얻을 때까지 표본을 계속 추가했던 것이다.
- 자의적이라고 생각되는 이유로 일부 참가자를 제외했다.
- 일부 튀는 데이터 포인트는 제거했고, 그렇지 않은 데이터 포인트만 남겼다.
- 여러 번 측정했고 통계 테스트도 여러 번 진행했지만 p-값이 가장 낮았던 경우만 보고했다.

- 스스로 느끼는 '파워' 등급이 어떤지를 물어보는 여러 질문이 있었으나 효과가 있는 것으로 나타난 질문만 논문에 실었다.[63]

"그때만 해도, 그런 행동들을 p-해킹이라고 생각하지 않았다. 하지만 그것은 분명한 p-해킹이었다." 카니는 당시를 떠올리며 말했다. 이 모든 것을 인정했기 때문에 카니는 심하게 욕을 먹었을까, 아니면 직장을 잃었을까? 아니다, 사실은 정반대였다. 종종 트위터가 온라인 악플러들이 판치고 있는 곳으로 비판받고 있음을 감안할 때, 놀랍게도 트위터에서 다른 과학자들이 카니의 고백을 '용감한', '감탄할 만한', '앞으로 나아가는 길', '재현에 실패한 연구에 대처하는 방법', '과학적 진실성의 놀라운 증명'이라고 부르고 있었다. 한 신경과학자는 심지어 카니를 '지적, 학문적 영웅'이라고 부르기도 했다.[64] 에이미 커디를 제외하고는 트위터에서 이에 대해 단 하나의 부정적인 반응도 찾을 수 없었다. 에이미 커디는 트위터에서 자신이 p-해킹과는 거리가 멀었다고 이야기하고 있다. "나는 제1저자의(즉, 카니의) 데이터 수집 및 분석 방법에 대한 기억에 이의를 제기할 수 없다. 두 논문 모두 카니가 연구를 이끌었기 때문이다."[65]

데이터 오버피팅과 결과 스위칭

완싱크의 연구에 만연했고 파워 포즈 연구 결과를 망가뜨렸던 것과 유사한 종류의 분석 편향이 얼마나 흔하게 일어나고 있을까? 2012년에 2,000명 이상의 심리학자들을 대상으로 한 설문 조사에서 자신이 다양한 종류의 p-해킹 관행에 관여했는지에 대해 물었다.[66] '몇 가지 다른 결과 데이터들을 얻었지만 모두 보고하지는 않았는가?' 이 질문에 대략 65퍼센트가 그랬다고 답했다. '결과를 먼저 본 후 분석 과정에서 특정 데이터 포인트를 제외했는가?' 이 질문에는 40퍼센트가 그렇다고 답했다. 그리고 약 57퍼센트는 데이터 분석이 진행된 후에 추가 데이터를 수집했다고 답했다. 아마도 이미 얻은 데이터가 만족스럽지 못했기 때문이었을 것이다.

비슷한 정도의 실망스러운 결과는 다른 과학 분야에 대한 설문 조사에서도 나온다. 2018년 실시된 생물의학 분야의 통계학자들을 대상으로 한 조사에서는 설문에 답한 30퍼센트의 통계학자들이 통계 분석을 의뢰한 과학자들로부터 '실제 결과보다는 기대치에 근거해 통계 결과를 해석해 달라'는 요구를 받았고, 55퍼센트는 '중대한 발견만 강조하고 중요하지 않은 발견은 축소 보고해달라'고 요구받은 것으로 나타났다.[67] 경제학자들을 대상으로 한 또 다른 설문 조사에서는 32퍼센트가 '자신들의 주장을 뒷받침하기 위해 실험 결과를 선택적으로 제시한다'라고 인정했으며, 37퍼센트는 '원하는 결과를 얻었을 때 통계 분석을 중단했다'고 답했다. 비록 우연히 그런 일이 일어났더라도 p-값이 0.05 이하로 떨어지는 경우 즉시 분석을 중단한 것이었다.[68]

이런 과정을 거쳐 발표된 논문에 실린 p-값을 모두 모아서 그래프를 그려보면 이상한 현상이 일어나고 있음이 관찰된다. 이상하게도 0.05에 가까워지면서 갑작스럽게 그래프가 튀기 때문이다. 우연히 일어나는 것치고는 다른 수치에 비해 0.04, 0.045, 0.049 등의 p-값이 예상보다는 훨씬 많은 것을 알 수 있다. 이것이 명백한 증거는 아니라 할지라도, p-해킹이 의심된다고 빨간 깃발을 꽂을 수 있는 현상임에는 틀림없다. 논문 발표를 위해 p-값 임계치인 0.05선을 통과할 수 있도록 과학자들이 연구 결과에 손을 댄 다음 투고하는 것으로 의심할 만한 증거로 보인다.[69]

하지만 정작 p-해킹을 저지르는 과학자들은 자신들의 연구 결과를 좀 더 분명하게 만드는 과정일 뿐이라고 진심으로 믿을 수 있다. 이것은 다음과 같은 확증 편향 사례가 일어났을 때 발생되는 현상이다. "설문 결과를 보니 그 참가자는 우리가 준 심리 테스트에 집중하지 않고 창밖만 바라봤을 것이라고 확신한다. 그 실험용 페트리 접시에는 분명 먼지가 앉아 있었을 것이다. 이런 데이터들은 오염됐을 수 있으므로 데이터 세트에서 빼는 것이 좋겠다. 그렇다, 통계 테스트 Y보다는 통계 테스트 X를 적용하는 것이 더 합리적으로 보인다. 역시, 통계 테스트 X를 적용했을 때 연구 결과가 유의미한 것으로 나오지 않는가!" 이런 이야기들을 들으면 여러분은 상황이 어떻게 돌아가고 있는지 대충 감을 잡을 것이다.

지난 장에서는 부정을 저지르는 과학자들이 어떤 동기에서 출발하는지에 대해 살펴보았다. 반면 시험을 진행하기도 전에 자신이 내세우는 가설이 사실이라고 과학자들이 믿는다면 어떤 일이 일어날까? 이 경우 불확실해 보이는 결과가 나왔을 때 약간 손을 대서 자신이 볼 때 옳다고 생각하는 방향으로 유도하는 행위가 스스로에게는 지극히 합리적인 행동이 될 수도 있다. 진짜 사기꾼들은 그들이 비윤리적인 행동을 하고 있다는 것을 알면서도 그런 짓을 하지만, 보통의 과학자들은 종종 그런 의식을 하지 못한 상태에서 p-해킹을 하게 되는 것이다.

데이터 세트를 분석하는 데는 한 가지 방법만 있는 것은 아니다. 여러분은 선택한 표본 중에 모집단을 대표하는 것처럼 보이지 않는 특이한 데이터를 제거하고 분석하는가 아니면 그냥 두는가? 표본 집단을 연령대를 기준으로 분할하는가 혹은 다른 기준에 의해 나누는가? 1주 차와 2주 차의 관측값을 병합해 3주 차 및 4주 차와 비교하는가 혹은 주마다 개별적으로 살펴보거나 그 외의 다른 방식으로 그룹을 나누는가? 특별히 이 통계 모델을 선택하겠는가 아니면 다른 모델을 선택하겠는가? 정확히 몇 개의

'제어' 변수를 넣는가? 이런 종류의 질문들에는 객관적이고 절대적인 답은 없다. 여러분이 연구하고 있는 주제의 구체성과 맥락에 따라 달라지고, 통계 자체에 대한 여러분의 관점에 따라 달라질 것이다. 결국 이 문제는 그 자체가 끊임없이 진화하는 주제다. 이런 질문을 10명의 통계학자에게 던지면 사람마다 다른 대답을 할 것이다. 여러 연구 그룹에 동일한 데이터 세트를 분석하게 하거나 처음부터 각자 다르게 설계된 연구로 동일한 가설을 테스트하도록 한 메타 연구 결과, 실험의 방법과 결과 면에서 연구 그룹들 간에 매우 큰 변화의 폭이 존재한다는 사실을 발견했다.[70]

자신이 무엇을 찾고 있는지에 대해 확실한 생각 없이 데이터 분석을 하는 과학자에게 선택의 기회를 끊임없이 주는 것은 무한히 동전을 던질 기회를 제공하는 것과 같다. 더 많은 분석 기회를 제공하는 것은 거짓 양성 결과를 초래할 가능성만을 더 높일 뿐이라는 것을 이제는 여러분이 이해하리라 믿는다. 데이터 과학자인 탈 야코니Tal Yarkoni와 제이크 웨스트폴Jake Westfall은 "조사자가 더 유연해지고 싶어 할 때 … 즉, 데이터에서 '보고자 하는' 패턴의 범위가 넓어질수록 전혀 존재하지 않는 패턴을 환각적으로 보게 될 위험이 더 커진다"고 설명하고 있다.[71]

상황은 갈수록 더 악화되고 있다. 지금까지 나는 모든 p-해킹이 분명한 방식으로 이루어지는 것처럼 이야기했다. 많은 분석을 한 다음 0.05보다 낮은 p-값만 발표하는 식이다. 물론 이런 식의 p-해킹도 분명히 많이 일어나지만, 진짜 문제가 있는 p-해킹은 이보다 훨씬 더 다루기 까다로운 방식으로 일어난다. 통계학자인 앤드루 겔만Andrew Gelman과 에릭 로켄Eric Loken은 계획되지 않은 통계 분석을 하는 과정을 호르헤 루이스 보르헤스Jorge Luis Borges의 단편소설의 이름을 딴 '미로의 정원'과 비교하고 있다. 결과 데이터를 분석하는 과정에서 어떤 결정이 필요한 시점이 되면 과학자들은 선택 가능한 많은 옵션 중 하나를 선택하게 된다. 이때 어떤 옵션을 선택하느냐에 따라서 앞에서 살펴본 것처럼 최종 결과는 약간씩 달라진다.[72] 여러분의 가설을 뒷받침하는 결과가 어떤 식으로 나타날지에 대해 매우 구체적 기준을 세우지 않는 한, 즉 '정확히 이런 조건하에서 이러한 방식으로 처리되는 변수에 의해 $p<0.05$가 얻어지는 것을 원한다'라고 미리 말하지 않는 한, 선택 가능한 많은 결과들 중 하나를 자신의 가설이 옳았다는 증거로 받아들일 수밖에 없게 된다. 하지만 이런 식으로 자신만의 선택 조합을 따라가서 닿은 미로의 끝에 얻은 결과가 우연한 통계적 요행이 아니라는 것을 어떻게 확신할 수 있을까? 고전적인 p-해킹처럼 여러 번의 시행착오를 거치지 않더라도, 과학자들이 적절한 분석 계획을 가지고 데이터를 대하지 않으면 결국은 다른 독립적인 연구팀이 재현해낼 수 없는 결론에 이르게 될 것이다.

왜 재현이 되지 않을까? 미로의 갈림길에 도착했을 때 과학자들은 해당 데이터 세트에서 $p<0.05$의 결과를 줄 수 있을 것 같은 데이터 분석법을 선택하게 된다. 하지만 사람들마다 그 갈림길에서 모두 같은 선택을 하지는 않을 것이다. 이 문제는 명시적이든 아니든 모든 종류의 p-해킹에서 발생한다. 기술적 용어를 사용하자면 분석 시 데이터를 오버피팅overfitting하게 되는 것이다.[73] 다시 말하면, 특정 분석법을 선택하는 경우 해당 데이터 세트에서 나타나는 패턴은 잘 설명할 수 있다. 하지만 그 패턴은 다른 데이터 세트나 현실 세계에는 일반화해 적용하기 어려운 일시적 노이즈였거나 우연한 현상에 불과할 수 있다. 이런 패턴들을 발견하는 것은 아무런 쓸모가 없다. 대부분의 경우 우리는 특정 데이터 세트에 대해서만 성립하는 가설에는 관심이 없다. '콜로라도 덴버에서 2019년 4월부터 5월까지 203명의 특정 표본에서 측정된 항정신병 약물 복용과 조현병 사이의 관계

가 무엇인가?'와 같은 질문에 대해서 사람들이 관심을 보이지 않는 것과 마찬가지 이유다. 우리는 '일반적인 사람들에 있어서 항정신병 약물 복용과 조현병 증상 사이에 어떤 연관성이 있는가?'처럼 이 세상에서 일어나는 일반적 진리를 찾고 있기 때문이다.

그림 3에 오버피팅의 예를 나타내었다. 그림에 보이는 일련의 데이터는 매달 한 번씩 1년에 걸쳐 측정된 강수량 측정값이다. 이때 우리는 데이터 사이로 통과하는 선을 그어 시간 경과에 따라 강수량에 어떤 변화가 일어나는지 설명하고자 한다. 이 선을 주어진 데이터에 대한 통계적 모델이라고 간주하면 된다. 이 선을 사용해 내년에는 매달 얼마나 많은 비가 내릴지 예측하고 싶다고 해보자. 가장 게을러 보이는 방법은 A와 같은 직선을 그리는 것이다. 하지만 이 경우는 제대로 된 통계적 모델처럼 보이지 않는다. 만약 우리가 그 선을 사용해 다음 해의 강수량을 예측하려고 시도하는 것은 매달 정확히 같은 양의 비가 내리리라고 예측하는 것과 같기 때문이다. 이것은 매우 부정확한 예측 결과를 낳을 것이다. 다음으로는 B와 같이 데이터를 통과하는 곡선을 그려볼 수 있다. 이것은 상당히 우수한 근사치로 보인다. 이 곡선은 다음 연도의 강수량을 예측하는 데에도 유용한 모델로 사용할 수 있을 것으로 보인다. 하지만 정작 문제는 우리가 여기서 멈추지 않을 때 일어난다. 여기서 더 나아가면 C와 같은 곡선을 얻는다. 이 곡선은 뒤틀리고 회전하면서 모든 데이터 포인트에 닿도록 피팅돼 있다. 이 모델의 경우 현재 주어진 데이터 세트에는 너무나 잘 맞는다. 이 모델을 사용할 경우 현재 데이터 포인트들의 분포를 완벽하게 설명할 수 있다. 하지만 내년에도 정확히 같은 모양으로 데이터들이 오르락내리락할 가능성은 얼마나 될까? 물론 높지 않다. 이 그래프는 모든 점들에 매우 가깝게 지나는 곡선을 구했지만 단지 데이터 세트에 존재하는 무작위 노이즈를 모델링했을

뿐이다. 즉, 이 모델은 데이터를 오버피팅한 결과로 얻은 것이다.

이것이 일반적으로 과학자들이 p-해킹을 할 때 자신도 모르게 하게 되는 일이다. 무작위로 발생된 노이즈를 모델링하기 위해 많은 과학자들이 엄청난 노력을 기울이고 있다. (만약 신호가 존재한다고 가정하면) 노이즈를 진짜 신호를 검출하기 위해 무시해야 할 성가신 대상이라고 생각하지 않고 모델이 예측해야 할 데이터의 일부로 여기는 것이다. 하지만 이렇게 p-해킹되고 오버피팅된 모델을 사용해 독립적인 다른 데이터 세트를 예측하려 한다면 큰 곤란을 겪을 것이다. 이런 모델은 단지 노이즈 데이터를 토대로 임의의 선택을 해서 얻은 매우 일회적인 것이기 때문이다. 그러므로 특정 데이터 세트가 아닌 일반적인 현상에 대해서는 우리에게 알려주는 것이 거의 없다.

이제 왜 과학자들이 오버피팅의 유혹에 넘어가게 되는지 알았을 것이

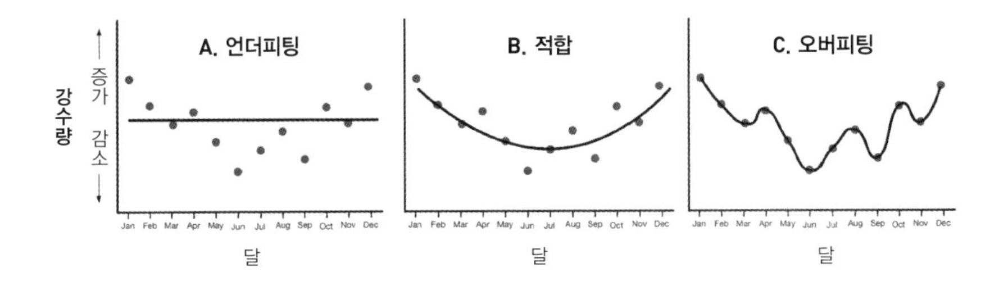

그림 3. 연간 강수량 모델을 구할 때의 오버피팅 문제. A는 언더피팅underfitting으로 인해 잘 맞지 않는 모델이다. 예측은커녕 주어진 데이터를 설명하기에도 부족하다. B의 경우 일반화해 다른 몇 년간의 데이터에도 적용이 가능할 정도로 훨씬 더 발전된 모델이다. C는 전형적인 '오버피팅'의 예다. 해당 연도에 국한된 특정 데이터에 대해서는 잘 맞는 모델이지만, 다른 해에도 동일하게 상승과 하강 패턴을 보일 가능성은 거의 없다. 이 그래프에 사용된 데이터들은 단지 오버피팅 설명을 위해 지어낸 것임을 밝혀둔다.

다. 만약 자신이 얻은 데이터에만 초점을 맞춘 채 정작 추구해야 할 일이 세상에 대한 일반적 진리를 찾는 것이라는 사실을 잊는다면, 그림3의 C와 같이 현재의 데이터를 완벽하게 설명해주는 모델이 훨씬 더 매력적으로 보이게 된다. 어떤 불확실성도 없고 여러분이 그은 선을 벗어나는 지저분한 데이터 포인트도 없다. 하지만 모델이 깔끔하다고 해서 가설 자체가 설득력을 확보하는 것은 아니다. 단순히 그래프의 점들을 연결하는 것에는 그다지 과학적 지식이 필요하지 않다. 하지만 데이터를 수집하기도 전에 선의 구체적인 모양(이론에 해당한다)을 제시하는 논문이 있다면 어떨까? 과학계의 주목을 받게 되는 것은 바로 이런 논문들이다. 우리가 알다시피 과학을 할 때 달성해야 할 가장 중요한 목표는 자신이 주장하는 모델, 이론 또는 연구가 진지하게 고려할 만한 가치가 있음을 다른 과학자들에게 설득시키는 것이다.

일반적으로 유사한 종류의 동기가 p-해킹에 숨어 있다. 논문에 때때로 통계적으로 유의미하지 않은 결과들이 포함돼 있더라도 연구의 전체적 의미가 크게 손상되지 않을 때 훨씬 더 설득력 있는 논문이 된다. 스티븐 제이 굴드가 과학자를 '명확하고 모호하지 않은 발견에 대해 지위와 힘을 부여하는 직업'이라고 말했던 것을 떠올려보라. 사회심리학자인 로저 가이너-소롤라Roger Giner-Sorolla는 이에 동의하며 다음과 같이 말했다. "수준 높은 결론에 이르기 위한 논문들 간의 정면 대결에서 … 항상 유의미하고 일관성 있는 결과를 싣고 있는 논문이 실험 과정은 훌륭하나 모든 결과를 나쁜 것까지 가감 없이 실은 논문보다는 훨씬 선호될 것이다."[74]

여기서 우리는 출판 편향과 p-해킹은 동일한 욕망의 두 가지 다른 모습이라는 점을 이해할 수 있다. 그 욕망은 다름 아닌 처음에 생각했던 이론과 잘 맞지 않는 결과를 없애버리고 싶은 마음이다. 이런 현상은 비즈니스 관련 논문을 대상으로 영리하게 진행된 메타 과학 연구에서 잘 드러났다. 그들은 연구 결과가 공식적으로 작성돼 과학 학술지에 발표되기 전에 일부 내용들이 학생들의 논문에 포함된다는 사실에 착안했다. 과학자들은 학생들의 논문과 저널에 실린 정식 논문 사이에 일어나는 변화를 '번데기 효과chrysalis effect'라고 부른다. 처음에는 보기 흉했던 연구 결과들이 마지막 논문 발표 단계에 이르면 종종 잘생긴 나비들로 변하기 때문이다. 지저분하고 중요하지 않은 데이터들은 제거되고 수정됨으로써 좀 더 명확하고 긍정적인 결론으로 보이도록 바뀐다.[75] 대부분의 경우, 학생들은 아마도 자신들의 이론이 좀 더 분명한 내용을 갖게 하려면 결과들을 그런 식으로 정리하는 것이 당연하다고 생각하게 될 것이다. 또한 선배 연구원들도 동료 평가 과정을 통과해 저널에 발표될 수 있는 설득력 있는 논문을 만들기 위해 옳은 일을 하는 것이라고 후배들에게 가르칠 것이다.[76] 사실 이러한 과정은 미래의 과학자들에게 연구 과정에서 어떤 일이 일어나야 하는지에 대해 끔찍하게 편향된 생각을 심어주는 것이다.

매력적으로 보이는 결과를 얻고자 하는 열망은 가장 어려운 과학 분야에서도 힘을 발휘한다. 물리학자 자비네 호젠펠더Sabine Hossenfelder는 그녀의 저서 《수학의 함정Lost in Math》에서 물리학자들은 그들이 내놓는 연구 결과에 스스로 도취해 있다고 주장한다. 실제로 사실인지 아닌지를 시험하는 대신 끈 이론과 같은 수학적 모델의 우아함과 아름다움에 더 집중하고 있다는 것이다.[77] 끈 이론가들은 자신들의 고매하고 수학적인 작업이 브라이언 완싱크의 식품에 관한 과학과는 범접할 수 없을 만큼 높은 경지에 있다고 느끼겠지만, 내가 보기에 두 종류의 연구는 동일한 성격의 너무나도 인간적인 편향으로 가득 차 있다.

사람들의 생명이 걸려 있는 과학 분야들도 그러한 편향에서 안전하지 않다. 수 세대에 걸쳐 의대생들은 새로운 치료법의 증거를 발견하는 황금 기준은 철저하게 보안이 유지된 무작위 위약placebo 시험이라고 배워왔다. 이 방법을 적절하게 시행할 경우 위약 효과, 실험을 관리하는 의사의 편향성, 치료법 이외의 요인(일명 '교락 요인confounding')으로 인해 나타나는 거짓 양성 결과 그리고 기타 임상 연구 결과를 어지럽히는 다른 많은 문제들을 배제할 수 있다. 그러나 가장 엄격하게 통제되는 임상 시험조차도 연구 결과를 얻은 후에 나타나는 편향, 즉 임상 시험의 데이터를 분석할 때 개입되는 편향은 배제하기 어렵다.

의료 시험에서 나타나는 '텍사스 저격수' 스타일의 해킹을 '결과 스위칭outcome-switching'이라고 부른다. 이것은 p-해킹의 또 다른 이름이다. 남성과 여성의 키 차이에 대한 연구로 다시 돌아가보자. 어쩌면 여러분은 실험 참가자들을 대상으로 다른 몇 가지 사실들에 대해서도 추가적으로 조사를 했을 수 있다. 예를 들면 체중, 일주일에 TV를 시청하는 시간, 그리고 스스로 평가한 스트레스 수준 등이 조사 대상이 될 수 있다. 이런 데이터들은 2차적 데이터로서 흥미롭긴 하지만 원래 연구의 목적은 아니었다. 만약 여러분이 남성과 여성의 키에 대해서는 통계적으로 중요한 결과를 얻지 못했으나 대신 TV 시청 양에서 남성과 여성 사이에 상당한 차이를 발견했다면 어떻게 될까? 이때 마치 처음부터 TV 시청 시간이 연구 대상이었던 것처럼 연구 결과를 발표하기로 결정하는 것이 결과 스위칭이다. 이런 행태에는 지금까지 살펴봤던 익숙한 문제가 숨어 있다. 이렇게 될 경우 연구 결과 잠재적으로 키에는 별 차이가 없다는 매우 유용한 지식은 사장되고 만다는 사실이다. 통계 테스트가 추가적으로 실행됐기 때문에 해당 연구 결과를 해석할 때 각별히 주의할 필요가 있다는 사실도 숨겨진다. 만약 테스트의 전체 범위와 결과를 숨기게 되면, 논문을 읽는 사람으로서는 점점 거짓 양성의 위험이 높아지고 있다는 사실을 인지하기 어렵게 된다.

2005년부터 국제 의학 저널 편집자 위원회는 출판 편향 문제가 엄청나게 심각함을 인지하고, 인간을 대상으로 하는 모든 임상 시험은 실시되기 전에 공개적으로 등록되어야 한다고 규칙을 정했다. 규칙을 따르지 않을 경우 가장 권위 있는 의학 저널들에는 게재되지 못하도록 했다.[78] 이런 아이디어는 연구 결과가 책상 서랍 안으로 들어가지 못하도록 막기 위해 제시된 것이다. 미리 등록하면 모든 사람이 어떤 연구가 진행되는지 알게 된다. 이 규칙은 매우 유용한 부가적 효과를 낳았다. 각 연구에 대한 계획과 어떤 목적을 위한 테스트인지가 목록으로 공개되는 것이다.[79] 공개된 목록을 찾아보면 애초에 제안됐던 계획과 실제로 작성된 논문 사이의 불일치를 찾아낼 수 있다.

벤 골드에이커Ben Goldacre가 진행했던 '컴패어 트라이얼COMPare Trials' 프로젝트에서는 가장 영향력 있는 다섯 개의 의학 저널에 게재된 4개월간의 모든 임상 시험을 대상으로 그들이 최초 등록했던 내용과 맞춰보려고 시도했다.[80] 그 결과 69번의 임상 시험 중에서 아홉 번만이 애초에 목표했던 모든 내용을 논문으로 발표한 것으로 나타났다. 임상 시험 등록 이후 논문으로 발표하지 않고 사라진 결과는 354번이었다. 이들 중 대부분은 p-값이 0.05 이상으로 나타났으리라 짐작해도 무방할 것이다. 반면 357번의 임상 시험의 경우 미리 등록되지 않았던 시험 결과가 갑자기 저널에 나타났다.[81] 사전 등록된 마취학 연구를 대상으로 한 조사 결과에서도 92퍼센트의 연구는 적어도 하나 이상의 결과 스위칭이 논문에 포함돼 있음이 밝혀졌다. 아마도 분석 과정에 계획하지 않았던 통계적 유의미성이 나타나자 이것을 논문에 포함시켰을 것으로 짐작된다.[82]

p-해킹에 따른 임상 시험 결과 때문에 얼마나 많은 환자들이 효과 없는

의학적 치료를 받고 잘못된 희망을 품게 됐는지 확실히는 알 수 없다. 하지만 그 수가 엄청날 것이라는 점만은 확실하다.[83] 앞에서 살펴봤던 메타 분석 연구 결과를 떠올려보라. 출판 편향으로 인해 일부 연구가 종종 누락된다는 사실은 제쳐두자. 하지만 메타 분석의 대상 논문들이 모두 p-해킹으로 과장된 것이라면 어떨까? 이 경우 해당 주제에 대해 권위를 내세우는 통합적 효과 분석 연구조차 전혀 현실과는 동떨어진 결론을 내리게 될 것이다.[84] 이런 식의 편향으로 얼룩진 의학 저널을 의사들과 환자들이 어떻게 믿어야 할지 궁금할 것이다. 명확하게 재현되는 연구 결과는 소수에 불과하기 때문이다. 이 질문에 대한 나의 대답은 나도 모르겠다는 것이다.

이해 충돌, 선한 의도 편향 – 과학의 사회정치적 성격

모든 사람의 주의를 끄는 명확하고 통계적으로 유의미한 결과를 발표하려는 욕망은 과학계에 만연된 편향의 가장 중요한 이유 중 하나다. 그러나 결과를 왜곡시키는 데는 그 외에 다른 힘도 작용한다. 가장 먼저 떠오르는 것은 돈이다. 관련 통계를 쉽게 구할 수 있는 미국의 경우 최근 몇 년 동안 등록된 의료 시험 중 3분의 1 이상이 제약 업계의 자금 지원을 받은 연구였다.[85] 제약 업계는 연구 결과가 효과 있는 것으로 나올 경우 당연히 의약품을 홍보할 의도를 가지고 있다. 이런 회사의 자금 지원을 받아서 연구할 경우 연구 결과에는 어느 정도의 영향을 미칠까? 임상 시험에 대한 메타 연구 결과에 따르면 관련된 업체에서 자금을 지원하는 의약품 실험의 경우 긍정적 효과를 보고할 가능성이 그렇지 않은 경우에 비해 더 높은 것으로 나타났다. 최근의 리뷰 연구에서는 정부나 비영리 단체가 자금을 지원하는 연구에 비해 제약회사들의 자금 지원을 받은 연구에서 긍정적 효과를 보고하는 비율이 1.27배나 더 높았다.[86] 심지어 연구 설계 단계에서부터 이러한 편향이 나타날 수 있다. 제약 업체가 지원하는 신약 연구에서는 약효 면에서 가장 우수한 대체 의약품을 비교 대상으로 삼는 것이 아니라 위약과 단순 비교함으로써 계획적으로 신약의 효과를 돋보이게 한다는 증거들이 발견됐다.[87] 하지만 긍정 효과를 보고하는 비율이 더 높은 가장 큰 이유는 아마도 이번 장에서 다루었던 다른 요인 때문일 것이다. 즉, 업계에서 지원하는 임상 시험에서는 무효인 연구 결과가 다른 기관에서 연구 자금을 지원했던 경우보다 더 자주 책상 서랍 속으로 들어가기 때문이다.[88]

최근에는 대부분의 저널에서 논문 끝 부분에 이해 충돌 섹션을 마련해 제약회사로부터 컨설팅을 하면서 받은 돈이 있다면 공개하도록 요구하고 있다.[89] 하지만 그 외의 다른 종류의 금융적 이해관계에 대해서는 별다른 요구를 하고 있지 않다. 많은 과학자들은 그들이 이룬 연구 결과에 기초해 돈을 벌 수 있는 경력을 쌓고, 베스트셀러 책을 출판하고, 강의, 비즈니스 컨설팅, 대학 졸업식 연설 등으로 수십만 달러에서 수백만 달러에 해당하는 돈을 받는다.[90] 물론 도서 출판 계약, 강연자 섭외, 컨설턴트 고용 시 사용자들에게는 원하는 만큼의 돈을 지불할 수 있는 자유가 허용돼야 한다. 그러나 과학자의 경력에서 어떤 가설이 증명되는 것이 재정적으로 도움이 되는 경우, 그들은 일상적인 업무를 수행할 때 새로운 동기를 얻게 된다. 즉, 자신의 가설을 뒷받침하는 연구 결과만 발표하는 것이다. 혹은 그런 결과가 나올 때까지 p-해킹을 하게 된다. 따라서 이런 사례들 역시 금융상의 이해 충돌로 보아야 한다.

여기에 추가적으로 자신의 명성에 대한 우려가 결부될 때 상황은 더욱 악화된다. 투명성을 위해서는 미래에 이런 일이 일어날 가능성이 있는 모든 과학자가 자신들이 수행하는 모든 연구 결과의 끝부분에 이해 충돌 가

능성이 있음을 언급해야 한다는 주장이 가능하다.[91]

그러나 재정적 이해관계나 명성과 관련된 이해 충돌과 비교할 때 거의 드러나지 않는 또 다른 편향이 있다. 그것은 과학자 스스로가 가진 편향이다. 자신의 연구 결과가 질병, 사회적 혹은 환경적 문제를 비롯한 다른 중요한 문제를 퇴치하는 데 중요한 의미가 있는 경우 과학자들은 자신의 연구 결과가 강력한 영향력을 발휘하길 진심으로 원할 것이다. 이런 경우는 단지 연구 결과를 저널에 발표하려는 목적으로 유의미한 결과를 찾는 것이 아니다. 물론 이것도 중요한 압박으로 작용하기는 한다. 하지만 이 사례는 선한 의도를 가지고 있는 과학자가 자신들의 연구가 사회에 유익하게 사용되기를 원하는 경우다. 이런 상황을 '선한 의도 편향meaning well bias' 이라고 부른다.

새로운 치료법을 테스트하기 위한 실험 결과가 효과 없는 것으로 나타난다면, 이는 더 이상 아픈 사람들을 돕지 못한다는 것을 의미한다. 따라서 이런 실험 결과에 대해 과학자들은 매우 참담함을 느끼게 된다. 어떤 질병과 관련된 생물학적 요인에 대한 가설을 세웠는데 연구 결과 자신들이 잘못 짚었다는 것이 드러난다면 이것 역시 매우 실망스러운 상황이 된다. 적어도 과학에 대한 잘못된 태도를 가지고 있는 과학자들은 그렇게 느끼게 될 것이다. 많은 과학자들은 무효한 결과도 유효한 결과 못지않게 중요하다는 사실을 잊고 있다. 과학계에서는 긍정적이고 통계적으로 유의미한 결과가 가지는 금전적 혜택이 너무 크기 때문이다. 하지만 어떤 치료법이 효과가 없거나, 어떤 바이오 마커가 특정 질병과 관계없다는 것을 아는 것도 우리에게는 매우 유용한 정보다. 그런 발견을 토대로 우리는 귀중한 시간과 돈을 다른 곳에 쓸 수 있다. 적절하게 설계된 연구라면 결과가 유효한지 혹은 무효한지에만 관심을 기울이도록 해야 한다.

지금까지 개별 과학자들에게만 영향을 미치는 편향을 살펴봤다. 하지만 과학은 사회적인 것이라는 점을 기억해야 한다. 부분적으로는 연구자 커뮤니티에서 결과를 공유하는 것이 개별 과학자의 편향된 시각을 보정할 수는 있지만, 그러한 편향이 전체 커뮤니티에 만연해 있을 때는 위험한 집단사고로 발전할 수 있다. 2019년 과학 작가 샤론 베글리Sharon Begley는 알츠하이머병에 대한 '아밀로이드 도미노 효과 가설'을 둘러싼 논란에 대해 주목할 만한 보고서를 썼다. 그 가설은 뇌의 '플라크'라고 할 수 있는 아밀로이드 베타 단백질이 뇌에 축적되는 현상이 치매와 함께 오는 치명적인 기억력 손실과 기타 다른 장애의 궁극적인 신경학적 원인이라는 주장이다.[92]

이런 현상은 1세기 전에 치매라는 이름의 기원이 된 알로이스 알츠하이머Aloysius Alzheimer가 처음 언급한 내용이다. 베글리의 주장에 의하면 암이나 심장 질환 같은 노화 관련 질병에 대한 치료법에 있어서는 그동안 중요한 발전들이 있었으나, 알츠하이머의 경우에는 아밀로이드를 분해해 관련 증상을 완화시키려는 약물들에 대한 일련의 임상 시험이 모두 실패하면서 여전히 치료할 수 없는 질병으로 남아 있다.[93] 왜 그럴까? 베글리가 인터뷰한 몇몇 연구원들에 따르면, 그 근본적인 원인은 애초부터 아밀로이드 가설이 잘못됐기 때문이다. 아밀로이드 플라크는 치매 증상과 관련은 있지만, 그것이 치매의 원인은 아니다. 아밀로이드 제거를 목표로 하는 것이 치매 치료에는 도움이 되지 않기 때문이다.[94]

이 이론에 반대하는 과학자들은 아밀로이드 가설을 지지하는 많은 교수들이 자신들의 권위와 강력한 권한을 가지고 어떻게 집단행동을 하는지에 대해 설명하고 있다. 그들은 동료 평가 과정에서 아밀로이드 가설을 문제 삼는 논문을 형편없이 평가해 떨어뜨리고, 반대파 연구원들이 연구 자금과 대학에서 종신 재직권을 얻으려고 시도하는 것을 방해했다. 베글리는 이런 행동들이 반드시 어떤 의식적인 결정에서 나오는 것은 아니라고 주장했다. 보통 이런 연구자들은 알츠하이머 치료의 돌파구는 아밀로이드에 있다고 진심으로 믿고 있으며 알츠하이머를 치료하는 최선의 길이라고 생각하고 있다. 이런 이유 때문에 아밀로이드에 대해 강한 편향을 가지게 되는 것이다.

베글리가 인터뷰했던 몇몇 사람들의 이야기처럼 우리가 진즉에 아밀로이드 가설을 버렸더라면 지금쯤 알츠하이머를 치료하거나 완치시키는 길로 가고 있을 것이라는 주장이 지나친 것일 수도 있다. 알츠하이머는 인체에서 가장 복잡한 기관인 뇌에 영향을 미치는 질병이다. 너무 다루기 까다롭기 때문에 아직 치료법을 찾지 못하고 있을 수도 있다. 혹은 지금까지 발표된 아밀로이드 제거 약물 실험들이 아밀로이드가 이미 뇌에 치명적인 해를 입혀 손쓰기에는 너무 늦어버린 사람들을 대상으로 실시됐기 때문일 수도 있다.[95] 그러나 아밀로이드 가설에 이의를 제기하는 연구자들을 위협하고 괴롭히는 이 이야기를 통해 우리는 편향적 생각이 집단화되고, 새로운 아이디어가 마땅히 받아야 할 관심을 받지 못하며, 자신들이 선호하는 이론에는 조직적 회의주의를 적용하지 못하는 상태가 되면 어떤 일이 일어나게 될지 짐작해볼 수 있다.

결과의 진실과 거짓에 대해 연구자들이 이념적이거나 정치적인 이해관계를 가지고 있는 경우는 어떨까? 내가 논문에서 봤던 이해 충돌 섹션 중 가장 눈에 띄었던 것 중 하나는 이른바 '글래스고 효과'에 관한 공중 보건 논문에 실렸던 것이다. 이 논문의 결론은 글래스고 지역, 넓게는 스코틀랜드 사람들이 빈곤과 결핍에 시달린다는 요인을 감안하더라도 비슷한 도시 혹은 국가의 사람들보다 평균적으로 더 젊은 나이에 사망한다는 것이었다. 이 논문에서는 이런 현상이 일어나고 있다는 증거들을 나열한 후,

그 근본 원인이 1980년대 마거릿 대처 총리 아래 보수당 정부가 스코틀랜드에 대해 탈산업화 정책과 노동 조직 탄압 같은 정책을 폄으로써 '정치적 공격'을 했던 것에 있다고 결론을 내렸다. 논문의 이해 충돌 섹션에는 재정적인 이해관계에 대한 내용은 없었다. 대신, 제1저자인 게리 매카트니Gerry McCartney는 자신이 '스코틀랜드 사회당 당원'임을 밝히고 있었다.[96] 그가 보여준 정직함은 보기 드물지만 바람직한 것이라고 생각된다.[97]

내가 속해 있는 심리학 분야에는 자신을 좌파라고 주장하는 과학자들이 매우 많다. 심리학 분야에서 정치적 성향의 기울어짐은 실제로도 매우 심하다. 미국의 어떤 조사에서 심리학 분야는 진보주의자와 보수주의자의 비율이 약 10:1인 것으로 나타났다. 이것은 공학, 경영학, 컴퓨터 과학과 같은 다른 학문 분야에서는 찾아볼 수 없는 비율이다. 심리학을 제외한 다른 분야에서는 미국 전체 인구의 정치적 성향 비율과 유사하게 나타난다. 인간과 그들의 행동에 대한 학문인 심리학의 경우 이론 물리학이나 유기화학보다는 정치적 이해관계가 훨씬 더 복잡하게 얽혀 있다. 2015년 호세 두아르테Jose Duarte와 몇몇 저명한 심리학자들은 심리학이 정치적 편향에 쉽게 노출될 수 있다고 주장했다.[98] 우리가 방금 접했던 편향의 집단화 사례와 마찬가지로 커뮤니티 구성원의 대부분이 동일한 정치적 관점을 가지면 가장 높은 강도의 정밀 검토를 거치기 위해 존재하는 동료 평가 과정도 특정 종류의 주장에 대해서는 상당히 약화되는 결과를 낳기 때문이다. 그뿐만 아니라, 먼저 어떤 것을 연구해야 할지에 대한 우선순위도 왜곡될 수 있다. 연구자들이 정치적으로 선호하는 몇몇 주제에 대해서는 뒷받침하는 증거가 비교적 약하더라도 조금 더 너그럽게 주의를 기울일 수 있다는 것이다. 반면 확실한 자료에 근거하는 것이라 하더라도 자신들의 정치적 믿음과 역행하는 주제들은 피하려고 할 것이다.[99]

심리학 분야의 진보적 편향성에 비판적인 사람들은 '고정관념 위협 stereotype threat'이라는 개념을 이용해 공격한다.[100] 여학생들에게 '남학생들이 수학을 더 잘한다'는 고정관념을 상기시켜주면 수학 시험 성적이 안 좋아진다는 이론이다. 고정관념과 성차별적 편향성이 개인에게 강력한 영향력을 미치고, 나아가 사회를 형성하는 힘으로 작용한다고 믿는 진보 성향의 연구자들에게는 이 이론이 훨씬 더 직관적이고 설득력 있게 들릴 것이다. 하지만 이 현상을 뒷받침하는 증거는 매우 약하다. 따라서 이런 주제의 연구일수록 출판 편향이 일어나기 쉽다.

고정관념 위협과 관련된 논문들을 검토한 2015년 메타 분석 결과에서는 확실히 소수의 무효 결과를 다룬 논문들이 어느 순간 사라졌다는 것을 발견했다. 어쩌면 사라진 논문 중에는 여학생들에게 고정관념을 상기시킨 경우에도 수학 성적이 동일하게 나온다는 결과의 논문들이 있었을 것이다. 이 메타 연구를 깔때기 그래프로 그린다면 앞에서 본 그림 2의 B와 비슷해질 것이다.[101] 이 소수의 무효 결과 논문은 해당 분야 과학자들이 압도적으로 가지고 있던 진보적 선입견과 맞지 않았기 때문에 폐기됐을 가능성이 크다. 그 결과 우리는 이 중요한 교육적 주제에 대해 왜곡된 증거들만 가지고 있게 됐다.[102]

그러나 기형적 모양의 깔때기 그래프를 반드시 편향의 증거로 볼 수 없듯이, 출판 편향이 존재한다는 것만으로 그것이 정치적 편향의 직접적인 증거라고 해석할 수도 없다. 정치적 관점과는 무관하게 보통의 과학자들이라면 무효 결과보다는 긍정적 효과가 있는 연구 결과를 더 선호할 것이라는 점은 분명하기 때문이다. 그럼에도 불구하고 고정관념 위협과 관련된 논의는 한 집단이 동일한 정치적 또는 다른 목적의 견해를 공유할 경우, 과학이 진보하는 데 필요한 자기비판 기능을 저해할 가능성이 있음을 다시 한번 일깨워준다.

고정관념 위협에 대한 논쟁은 우리를 성차별의 문제로도 이끈다. 성차별은 과학자들이 가지고 있는 편향 중 정치적 편향과 더불어 가장 많이 거론되는 것 중 하나다. 과학계에서 이루어지고 있는 성차별에 대한 중요한 논쟁 중 하나는 다양한 과학 분야에서 여성 과학자의 대표성과 여성 과학자가 차지하고 있는 지위 수준에 대한 것이다. 더불어 성차별주의적 편향이 과학 자체를 수행하는 방법에 어떻게 영향을 미치는지에 대한 논쟁도 있다.[103]

예를 들어, 쥐와 같은 동물을 대상으로 연구하는 신경과학자들은 수컷으로만 실험하는 경향이 있다. 암컷들은 종종 호르몬의 변화에 더 많은 영향을 받는다고 생각하기 때문이다. 물론 호르몬의 변화는 동물의 뇌와 감정에 과학자들이 통제할 수 없는 변동성을 주므로 실험 결과 자체가 변할 수는 있다. 하지만 이것은 수컷 동물에서도 마찬가지다. 그들은 수컷에서도 테스토스테론의 양이 상황에 따라 크게 변한다는 사실은 무시한다. 수컷들은 대개 서열 계층 구조에서 그들이 어떤 지위를 점하고 있느냐에 따라 테스토스테론의 양이 크게 변한다. 수컷에 있어서의 이런 변화는 잠재적으로 암컷에서의 호르몬에 의한 행동 변동성과 전체적으로 동일한 결과를 낳는다.[104]

만약 이러한 성적 편향으로 인해 연구자들이 수컷만 연구한다면, 그 연구 결과를 보편적으로 적용하기는 어렵다. 암컷들은 많은 면에서 뇌의 특징과 행동이 수컷과 다르기 때문이다.[105] 신경과학자인 레베카 샨스키Rebecca Shansky가 관찰한 바처럼 "우울증으로 인한 주요 증상과 외상 후 스트레스 장애와 같은 병들은 여성에게서 두 배가량 많이 발생한다. 하지만 설치류에게서 이런 증상을 모델링하기 위해 고안된 일반적 행동 시험은 주로 수

컷만을 대상으로 개발되고 검증된다는 문제가 있다".[106]

심리학자이자 철학자인 코델리아 파인Cordelia Fine은 사회적 이유는 망각한 채 성에 따른 행동 양식의 차이를 단순히 테스토스테론 수준의 차이로 설명하려는 p-해킹된 조잡한 연구들을 통찰력 있게 비판해왔다. 그녀는 의학 연구 분야에서 남성을 '표준'으로 여기고 여성은 부차적인 것으로 취급하거나 심지어 표준을 벗어난 일탈로 다루는 것에 대해 문제를 제기해왔다.[107] 2018년 〈랜싯〉에 투고한 의견에서 파인은 '페미니스트 사이언스' 운동이 이런 식으로 여성이 배제되는 현실을 상기시킴으로써 과학 연구에서의 성적 균형을 재조정할 수 있다고 제안했다. 그녀는 이런 생각에 일부 사람들이 회의적일 것이라는 점도 인정했다. "사람들이 일반적으로 공유하고 있는 생각은, 페미니즘이란 것이 성별 연구에는 매우 적합하지만 어쨌든 과학 안으로 들어오는 것만은 막아야 한다는 것이다. 여성, 남성, 그리고 세계가 어떤 식으로 구성되어야 한다는 정치적 선호에 따라 과학적 증거가 왜곡되지 않게 하기 위해서라는 것이 그 이유다."[108] 그러나 그녀는 우리 모두는 어쨌든 편향된 시각을 가진다고 말한다. "모든 사람은 관점이 있다. 누구도 '아무 관점도 없는' 상태를 좋아하지는 않는다. 페미니스트 사이언스의 문을 연다고 해서 정치적 편향으로 가는 문을 여는 것은 아니다. 단지 우리 모두가 더 이상 동일한 불투명 창문을 통해 세상을 보지 않게 된다는 것을 의미할 뿐이다."[109]

어떤 의미에서 이것은 심리학계에 보수주의자들이 적다는 것에 우려를 표시했던 호세 두아르테와 그의 동료들의 관점과는 정치적으로 정반대 입장인 셈이다. 물론 두아르테와 파인이 강조하는 관점은 각각 다르지만, 표현되지 않은 관점이 과학에서 더 많이 드러나야 한다고 주장하는 점에서는 동일하다 할 수 있다. 이것은 매우 값진 논쟁이다. 과학적 발견에 대해 토론하는 과정의 선순환 효과 중 하나는 사람들이 다양한 시각에서 질문을 던질 수 있다는 점이다. 내 생각에는 과학자들 혹은 일반 과학 분야가 어떤 식으로든 사회-정치적 입장을 가져야 한다고 요구하는 것은 현명하지 못한 일이다. 비록 단기적으로 특정 문제들을 해결하는 데는 도움이 될지 모르겠으나, 오히려 과학적 결정과 분석 과정에 우리 자신의 편견이 개입하는 것을 제한하기 위해 최선을 다해야 한다. 이를 두고 파인 같은 사람들은 비현실적이고 불가능한 일이라고 주장할 수 있겠지만, 이 책의 뒷부분에서는 이런 것들을 가능하게 하는 몇 가지 아이디어에 대해 살펴볼 것이다.

과학계에 존재하는 편향과 동일한 수준에서 반대되는 편향을 주입해 현실을 고치려고 하는 것은 문제만 더욱 복잡하게 만들 뿐이다. 잠재적으로는 다른 이념 진영 간의 끊임없는 분열을 조장하는 악순환을 불러올 수도 있다. 자신들의 이데올로기적 견해가 연구에 영향을 주는 것을 과학자들이 자랑스럽게 여겨야 한다는 제안은 비과학적 관심사가 연구를 침범하도록 허용하는 것이다. 이는 머튼 규범의 '사심 없음' 규범을 위반한 것이다. 또한, 연구 대상의 정치적 소속에 따라 다른 기준의 과학적 주장을 해야 하기 때문에 보편주의 원칙에도 어긋나게 된다.

게리 매카트니가 마거릿 대처에 대한 자신의 논문에서 스스로 사회당 당원임을 밝히기로 결정한 이유는 이 논문의 과학적 결론이 상당 부분 대처의 사회당 노선과 일치했기 때문이다. 논문이 발표된 후 이런 사실이 밝혀졌다면 그로서는 매우 당혹스러웠을 것이다. 비록 이 경우만큼 연구와 직접적 관련이 없다 할지라도 과학자들은 자신의 정치적 신념이 과학과 결합하는 문제에 대해서는 연구에 대한 마음가짐과 비슷한 수준의 심각성을 가지고 판단을 해야 한다.

새뮤얼 모턴과 스티븐 제이 굴드의 반전

모든 과학자가 어느 정도는 그들의 연구에 영향을 미칠 정도의 이념적 관점을 가지고 있다는 생각은 우리를 다시 새뮤얼 모턴의 두개골 측정 논문과 그가 가진 편견을 비판했던 스티븐 제이 굴드 사례로 돌아오게 만든다. 굴드의 경우 모턴이 제시했던 숫자만 가지고 논했던 것과는 달리, 2011년 인류학자 제이슨 루이스Jason Lewis와 그의 동료들은 펜실베이니아대학교가 소장하고 있던 모턴의 수집품에 포함된 두개골 중 절반 정도를 현대적 기술로 재측정했다.[110] 이를 통해 루이스와 그의 팀은 모턴이 매겼던 다양한 그룹의 순위가 분명히 인종차별적이라는 점을 다시 확인했다. 그리고 실제로 측정 실수도 있었다는 점을 발견했다. 그러나 굴드가 주장했던 것처럼 그런 오류들이 체계적으로 만들어진 것은 아니라고 주장했다. 많은 두개골에 걸쳐 측정 오류가 있긴 했으나, 이 과정에서 특정 인종 집단을 선호하는 것처럼 보이지는 않았다고 보고했다. 그들은 또한 그런 실수가 굴드가 '믿을 만한 시나리오'로 이야기했던 것처럼 모턴이 백인들의 두개골에 더 많은 씨앗을 채워 넣어서 생긴 것이 아니라 단순히 실험을 도와주던 조수들이 저지른 것일 수도 있다는 점도 밝혔다.

게다가 루이스와 그의 팀은 모턴이 굴드가 설명한 방식으로 표본 그룹을 나누지는 않았다고 주장했다. 굴드는 모턴이 표본의 그룹을 나누는 과정에서 백인이 아닌 인종의 평균 두개골 크기가 높게 나타날 때 이에 대한 언급을 생략하는 방식으로 개입했다고 했다. 그러나 루이스와 그의 동료들에 의하면 실수를 저지른 것은 굴드 자신이었다. 인종에 상관없이 두개골 크기는 동일하다는 그의 믿음을 증명하는 방식으로 모턴의 표본을 분류했기 때문이다. 그의 저서 《인간에 대한 오해The Mismeasure of Man》의 서문에서 굴드는 자신이 사회 정의와 진보 정치에 대해 강한 믿음을 가지고 있음을 거리낌 없이 드러냈다.[111] 루이스의 논문은 "아이러니하게도 굴드의 모턴 분석 연구는 연구자가 가진 편향이 연구 결과에 영향을 미친다는 사실을 강력하게 드러내는 사례가 됐다"고 결론지었다.[112]

이것은 치열한 논쟁을 부르는 대담한 발언이었다. 굴드만큼 존경받는 인물에 의해 이루어진 전설적 분석이 그토록 잘못될 수 있다는 것이 사실일까? 모든 사람이 루이스와 그의 동료들이 내린 결론을 충격적으로 받아들인 것은 아니었다. 철학자 마이클 와이스버그Michael Weisberg와 같은 경우 새로운 두개골 측정 결과가 정확함을 인정하고 굴드가 분석 과정에 일부 실수를 했다는 사실에는 동의하면서도, 굴드의 주장이 가리키는 주요 논점은 여전히 유효하다고 주장했다.[113] 실험 조수가 별 의도 없이 약간의 실수를 범했을지도 모른다는 생각도 결국 추측일 뿐이고, 어쨌든 남겨진 증거들은 모두 여전히 모턴(혹은 조수)이 백인 외의 인종은 두개골 크기가 더 클 수 없다는 편견을 가졌음을 일관되게 뒷받침하고 있기 때문이다. 하지만 굴드의 주장을 비판하는 사람들의 주요 논점대로 몇몇 실수를 수정하자 인종에 따른 두개골의 크기에는 거의 차이가 없어졌다. 마지막 반전이 일어난 것은 2018년 모턴 자신이 직접 측정한 두개골 측정 결과가 추가로 발견됐을 때였다. 새롭게 발견된 추가 데이터를 고려해 다시 계산했을 때, 모턴이 편향적이었다는 주장을 하며 굴드가 내세웠던 근거는 더 이상 타당하지 않은 것으로 나타났다. 모턴이 선호하지 않는 인종 집단에서의 씨앗 기반 측정값과 총알 기반 측정값 사이의 불일치가 더 크다는 주장은 사실이 아니었던 것이다.[114]

물론 중요한 과학적 질문에 대답한다는 측면에서 본다면 먼지투성이의 두개골에 대한 이 모든 논쟁은 별로 도움이 되지 않는다. 비록 의심스럽기는 하지만 모턴이 주장한 대로 인종 집단 간에 두개골 크기와 '정신적, 도덕적 능력' 사이에 연관성이 있다는 것을 인정한다 해도, 무엇보다 그가 수집했던 두개골은 전 세계 두개골을 대표하는 표본으로 볼 수 없다. 따라서 그런 두개골을 측정한 데이터로부터는 인종 집단 사이의 일반적인 차이점에 대해 어떤 결론도 내릴 수 없다.[115] 그러나 이렇게 공방을 주고받는 것에는 과학에 존재하는 편향을 지적하기 위한 정신이 분명히 깃들어 있다. 감시자들도 감시 대상이 돼야 하고, 폭로자들도 폭로 대상이 돼야 한다는 생각이다. 그리고 그런 일이 일어날 때조차도, 사기꾼들을 폭로한 사람들이 사실관계를 정확히 이해했는지 확인해볼 필요가 있다. 지금 우리가 알게 된 것처럼 모든 사람은 자신의 편견에 사로잡혀 있기 때문이다. 모턴의 사례에서 우리는 '인종주의 편향', '평등주의 편향', '역사적으로 유명한 과학자의 잘못된 편견을 증명하고 싶다는 편향'의 증거들을 봤다. 이 모든 것들이 진실의 왜곡에 기여했을 것으로 생각된다.[116]

편향이라는 인간의 본성

편향은 인간 본성에 있어서 피할 수 없는 부분이다. 따라서, 우리가 하는 모든 일에서 편향을 근절시킬 수 있다고 생각한다면 너무 순진한 것이다. 하지만 우리에게는 좀 더 객관성을 높이기 위한 도구들이 있다. 통계 분석과 같은 도구들은 편향적인 인간의 손에 의해 결정이 내려지는 것을 피하는 것을 목표로 하고 있다. 그렇지만 여전히 우리는 통계적 숫자들도 얼마든지 입맛에 맞게 바꿀 수 있다는 것도 알게 됐다. 동료 평가 과정은 저자가 편향적인지 점검하는 역할을 해야 한다. 하지만 논문을 발표하기 위해서는 동료 평가자와 저널의 편집자를 설득해야 하므로 불편한 결과를 완전히 감추거나 혹은 선입견에 결과를 맞추는 일들이 실제로 벌어지고 있다. 과학적 신조, 정치적 편향성, 재정적 압박 또는 통계적으로 유의미한 결과를 보고 싶은 욕구로 생긴 편향들은 완전히 무의식의 세계에 머무를 수 있다. 무의식적이라는 점은 오히려 강력한 힘으로 작용하기도 한다. 자신의 논문을 동료 평가자와 세상이 납득하게 만들려면 먼저 자신부터 확신을 가져야 하기 때문이다. 이러한 편향들은 우리를 불안하게 만든다.

정직과 함께 공정성을 지키는 것은 과학의 존재 이유 중 하나다. 현재 우리가 과학을 하는 방식이 종종 이와는 정반대 방향으로 가도록 부추긴다는 것은 분명 개탄할 일이다. 다음 장에서는 과학의 모순성 목록에 또 다른 항목을 추가하도록 하겠다. 과학이라는 것의 목적은 진실을 올바르게 파악하는 것인데도 우리의 연구는 종종 가장 기본적인 오류들로 가득 차 있다.

제5장:

부주의 –
통계에 감춰진 명백한 실수들

무지는 백지다. 그 위에 무엇이든 쓸 수 있다. 하지만 오류는 낙서된 종이다. 먼저 지워야 한다.

_찰스 케일럽 코튼, 《라콘 혹은 많은 것들에 대한 몇 마디 말》(1820)

물리학에는 법칙이 있고, 수학에는 증명이 있듯이, 사회과학에는 '정형화된 사실stylised facts'이 있다. 정형화된 사실은, 예를 들면 '더 많은 교육을 받은 사람들은 일생 동안 더 높은 수입을 버는 경향이 있다', 혹은 '민주주의는 서로 전쟁을 하지 않는 경향이 있다'와 같이 간단한 문장들로 정리된 사실이다.[1] 이런 말들은 물리학 법칙이나 수학적 증명처럼 불변의 진리는 아니지만, 우리 생활에서 중요하며 반복적으로 나타나는 광범위한 사실들을 단순한 문장으로 요약해놓은 것이다. 물리학자들이 새로운 법칙 혹은 이미 알고 있는 법칙을 깨는 방법을 발견하고 싶어 하듯이, 그리고 수학자들이 그들의 공리를 증명하기 위해 끝없이 노력하는 것처럼, 많은 사회과학자들, 특히 경제학자들은 중요한 결정을 내리는 사람들이 쉽게 기억할 수 있도록 그들의 이름이 붙은 정형화된 사실을 창안하기를 갈망한다. 경제학자 카르멘 라인하트Carmen Reinhart와 케네스 로고프Kenneth Rogoff는 2010년에 중대한 논문을 발표하면서 자신들이 역사에 남을 만큼 대단히 정형화된 사실을 만들어냈다고 생각했다.

정치인들은 2008년 금융 위기와 이에 따른 불황의 여파를 해결하기 위해 2년 동안 엄청난 노력을 해왔다. 서로 상반된 많은 조언이 난무하는 속에서 〈적자 시대의 성장〉이라는 제목의 라인하트와 로고프의 논문은 정치인에게는 뜻밖의 선물이었다. 논문에서는 특별히 한 가지 종류의 경제 정책을 추천했고 이를 뒷받침하는 강력한 증거도 함께 제시했다. 그 경제 정책은 다름 아닌 '긴축 재정'이었다.[2] 라인하트와 로고프는 오랫동안 GDP 대비 부채 비율에 대해 연구해왔다. 한 국가의 공공 부채 혹은 다소 혼란스러운 용어로 정부 부채 또는 국가 부채라고도 알려진, 채권자에게 진 빚과 그 국가가 어떤 새로운 재화와 서비스를 생산할 수 있는가를 나타내는 국내 총생산GDP과의 관계에 대한 연구였다. 그들은 이 비율과 그 나라의 경제 성장률 간의 관계를 조사했다. 그 결과 수십 개 국가의 과거 데이터에서 GDP 대비 부채 비율이 낮았을 때(예를 들어 부채가 GDP의 30~60퍼센트 사이일 때)에는 성장과 부채 비율 사이에 별다른 연관성이 없었지만, 그 비율이 특정 한계인 90퍼센트를 넘는 경우 경제가 위축됐다는 사실을 논문에서 보여줬다.

이 논문의 주요 결과는 'GDP 대비 부채 비율이 90퍼센트 이상일 경우 경제 성장은 악화된다'와 같은 식으로 정형화된 사실로 만들기 쉬웠기 때문에, 이 논문에서 주장한 바는 엄청난 파급 효과를 낳았다. 언론에 광범위하게 보도됐을 뿐만 아니라, 많은 주들이 이 이론을 근거로 경기 침체에 대응해 긴축 정책을 펴도록 만들었다. 즉, 정부가 지출을 줄이거나 세금을 높이거나 혹은 두 가지 모두를 실시해 빚을 갚아 부채 비율을 임계값인 90퍼센트 이하로 낮춰야 한다는 생각에 근거한 것이었다. 이 연구는 당시 영국의 재무장관 조지 오스본의 주요 연설과 미국 상 · 하원 예산위원회 소속 공화당 의원들의 성명서에서도 명시적으로 언급됐다.[3] 라인하트와 로고프의 이론을 비판한 경제학자 폴 크루그먼에 따르면, 긴축 재정을 지지하는 많은 정치인들이 이 연구 결과를 언급함으로써 "경제사에 있어서 어떤 논문보다 즉각적인 공개 논쟁을 촉발했다".[4]

그러던 중 매우 걱정스러운 일들이 일어났다. 2013년 이 논문에 대한 문제를 제기했던 학자들은 라인하트와 로고프가 분석에 사용했던 마이크로소프트 엑셀 스프레드시트에 심각한 오류가 있음을 발견했다. 그들이 방정식 계산을 하는 과정에서 여러 국가의 부채가 제외된 사실이 발견된 것이다.[5] 구체적으로 오스트레일리아, 오스트리아, 벨기에, 캐나다, 덴마크의 부채를 계산에서 제외시키도록 스프레드시트에 오류가 있었다. 더구나 이것은 끔찍하도록 진부한 이유 때문에 벌어진 해프닝이었다. 그 이유는 다름 아닌 오타였다.

이 오류가 수정되고 또 다른 몇 가지 논쟁의 여지가 있던 라인하트와 로고프의 분석상 선택 사항들이 수정되자 부채 비율과 성장률 사이의 관계는 극적으로 변했다.[6] 라인하트의 논문에서는 부채 비율 90퍼센트 이상이 되면 평균 성장률이 -0.1퍼센트가 된다고 했으나, 오류 수정 후에는 평균 성장률이 갑자기 +2.2퍼센트가 됐다. 논문이 주장한 90퍼센트라는 수치에는 어떤 마법도 없었다. 그 수치를 넘겼다고 해서 성장률이 갑자기 마이너스로 떨어지는 것과 같은 일은 일어나지 않았다. 오히려 실제로는 '공공부채가 증가할 때마다 GDP가 큰 폭의 성장률을 보이는 현상이 관찰됐다'.[7] 만약 그 논문이 정형화된 사실의 형태로 내용을 단순화시키지 않고 훨씬 더 복잡하고 신중한 형태의 주장을 했다면, 그렇게까지 많은 관심을 대중들로부터 받지는 못했을 것이다.

그렇다면, 이 논문을 잘못된 결론으로 이끌고 간 스프레드시트상의 오타로 인해 세계 경제에 큰 변화가 왔을까? 꼭 그렇지는 않다. 비록 그 논문과 '정형화된 사실'이 꽤 광범위한 영향을 미치긴 했지만 정부가 단 하나의 연구 결과만 믿고 GDP 대비 부채 비율을 낮게 유지하는 정책을 결정하지는 않기 때문이다.[8] 오타는 라인하트와 로고프의 결론을 약화시키기는 했지만 완전한 무효로 만들지는 못했다. 그리고 위에서 언급했듯이 그 논문을 비판한 학자들도 단지 오타에만 초점을 맞추지는 않았다.

라인하트-로고프 연구가 없었더라도 긴축 정책을 선호하는 사람들은 그것을 실행할 다른 이유를 찾았을지도 모른다. 하지만 이것이 사실인지 알아보기 위해 세계 정치사를 다시 돌려볼 수는 없다. 다만 그들이 긴축 재정의 다른 이유를 찾았을 것이라는 점은 의심할 여지가 없다. 그런데도 권력을 쥐고 있는 정치인들에게 이처럼 아주 간단한 실수가 포함된 주장이 보고됐다는 것은 사실상 큰 문제가 아닐 수 없다. 이런 사례를 통해 현재 얼마나 많은 오류들이 돌아다니며 과학 문헌을 어지럽히고 있고, 심지어 현실 세계의 실질적인 결정에까지 영향을 미치고 있을지 의문을 가지게 만든다.

그 의문에 대한 답은 '너무 많다'이다. 이 장에서는 두 가지 종류의 과학적 부주의에 대해 다룰 것이다. 첫 번째는 우리가 방금 접한 것으로서 부주의, 간과함 또는 관심 부족으로 인해 과학적 분석에 의도치 않게 오류가 유입되는 경우다. 두 번째 종류는 과학자들이 설계한 방식대로 연구가 진행됐음에도 오류가 만들어질 때다. 후자의 실수는 형편없는 교육, 무관심, 건망증 또는 좀 심하게 말하자면 순전히 무능하기 때문에 일어나는 일들이다. 이러한 부주의한 실수가 만연하고 있다는 것은 우리의 과학 시스템이 존재의 핵심 목적을 제대로 달성하고 있지 못하고 있다는 것에 대한 고통스러운 반증이다.

통계 불일치와 불가능한 계산값

과학 논문에서 숫자 오류는 얼마나 흔할까? 2016년 심리학자 미헬 나위이텐Michèle Nuijten이 이끄는 네덜란드의 한 연구팀은 이 문제에 대해 파악해 보기로 했다. 그들은 '통계 오류 검사기'의 일종인 스탯체크statcheck의 알고리듬을 공개했다.[9] 과학 논문을 입력하면 논문에 있는 숫자들을 조사한 후 p-값에 오류가 있는 곳을 표시해주는 기능이 있는 알고리듬이다. 이 알고리듬은 통계 테스트의 많은 숫자들이 상호 의존하고 있다는 사실을 이용해 만들어졌다. 일부 숫자를 알게 되면 다른 수치들도 계산할 수 있는 원리인 피타고라스의 정리 덕분에 다른 두 변의 길이를 알 경우 삼각형의 빗변의 길이를 계산할 수 있는 것과 같은 이치다. 다시 말해, p-값과 이것에 연결돼 있는 다른 수치들이 서로 일치하지 않으면 해당 논문에서 뭔가 잘못된 일이 일어나고 있는 것이다. 나위이텐과 그녀의 동료들은 스탯체크에 3만 개 이상의 논문을 입력했다. 1985년에서 2013년까지 8개의 주요 심리학 연구 저널에 발표된 연구 논문들을 모은 거대한 표본 데이터가 입력된 것이다.[10] 그 결과 그들이 발견한 것은 인정하고 싶지 않은 매우 불편한 진실이었다.

논문의 거의 절반에서 적어도 한 가지 이상의 통계 불일치가 발견됐다. 공정하게 말하자면 대부분의 실수는 사소한 것이었고 전체적인 결과에는 별다른 영향이 없었다. 하지만 이 중 일부 불일치는 연구의 결론에 영향을 미치는 것들이었다. 13퍼센트의 논문에서는 라인하트-로고프 사례처럼 결과의 해석을 완전히 바꿀 수 있는 심각한 실수가 있었다. 예를 들면 통계적으로 유의미한 것으로 나타난 p-값을 유의미하지 않은 것으로 해석하거나 그 반대의 경우에 해당하는 사례들이다. 이러한 오류들은 단순한 오탈자와 복사-붙여넣기 실수에서부터 의도적인 사기 행각까지 다양한 이유로 인해 발생됐다. 스탯체크는 과학 논문의 오류를 드러내는 한 가지 방법에 불과하고 오류의 근본적인 뿌리를 파헤치는 것은 아니다.

나위이텐의 분석 결과 중 가장 흥미로운 점은 부주의한 실수가 어떻게 편향과 연결돼 있는지 보여준다는 것이다. 스탯체크가 표시한 통계 불일치는 특히 저자가 선호하는 결과에서 많이 나타나는 경향이 있었다. 즉, 통계 숫자들의 오류가 저자의 가설을 무효화시키기보다는 가설을 뒷받침하기 위해 선택적으로 쓰인 것처럼 나타났다. 만약 이것이 완전히 무작위로 발생하는 오류였다면 어떤 특정 사례에만 오타가 발생하지는 않을 것이다. 편향의 특성으로 충분히 예측 가능한 일이지만, 연구 결과가 자신들이 원하는 대로 나오지 않을 때 과학자들이 그 결과를 다시 한번 면밀히 관찰할 가능성이 높아서 나타나는 현상이다. 반면 실수가 포함된 결과라 할지라도 그들의 이론을 뒷받침하는 데이터인 경우에는 다시 확인할 필요 없이 결과에 만족할 것이다.

논문에 포함된 숫자들에 문제가 없는지를 체크하는 또 다른 훌륭한 방법이 있다. 듣기에는 별로 멋지지 않겠지만 '평균의 상세성 관련 불일치 Granulatiry-Related Inconsistency of Means' 혹은 줄여서 GRIM 테스트라고 부르는 방법이다.[11] 데이터 과학자인 닉 브라운Nick Brown과 제임스 헤더스James Heathers가 창안한 GRIM 테스트는 한 무리의 숫자들로부터 도출한 평균(특히 산술 평균)이 합리적인지 알려면 데이터의 개수만 알면 된다는 것이다. 사람들에게 자신의 직업에 얼마나 만족하는지를 0에서 10까지의 척도로 평가하게 한다고 상상해보자. 이때 사람들은 '4' 또는 '5'와 같은 정수로만 응답할 수 있고 '3.7'과 같은 소수로는 답할 수 없다. 가장 간단한 예로, 두 사람에게만 이 설문 조사를 실시하고 두 사람의 평균 점수를 보고한다고 가정해보자. 두 사람의 점수를 합산한 다음 그 합을 2로 나누는 것이다. 놀랍게도 이 계산 결과의 소수점 뒤에 있는 숫자에는 많은 정보들이 담겨 있다. 만약 평균값이 두 사람에 대한 조사 결과라면 그 숫자는 0.00 또는 0.50으로 끝나야 한다. 만약 두 사람의 평균값이 4.40으로 보고됐다면 뭔가 이상한 일이 일어나고 있는 것이 분명하다. 정수를 반으로 나누었을 때 이런 소수를 생산할 수 있는 방법은 없기 때문이다.

GRIM 테스트의 경우 데이터 숫자가 더 많은 표본에도 이와 같은 논리를 적용하게 된다. 예를 들어 20명의 참가자를 대상으로 0부터 10까지의 정수 척도로 어떤 것을 평가한다면 평균값이 3.08이 나올 방법은 없다. 20으로 나눌 경우 10진수 값은 0.05씩만 증가할 수 있기 때문이다. 즉, 평균값으로 3.00 또는 3.10 또는 3.15를 얻을 수는 있으나 3.08은 현실적으로 불가능한 값이 되는 것이다.[12] 브라운과 헤더스는 GRIM 테스트를 사용해 71개의 심리학 논문을 점검했고 그중 절반의 논문이 최소한 하나 이상의 불가능한 숫자를 포함하고 있음을 발견했다. 그중 20퍼센트는 여러 개의 불가능한 숫자를 포함하고 있었다. 스탯체크와 마찬가지로 GRIM에서 발견된 오류도 단순히 의도하지 않은 실수일 가능성은 있다. 하지만 적어도 추가 조사가 필요하다는 신호로는 해석할 수 있다.

내가 3.08이라는 숫자를 사례로 든 것은 다분히 의도적인 선택이었다. 심리학 연구 전반을 대상으로 실시된 GRIM 테스트 결과에서 이 숫자가 실제로 등장했기 때문이다. 2016년 심리학자 매티 하이노Matti Heino는 역사상 가장 유명한 심리학 논문 중 하나에 GRIM 테스트를 적용했다. 그 논문은 레온 페스팅거Leon Festinger와 제임스 칼스미스James Carlsmith의 '인지 부조화cognitive dissonance'에 관한 1959년 연구 결과였다.[13] 인지 부조화는 현재 널리 알려진 이론으로서, 어떤 사람에게 자신의 믿음과 일치되지 않는 말이나 행동을 강요하면 사람들은 심리적으로 불편해지기 때문에 스스로의 믿음을 바꿈으로써 자신들이 한 말이나 행동에 맞추려고 최선을 다한다는 이론이다. 1959년 실시된 이 연구에서 참가자들은 못 판 위의 못을 비트는 것과 같은 지루하고 무의미한 일을 하도록 지시받았다. 그리고 이 작업이 끝나면 참가자들에게 1달러를 지불한 후 다음 대기 중인 참가자에게 작업이 매우 흥미롭고 즐겁다고 말할 것을 지시받는다. 그 후 진행된 인터뷰에서, 거짓말을 하기 위해 1달러를 받은 참가자들은 아무것도 받지 않은 사람들보다 실제로 그 일을 훨씬 더 즐겁게 생각했다고 보고했다. 즉, 다른 말로 하면, 스스로 즐거웠다고 믿음으로써 자신에게 발생한 인지 부조화를 줄인 것이라는 주장이었다.[14] 하지만 하이노의 GRIM 테스트 결과 일관성 없는 것으로 나타난 것은 참가자들의 믿음이 아니라 페스팅거와 칼스미스의 데이터였다.[15] 그들은 20명의 사람들을 대상으로 0~10 척도로 조사한 결과의 평균이 3.08이라고 보고했다. 우리가 방금 본 것처럼 이것은 불가능한 평균값이다. 그뿐만 아니라 논문에 실린 몇몇 다른 평균값 역시 GRIM 테스트를 통과하지 못했다.

인지 부조화라는 것은 매우 유용한 개념이며 직관적으로 이해하기도 쉽다. 그리고 결과가 기억에 남도록 실험도 매우 영리하게 설계됐다. 그 후 수년 동안 페스팅거와 칼스미스의 연구를 수천 편의 논문에서 인용했다. 그들의 논문이 현실적으로 얻을 수 없는 수치들로 가득 차 있다는 것을 알았다면 여전히 그렇게 많은 논문에서 인용했을까?[16] 이 이야기는 과학 문헌에서 매우 '고전적인' 발견으로 여겨지는 연구 결과들조차도 전혀 믿지 못할 수 있다는 점을 다시 한번 상기시켜준다. 모든 사람은 그런 중요한 연구일수록 매우 철저하게 결과를 살폈으리라 기대한다. 부끄럽지만 과학 논문의 가장 중요한 일부여야 하는 숫자와 데이터가 단지 주의를 끄는 이야기를 만들어내기 위한 쇼윈도의 상품처럼 쓰이고 있는 것이 현실이다.

모든 숫자에는 노이즈가 포함돼 있다 – 무작위화의 실패

수치의 중요성이 훨씬 더 높은 과학 분야에서도 이런 종류의 수치 오류는 걱정스러울 정도로 흔하다. 글을 쓰고 있는 이 시점에 세계에서 가장 많은 사기를 저지른 것으로 알려진 과학 사기범은 마취과 의사 후지이 요시타카라는 사실을 기억할 것이다. 오랫동안 자행되던 그의 데이터 위조 행위에 종지부를 찍은 것은 마취과 의사 존 칼라일John Carlisle의 분석 결과였다. 그는 무작위 실험이 실제로 무작위하게 실시됐는지 여부를 확인하기 위해 한 가지 통계 기법을 고안해냈다.[17] 진정한 무작위화는 각 참가자를 그룹에 할당할 때(예: 활성 약물 그룹 대 위약 그룹) 동전을 던져 결정하는 경우에만 가능하다. 그렇지 않고 사전에 미리 계획된 방법으로 그룹을 나눌 경우 필연적으로 편향이 개입될 수 있다.

이 무작위화 과정은 과학 실험 설계에 있어서 매우 중요한 과정이다. 가장 중요한 점은 테스트가 시작되기 전에 무작위화 과정을 거쳐 나뉜 그룹 간에 실질적으로 어떤 차이도 없음을 확인하는 것이다. 전문 용어로는 이것을 기준선baseline이라고 한다. 만약 한 집단이 다른 집단에 비해 더 건강하거나, 더 잘 교육받거나, 더 나이가 많아서 이런 차이들이 어떤 방식으로든 결과에 영향을 미친다면 그 테스트는 공정하다고 할 수 없다.[18] 시험을 시작하기도 전에 이미 그룹들 사이에 큰 차이가 존재한다면 실험 설계에 문제가 있는 것이다. 즉, 무작위화 과정이 실패한 것이다.

하지만 정확히 반대의 경우도 있다. '모든 숫자에는 노이즈가 포함돼 있다'라는 자연의 법칙이 있다. 설명할 수 없는 방법을 동원해 이런 노이즈를 피해 모든 면에서 완벽하게 동일한 그룹을 구성했다면 이것 역시도 문제가 된다. 무작위화 과정을 거쳤다 하더라도 우연에 의해 그룹들 사이에 작은 차이가 발생하는 것이 너무도 당연하기 때문이다. 칼라일이 고안한 방법은 이런 점을 이용한 것이었다. 그가 후지이의 논문을 분석했을 때 믿을 수 없을 정도로 완벽하게 일관성 있는 데이터가 실려 있음이 발견됐다. 예를 들어, 후지이 논문에 보고된 환자의 나이, 키, 체중 분포는 그룹 간에 거의 완벽하게 동일했다. 현실에서 이런 일이 일어날 확률은 1/1033(즉, 10조×10조×10억분의 1)이다.[19] 아니나 다를까 후지이가 사기꾼이라는 것이 곧 드러났다.

2017년 칼라일은 8개 저널의 5,087개 의료 연구 논문에 자신의 오류 발견 기술을 적용했다. 무작위화 과정에 결함이 있거나 반대로 의심스러울 정도로 완벽한 논문을 찾고자 하는 것이 목적이었다.[20] 물론, 일부 논문의 경우 단지 운이 없어서 의심스러운 것처럼 보일 수도 있다. 이런 점을 고려하더라도 전체 논문의 5퍼센트는 의심스러운 데이터를 가지고 있다는 사실을 발견했다. 즉, 수백 건의 실험 결과가 그룹을 적절하게 무작위화하지 못한 이유로 인해 실험 자체가 완전히 의미 없어질 정도의 심각한 문제를 안고 있는 것으로 드러났다. 물론, 이 중에서 후지이 사례와 같이 조작 사기가 결부된 경우는 극히 일부였다. 칼라일이 밝혀낸 대부분의 사례는 주로 의도하지 않았던 실수들이었다. 하지만, 의학 실험이 가지는 중요성을 감안할 때 의도하지 않았던 순수한 실수라 할지라도 그 결과는 엄청나게 심각해진다. 의사들이 순수하게 그 결과만을 믿고 환자들을 위한 치료

법을 선택하기 때문이다.[21]

스탯체크, GRIM 테스트, 칼라일 분석 방법이 지닌 장점은 논문에서 일상적으로 제공되는 요약된 형태의 데이터인 p-값, 평균, 표본 크기, 표준편차와 같은 값만으로도 충분히 검증할 수 있다는 것이다. 전체 원본 데이터 스프레드시트를 검출할 필요가 없어지는 것이다. 과학자들의 경우 자신들의 데이터를 공유하기를 꺼리는 것으로 악명 높기 때문에 이것은 매우 훌륭한 장점이다. 심지어 선의의 다른 연구자들이 정중하게 요청하더라도 결과는 마찬가지다. 2006년 한 연구에 따르면 26퍼센트의 심리학자들만이 다른 연구자들에게 자신의 원본 데이터를 보낼 용의가 있다고 답했다. 다른 분야에서도 이와 비슷한 수치가 나온다. 또한 연구를 한 지 오래될수록 원본 데이터에 접근할 가능성은 훨씬 줄어든다.[22] 이렇게 데이터 공유를 꺼리는 과학계의 현실은 머튼의 공동체주의 규범과 과학의 핵심 자기 검증 과정인 조직적 회의주의를 적용하는 데 커다란 장애물이 된다. 그리고 위의 세 가지 검증 방법이 매우 영리하기는 하지만, 상세한 전체 데이터 세트를 가지고 원하는 대로 검증하는 경우와는 비교할 수 없다. 현재로서는 데이터를 비공개로 유지하고자 하는 동기가 공유를 권장하는 머튼 규범의 당위성보다 훨씬 크다. 누군가가 나의 연구에서 오류를 발견할 수 있기 때문이다.

오류를 알면서도 공유하는 환경

실질적으로 모든 과학 분야가 숫자 오류로 고통 받고 있는 것이 현실이다. 일부 분야들에는 그 분야 특유의 오류가 있다. 예를 들어 셀 라인cell lines을 생각해보자. 셀 라인이란 사실상 수명의 한계 없이 무한히 증식하는 생물학적 배양물을 말한다. 셀 라인은 건강한 세포는 물론이고 암 세포를 포함한 다양한 종류의 세포를 연구하기 위한 모델로 사용하고 있다. 1958년 처음으로 무한 증식 세포 라인이 만들어지고 몇 년이 지난 후, 과학자들은 충분한 주의를 기울이지 않으면 때때로 다른 셀 라인에서 온 세포들이 섞일 수 있다는 것을 알게 됐다.[23] 문제는 이런 일이 너무도 쉽게 일어난다는 것이다. 누군가 표본에 레이블을 잘못 붙이거나, 연구원들이 너무 가까운 곳에서 다른 셀 라인을 가지고 작업을 하거나, 정리되지 않은 어수선한 실험실에서 일하거나, 장비가 제대로 세척 또는 멸균되지 않는 경우 흔하게 일어날 수 있는 일이기 때문이다.

이런 오염이 쉽게 일어날 수 있다는 것은 정말 나쁜 소식이다. 어떤 세포들의 경우 다른 세포들보다 더 빠르고 강하게 성장하기 때문이다. 그래서 여러분이 미처 알아차리기도 전에 한 세포가 다른 세포들을 완전히 장악하게 된다. 두말할 필요 없이 잘못된 세포를 사용해 실험하는 것은 그 결과를 완전히 무효화시킨다. 예를 들면 여러분은 골암에 대해 연구하고 있다고 생각했지만 정작 여러분이 사용한 세포는 대장암에서 온 것일 수 있기 때문이다. 인간 세포에 대해 연구하고 있다고 생각했지만 실험 세포가 돼지나 쥐의 것으로 밝혀지는 식인 것이다.[24] 그런 실험에서 나온 결과들은 절대 반복 재현될 수 없다. 세계적으로 권위 있는 〈네이처 리뷰 캔서 Nature Reviews Cancer〉에 게재된 사설에서는 "과학계는 이 문제를 해결하는 데 실패했다. 결과적으로 부정확하게 식별된 셀 라인을 이용해 오해의 소지가 있고 잠재적으로 오류가 포함된 논문들이 수천 편이나 발표됐다"라고 단도직입적으로 말했다.[25]

그렇다면 이런 문제가 포함된 논문의 수는 얼마나 될까? 2017년 분석에서는 문헌 조사를 통해 임포스터 세포impostor cells, 즉 사기꾼 세포라 불리는 오염된 셀 라인을 사용해 연구를 진행한 사례를 뒤졌다. 그 결과 3만 2,755편의 논문이 발견됐고 이 연구 결과를 인용한 논문은 50만 편 이상에 이르는 것으로 드러났다.[26] 이들이 잘못된 셀 라인으로 연구한 것이 주로 암세포였기 때문에 오염된 논문이 가장 많이 발표된 분야도 당연히 종양학이었다. 중국 실험실을 대상으로 한 조사에서 46퍼센트의 셀 라인이 오염된 것으로 밝혀졌다.[27] 다른 연구에 따르면 중국에서 새로 시작된 셀 라인의 85퍼센트는 미국 세포에 의해 오염된 것으로 나타났다. 실험실끼리 서로 셀 라인을 무분별하게 공유하기 때문에 이런 문제는 빠르게 확산될 수밖에 없는 구조를 가지고 있다.[28] 그러나 이것은 단지 중국만의 문제는 아니었다. 오염된 세포를 사용해 발표된 논문들 중 36퍼센트는 미국에서 발표된 것이었다. 증식하는 것이 비단 셀 라인만은 아니었다. 시간이 지남에 따라 오염된 셀 라인을 사용한 연구의 수도 늘어나면서 전체 합계도 증가하고 있다. 문제는 오랫동안 과학자들이 이런 일들이 일어나고 있다는 것을 잘 알고 있었다는 점이다.[29]

셀 라인의 오식별 문제는 너무나도 절망적이다. 의학 연구를 후퇴시키고 잘못된 실험에 막대한 돈을 낭비하게 만들 만큼 심각한 문제를 과학계에서 반세기가 넘도록 방치하고 있었기 때문이다. 임포스터 세포가 처음으로 발견되고 20년이 지난 시점에 올빼미 원숭이 세포와 인간 세포를 혼동하는 사건이 발생했다. 〈네이처〉는 이에 대해 사설을 발표했다. 하지만, 사설에서는 이 사건이 그다지 심각한 문제는 아니라고 하면서 오히려 실수를 지적한 내부 고발자를 '자칭 자경단원'이라고 깎아내렸다.[30] 물론 모든 종류의 오식별 실수가 연구 결과에 심각한 문제를 낳는 것은 아니다. 예를 들어, 여러 종류의 전립선암 세포가 섞여 있다 하더라도 여전히 가치 있는 발견을 할 수는 있다. 그러나 오식별과 관련된 논문 철회 목록이 점점 더 많아지고 있는 것을 보면 알 수 있듯이 분명히 오식별 문제는 연구 결과를 무용지물로 만들 가능성이 높다.[31]

셀 라인 오염 문제가 아직까지도 여전히 세포생물학을 괴롭히고 있다는 것은 매우 이례적인 일이다. 지난 10년 동안만 해도 저명한 저널에 셀 라인 오식별에 대한 사설과 그에 대한 대책을 촉구하는 요구가 2010년, 2012년, 2015년, 2017년, 2018년도에 실렸었다. 심지어 이러한 요구가 처음 등장한 것은 1950년대까지 거슬러 올라간다.[32] 물론 오늘날에는 발전된 DNA 기술을 사용해 각 셀 라인을 인증하는 저렴한 방법들이 개발돼 있으므로 갈수록 이러한 실수들은 줄어들 것이다.[33] 그러나 과거 세포 생물학자들의 태만했던 행태를 감안한다면 그냥 조용히 기다리기만 해서는 안 될 것이다. 많은 과학자가 단지 운이 없어 한두 차례 실수한 것이 아니라 수십 년 동안 심각한 실패 사례들의 존재 자체를 부정해왔기 때문이다. 다른 분야에서 일어나는 일들과 비교해보면 실제로 셀 라인 분야 과학자들의 대응은 매우 부적절해 보인다. 예를 들어 항공 분야와 같은 곳에서는 모든 비행기 추락 사고에 대해 같은 문제가 다시는 일어나지 않도록 엄청난 노력을 기울여 사고 원인을 조사한다. 하지만 과학자들의 완고함 때문에 암 연구 발전이 지체되고 있고, 이런 모든 상황이 바람직하지 않은 도덕적 문제까지 야기하고 있는 것이 현실이다.

연구 설계의 기본 원칙 – 무작위화와 블라인딩

이런 도덕적 문제는 연구 결과가 생명에 직접적 영향을 주는 분야에서 더 심하게 나타난다. 이런 과학 분야에서 오류를 범하는 것은 학문적 문제를 넘어서는 피해를 유발하기 때문이다. 예를 들면 실험의 한 부분으로서 실험 대상을 '안락사'시켜야 하는 동물 연구가 이에 해당한다. 이런 실험에서는 새로운 약이 투여된 후 동물의 뇌를 검사하기 위해 동물을 죽일 수밖에 없다. 이런 이유로 동물 실험은 대개 정부 기관에 의해 엄격하게 통제된다. 사실상 모든 사람이 정당한 과학적 이유 없이 실험 동물을 죽이거나 그들을 고통받게 하는 것은 부도덕한 일이라는 것에 동의할 것이다.[34] 이런 이유로 인해 동물 연구에서는 실험 자원을 낭비하지 않으면서도 정확하고 반복 가능한 결과를 도출해야 하는 추가적인 부담이 발생한다. 즉, 연구 설계 및 분석상의 오류로 인해 연구의 성격상 불가피하게 야기되는 고통과 죽음을 무의미한 것으로 만들지 말아야 할 책임이 존재하는 것이다. 불행하게도, 동물 연구의 상당 부분 혹은 어떤 분석에서는 대다수가 이 기준에 미달하고 있다.

신경과 전문의이자 신경과학자인 맬컴 매클라우드Malcolm Macleod가 이끄는 연구팀은 2015년 동물 연구 논문들을 조사한 연구 결과를 발표했다. 연구 설계 단계에서 반드시 따라야 하는 몇 가지 기본 원리를 준수했는지 여부를 확인한 것이었다. 이 원칙은 이러한 종류의 실험 결과에서 합리적 추론을 내리기 위해서는 필수적인 것들이다.[35] 첫 번째 원칙은 우리가 앞에서 논의했던 실험 대상 그룹의 무작위화 과정이다. 연구 설계에 익숙한 사람들은 무작위화 과정의 중요성을 잘 알고 있다. 하지만 매클라우드의 연구에 따르면 관련 연구 중 25퍼센트만이 그룹을 무작위화한 것으로 보고했다.[36] 실제로는 무작위화 과정을 거쳤지만 단순히 논문에 포함시키지 않았기 때문에 이렇게 놀랄 만큼 낮은 수치가 나타난 것일까? 그럴 가능성은 없어 보인다. 무작위화는 데이터의 품질에 결정적인 차이를 만들어내고 따라서 연구 결과의 타당성을 좌지우지하는 것이다. 그리고 현실적으로는 동료 평가자가 받아 보는 논문의 수준이 달라지므로 굳이 과학자들이 그룹을 무작위화하는 수고를 하고도 논문에 언급하는 것을 생략할 가능성은 극히 낮다.

또 한 가지 매클라우드와 그의 동료들이 분석한 것은 실험 설계 단계에서 '블라인딩blinding'을 적용했는지 여부였다. 블라인딩된 연구에서는 데이터를 수집하는 연구원이 가설 테스트 여부는 물론이고 어떤 그룹이 처치 그룹이고 어떤 그룹이 통제 그룹인지를 알지 못하게 된다.[37] 제대로 된 블라인딩을 위해 연구원들에게는 연구를 실행하는 데 필요한 정보만 제공하고 더 이상의 정보 제공은 하지 않기 때문이다. 모든 데이터가 다 수집된 후에야 관련 내용을 그들에게 밝히게 된다. 어떤 경우에는 데이터 분석 과정에도 블라인딩 기법이 적용된다. 통계 테스트를 실행하는 연구원은 모든 테스트가 완료될 때까지 어떤 그룹이 실험 그룹인지 알지 못한다. 제대로 설계된 연구라면 가능한 한 모든 곳에서 블라인딩이 이루어져야 한다. 이것은 방화벽의 일종으로서 연구원들이 가진 의식적 혹은 무의식적 편향이 실험의 수행이나 분석 과정에 감염되는 것을 막는 역할을 한다.

블라인딩은 매우 잘 알려진 연구 설계 개념이다. 실험 설계와 관련된 대학교의 모든 수업에서는 결과 분석까지는 아니더라도 최소한 데이터 수집 단계에서는 블라인딩을 적용하도록 가르치고 있다. 그러나, 동물 연구 논문의 30퍼센트만이 블라인딩 기법을 적용했음이 밝혀졌다.[38] 왜 이런 일이 일어날까라는 의문에 대한 실마리는 다음에서 찾을 수 있을 것 같다. 매클라우드는 이전에 실시한 메타 연구에서 무작위화와 블라인딩을 적절하게 실시하게 되면 실험 결과에서 나타나는 효과의 크기가 훨씬 작아지는 경향이 있음을 발견했다.[39]

무작위화와 블라인딩 과정이 없다면 엄청나게 큰 표본 크기의 연구조차도 잘못된 결론으로 흐를 소지가 있다.[40] 그렇다고 해서 표본 크기가 중요하지 않다는 말은 아니다. 사실, 표본 크기는 실험 설계에서 가장 중요한 고려사항 중 하나다. 매클라우드와 그의 팀은 표본 크기에 대해서도 조사했다. 그 결과 얼마나 많은 동물들을 대상으로 실험할 것인지를 결정하는 과정을 밝히고 있는 논문은 0.7퍼센트에 불과했다. 이런 결과가 매우 실망스러운 이유는 두 가지다. 첫 번째 이유는 이것이 우리가 전에 다룬 적 있는 p-해킹에 해당하기 때문이다. 표본 크기를 미리 설정하고 연구를 시작하지 않으면 원하는 $p<0.05$를 얻을 때까지 계속해서 데이터를 수집하고 테스트하는 것을 반복할 수 있게 된다. 두 번째 이유는 우리가 아직 다루지 않았던 새로운 개념 때문이다. 그것은 바로 통계적 검정력이다. 간단히 말하면 너무 많은 과학적 연구들의 표본 크기가 정확한 결론을 도출하기에는 너무 작다는 뜻이다.

예를 들어, 어떤 상황에서도 모든 통증을 즉시 없애주는 완벽한 두통약이 있다고 상상해보라. 그 경우 이 초강력 두통약의 효과를 확인하기 위해 굳이 p-값을 구하고 데이터 통계 처리를 할 필요는 없어진다. 이 약을 복용한 두통 환자 한두 명만 위약이나 덜 효과적인 두통약을 복용한 통제군의 환자와 비교하더라도 그 효과를 금방 알아차릴 수 있기 때문이다. 지난 장에서 남성과 여성의 키를 비교했던 연구 사례로 돌아간다면, 세상의 모든 남성들의 키가 모든 여성들보다 항상 클 경우의 상황과 비슷하다고 할 수 있겠다.

물론, 현실에서 이런 일은 일어나지 않는다. 실제로 효과가 있다 하더라도 통계적으로는 효과의 크기를 발견하기가 쉽지 않다. 통증 완화 효과가 확실히 있더라도 두통약의 경우 통증 등급을 1에서 5까지 나눌 때 평균 0.5점 정도만 두통을 줄여주는 것으로 나올 뿐이다. 이렇게 작은 효과를 단지 두 사람에 대해서만 비교해 무작위 노이즈로부터 분리하는 것은 현실적으로 불가능하다. 만약 실제로도 그런 방식으로 연구를 수행한다면 그 연구 결과는 무용지물이 될 수밖에 없다. 이 경우 그룹의 수를 10명으로 늘려도 실제 효과가 노이즈에 묻히게 되는 경우는 셀 수 없이 많다. 아마도 한두 명의 참가자들은 통증 설문지에 별로 주의를 기울이지 않고 잘못된 숫자에 동그라미를 치는 사람들도 나올 것이다. 설문 조사를 하기 전에 머리를 맞아 두통이 심해진 사람이 있을 수도 있고, 술을 끊었기 때문에 두통이 완화된 사람도 있을 수 있다.

그러나 우리가 더 많은 사람들, 예를 들어 500명의 사람에게는 두통약을 투여하고 500명의 사람에게 위약을 투여한다면, 두통약의 효과가 그리 크지 않더라도 우연히 데이터가 튀는 노이즈와는 구별하기가 훨씬 더 쉬워질 것이다. 노이즈와 달리 의미 있는 신호로 잡히는 약의 효과는 체계적인 빈도로 나타나기 때문이다. 즉, 많은 사람들이 약을 복용하는 경우 효과가 있는 약은 같은 방향으로 증상이 나타나게 된다. 반면에 노이즈는 특성상 나타나는 방향이 무작위적이다.

실제로 약을 먹었는지 혹은 위약을 먹었는지 여부와는 무관하게 노이즈의 경우 어떨 때는 실험 대상의 주변 상황이 고통을 더 악화시키는 쪽으로 작용할 때도 있고 어떨 때는 고통을 완화시키는 쪽으로 작용할 때도 있다. 연구에 많은 사람들이 참여하면 이러한 무작위적인 노이즈에 의한 변동은 서로 상쇄되기 때문에 표본이 커질수록 노이즈는 작아진다. 이런 이유로 인해 표본 크기가 큰 연구에서의 평균은 '참' 효과에 더 가까워지게 되는 것이다. 이런 경우를 가리켜 통계학자들은 표본 크기가 큰 연구 결과는 작은 연구보다 더 큰 통계적 검정력을 가진다고 말한다. 만약 새로운 약이 정말로 위약보다 큰 효과를 가지고 있다면 표본 크기가 큰 연구에서는 그룹들 사이의 차이를 탐지할 가능성이 더 높아질 것이다.

통계적 검정력

지난 장에서 살펴봤듯이, p-값의 정의는 실제로 아무 일이 없는데도 겉으로 보기에 우리가 원하는 것과 유사한 결과 혹은 훨씬 더 인상적인 결과가 나타날 가능성을 말한다. 따라서 일반적으로는 p-값이 가능한 한 낮아지기를 원한다. 적어도 0.05로 설정된 p-값의 표준 임계값보다는 낮아져야 한다. 반면 통계적 검정력의 정의는 통계적으로 중요한 신호가 실제로 존재할 때 우리가 그것을 감지해낼 가능성이다. 따라서 우리는 통계적 검정력 값은 가능한 한 높아지기를 원한다. 데이터의 개수가 많지 않으면 효과의 크기가 작거나 신호가 약할수록 훨씬 더 탐지하기가 어려워진다. 일반적으로는 발견하고자 하는 효과의 크기가 작을수록 신호를 감지하는 데 필요한 표본의 숫자는 더 커져야 한다.

이 문제에 대해 생각해보는 더 구체적인 방법이 있다. 2013년 심리학자 조지프 시먼스Joseph Simmons와 동료들은 온라인에서 설문 조사 참가자들에게 음식과 정치와 같은 분야에서의 선호도를 묻는 일련의 질문에 답하도록 요청했다. 이때, 성별, 나이, 키 등과 같은 기본적인 인구 통계 데이터도 동시에 수집했다.[41] 시먼스는 데이터를 남성 대 여성 또는 진보 대 보수와 같은 다양한 그룹으로 나누고 설문에 대한 답을 하는 데 있어 그룹 간에 어떤 차이가 있는지 살펴봤다. 설문 조사 결과로부터 얼마나 많은 사람들이 설문에 참여해야 그룹 간의 차이를 확실히 구별할 수 있는지에 대해 연구했다.[42]

예를 들어 우리가 앞에서 사례로 들었던, '남성이 여성보다 평균적으로 키가 크다'와 같은 키와 성별 간의 상관관계 가설을 확인하는 데는 6명의 남성과 6명의 여성만 있으면 된다는 것이 밝혀졌다. 우리가 이미 상식적으로 알고 있는 바와 같이 이 가설의 효과 크기는 매우 크고도 명백하다. 따라서, 앞서 예로 들었던 20인 표본 크기의 그룹 연구는 결과적으로 높은 통계적 검정력을 가지게 된다. 또 다른 간단한 예가 있다. '설문에 답한 나이 든 사람들은 자신들이 은퇴할 나이에 가깝다고 말하는 경향이 있는가?'이다. 답은 '그렇다'이다. 이러한 가설이 옳음을 확인하기 위해서는 9명의 나이 든 사람과 9명의 젊은 사람만 있으면 된다는 것을 알아냈다. 반면, 가설의 유효성을 검증하기 위해 더 많은 수의 참가자가 필요한 다음과 같은 사례들도 있다.

- 매운 음식을 좋아하는 사람들은 인도 음식을 더 좋아한다(26명의 매운 음식을 좋아하는 사람과 26명의 매운 음식을 싫어하는 사람이 필요하다).
- 진보주의자들은 보수주의자들보다 사회 정의를 더 중요하게 생각하는 경향이 있다(각각의 정치적 성향을 지닌 사람이 34명 필요하다).
- 남성의 평균 몸무게는 여성보다 높다(46명의 남성과 여성이 각각 필요하다).

이렇게 구체적 사례를 나열한 목적은 특정 연구에서 찾고 있는 효과의 크기를 확인하기 위해 현실적으로 어느 정도의 표본 크기가 필요할지에 대한 감을 주려는 것이다. 만약 '남성이 여성보다 몸무게가 더 나가는가?'라는 질문에 대한 답을 찾기에 충분하지 못한 표본 크기로 실험을 진행한다면, 여러분의 연구는 가설이 주장하는 효과를 감지할 만큼 충분한 통계적 검정력을 갖지 못하는 것이다.

낮은 통계적 검정력으로 연구를 진행하는 것은 마치 쌍안경으로 멀리 있는 은하를 찾으려 시도하는 것과 같다. 여러분이 찾고 있는 은하가 실제로 저 멀리 어딘가 존재한다고 하더라도 현실적으로 쌍안경으로는 그것을 볼 기회가 없기 때문이다. 매클라우드가 연구했던 동물 연구 분야 외에도 많은 분야의 과학자들은 이런 사실을 간과하고 지나간다. 2013년의 한 리뷰는 미로를 찾는 쥐의 능력에 성별 차이가 있는지에 대한 연구 논문을 포함해 다양한 신경과학 분야의 연구 결과들을 살펴봤다.[43] 미로 탐지 능력에서 기대하는 성별 효과가 나타날 만큼 실험이 충분한 통계적 검정력을 가지려면 134마리의 쥐가 필요하다. 이 실험은 '남성이 여성보다 더 무겁다'와 같은 가설보다는 훨씬 더 감지하기 어려운 미묘한 효과를 검증하는 연구인 것이다. 하지만, 관련 실험에서는 평균 22마리의 생쥐를 대상으로 연구를 실시했다는 사실이 밝혀졌다. 이러한 통계적 검정력의 문제는 미로를 찾는 쥐 연구에만 국한되지는 않는다. 오히려 대부분의 신경과학 연구 전반에 걸친 문제라고 할 수 있다.[44] 대규모 리뷰 연구를 통해 밝혀진 바에 의하면 특히 임상 시험, 생물 의학 연구, 경제, 뇌 이미지, 간호 연구, 행동 생태학, 그리고 심리학 분야에 통계적 검정력이 낮은 연구가 많다.[45]

그렇다면 이 분야 연구들의 통계적 검정력이 약한데도 왜 그토록 많은 연구 결과들이 긍정적 효과를 보고하고 있을까? 첫 번째 이유는 아마도 연구 결과가 p-해킹됐기 때문일 것이다. 연구 결과 분석만으로는 원하던 효과를 발견하지 못했기 때문에 데이터를 다루는 과정에서 연구원들이 창의력을 발휘했을 수도 있다.[46] 그러나 통계적 검정력이 약한 연구들의 경우 굳이 p-해킹을 하지 않더라도 효과가 있는 것처럼 보이는 연구 결과를 우연히 얻을 가능성이 높다. 문제 있고 왜곡된 방식으로도 얼마든지 그런 효과를 얻을 수 있는 것이다.

이전에 다루었던 샘플링 오류에 대해 다시 한번 살펴보자. 사람들에게서 나타나는 두통약의 평균 효과는 1에서 5 척도를 기준으로 0.5점에 불과하다는 사실을 떠올려보라. 실험 대상을 고를 때 우연히 평균보다 효과가 낮게 나타나는 사람들로 채울 수도 있다. 이 경우 테스트했던 두통약은 실제 약효와는 무관하게 전혀 효과 없는 것처럼 보이게 될 것이다. 반면 효과가 평균 이상으로 나타나는 사람들을 골라서 실험 표본을 취할 수도 있다. 이 경우 그 약의 효과가 크게 나타나는 사람들로만 실험 대상이 채워질 것이다. 통계적 검정력이 낮은 연구의 경우 비정상적으로 큰 효과를 보이는 표본을 선택하면 유의미한 p-값을 보이는 통계 결과를 얻을 수 있게 된다.

통계적 검정력이 후속 연구에 미치는 영향

계속 같은 이야기를 반복하는 것처럼 들리겠지만, 통계적 검정력이 낮은 연구는 효과의 크기가 큰 경우에만 신호를 감지할 수 있다. 따라서 다음과 같은 논리적 추론이 가능하다. 만약 통계적 검정력이 낮은 연구에서 원하던 효과가 감지된다면, 아마도 그 효과는 과장된 것일 가능성이 높다는 것이다.[47] 그다음으로 이어지는 것은 출판 편향이다. 효과 크기가 큰 연구 결과는 모든 사람이 흥미롭게 생각하기 때문에 출판될 가능성이 훨씬 더 높아진다. 이로 인해 과학 문헌상에 기록된 규모가 작은 연구들에서 큰 효과들을 많이 발견하는 것처럼 보이게 된다. 지난 장의 깔때기 그래프에서 봤듯이 '흥미로운' 것을 감지하지 못한 작은 연구들은 과학 저널에 발표되지 못하고 숨겨지기 때문이다.

이런 상황은 이어지는 후속 연구에도 문제를 일으킨다. 과학자들은 대개 자신의 실험에서 어떤 효과 크기를 기대할 수 있을지 알아보기 위해 과거 문헌을 찾아본다. 만약 이전에 실시된 연구가 소규모 표본을 이용해 효과 크기를 과장되게 보고하고 있다면, 후속 연구를 하는 연구원들도 작은 표본으로도 충분한 통계적 검정력을 가진다고 생각할 것이다. 그러나 선행 연구에서 보고했던 효과들은 실제로는 소규모의 표본 연구로는 발견하기 어려운 훨씬 더 작고 미미한 것들이었다.[48] 이것이 통계적 검정력이 충분하지 않은 연구가 장기적으로 만들어내는 도미노 효과다. 선행 연구를 믿고 거듭 이어지는 후속 연구는 시간, 노력, 자원을 낭비하게 될 것이며 흡사 전구에 앉아 있는 나방의 거대한 그림자를 진짜인 줄 알고 쫓는 것과 같은 상황을 만들어내게 된다.

만약 우리가 큰 규모의 효과들로만 가득 찬 세상에 산다면 작은 표본을 사용하더라도 그렇게 문제 되지는 않을 것이다. 그러나 보통의 경우 큰 효과는 매우 분명한 요인이 존재할 때만 얻을 수 있다. 예를 들면 남성과 여성의 키 차이와 같은 경우가 그에 해당한다. 대부분의 효과는 이보다는 훨씬 덜 분명한 것들이다. 임상 시험 결과를 분석한 한 연구에서는 평균적으로 관찰되는 의학적 효과 크기는 작거나 혹은 중간 정도라는 것을 발견했다. 이것은 대략 100명의 사람이 실제 치료약을 복용하고 100명의 사람이 위약을 처방받는 경우를 가정했을 때, 위약을 처방받은 사람들 중 20명에게서 효과가 나타났다면 실제 치료약을 복용한 사람들 중에서 26명 정도에게만 효과가 나타나는 정도의 효과 크기를 의미한다.[49] 조현병을 위한 항정신병 약물, 불면증을 위한 벤조디아제핀, 천식을 위한 코르티코스테로이드와 같은 우수한 치료제의 경우에도 그 효과 크기는 여전히 중간 정도로만 나타난다. 이 세 가지 약물로 실험할 경우 처치 그룹의 환자들은 위약 그룹보다 18명(즉, 합계 38명) 더 효과 있는 것으로 나타날 것이다.[50] 심리학 연구 역시 평균적으로 효과 크기는 별로 크지 않은 정도일 것이고 많은 다른 학문 분야에서도 아마도 비슷한 상황일 것이다.[51]

특히 신체나 뇌, 생태계, 경제나 사회 같은 매우 복잡한 시스템에 대한 연구일수록 엄청나게 큰 영향을 미치는 어떤 요소를 발견하는 것은 매우 드문 일이다. 우리가 관심 있어 하는 심리적, 사회적, 심지어 의학적 현상들의 대부분은 많은 작은 효과들로 이루어져 있고, 각각의 효과들은 작은 역할만을 담당할 뿐이다. 예를 들어 경제학자들이 그들이 연구할 표본 그룹에 속한 사람들의 수입이 왜 각자 다른지에 대해 설명하려면 연구 참가자들이 어디에 살고 있는지, 가족 배경, 능력, 성격, 교육, 그들이 사는 곳의 세금 체계, 시간에 따른 세금 변화, 일생 동안 연구 참가자들의 재산을 증가시키거나 감소시킨 다른 요인들과 경험들도 고려 대상에 포함시켜야 할 것이다. 현실에서는 큰 효과보다는 작은 효과를 나타내는 요인들이 훨씬 더 흔하다. 하지만 이것들이 모이면 큰 효과의 요인보다 훨씬 더 큰 영향력을 발휘한다. 따라서, 낮은 통계적 검정력의 연구들은 세상이 큰 효과를 보이는 일로만 가득 찬 것으로 잘못된 결론을 내리게 되는 것이다.

낮은 통계적 검정력의 위험성 – 후보 유전자의 사례

낮은 통계적 검정력 연구가 과학자들을 어떻게 잘못된 결론으로 끌고 갈 수 있는지 보여주는 가장 당혹스러운 예가 바로 '후보 유전자candidate genes' 사례다. 지난 10년 동안 유전학자들은 후보 유전자 사례를 통해 낮은 통계적 검정력의 연구가 어떤 위험성을 가지고 있는지에 대해 뼈아픈 교훈을 얻었다. 우리는 오랫동안 주로 쌍둥이를 대상으로 한 연구로부터 키와 몸무게, 인지 능력 시험 점수IQ, 다양한 질병과 정신 질환에 걸릴 가능성, 그 밖에 사람들의 많은 특징이 유전자의 차이에서 비롯된다는 것을 알게 됐다.[52] 하지만 DNA의 어떤 부분이 어떤 형질과 관련이 있는지를 정확하게 밝혀내려는 유전학자들의 시도를 뒷받침하는 기술이 등장하기 시작한 것은 불과 20년이 채 되지 않는다. 그 전에는 특정 형질과 관련 있을 것으로 예상되는 '후보 유전자'를 분리한 다음 이것을 분석하는 식으로 연구함으로써 유전자의 차이가 특정 형질에 미치는 관련성을 규명하려 했다.

처음에는 이러한 시도가 성공하는 것처럼 보였다. 그 결과 긍정적인 결과의 후보 유전자 연구가 계속 발표됐다. 몇몇 연구 결과들을 예로 들자면, COMT 유전자의 변화는 인지 테스트 점수와 연결되고, 5-HTTPR 유전자의 변화는 우울증과 연결되며, BDNF 유전자의 변화는 조현병과 관계있는 것으로 보고됐다. 그 결과 수백 편의 관련 연구 결과들이 축적되기 시작했다.[53] 연구를 통해 발표된 결과들은 매우 인상적이었다. 예를 들어 2003년 세계적으로 권위 있는 학술지 〈네이처 뉴로사이언스Nature Neuroscience〉에 게재된 한 연구는 5-HT2a 유전자에 특정 변형을 가진 사람들의 경우 기억능력이 21퍼센트 낮았다고 주장했다.[54] 효과의 크기가 큰 이러한 연구 결과들로 인해 다들 중요한 형질의 유전적 기초를 확실히 이해하는 방향으로 연구가 제대로 진행되고 있다고 생각했다. 유전학자들은 더 나아가 유전자와 특정 형질 사이의 생물학적 '경로'에 대해서도 규명하기 시작했다. 예를 들면, 5-HTTPR 유전자는 위협을 받으면 뇌에서 감정과 관련되는 영역인 편도체가 더 민감하게 반응하도록 함으로써 우울증을 일으키는 것으로 보고했다.[55]

내가 대학생이었던 2005년과 2009년 사이에 후보 유전자 연구는 격렬하면서도 흥미로운 토론의 주제였다. 하지만 2014년 초 박사 학위를 받을 때 즈음에는 거의 신뢰할 수 없는 이론으로 전락하고 말았다. 그동안 무슨 일이 일어났던 것일까? 주요 요인으로는 기술 발전으로 인해 사람들이 가지고 있는 유전자들을 더 저렴한 비용으로 측정할 수 있게 된 것을 꼽을 수 있다.[56] 즉, 정해진 연구 자금으로 훨씬 더 많은 표본을 사용해 유전자 연구를 할 수 있게 된 것이다. 해당 연구의 표본 크기는 초기에는 수천이었다가 현재는 수만에 달하고 있다.

또한 유전학자들이 과거와는 다른 접근법을 택하기 시작한 것도 하나의 요인이다. 하나 혹은 소수의 후보 유전자를 살펴보던 과거의 방식과는 달리, 각기 다른 수천 개의 DNA들을 동시에 살펴보면서 그들 중 어떤 것이 현재 관심 있는 특성과 가장 밀접하게 관련돼 있는지 확인하는 방식으로 바뀌었다. 이러한 접근 방식을 전장 유전체 연관 분석genome-wide association study, GWAS이라고 한다. GWAS를 사용하는 연구의 경우 과거 대비 통계적 검정력이 훨씬 커졌다는 특징이 있다. 따라서 이미 후보 유전자 연구에 의해 효과가 큰 것으로 잘 알려져 있던 유전자는 물론이고, 특정 형질에 매우 작은 영향을 미치는 유전자의 변형 효과도 발견할 수 있는 환경이 조성됐다.[57]

하지만 정작 GWAS를 사용하더라도 후보 유전자가 나타내는 큰 효과는 발견되지 않았다.[58] 후보 유전자가 존재하는 것이 사실이라면 아픈 엄지손가락처럼 두드러지게 눈에 띄었을 것이다. 높은 통계적 검정력을 가진 새로운 기법인 GWAS를 사용한 연구가 내린 결론은, 몇 가지 매우 희귀한 예외를 제외하고는, 인간의 복잡한 특징에는 일반적으로 수천 개의 유전자 변형이 관련돼 있고 개별 유전자 변형은 아주 미미한 효과만을 보일 뿐이라는 것이다.[59] 단일 유전자가 큰 효과를 나타낸다는 증거는 어디에서도 찾아볼 수 없었다. 이전에 행해졌던 모든 후보 유전자 연구 결과와는 완전히 상반된 결론이 내려진 것이다. 그 이후로 높은 통계적 검정력을 이용해 후보 유전자 연구를 재현하려는 노력들이 뒤따랐고, 결론적으로 IQ 검사 점수, 우울증, 조현병과 후보 유전자가 관련 있다는 연구 결과는 완벽하게 무효라는 결론에 도달했다.[60]

이 모든 결론을 알고 있는 상태에서 다시 한번 과거의 후보 유전자 논문들을 읽어보면 매우 비현실적 느낌을 받는다. 지금은 우리가 완전히 거짓이라고 알고 있는 기초 위에 세부적이고 촘촘한 연구를 통해 마치 거대한 건물을 세운 것과 같은 느낌이다. 스콧 알렉산더Scott Alexander는 '슬레이트 스타 코덱스Slate Star Codex'라는 제목의 블로그에서 다음과 같이 말했다. "이것은 단순히 동방에서 돌아와 그곳에 유니콘이 있었다고 주장하는 탐험가의 이야기가 아니다. 유니콘의 생애 주기, 유니콘이 먹는 음식, 다양한 모든 유니콘 변종, 유니콘 고기는 어느 부분이 가장 맛있는지, 그리고 유니콘과 빅풋 간에 벌어진 레슬링 시합에서 주먹 하나하나가 오고 가는 것까지 상세하게 설명하는 탐험가에 대한 이야기인 것이다."[61]

이 모든 유감스러운 이야기는 낮은 통계적 검정력이 가지는 위험성을 보여주는 교과서적인 사례다. 초기 후보 유전자 연구의 경우 표본 크기가 작았기 때문에 오직 큰 효과만 볼 수 있었다. 따라서 후보 유전자 연구는 큰 효과를 보인 결과만을 보고했다. 다시 돌아보면 연구자들이 발견했다고 생각했던 큰 효과들은 극단적인 특이치와 표본 샘플링 오류가 만들어낸 비정상적인 결과들이었을 뿐이다. 후속 연구들에서도 당연히 큰 효과를 관찰할 것으로 예상했기 때문에 표본 크기는 계속해서 비교적 작게 유지됐다. 이런 식으로 우연히 얻은 결과들을 바탕으로 논문들이 발표됐고, 일련의 잘못된 발견들이 계속 쌓여 결국 이 분야의 주류 혹은 표준으로 여겨지는 학문이 된 것이다.

분명히 결과가 무효인 논문들도 있었고, 일부 메타 분석가들은 이들 연구의 낮은 통계적 검정력에 대해 경고하기도 했었다.[62] 그러나 대부분의 후보 유전자 연구자들은 이에 개의치 않고 계속해서 연구를 이어갔다. 만약 이 유전학자들이 자신들 분야의 역사에 대해 조금이라도 알았더라면, 큰 효과를 나타낸다고 한 후보 유전자 이론에 대해 의심을 품었을 것이다.

이미 1918년에 p-값과 '통계적 유의미성'의 개념을 대중화시킨 통계학자 로널드 피셔는 인간의 복잡한 특징들은 수천 개의 작은 효과를 나타내는 유전자가 관련된 엄청나게 다유전적인 현상임이 틀림없다고 주장했기 때문이다.[63]

유전학자들에게 다행스러운 것은 기술 발전으로 인해 유전자 형질 분석에 소요되는 비용이 낮아지면서 후보 유전자라는 이론이 적절한 통계적 검정력을 가진 GWAS에 의해 검증될 수 있었다는 점이다. 자신들이 올바른 길을 가고 있는지에 대해 의심의 여지없이 확인할 수 있게 된 것이다. 확인 결과 자신들이 잘못된 길로 가고 있음이 밝혀졌다. 그 후 대규모 표본을 사용하는 것으로 연구 방법이 바뀌었다. 그런데도 여전히 몇몇 연구들은 후보 유전자에 대한 믿음을 보여주고 있다. 하지만 이제는 이런 종류의 연구는 거의 사라졌다고 보면 된다.[64] 반면, 얼마나 많은 과학 분야가 아직 이런 궁극의 테스트를 경험해보지 못하고 있는지에 대해 생각해보라. 아직도 많은 과학 문헌들이 믿기 어려울 정도로 큰 효과를 발견했던 작은 표본 크기의 연구 결과들에 바탕을 두고 있다. 따라서 이런 논문들은 후보 유전자 연구만큼이나 잘못된 결론과 허상으로 가득 차 있을 수 있다.

과학의 역할에 관한 고찰

통계적 검정력이 낮은 연구를 하는 연구자들을 부주의하거나 무능하다고 딱지 붙이는 것이 과연 옳은 일일까? 예를 들어 신경과학자들은 현실적으로 연구 비용이 너무 비싸기 때문이라 답할 수도 있을 것이다. 실험용 동물을 구입하고 그것을 유지하기 위해 높은 비용을 지불하고 MRI 뇌 스캐너 같은 엄청나게 비싼 장비들을 사용해야 하기 때문이다. 그런 모든 경비 때문에 그들로서는 작은 표본 크기의 연구밖에 할 수 없게 된다. 설상가상으로 많은 연구들이 박사 과정에 있는 학생들과 박사 후 과정 연구원들에 의해 이루어지는데 그들에게는 연구 자금이 그리 많지 않다. 내가 과학 세미나에서 낮은 통계적 검정력에 대해 언급하면 종종 이런 종류의 반응들이 나온다. "우리 학생들이 취업 시장에서 경쟁력을 갖추기 위해서는 논문을 발표해야 하는데 그들에게는 대규모 연구를 할 자금이 없습니다. 그들은 어떻게든 자신들이 가진 연구 자금으로 견뎌내야 합니다." 이것은 선의의 과학자들이 결국 그들의 연구를 비과학적으로 만들 수밖에 없는 타협안을 받아들이도록 구조적으로 장려하고 있다는 말이나 마찬가지다. 혹자는 그런 상황하에서 타협안을 받아들이도록 강요받고 있다고도 주장할 수 있다.

통계적 검정력이 낮은 연구를 할 수밖에 없는 현실적 이유가 있다고 해서 그것 자체를 정당화하지는 못한다. 우리는 이 책의 뒷부분에서 부주의의 책임이 누구에게 있느냐에 대한 문제에 대해 다룰 것이다. 그러나 지금으로서는 이렇게 낮은 통계적 검정력의 연구를 집단적으로 허용한 것은 과학의 태생적 책임 중 하나를 지키는 데 과학계가 태만했거나 심지어는 이것을 위반한 것이라는 점을 인정해야 한다. 낮은 통계적 검정력의 연구들은 잘못된 결론에 도달하기 쉽다. 따라서 어떤 의미에서는 적극적으로 우리의 지식 체계를 훼손시키고 있는 것과 마찬가지다. 이런 연구들은 처음부터 시작하지 않는 편이 낫다. 낮은 통계적 검정력을 가지고 있음을 알면서도 연구를 진행하는 과학자들은 물론이고 이런 소규모의 연구들을 저널에 게재하는 데 협력하고 있는 동료 평가자와 편집자들은 과학 문헌 전체에 미세한 독을 주입함으로써 점차 과학적 증거들을 약화시키고 있는 셈이다. 통계적 검정력이 낮은 동물 연구의 경우 연구 결과가 제기된 과

학적 질문에 대답할 희망이 없다면 그 모든 생명들을 '안락사'시키는 것을 정당화하기는 어렵다.[65]

대중을 대상으로 한 설문 조사의 결과를 보면 일반적으로 과학자들은 매우 유능한 사람으로 인식되고 있다.[66] 이 장에서 다루었던 여러 오류에 있어서 가장 실망스러운 점은 대다수의 과학자들이 이런 오류를 방지하는 방법에 대해 이미 너무나 잘 알고 있다는 것이다. 그들은 오탈자와 다른 실수를 철저히 확인하는 법을 알고 있으며, 무작위화와 블라인딩의 중요성에 대해서도 알고 있다. 또한, 셀 라인의 오염이 종양학과 같은 분야에서 심각한 문제가 된다는 사실을 이미 1950년대 이후부터 알고 있었다. 심지어 그들은 학부 통계 강의를 통해서 효과 크기가 작은 경우 통계적 검정력이 특히 중요한 고려사항이라는 점도 잘 알고 있다. 표본 크기가 작을 경우 대부분의 과학적인 질문들에 의미 있는 대답을 제공하지 못하기 때문이다.

그런데도 이런 종류의 명백한 오류를 가진 논문이 규칙적으로 과학 문헌에 나타난다는 것은 명백하게 과학자, 동료 평가자, 편집자들이 태만함을 의미한다. 편향과 마찬가지로 우리는 모든 실수를 피할 수는 없다. 복잡한 인간 활동에서 때때로 나타나는 오류나 다른 실수들은 불가피한 측면이 있다. 그러나 과학이 가진 특유의 사회적 위치를 고려할 때 그에 따른 후유증은 너무 크다. 불확실한 진실을 밝혀주고 분쟁을 중재하며 객관성을 향한 표지판 역할을 해야 하는 것이 과학이기 때문이다. 사회는 과학의 역할을 대단히 심각하게 받아들이고 있다. 과학자들은 지금보다 훨씬 더 높은 기준을 고수함으로써 사회적 기대에 보답할 필요가 있다.

과학자들이 누구보다 이런 사실에 대해 더 잘 알고 있고, 조직적 회의주의가 존재 이유인 공동체에서 일하고 있는데도 충분히 피할 수 있는 실수들에 둘러싸여 있는 역설적 현실을 어떻게 설명할 수 있을까? 종종 숫자와 데이터에 대해 매우 신중하고 양심적인 것으로 정형화돼 그려지고 있는 과학자들이 마치 눈을 감고 있는 것처럼 보이는 사례가 수없이 발견되는 것은 왜일까? 이에 대해 제3부에서 살펴볼 것이다. 하지만 그 전에 진단해야 할 과학적 문제가 하나 더 있다. 과학자들은 데이터를 뛰어넘는 논리의 비약에 대해 저항하고, 연구로부터 어떤 결론을 내리고 세상을 향해 어떤 메시지를 낼 때 겸손하고 신중하며 양심적으로 행동해야 한다. 그리고 사람들은 과학계가 다른 어떤 분야보다 더 조심스러운 분위기일 것이라고 기대할 것이다. 하지만 현실은 불행하게도 그렇지 않다.

제6장:
과장 –
그들의 언어를 알면 진실이 보인다

다음에 나오는 외계인과의 만남 이야기는 사실이다. 그런데 사실이란 말은 거짓이다. 다 거짓말이다. 하지만 그 이야기는 재미있는 거짓말이다. 그러면 결국, 그게 진실이 아닌가? 대답은 '아니요'이다.

_〈심슨〉 중에서 레너드 니모이의 대사

2010년 〈사이언스〉는 NASA 연구원들의 논문을 한 편 게재했다. 그 논문은 캘리포니아의 모노 레이크에 살고 있는 미스터리한 박테리아에 대한 연구였다.[1] 모노 레이크, 즉 모노호는 이상한 곳이다. 물은 강알칼리성이고 바다보다 약 3배 정도 짜다. 수면 위로 불규칙하고 석순 같은 석회암 탑이 솟아오른 모양은 흡사 공상과학 영화의 세트장 같은 느낌이다.[2] 이 호수는 세상에서 가장 이색적인 생물들을 조사하고 다른 행성에서 일어나는 생명체의 화학 작용에 대해 알아보려는 과학자들에게는 매우 적절한 연구 장소다.

미생물학자 펠리사 울프-사이먼Felisa Wolfe-Simon이 주도한 이 연구는, 박테리아가 호수의 극한 환경에 적응하는 과정에서 두 가지 특이한 일이 발생했음을 밝혀냈다. 첫째, 모든 형태의 생명체에 필수적 원소 중 하나라고 알려진 인이 거의 없는 환경에서도 박테리아가 자라고 번식한다는 점이다. 두 번째로 매우 놀라운 사실이 발견됐다. 울프-사이먼이 GFAJ-1이라고 이름 붙인 박테리아는 자신들의 DNA를 바꾸어 인을 모노호에 풍부한 원소인 비소로 대체함으로써 척박한 환경에서 번식할 수 있었다는 것이다.

일반적으로 비소는 독성을 가진 것으로 잘 알려져 있기 때문에 이런 연구 결과는 특히 더 놀라운 것으로 받아들여졌다. 지금까지 DNA 분자 내의 인을 다른 원소가 대체한 것으로 밝혀진 적이 없었던 점은 물론이고, 특히 그렇게 높은 농도에서는 비소가 매우 유독한 원소이기 때문이다. 하지만 GFAJ-1의 경우만은 예외인 듯했다. 비소가 그 반대의 역할을 하며 박테리아의 생명을 유지시켜주는 것처럼 보였기 때문이다.[3] 만약 이런 결과가 사실인 것으로 밝혀진다면, 'Give Felisa a Job'의 첫 글자로부터 따온 GFAJ라는 박테리아는 그녀에게 단순히 일자리를 제공하는 것보다 훨씬 더 큰일을 하게 되는 것이다.[4] 생명에 대한 우리의 근본적 사고방식을 송두리째 바꾸기에 충분하기 때문이다. 울프-사이먼은 이 발견의 의미를 이미 알고 있는 것처럼 보였다. 연구 결과를 발표하는 기자회견장에서 그녀는 이 발견으로 인해 "우주에 존재할 수 있는 생명체에서 어떤 것이 가능할지에 대해 다시 생각할 수 있는 세계로 가는 문을 열게 됐다"라고 이야기했다.[5]

그렇다면 지금까지 배우던 교과서를 찢어버려야 할 시간이 온 것일까? 그렇게 서두르지는 말라. 처음부터 이 '비소 생명체' 결과에 대해 많은 연구원들은 회의적이었다.[6] 브리티시컬럼비아대학교의 미생물학자 로즈메리 레드필드Rosemary Redfield는 이 연구의 문제점들을 지적하며 자신의 블로그에 상세하게 그에 대해 비판하는 글을 올렸다.[7] 울프-사이먼의 반응은 단순했다. 그냥 무시하는 것이었다. "우리는 이런 종류의 논쟁에는 참여하지 않을 것입니다." 그녀가 한 기자에게 말했다. "연구 결과에 대한 어떤 종류의 비판도 우리 논문이 통과했던 것과 같은 정도의 동료 평가가 필요할 것입니다."[8] NASA가 해당 논문을 발표한 목적이 대중들의 폭넓은 관심을 끌기 위한 것이었다는 점을 감안할 때, 그녀의 이런 반응은 좀 의외였다. 불과 며칠 전 그들은 전 세계적으로 화제가 된 기자 회견장에서 그녀의 새로운 발견이 "외계 생명체의 증거를 찾는 데 큰 영향을 줄 것이다"라고 말했었기 때문이다.[9] 그 기자회견 후 엄청난 추측들이 난무했다. 많은 구독자를 보유한 한 블로그에서는 NASA가 토성의 가장 큰 위성인 타이탄에서 이미 생명체의 흔적을 찾았을지도 모른다고 추측했다.[10] 그리고 연구 결과 자체로 볼 때는 그다지 흥미로운 내용은 아니었지만, NASA는 뒤에 무엇인가 더 있는 듯한 표현을 사용하며 한껏 결과를 포장해 내놓았다. NASA의 한 고위 책임자는 논문이 발표된 직후 들떠서 다음과 같이 말했다. "이 발견으로 이제 막 생명에 대한 정의가 확장됐다. 우리가 태양계에서 생명체의 흔적을 찾기 위해 노력할 때, 우리는 생명이란 것에 대해 잘 모른다고 생각하고 다시 연구해야 할 것이다."[11]

연구 결과가 발표되고 얼마 지나지 않아 울프-사이먼이 바라던 바대로 이 연구 결과에 대한 토론은 학술지로 옮겨졌다. 저널에서 자신들이 이전에 게재한 논문을 강하게 비판하는 반대 논문을 싣는 것은 매우 드문 일이다. 따라서, 이 사례는 과학적 검증 과정이 제대로 작동한 사례라고 할 수 있겠다. 〈사이언스〉에서는 울프-사이먼 연구에 대한 '기술적 논평'을 8편 이상 게재했으며, 여기에는 레드필드의 비판적 논문뿐만 아니라 울프 사이먼과 그녀의 동료들이 쓴 방어 논문들도 포함돼 있다.[12] 레드필드와 그녀의 동료들은 비소-박테리아 주장에 대한 검증 실험을 진행했다.[13] 울프-사이먼이 발견했다고 발표한 주요 내용 중 하나는 박테리아가 인과 비소가 모두 없는 환경에서는 증식하지 않았으나, 비소가 공급되는 환경에서는 증식을 시작했다는 것이었다. 레드필드와 동료들은 실험실에서 이런 현상을 재현하려고 시도했지만 결국 실패했다. 그들이 발견한 것은 GFAJ-1 박테리아는 인이 공급되지 않는 한 자라지 않는다는 것이었다. 그리고 GFAJ-1 박테리아들을 물에 씻어내자 극소량의 비소만이 남는 것을 발견했다. 진부하게 들릴지 모르지만 이것이 의미하는 것은 이 모든 해프닝이 가장 단순한 이유 때문에 일어났을 수도 있다는 것이었다. 그것은 바로 '오염'이다. 울프-사이먼이 박테리아에 공급한 비소에 박테리아가 성장할 수 있을 만큼 충분한 인이 오염돼 있었을 수도 있다고 추론할 수 있다. 또는 반대로 그녀가 연구실에서 만든 모노호와 비슷한 환경에서 나온 비소로 인해 DNA 샘플이 오염됐을 수도 있다. 스위스연방 공과대학교에서 실시한 재현 실험 역시 레드필드 팀과 거의 비슷한 결과를 얻었다. 이로써 비소 생명체 주장은 그 수명을 다하게 됐다.[14] 다행히도 생명체는 우리가 알고 있는 것과 크게 다르지 않았던 것이다.

비소-생명체와 관련된 이 사건에는 우리가 기념해야 할 것들이 많다. 우선 이런 종류의 파격적 주장이 과학계에 의해 즉시 혹독한 테스트를 받았던 점은 칭찬해 마지않아야 할 일이다. 이런 식으로 우리가 잘못된 의견을 가졌을 때 이를 바꾸게 하는 것이 정확히 과학이 해야 할 일인 것이다. 이 사건은 많은 면에서 그런 검증 과정이 제대로 작동된 교과서적인 사례였다. 그러나 개인적으로 울프-사이먼에게 그 후유증은 가혹했다. 울프-사이먼은 비소-생명체 사건 이후 단 한 편의 논문만을 발표했다. 그 이후에는 연구에서 떠나 교직으로 자리를 옮겼다. 한편 세계에서 가장 잘 알려진 과학 전문 기관으로서의 경외심과 존경을 동시에 받았던 NASA는 이 사건으로 인해 신뢰성에 심각한 타격을 입었다. 문제는 그들이 연구 결과를 지나치게 과장했고, 이 사건에 대해 연구자들에게 지나치게 방어적으로 대응하도록 한 것이다. 궁극적으로 이 사건은 그들이 과거에 발표했던 모든 과학적 결과물들의 가치에 대해 의문을 가지도록 했다는 점에서 그 후유증이 치명적이었다.

아마 그럴 가능성이 농후하지만, 우리는 NASA가 그러한 불충분한 연구 결과를 과장하는 것이 좋은 생각이라고 진심으로 생각했을 가능성도 무시해서는 안 된다. 가장 유력한 이유로는 NASA가 겪고 있던 재정적 압박을 들 수 있겠다. 모든 과학 기구들은 후원자들에게 그들이 가치 있는 일을 하고 있다는 확신을 주기 위해 열심히 노력하고 있다. NASA의 경우에는 그 대상이 미국 정부가 된다. 비소-생명체 연구에 대한 분석 논문에서도 지적됐듯이 NASA로서는 '지속적으로 자신들이 의미 있는 연구를 하고 있다는 이미지를 보여줄 필요가 있었던 것이다'.[15] 이런 종류의 조급함이 극단으로 치달을 때 이렇게 과장된 기자회견으로 이어질 수 있다는 것을 알 수 있다.

물론, 이런 점에서 과학자들도 같은 종류의 압박에 시달리고 있다. 연구를 수행하기 위해서는 외부에서 지원되는 연구 자금에 의존할 수밖에 없는 구조이기 때문이다. 그리고 그들은 우리의 현재 지식에 아주 작은 조각만 더하게 되는 지루하고 고달픈 연구보다는 화려하고 과시적인 발견을 선호하는 과학계에서 일하고 있다. 다음 장에서는 우리가 이 책에서 마주쳤던 과학적 문제들을 이해하는 데 이러한 설명이 어떻게 도움이 되는지 알아보겠다. 우선 우리는 과학자들이 자신들의 연구를 과장하는 다양한 방법들에 대해 살펴볼 것이다. 이 장에서는 대중 언론이 과학자들의 연구를 잘못 전달하기보다는 과학자들 스스로 과장된 정보를 제공하는 경우가 훨씬 많다는 점을 강조할 것이다. 그들이 연구 결과 중 하나를 과장해 잘못 전달할 때마다 과학에 대한 대중들의 집단적 신뢰는 그만큼 훼손되게 된다. 그리고 때때로 과장이 극에 달했을 때는 연구 분야 전체의 신뢰가 무너질 가능성이 있다.

과장 보도 자료

비소-생명체 이야기의 중심에는 NASA의 대 언론 보도 자료가 있다. 많은 사람들은 해당 보도 자료가 NASA의 언론 담당자와 홍보 담당자에 의해서만 작성된 것이 아니라는 사실을 모른다. 사실 보도 자료 작성에는 과학자들이 매우 깊이 관여돼 있다. 실제로 전체 기자 회견문의 초안을 과학자들이 직접 작성하기도 한다. 이런 의미에서 정직한 연구자가 자신의 일에 묵묵히 정진하고 있는데 언론이 갑자기 그의 연구 결과 중 하나를 찾아서 과도하게 부풀린다는 식의 시나리오는 전혀 상식적이지 않다.[16]

보통 세상을 흔들 만한 연구 결과를 언론에서 보도한 다음 나중에 이것이 틀린 것으로 판명 나는 일이 되풀이되는 식으로 문제가 발생한다고 생각하기 쉽다. 그보다는 아무 문제없는 과학 논문을 찾은 다음 그 결과를 과장하고 부풀림으로써 그 논문이 엄청나게 중요하고 획기적이면서 사람들의 삶에 큰 영향을 줄 수 있는 것처럼 보이게 만드는 보도 행태에 문제가 있다고 봐야 한다. 카디프대학교의 연구원들이 주도한 2014년 연구에서는 건강 관련 연구에 관한 수백 개의 언론 보도 자료를 조사했다. 이 연구는 언론 보도에서 언급하고 있는 실제 연구와 최종적으로 언론이 만들어낸 뉴스 내용을 서로 비교했다.[17] 그 결과 언론에 배포된 보도 자료에는 일반적으로 세 가지 종류의 과장 사례가 포함돼 있다는 것을 발견했다.

첫 번째는 근거 없는 부적절한 조언이었다. 언론 배포 자료에는 사람들이 어떻게 자신들의 행동을 변화시켜야 하는지에 대한 권고 사항이 들어 있다. 예를 들면 특정한 종류의 운동을 권장하는 식이다. 이는 연구 결과가 뒷받침할 수 있는 것보다 더 단순하고 직접적으로 사람들의 행동에 개입한다. 조사된 보도 자료의 40퍼센트에서 이런 유형의 사례가 발견됐다.

두 번째 사례는 이종 생물 간의 논리 비약이었다. 앞에서 봤듯이 많은 임상 전 의학 연구는 쥐를 포함한 여러 동물들을 대상으로 이루어진다. 이런 관행은 흔히 전사 연구translational research 또는 동물 모델링이라고 알려져 있다.[18] 이 개념은 동물 '모델'을 통해 뇌나 내장, 심장 작용 원리에 대한 연구를 할 수 있고, 많은 노력을 거치면 이 연구 결과를 인간에게 전사할 수 있다는 아이디어다. 이런 과정을 통해 인간에게 적용할 수 있는 더 발전된 치료법을 찾아낼 수 있다는 것이 기본적인 생각이다. 그러나 쥐에서 발견한 것을 인간까지 연결시키려면 많은 단계를 거쳐야 한다. 이것은 실험실에서 배양된 세포나 컴퓨터 시뮬레이션의 경우에도 마찬가지다. 이를 위해서는 개발, 검증, 테스트로 이어지는 전체 연구 사이클이 먼저 진행되어야 한다. 이것은 수십 년이 걸릴 수도 있는 고된 과정이다.[19] 게다가 쥐에서 얻은 결과의 약 90퍼센트 정도는 결국 인간에게 적용되지 않고 사라지게 된다.[20]

물론 동물을 사용해 연구하는 과학자들이라면 이런 사실을 잘 알고 있다. 그런데도 카디프 팀의 연구는 과학자들이 보도 자료에서 초기 단계의 동물 연구 결과가 마치 인간에게 중요한 의미가 있음을 암시하거나 심지어 드러내놓고 과장된 주장을 하고 있음을 발견했다. 36퍼센트의 보도 자료에서 이런 일이 벌어지고 있었다. 건강 연구에 관한 뉴스들은 그들이 다루고 있는 연구가 인간을 대상으로 이루어지지 않았다는 사실을 기사의 여덟 번째나 아홉 번째 단락 어딘가에 슬쩍 끼워 넣는 식으로 보도하고 있다. 정신생리학자인 제임스 헤더스는 재미있는 트위터 계정을 만들었다. 이 계정은 오해의 소지가 있는 동물 연구 결과들만 리트윗하기 위해 만든 것이다. 예를 들어 트위터에 실린 뉴스에는 '과학자들이 정크 푸드를 찾지 않도록 하는 예방 주사를 개발했다'라든지 '당근에 함유된 성분이 알츠하이머 같은 증상을 호전시킬 수 있다'와 같은 헤드라인이 붙어 있다. 하지만 이런 뉴스의 제목 뒤에는 단순하지만 분명하게 다음과 같은 첨언이 붙어 있다. '… 생쥐에게서'.[21]

카디프 팀이 발견한 세 번째 종류의 과장은 아마도 가장 당황스러운 사례일 것이다. 과학자들은 물론이고 모든 사람이 상관관계의 존재가 곧 인과관계로 이어지는 것은 아니라는 사실을 잘 알고 있다.[22] 이 기본적인 개념은 모든 기초 통계 수업에서 가르치고 있으며 과학, 교육, 경제 등의 분야에서 벌어지고 있는 대중적 토론의 영원한 주제이기도 하다. 예를 들어 실험을 무작위화하는 식의 과정 없이 단순 수집된 관찰 데이터를 분석하는 것은 일반적으로 두 요인들 사이의 상관관계만을 살펴보는 것이다. 예를 들어 아이들이 나이를 먹을수록 어휘가 늘어나는 것을 관찰해 데이터를 만드는 식이다. 상관관계 패턴의 정확한 그림을 그리는 것은 세상의 사물이 서로 어떻게 연관돼 있는지에 대해 배우고, 뇌나 사회와 같은 복잡한 시스템을 이해하는 데 있어 필수적인 과정이다. 그러나 상관관계를 해석할 때는 극도로 신중해야 한다. 만약 우리가 커피를 더 많이 마시는 것과 더 높은 IQ를 갖는 것이 서로 연관성이 있다는 것을 발견한다고 해도, 단순히 '커피가 IQ를 높인다'라고 결론 내릴 수는 없기 때문이다.[23] 원인과 결과의 화살표는 쉽게 반대 방향을 가리킬 수도 있다. 즉, 여러분이 똑똑하기 때문에 더 많은 커피를 마실 수도 있다. 혹은 제3의 요인이 개입할 수도 있다. 예를 들면 더 풍요로운 사회 경제적 계층 출신들의 경우 건강 상태가 양호하고 IQ도 더 높을 수 있다. 그리고 단지 당신이 속한 사회 계층에서 커피가 유행하고 있는 것이기 때문에 더 많이 마실 수도 있다. 따라서 커피를 많이 마시고 IQ가 높은 것의 원인이 사실은 여러분이 속한 사회 계층일 수 있는 것이다.[24] 지금 이야기하고 있는 논점은 의문의 여지없이 분명하고 현실에서 잘 증명되고 있는 개념이다. 하지만 카디프가 조사했던 보도 자료의 33퍼센트는 그들이 관찰한 단순 상관관계가 마치 원인과 결과를 밝힐 수 있도록 무작위화 과정을 거친 의도된 실험으로 얻은 것처럼 보이게 만들었다.[25]

과장된 언론 배포 자료는 곧장 과장된 뉴스로 이어진다. 카디프 연구진에 따르면 언론에 배포된 보도 자료에 과장된 주장이 포함될 경우 언론에서도 유사한 정도의 과장 보도를 하는 것으로 나타났다. 이러한 경향은 조언을 하는 주장의 경우 6.5배, 인과관계 주장을 하는 경우 20배, 동물 연구의 내용을 인간에 적용하는 주장의 경우에는 무려 56배나 높은 것으로 파악됐다. 반면 배포된 보도 자료가 신중한 주장을 하는 경우 언론이 이것을 과장 보도하는 경우는 많지 않았다. 이 연구는 단순 상관관계에 관한 분석이었지만, 2019년 카디프 팀은 무작위화 실험을 실시했다.[26] 그들은 대학 신문의 편집국들과 협력해 무작위로 선택된 보도 자료를 수정한 다음 확인되지 않은 인과관계를 추가했다. 그런 다음 이 보도 자료를 철저히 과학적 증거에 기반한 보도 자료와 비교했다. 그 결과 실제 보도된 내용은 배포됐던 보도 자료와 과장 정도가 유사함을 발견했다. 즉, 과장된 보도 자료가 과장된 신문 기사로 이어진 것이었다. 2019년에는 또 다른 실험이 실시됐다. 실험 결과 과장된 건강 뉴스들은 어떤 치료법이 실제로 효과가 있다고 독자들이 믿게 만든다는 것으로 밝혀졌다.[27]

취재를 하기보다는 시간에 쫓겨 보도 자료나 발췌 기사를 근거로 기사를 찍어내듯이 대량 생산하는 보도 방식을 '처널리즘churnalism'이라고 한다. 이런 처널리즘의 시대에 시간에 쫓기는 기자들은 배포된 보도 자료의 내용을 단순히 베껴서 기사로 낼 수밖에 없다. 따라서, 과학 뉴스의 경우 사실상 보도 자료와 동일한 단어로 표현되는 경우가 많다. 이 경우 과학자들이 엄청난 힘을 가지게 된다. 하지만 그에 따른 책임도 동시에 커진다.[28] 조금 허술하기는 해도 과학계에서 시행되고 있는 동료 평가 제도의 감시와 같은 것이 언론과 관련된 영역에서는 아예 없다. 이로 인해 자신의 연구 결과를 아주 중요하게 생각하는 과학자들의 편향이 전혀 검토를 거치지 않은 채 언론에 모습을 드러내게 된다. 그렇게 일단 보도 자료에 거품이 끼면 그것을 터뜨리기는 매우 어렵다. 2017년 한 연구에 따르면 언론 매체에서 다룬 건강 연구의 약 50퍼센트만이 메타 분석 결과 사실인 것으로 최종 확인됐다. 즉, 보도된 연구의 50퍼센트만이 재현 가능한 것으로 확인된 것이었다. 이런 결과는 그 자체만으로도 충분히 사회적 파장을 일으킬 수 있는 사안이다. 하지만 더 심각한 것은 이러한 메타 분석 결과가 언론에서 다뤄지는 경우는 거의 없다는 사실이다.[29] 그나마 언론에서 다뤄진다고 해도 이미 그로 인해 심각한 피해가 발생한 뒤인 경우가 많다. 조너선 스위프트에게는 미안하지만 그의 표현을 좀 빌려오자면, 과장된 과학은 날아가는데 그에 대한 반박은 절뚝거리며 쫓아오는 식인 것이다.

대중 과학 서적의 함정

언론에 의해 일시적으로 과장된 기사가 퍼지는 것은 우리가 가장 우려스러워하는 상황의 일부일 뿐이다. 과장된 내용이 책으로 만들어질 때 전혀 다른 차원의 심각한 일이 일어난다. 과학자들이 쓴 인기 있는 책이 시대정신zeitgeist을 건드리면 사람들의 머릿속에 오랫동안 남기 때문이다. 일반 독자들에게 복잡한 과학적 결과를 과장되거나 왜곡되지 않는 방식으로 전달할 수 있는 책은 우리 자신과 세계에 대해 생각할 수 있는 새로운 수단을 제공할 수 있다. 물론 이는 이상적으로 작용할 경우다. 하지만 최악의 경우, 과장된 내용의 책은 동료 평가라는 보안관의 감시에서 벗어난 서부 개척 시대의 무법천지와 같은 상황을 만들게 된다.[30] 다시 한번 말하지만 내가 속한 심리학 분야는 대중들에게 매우 인기 있는 분야인 자기 계발과 인생 조언 분야와 아주 밀접하게 관련돼 있기 때문에 잘못될 경우 서부 시대 최악의 범죄자처럼 활개를 칠 가능성이 높아진다.

이런 측면에서 특히 큰 파장을 일으켰던 것이 '성장 마인드growth mindset' 개념이다. 이에 대한 설명에 따르면 두뇌 능력은 평생 동안 고정된 것이 아니고 열심히 노력하면 향상될 수 있다고 한다. 반면 우리가 피해야 하는 마음가짐은 자신의 능력이 개발될 수 있다는 믿음이 없는 '고정 마인드fixed mindset'다. 성장 마인드 개념의 창시자인 스탠퍼드대학교 심리학자 캐럴 드웩은 이 개념을 토대로 수백 편의 과학 논문을 발표했다. 또한 그녀의 책 《마인드셋Mindset》은 엄청난 성공을 거두었다. 그녀는 성장 마인드 개념이 삶을 잠재적으로 변화시킬 수 있다고 사람들을 설득했다. "자신이 채택한 관점에 의해 삶을 이끌어가는 방식이 지대한 영향을 받는다"라고 드웩은 쓰고 있다. "새로운 마인드셋으로 들어가는 것은 새로운 세계로 들어가는 것이다."[31] 그녀는 계속해서 다음과 같이 주장하고 있다. "마인드셋에 대해 이해하게 되면 과학, 예술, 스포츠, 사업 등의 분야에서 위대한 업적을 남긴 사람과 실패한 사람들의 차이가 보일 것이다. 여러분의 친구, 상사, 친구, 아이들을 이해하게 될 것이다. 그리고 여러분과 여러분 자녀들의 잠재력을 어떻게 발휘할 수 있을지 알게 될 것이다."[32]

주로 상징적인 에피소드들로 구성돼 있는 드웩의 책과 성장 마인드라는 아이디어의 성공은 다분히 드웩이 과학자라는 사실에 기인하고 있다. 더구나 그녀는 그냥 평범한 과학자가 아니었다. 그녀가 책의 첫머리에 썼듯이 일류 대학의 세계적 교수로서 과학적인 연구 결과를 세상과 공유하고 있는 과학자다. 드웩의 주장은 교육계로부터 열광적인 반응을 끌어냈다. 2016년 미국 교사들을 대상으로 한 조사에서 57퍼센트의 교사들이 성장 마인드 원리에 대한 교육을 받았고 98퍼센트는 교실에서 성장 마인드를 사용했을 때 학생들의 학습 성과가 향상된다는 데 동의하는 것으로 나타났다. 영국의 학교 수천 곳에서는 자신들의 웹사이트에 성장 마인드 정책을 적용하고 있음을 밝히고 있다.[33]

성장 마인드에 대한 연구는 우리에게 무엇을 말해줄 수 있을까? 2018년 300편 이상의 성장 마인드 관련 논문에 대한 메타 분석 연구가 실시됐다.[34] 메타 분석 연구는 학생들이 성장 마인드를 가지고 있을 때 학교 또는 대학에서의 성적에 어떤 영향을 주는지에 대해 상관관계를 추적했다. 그리고 성장 마인드를 가지도록 유도해 학생들의 성적을 향상시키려는 실험에 대해서도 조사했다. 두 경우 모두 성장 마인드가 실제로도 효과가 있는 것으로 나타났다. 하지만 문제는 그 크기가 생각했던 것보다는 너무 작다는 것에 있었다. 상관성 분석 연구 결과 성장 마인드가 성적 변동에 미치는 기여도는 약 1퍼센트 정도라는 것을 발견했다. 성장 마인드 훈련을 받은 실험군과 그렇지 않은 통제군을 비교한 실험에서 나타난 것은 학생들에게 성장 마인드를 갖도록 유도하려는 노력의 결과가 생각만큼 크지 않았던 것이다. 만약 성장 마인드 훈련이 전혀 효과가 없었다면 이 두 그룹의 학교 성적 분포는 100퍼센트 일치했을 것이다. 하지만 성장 마인드 훈련은 미미하긴 하지만 성적 분포를 약간 이동시키는 효과를 보이고 있었다. 성장 마인드 훈련 후의 성적 분포가 훈련받지 않은 그룹과 비교할 때 96.8퍼센트 동일했기 때문이다.[35] 하지만 이 정도의 차이로는 큰 영향이 있다고 이야기하긴 어렵다.

비록 아주 작은 효과라고 해도 수천 혹은 수백만 명의 학생들에게 시행하고 그 결과를 집단적으로 합친다면 상당한 정도의 긍정적 이익을 거둘 수는 있을 것이다.[36] 하지만 드웩은 성장 마인드 개념을 그런 식으로 설명하지 않았다. 그랬더라면 그토록 수많은 부모와 교사들이 그녀의 책을 사기 위해 몰려들지 않았을 것이다. 대신 그녀는 개별적 효과들을 과장함으로써 자신의 이론이 마치 복음처럼 들리도록 만들었다.[37] 이런 식으로 연구 결과를 과장하는 것은 성장 마인드와 같은 개념이 교사와 정치인들에게 교육을 위한 만병통치약인 것처럼 보이게 만들 위험성이 있다. 이로 인해 아이들이 학교에서 낙제하는 원인이 되는 복잡한 사회적, 경제적 환경과 기타 이유들을 해결하는 데 쓰여야 할 시간과 자원을 엉뚱한 곳에 집중시키는 효과를 낳는다. 과학이 요구하는 지적 겸손에 어긋나는 드웩의 책에 등장하는 과장된 주장과 비교할 때 성장 마인드가 영향을 준 현실은 초라하기 그지없다. 앞 장에서 봤듯이 복잡한 현상들은 수많은 작은 개별 효과들로 이루어져 있다. 과학자들은 아이들의 교육만큼 복잡한 문제에 있어서는 단 하나의 '빠른 해결책'이 있다고 과장 광고하는 것보다는 더 똑똑해야 한다.[38]

드웩에게는 다행스럽게도 《마인드셋》이 출판된 이후 10년이 지난 시점인 2006년에서야 비로소 그녀의 연구에 대한 메타분석이 이뤄졌다. 아마도 그 당시에는 그녀의 연구 결과가 어떤 식으로 증명될지 분명하지 않았기 때문일 것이다. 과학자 출신의 다른 베스트셀러 작가들의 경우 굳이 구차하게 변명하려 하지 않는다. 예일대학교 심리학자 존 바그John Bargh는 우리가 제2장에서 살펴봤던 '노인들을 생각하는 것만으로도 사람들은 더 천천히 걷는다는 프라이밍 연구'의 주 저자였다. 그의 연구는 2012년 더 많은 표본과 더 엄격하게 설계된 실험으로 재현을 시도했으나 실패했다.[39] 그의 연구를 재현하려는 노력이 실패하고, 심리학에 광범위한 재현 위기가 숨어 있다는 것이 드러났는데도 바그는 몇 년 후인 2017년《우리가 모르는 사이에Before You Know It: The Unconscious Reasons We Do What We Do》라는 베스트셀러를 출간했다.[40] 이 책은 인간의 행동에 강력한 영향을 주는 무의식을 다루고 있다. 하지만 해당 분야에 재현성 문제가 있다는 사실에 대해서는 전혀 언급하지 않고 있을 뿐만 아니라 계속해서 표본 크기가 작고 연구 결과도 애매한 사회-심리학 연구를 인용하면서 인간 행동에 관해 깜짝 놀랄 만한 주장들을 펼치고 있다.[41]

이 책의 서론에서 바그는 무의식이 "당신의 미래 직장과 당신이 협상할 수 있는 연봉에까지 영향을 미칠 수 있다"고 쓰고 있다. "모든 것은 당신의 잠재적 고용주가 어떤 음료를 손에 들고 있느냐, 혹은 어떤 의자에 앉아 있느냐에 달려 있다."[42] 이 책에 실린 의자와 관련된 주장의 토대는 54명의 실험 참가자를 대상으로 한 연구다. 연구 결과 어떤 유형의 사람들은 바그 사무실의 화려한 의자에 앉기만 해도 인종차별적 태도를 취하는 경향이 있다는 것을 발견했다. 바그는 화려한 의자가 사람들에게 권력자의 위치를 느끼도록 '프라이밍'하기 때문이고, 책상 반대편에 있던 작은 의자에 앉는 것이 스스로를 작게 느끼도록 만든다고 주장했다.[43] 또한 음료와 관련해서는 41명의 실험 참가자들을 대상으로 한 연구 결과를 근거로 자신의 주장을 제기했다. 이 주장은 후에 더 많은 사람들을 대상으로 한 검증 연구에서는 재현되지 않았다. 그의 주장에 따르면 사람들은 뜨거운 음료를 마신 후에는 상대에게 좀 더 호의적으로 돌아선다고 한다. 흔히 우리가 은유적 표현으로 많이 쓰는 따뜻한 사람이 된다는 것이다.[44] 재현 가능성에 대한 우려는 차치하더라도 두 연구 모두 바그가 이야기했던 '잠재적 고용주'와는 전혀 관련 없는 내용이다. 즉, 바그는 대학생을 대상으로 한 소규모 연구의 결과를 전혀 테스트해본 적도 없는 구직 환경에 과감하게 끌어다 붙여 이야기를 만들어낸 것이다. 제한된 숫자를 대상으로 한 소규모 연구로부터 나온 결과를 과장한 전형적인 사례라고 할 수 있다.

지금까지 이야기한 책들은 저자들이 얄팍한 증거 자료를 과장해서 쓴 것들이다.[45] 반면 책 내용이 관련 과학에 대한 노골적 오해에서 비롯됐다는 비판을 받고도 엄청난 인기를 누린 책이 있다. 2017년 캘리포니아대학교 버클리캠퍼스 교수인 신경과학자 매슈 워커Matthew Walker가 쓴 《우리는 왜 잠을 자야 할까Why We Sleep》라는 책이다. 이 책은 우리가 하루에 8시간은 자야 하고 그렇지 않을 경우 끔찍한 건강 문제나 다른 부작용을 겪게 된다는 주장을 담고 있다.[46] 앞에서 다루었던 다른 책들과 마찬가지로, 이 책은 전 세계적 베스트셀러가 됐다. 또한 워커의 TED 강연인 〈잠이 당신의 슈퍼파워다Sleep is Your Superpower〉는 약 1,000만 회의 조회수를 기록했다.[47] 〈BMJ〉의 전 편집자인 리처드 스미스Richard Smith는 워커의 책이 "당신의 세계관을 바꾸고 사회와 의학을 변화시키는 흔하지 않은 책들 중 하나"라고 평하기도 했다.[48]

하지만 실제로 워커의 주장은 전혀 터무니없는 것이었다. 책의 첫 장에서 그는 "잠이 짧을수록 수명이 짧아진다"라든가 "매일 밤 6~7시간 이하로 자는 것은 면역 체계를 파괴하고 암 위험을 두 배 이상 증가시킨다"라고 주장하고 있다.[49] 그러나 두 주장 모두 과학적 증거와는 거리가 멀었다. 2019년 발표된 한 논문에서 작가이자 연구원인 알렉시 구지Alexey Guzey는 워커가 그렇게 주장할 수 있었던 근거를 추적했다.[50] 그 결과 실제로는 수면 시간과 사망 위험 사이에 U자형 관계가 있다는 것을 발견했다. 매일 밤 8시간 이상 자는 사람들의 수명은 5시간 또는 그 이하로 자는 사람들과 마찬가지로 짧은 것으로 나타났다.[51] 두 번째로, 잠을 적게 자는 경우 면역 체계를 '파괴'함으로써 암 위험을 증가시킨다는 주장 역시 과학적 증거와 일치하지 않았다. 이것은 전형적으로 상관관계 데이터에서 인과관계를 잘못 도출한 예다. 짧은 수면을 취하는 사람들에게 있어 암 발병 위험도의 증가는 기껏해야 약한 정도이며 아마도 존재하지 않을 가능성이 더 높다.[52] 또한 구지는 책 전반에 걸쳐 제기된 많은 다른 주장들도 함께 비판했다. 한 예로 그는 워커가 수면과 부상 위험 사이의 관계 그래프를 일부만 보여주고 있다고 지적했다. 워커가 보여준 그래프에는 하룻밤에 5시간 수면을 취한 사람들이 6시간 수면을 취한 사람보다 부상을 입을 가능성이 더 적다는 데이터는 빠져 있었기 때문이다.[53]

물론 나는 충분히 잠을 자는 것이 중요하지 않다고 말하고자 하는 것은 아니다. 또한 《우리는 왜 잠을 자야 할까》의 다른 부분들이 부정확하다는 것을 말하려는 것도 아니다. 어떻게 과학계에서 일어나는 과장이 자기 계발 분야를 넘어 때때로 재앙적 수준으로 확대될 수 있는지를 보여주려는 것이다. 물론 워커도 과학적 데이터가 보여주는 것에만 근거해서 훨씬 더 신중한 책을 쓸 수 있었을 것이다. 하지만 그랬다면 그 책은 그렇게 많이 팔리거나 '사회와 의학을 바꾼 책'이라는 찬사를 받지는 못했을 것이다. 실제로 사람들은 이 책 때문에 자신들이 충분히 수면을 취하고 있는지에 대해 불필요하게 걱정을 하게 되고, 잠자는 것에 필요 이상의 시간을 낭비하게 될 수 있다. 사실의 정확성 면에서 볼 때 그만큼 많은 잘못된 정보가 그토록 많이 판매된 책에 들어 있다는 사실을 생각하면 나로서는 밤에 잠이 잘 오지 않을 정도다.

어쩌면 내가 핵심을 놓치고 있을 수도 있다. 상업적인 대중 과학 서적이 온갖 비평을 피하기 위해 100퍼센트 엄격한 사실적 정확성을 갖출 필요는 없다. 어쩌면 독자들이 쉽게 과학적 발견을 이해할 수 있도록 단순화시켜 책을 쓰는 것이 과학을 장려하고 사람들의 삶에 도움을 준다는 측면에서는 더 바람직할지도 모르겠다. 그리고 그러한 책들을 쓸 때는 적어도 해당 과학적 결과에 동의하는 사람들이 쓰는 편이 더 낫지 않을까? 하지만 이런 주장에는 약간의 장점도 있겠지만, 결국은 좋지 않은 결과를 불러올 것이라고 생각한다. 좋은 내용을 만들기 위해 사실의 정확성을 희생하는 것은 자칫 잘못하면 밑바닥까지 떨어질 위험을 늘 안고 있기 때문이다. 그것을 용인하기 시작하면 점점 더 부정확하고 엉터리 데이터만 가득한 과학 서적들이 출판될 것이다. 이렇게 출판된 책들은 결국에는 비판의 대상이 되고, 과장된 책에서 추천한 생활 방식의 변화가 책 내용과 맞지 않을 경우 과학은 그 명성에 더 큰 손상을 입을 것이다. 우리가 지금까지 다룬 책들은 모두 스탠퍼드, 예일, 버클리의 교수들이 쓴 책들이다. 이런 최고의 과학자들조차 증거를 과장하는 것에 전혀 거리낌이 없다면, 과연 평범한 과학자들이 증거에 충실할 것이라고 믿을 수 있을까?

또한 대중 과학 서적에서 보여주는 결론의 단순성은 이 책에서 지금까지 살펴봤던 과학의 명백한 진리인 복잡성과도 배치된다. 심지어 최고의 작가들조차도 과학적 진보의 톱니바퀴 사이를 일관성 있게 건너가는 데 어려움을 겪는다. 과학적 연구 결과라는 것이 종종 모순되고 혼란스러우며, 가장 확실한 증거라고 생각했던 것도 때때로 새로운 데이터에 의해 갑자기 뒤집어지기도 하는 것이 현실이기 때문이다. 하지만 일반적으로 대중 과학 서적들은 이렇게 복잡하게 얽혀 있는 과학적 문제들을 알기 쉽게 정리함으로써, 그토록 복잡한 과학적 현상들이 사실은 단순한 하나의 원인과 해결책으로 구성돼 있다는 것을 암시한다. 불행하게도 이것은 존재하지 않는 과학에 대한 환상을 만드는 데 일조하는 것이다.[54] 우리가 다음에 보게 될 사례처럼 대중 과학 서적에 의해 만들어진 잘못된 기대는 과학을 수행하는 방법에도 영향을 미치기 시작한다.

과장으로 넘치는 과학 저널

좋은 소식이야! 과학적 진보가 혁신적으로 이루어지고 있구나! 적어도 과학 저널에서 사용하는 언어들을 액면 그대로 진지하게 받아들인다면 그렇게 결론 지을 수 있을 것이다. 2015년 실시된 한 분석 연구에서는 과학 논문의 요약부Abstract에 매년 얼마나 많은 긍정적 단어들이 등장하는지 도표로 나타냈다.[55] 요약부는 과학 논문에서 과학자들이 독자들의 관심을 끌기 위해 도입부에 배치하는 논문 결과를 요약하는 부분이다. 점점 더 경쟁이 치열해지는 과학계에서, 과학자들은 더욱 열심히 사람들의 관심을 끌 필요가 있다. 1974년부터 시작해 요약부에 특정 단어가 포함되는 비율을 조사한 결과 '혁신적', '유망한', '강건한'이라는 단어의 사용이 기하급수적으로 증가했음을 발견했다. 그리고 '독특한'과 '전례가 없는'이란 단어의 사용이 갈수록 더 흔해졌다. '긍정적'이라는 단어의 사용은 꾸준히 상승했다.[56] '신기원을 이루는'은 이전에는 거의 사용되지 않던 단어였는데 어떤 이유에서인지 1999년부터 급격하게 상승했다. 요약부에서 사용하는 긍정적인 단어는 분석 기간 동안 평균적으로 거의 9배 증가했다. 1974년의 논문들 중 단지 2퍼센트만이 스스로를 칭찬하는 단어들을 요약부에서 사용하고 있었다. 하지만 2014년에는 그 비율이 17.5퍼센트로 늘었다. 이러한 분석을 한 논문의 저자는 "지난 40년 동안 관찰된 긍정적 단어 사용 비율의 상승 추세를 미래에 대입해보면, '혁신적'이라는 단어가 2123년쯤에는 모든 논문의 요약부에 나타날 것으로 예측할 수 있다"라고 씁쓸하게 결론을 내리고 있다.[57]

진정한 과학 혁신이 과장된 언어의 급증과 함께 가속화됐는지는 의심스럽다.[58] 과학자들이 이런 종류의 언어를 더 자주 사용하면 독자들의 흥미를 효과적으로 끌 수 있고, 나아가 유명 저널의 동료 평가자와 편집자들에게 더 쉽게 호소할 수 있기 때문이라고 보는 게 좀 더 합리적인 설명일 것이다. 가장 명망 높은 저널들조차 '큰 잠재적 영향'(〈네이처〉), '각 분야에서 가장 영향력 있는' 그리고 '혁신적이고 광범위하게 중요한 자료'(〈사이언스〉), '특별히 유의미한'(〈셀〉), '예외적으로 중요한'(〈국립과학원회보〉)과 같은 단어가 포함된 논문의 투고를 원한다고 자신들의 웹사이트에 명시적으로 밝히고 있다.[59] 이 목록에서는 실험 과정의 엄격함이나 반복 재현 가능성에 관한 어떤 단어도 포함돼 있지 않다는 사실도 눈에 띈다. 이런 상황에서 세계 최고의 의학 저널인 〈뉴잉글랜드 의학 저널New England Journal of Medicine〉에서 '과학적 정확성, 혁신성, 중요성'의 순서대로 자격을 갖춘 논문을 찾고 있다고 밝힌 사실에 대해 경의를 표하고 싶다.[60]

전문 과학 저널에서 긍정적 표현의 단어들이 급격하게 증가한 것은 과장 관행이 언론 보도 자료와 대중 과학 서적에만 국한된 것이 아니라 과학자들의 논문에까지 스며들었다는 것을 말해주는 증거다. 과학계에서 이루어지고 있는 이런 종류의 과장을 정치에서 차용된 용어인 '스핀spin'이라고도 부른다. 2010년의 한 분석 논문에서는 무효 결과를 보고한(즉, 시험 중인 치료약과 위약 사이에 아무런 차이를 발견하지 못한 시험) 무작위화된 임상 시험 중에서 대표적 표본들을 골라서 논문에 얼마나 많은 스핀이 포함돼 있는지 조사했다. 스핀은 긍정적인 결과가 없다는 것을 독자들이 눈치 채지 못하도록 주의를 분산시킬 목적으로 사용되는 언어를 뜻한다.[61] 임상 시험 결과에서 효과가 없었는데도 해당 논문들의 요약부 중 68퍼센트, 본문 중 61퍼센트가 치료의 이점이 있음을 강조하는 단어들을 포함하고 있었다. 이 중 20퍼센트의 논문은 도입, 연구 방법, 결과 및 토론 섹션에 최소 한 개 이상의 스핀이 들어 있었다. 18퍼센트는 심지어 논문의 제목에도 스핀을 사용하고 있었다.

과학계에서의 스핀은 과학자들이 유의미하지 않은 p-값을 얻었을 경우 교묘한 단어를 사용해 그것을 위장하는 형태를 취하고 있다. 제4장에서 살펴보았듯이 '통계적으로 유의미하다'고 선언하려면 일반적으로는 $p<0.05$라는 조건을 만족해야 한다. 통계학자인 매슈 핸킨스Matthew Hankins는 p-값이 임계점을 만족하지 못했는데도 여전히 자신들의 결과가 유의미하길 바라는 강한 열망이 숨어 있는 실제 문장들을 논문에서 발췌해 수집했다.

- '유의미함에 근접하는 추세' ($p<0.06$)
- '꽤 유의미한' ($p = 0.09$)
- '상당히 유의미한' ($p = 0.065$)
- '통계적 유의미함을 근접하게 비껴간' ($p = 0.0789$)
- '유의미함의 주변에 위치한' ($p = 0.061$)
- '통계적 유의미성의 한계선에 거의 닿아 있는' ($p = 0.051$)
- '완벽하게 유의미성을 가지지는 않지만 매우 그럴 가능성이 있는' ($p > 0.05$)[62]

과학계의 스핀 감시자들은 각기 그들 자신의 분야에서 사용되고 있는 스핀을 찾아내는 연구를 진행해 논문을 발표하고 있다. 산부인과와 생리학 분야에서 발표된 논문 중 15퍼센트는 유의미하지 않은 결과를 마치 치료에 효과가 있는 것처럼 기술하고 있다.[63] 암 예후 테스트 연구들 중 35퍼센트는 유의미하지 않은 결과에 혼란을 주기 위해 스핀을 사용하고 있다.[64] 최고의 저널들에 발표된 비만 치료 논문의 47퍼센트에도 어떤 식으로든 스핀이 사용돼 있다.[65] 항 우울제와 불안 완화제 임상 시험 결과를 보고하는 논문의 83퍼센트는 자신들의 연구가 가진 설계적 한계점에 대해 밝히지 않고 있다.[66] 뇌 이미지 연구 논문을 리뷰한 보고서에서는 상관관계를 인과관계로 포장하는 경향이 "무분별하게 이루어지고 있다"라고 결론 내렸다.[67] 일부 스핀의 경우 조작으로까지 발전되거나 적어도 논문을 총체적 부실 상태로 만들기도 한다. 2009년 한 리뷰에서는 무작위 대조군을 이용한 임상 시험을 했다고 주장한 중국 의학 저널에 발표된 연구 표본 중 7퍼센트만이 실제로 무작위화 과정을 거쳤다고 밝혔다.[68]

우리가 앞에서 다룬 것처럼 메타 분석 연구조차도 안전하지는 않다. 알츠하이머 혈액 검사와 같은 진단 테스트에 대한 메타 분석 결과들을 리뷰한 2017년 논문에서는 메타 분석들의 50퍼센트는 연구 결과가 사소하고 통계적으로 유의미하지 않은 효과를 보고했는데도 긍정적 결론을 내리고 있음을 발견했다. 이 논문은 스핀 때문에 "임상 시험의 성과에 대해 근거 없는 낙관론을 불러일으킬 수 있다"라고 결론 내리고 있다.[69] 자신들의 연구 결과를 과장하려는 과학자들의 욕망이 과학자들에게 신뢰를 가지고 의지하는 사람들을 오도하는 또 다른 사례로 볼 수 있다.[70]

논문에서의 스핀 역시 언론 보도 자료나 책에서 과장된 표현을 쓰는 것과 궁극적으로는 동일한 목적을 가지고 있다. 과학자들도 그들의 연구 결과가 인상적이고 '영향력'이 있음을 강조하고 싶어 한다. 인상적이고 영향력 있는 연구 결과는 결과적으로 연구 자금, 출판, 그리고 연구 결과에 대한 찬사를 끌어오기 때문이다. 문제는 이것이 악순환의 고리를 만든다는 것이다. 연구 결과의 과장은 항상 연구 자금 지원 기관, 출판사, 그리고 대중들에게 뭔가 알기 쉽고 간단명료한 이야기가 있지 않을까 기대하게 만든다. 이러한 경향은 사람들의 흥미를 유지하고 연구 자금을 계속 받기 위해서는 과학자들이 그들의 작업을 더 단순화시키고 근사하게 보이도록 해야 한다는 것을 의미한다. 이런 악순환의 고리로부터 나온 연구 결과들은 실제로도 건강하지 않다.

지금까지 우리는 미디어와 과학 논문의 과장이 어떻게 서로 연결되는지 살펴봤다. 이제는 악순환 고리가 특히 강한 한 과학 분야에 대해 이야기해 보자.

마이크로바이옴의 속사정

어떤 시대이건 대개 최악의 과장이 등장하는 '신흥' 분야가 있다. 보통은 매우 이해하기 쉬운 연구 결과가 먼저 저명한 학술지에 실리고 이것을 언론이 보도하기 시작하면 갑자기 대중의 관심이 쏠리는 과정을 거친다. 이어서 그 분야의 과학자들이 부주의하고 과장된 주장을 하기 시작하면 과장 사이클에 가속이 붙게 된다. 하지만 이후에 연구 결과들이 재현되지 못하면 그때까지 떠들썩했던 소란은 사라지고 다시 정상적인 과학 활동이 재개된다. 현재 극심하게 과장이 성행하는 분야로는 줄기세포, 유전학, 후생유전자, 기계학습, 뇌영상 등이 있다. 그중 지난 몇 년 동안 '최고 과장' 상을 받을 만큼 강력한 후보자는 우리 몸에 살고 있는 수많은 미생물인 마이크로바이옴microbiome에 대한 연구였다.[71]

이런 과장 덕분에 마이크로바이옴은 수많은 제품과 치료제 개발의 표적이 됐다. 소위 '프로바이오틱스probiotics'라고 불리는, 여러분의 장에 있는 '좋은 박테리아'를 보충하는 음료나 알약이 수십억 달러 규모의 산업이 됐다.[72] '대변 이식'이라고 알려진 치료법에 대한 관심도 높아졌다.[73] 다양한 미생물로 가득 찬 건강한 기증자의 대변 표본이 환자에게로 옮겨지는 치료법이다. 이 치료법은 대장내시경을 통해서 이루어지기도 하지만 때때로 삼킬 수 있는 캡슐을 사용하기도 한다.[74] 처음에는 그런 발상이 불쾌하고 말도 안 된다고 생각할 수도 있지만, 적어도 클로스트리듐 난형Clostridium difficile 박테리아에 의한 재발성 장감염의 경우에는 대변 이식 치료가 효과 있다는 확실한 증거들이 있다. 항생제가 클로스트리듐 난형 박테리아는 물리치지 못하고 치료 과정에서 좋은 박테리아만 모두 제거해버리는 심각한 상황에서는, 대변 이식술을 통해 대장 환경이 훨씬 더 좋은 사람의 장내 미생물을 대량으로 얻을 수 있도록 해 환자가 나쁜 박테리아와의 싸움에서 이길 수 있도록 도와줘야 한다.[75]

그러나 우리는 마이크로바이옴이 대장과 명확한 연관성이 없는 질병과 건강 상태의 원인이라고 지목될 때를 특히 경계해야 한다. 여기에서부터 현실과 주장이 확실하게 다른 길로 가기 시작한다. 여러 과학 문헌을 읽어보면 마이크로바이옴이 주목할 만한 일련의 정신적, 육체적 문제의 원인이자 해결책이라는 인상을 받을 수 있다. 예를 들어 마이크로바이옴과 우울증, 불안, 조현병 사이의 연관성을 주장하는 연구 결과가 등장했으며, 대변 이식이 심장병, 비만, 암, 알츠하이머병, 파킨슨병, 자폐증 등의 새로운 치료 방법으로 제안되기도 한다.[76] 이런 주장들의 근거는 마이크로바이옴의 다양한 활동과 발효 과정에서 생산되는 해로운 화학 물질이 대장을 벗어나 몸 전체로 이동하면서 여러 문제를 일으킨다는 것이다.[77]

이러한 주장들이 내세우는 증거들의 수준은 보통 형편없다. 특히 자폐증의 경우 실험 데이터와 과장된 주장 사이의 격차가 크다.[78] 2019년, 세계적 과학 저널인 〈셀〉에 게재된 한 논문은 자폐증 진단을 받은 어린이와 그렇지 않은 어린이 16명에게서 대변 표본을 채취해 쥐에 이식한 실험 결과를 보고했다.[79] 이 실험에서는 대변 이식을 받은 쥐들을 세균이 없는 상태에서 번식시켰다. 이럴 경우 새끼들은 평생 동안 인간에게서 이식 받은 미생물의 영향만을 받게 된다. 자폐증은 발달장애이므로 태어나면서부터 미생물에 의한 영향이 효과를 발휘할 것이다. 새끼 쥐들은 자폐증 설치류에서 나타나는 행동을 감별하기 위한 테스트에서 대장이 자폐증 기증자의 미생물에 의해 점령됐는지 혹은 비 자폐증 기증자의 미생물에 의해 점령됐는지에 따라 다르게 행동한다고 보고됐다. 예를 들어 다른 쥐들과 함께 우리에 넣었을 때 자폐증 기증자의 미생물을 받은 쥐들은 다른 쥐들에게 접근할 가능성이 낮았다. 이 논문의 주장은 이것을 자폐증으로 인해 발생되는 사회적 장애 현상이라고 해석할 수 있다고 주장했다. 또한 이런 쥐들은 톱밥이 가득 찬 우리 안에서 톱밥에 구슬을 묻는 데 더 많은 시간을 보냈다. 이것 또한 자폐증 쥐들에게서 흔히 볼 수 있는 반복적 행동과 관련이 있다고 해석하고 있다.[80]

적어도 쥐의 이러한 행동과 인간의 자폐증을 연결시키는 것이 너무 큰 논리의 비약이라고 생각할 수 있을 것이다. 또한 그렇게 적은 수의 기증자들이 자폐증을 가진 모든 사람을 대표할 수 있을지도 의문일 것이다.[81] 그런데도 논문의 저자들은 과감하게 다음과 같은 매우 인상적인 결론을 내렸다. "프로바이오틱스나 대변 미생물 이식과 같은 미세 생물군에 기반한 접근법은 평생을 괴롭히는 자폐증 관련 장애들을 해결하는 데 있어 시기적절하고도 적용하기 쉬운 치료법을 제공할 것이다."[82] 그들은 대변 이식 연구 결과가 상당히 의미 있는 효과를 거뒀다고 주장하는 언론 보도 자료를 배포했다. 그러면서 자신들의 연구 결과는 언젠가 프로바이오틱스가 자폐증 증세를 치료하는 데 사용될 수 있음을 의미한다고 주장했다.[83] 이것은 매우 심각하게 과장된 주장이다. 연구의 사소한 부분인 표본 크기에 대한 문제와 인간과 쥐의 행동이 동등하다고 한 믿기 어려운 가정은 논외로 하자. 해당 실험에서는 설치류에서 나타나는 자폐증 증상을 프로바이오틱스나 대변 이식이 완화시킬 수 있는지에 대해서 최소한의 테스트도 하지 않았다. 물론 쥐와 '동일한' 증상이 인간에게서 나타나는지에 대한 테스트도 하지 않았다.

또한 논문의 저자들은 일부 사실을 생략하는 방식으로도 스핀을 시도했다. 그들의 연구에서는 두 번째 사회성 테스트를 실시했다. 실험 쥐가 동료 쥐와 시간을 보낼지 혹은 '작은 물체'와 보낼지를 선택할 수 있도록 한 것이다. 자폐증 환자로부터 마이크로바이옴이 이식된 쥐가 동료 쥐보다 작은 물체를 선택할 것이라는 가설을 기반으로 실험이 진행됐다. 하지만 결과에서는 아무런 차이도 보이지 않았다. 이 연구를 상세하게 비판한 과학 작가 존 브록Jon Brock이 지적했듯이, 저자들은 이 불편한 결과에 대해서는 논문에서 단 한 문장으로 재빨리 건너뛰었고, 유의미하다고 판명된 모든 결과에 대해서는 풀 컬러 그래프로 치장했다.[84]

그렇게 작은 규모의 예비적 연구를 그토록 과장하고 스핀한 것만으로도 충분히 잘못된 일이다. 하지만 여기서 상황은 점점 더 나빠진다. 생물통계학자 토머스 럼리Thomas Lumley는 저자들로부터 데이터를 입수해 그들의 분석 방법을 재현했다. 그 결과 저자들의 통계 분석 방법이 엉망이었다는 사실을 발견했다. 저자들은 모든 쥐에게 각자 다른 인간의 대변이 이식된 것처럼 데이터 분석을 진행했지만, 실제로는 매우 적은 수의 기증자 대변을 100마리 쥐에게 공동으로 나눠 이식했던 것이다.[85] 정확하게 통계 분석을 실시하자 구슬을 묻는 실험 결과만 살아남았고, 이것마저 p-값은 경계값 근처에 있는 수치인 0.03이었다. 이런 강한 비판이 있었는데도 내가 아는 바로는 저자들은 아무런 반응도 보이지 않았다.

마이크로바이옴에 대한 모든 연구가 쥐의 자폐증 논문처럼 통계적으로 근본적 결함이 있는 것은 아니지만, 그동안 과장된 결론을 도출했던 해당 분야의 많은 연구들이 흔들리고 있다. 자폐증 논문과 유사한 방법론을 따랐던 2019년의 한 연구는 조현병 환자의 마이크로바이옴을 쥐에 옮겼을 때 설치류에서 조현병 증상이 나타날 수 있다고 주장했다. 논문은 이 연구 결과가 조현병에 대한 "새로운 진단과 치료 방법으로 이어질 수도 있다"는 말로 마무리했다. 이는 단순히 시기상조인 것을 넘어서 매우 과한 주장이다.[86] 물론, 여전히 마이크로바이옴의 차이가 생쥐나 사람들의 자폐증, 조현병 또는 위에 열거된 다른 증상들의 일부에서 상당한 역할을 한다고 밝혀질 가능성은 있다.[87] 마이크로바이옴 연구원들은 어쩌면 p-해킹됐을지도 모르는 사소한 효과를 매번 언론에 배포하면서 엄청난 과학적 진보가 있었다고 주장할 것이 아니라 꽤 오랫동안 견고하게 연구 결과를 축적할 필요가 있었다. 역설적으로 말하자면 보도 자료가 많이 배포될수록 오히려 그 분야는 성숙되지 않았다는 반증일 수 있다. 그 경우 언론에 보도되는 수많은 '유망한' 결과로 인해 대중의 관심은 쏟아지지만 반복 재현되는 연구는 많지 않은 것이 보통이기 때문이다.

최근 과학계 내부에서는 마이크로바이옴과 관련된 치료제를 둘러싼 엄청난 과장 광고를 진정시키고 연구의 질을 높여야 한다는 목소리가 나오고 있다.[88] 과장된 주장을 하는 논문과 보도 자료로 인해 쓸모없고 유해하며 말도 안 되는 수많은 마이크로바이옴 관련 치료법이 마치 과학적 증거를 갖고 있는 것으로 비춰질 수 있기 때문이다. 엘리트 운동선수들의 대장에서 발견된 미생물을 사용해 운동 능력을 향상시킬 수 있다는 프로바이오틱 음료, 직장 천공과 같은 무시무시한 후유증을 불러올 수 있는 '대장세척' 시술의 유행, 그리고 사람들이 가지고 있는 '마이크로바이옴의 국적'을 분석해준다는 마이크로바이옴 테스트 회사와 같은 사례들이 대표적인 예다.[89]

우리가 먹는 모든 것이 암과 관련이 있는가 – 영양학의 진실

물론 마이크로바이옴에 대해 열광하는 현상은 달이 차고 기울듯 한때의 유행을 타는 것이다. 반면 항상 꾸준하게 언론의 관심을 받으면서 과장을 만들어내지만 이 책에 설명된 여러 문제로 인해 다른 어떤 분야보다 더 많은 고통을 유발하는 분야가 있다. 바로 영양학이다. 언론은 다음과 같은 연구 결과에 대해 게걸스러울 정도의 식탐을 가지고 있다. '우유가 몸에 나쁘다는 것을 보여주는 무서운 과학적 결과', '영국 식단을 가득 채운 살인자: 베이컨이 암 위험을 높인다', '계란이 당신의 심장을 망치는 것을 발견한 새로운 연구가 있다'.[90] 수많은 언론에서 우리가 식단을 어떻게 바꾸어야 할지에 대해 보도하고, 서로 상충되는 주장이 난무하기 때문에 지금 대중은 도대체 무엇을 먹어야 할지 혼란스러워할 수밖에 없다. 수년간 과장된 연구 결과들이 발표됐고, 이제 대중들은 이 분야에서 발표되는 연구들에 대해서는 더 이상 신뢰하지 못하고 회의적인 시각을 가지게 되는 상황에 이르렀다.[91]

영양학도 심리학처럼 자체적인 반복 재현 위기를 겪었다. 이 중 일부는 조작 사건과 관련돼 있다. 예를 들어 적포도 껍질과 적포도주에 풍부하게 들어 있는 물질인 레스베라트롤resveratrol이 심장 건강에 좋다는 내용의 논문을 수십 편 발표한 심장병 학자 디팍 다스는 2012년 코네티컷대학교에서 해고당했다. 그가 발표한 19편의 논문에서 데이터를 위조한 사실이 밝혀졌기 때문이다.[92] 그의 논문에 포함된 일부 주장들이 편향적일 가능성도 크다. 많은 연구들이 식품 산업계로부터 연구 자금을 지원 받았기 때문이다.[93] 그뿐만 아니라 이 분야의 많은 연구자들은 자신들이 관심 있어 하는 식단에서 장점을 찾고 싶어 하는 개인적 동기 때문에 해당 연구에 집착하고 있다.[94]

영양학 분야의 일부 문제점들은 많은 종류의 편향과 오류 때문에 발생한다. 예를 들면, 포화 지방은 적게 먹고 불포화 지방을 더 많이 먹어야 한다는 주장에 대해 한번 살펴보자. 이는 대부분의 영양학적 조언의 근간이 되고 있는 것으로서 수많은 식이요법 지침에서 반복해 강조한다.[95] 그러나 2017년 이에 대한 메타 분석 연구 결과 밝혀진 것은 포화 지방산이 불포화 지방산과 비교해서 심장병과 그로 인한 사망에 미치는 영향이 크게 다르지 않다는 것이었다.[96] 이와 같은 속설이 유행한 것은 아마도 세 가지 이유 때문일 것이다. 첫째, 이런 이론들에 출판 편향이 있었다는 명백한 증거들이 발견됐다. 이 주제에 대한 연구들에서 나타난 한쪽으로 치우친 깔때기 그래프는 작은 표본, 작은 효과의 논문들이 발표되지 못하고 서랍 속으로 들어갔음을 의미한다.[97] 둘째, 무작위화 과정을 거쳤다고 주장하는 실험들에서 실제로는 무작위화가 없었음을 시사하는 오류들이 나타났다.[98] 셋째, 많은 실험들이 식이요법 외에 연구 결과에 영향을 줄 수 있는 다른 요인들이 개입할 수 있도록 부적절하게 설계됐다.[99] 이에 대한 메타 분석 연구의 결론은 포화 지방을 불포화 지방으로 대체함으로써 얻을 수 있는 이점에는 설득력 있는 증거가 거의 없다는 것이었다. 그리고 여러 정부에서 영양 관련 정책을 만들 때 기초로 삼았던 이전 메타 연구들은 이러한 문제점들을 알아차리지 못했다고 결론내리고 있다.

언론에 의해 과장됐던 영양학 연구의 상당 부분은 p-해킹의 영향을 받았다고 해도 과언이 아니다. 이와 관련된 대규모의 데이터 세트와 관련 변수들이 많이 존재하기 때문에 연구자들은 이런 데이터들을 뒤져 통계적으로 유의미해 보이는 것을 발굴해낼 수 있는 충분한 기회를 갖게 됐다. 영양학 연구에서는 실험 참가자들이 지난주에 먹은 모든 것을 인덱스화하도록 이른바 '식품 빈도 설문지Food Frequency Questionnaire'를 작성하는 것이 일반적이다. 영양학 연구에서 혼란스럽고 자기 모순적인 다양한 상관관계 연구가 범람하는 이유 중 일부가 바로 설문지에 있다. 조너선 숀펠드Jonathan Schoenfeld와 존 이오아니디스가 발표하고 이제는 고전이 된 〈우리가 먹는 모든 것이 암과 관련이 있는가?〉라는 논문에서는 요리책에서 일반적으로 언급되는 50가지 성분을 무작위로 선택한 다음 그것들이 과학 문헌에서 암 발병 위험성을 높인다고 보고됐는지에 대해 조사했다.[100] 그중 베이컨, 돼지고기, 달걀, 토마토, 빵, 버터, 차(본질적으로 영국 식단을 가득 채운 살인자에 해당하는 음식들)에 포함된 40가지 성분이 과학 문헌에서는 암과 관련이 있는 것으로 조사됐음이 밝혀졌다. 어떤 음식들은 분명히 암 위험을 증가시켰고, 어떤 음식들은 암 위험을 줄였으며 어떤 음식들은 연구에 따라 다른 결론을 내리고 있었다. 우리는 과학 데이터에는 늘 노이즈가 포함돼 있다는 사실을 알고 있다. 따라서 과학 문헌 역시 다양한 의견을 보일 것으로 예상할 수 있다. 우리는 이 많은 연구 결과 중 실제 가능성이 높은 것이 무엇일지 스스로에게 물어봐야 한다. 일상적으로 소비되는 음식 중 연구 대상으로 샘플링된 80퍼센트의 음식이 실제로 암 발병에 영향을 미치는 것일까? 아니면 단지 이 분야의 연구 수준이 낮기 때문에 p-해킹된 질 낮은 연구들이 우리가 일상적으로 소비하는 음식들을 위험한 음식과 건강하게

오래 사는 삶을 보장하는 음식으로 나눌 수 있다고 오해하게 만드는 것인지 질문해야 한다.[101]

영양학 연구는 실험보다는 관찰 연구에 너무 많이 의존하고 있다. 따라서 종종 해당 분야에서 이루어지고 있는 과장된 주장을 뒷받침하는 과학적 증거는 내놓지 못하고 있다. 많은 영양학 연구가 무작위화된 통제 실험 없이 사람들이 먹는 것에 대한 데이터만 수집하고 있는 수준이다. 관찰 연구에 따르면 건강에 유익한 음식과 그렇지 않은 음식으로 분류한 것이 무작위화된 실험 결과에 따르면 별다른 상관관계가 없는 것으로 밝혀졌다. 다시 말해 두 연구 중 하나는 잘못된 방향으로 가고 있다는 의미다.[102]

사람들마다 건강 상태의 차이를 유발하는 것은 사람들이 먹는 음식뿐만 아니라 사람들의 식습관에 영향을 주는 문화적 혹은 사회 경제학적 요인이라는 주장도 있다. 어떤 사람의 식습관에 영향을 주는 요인은 많은 다른 인자들과 상관관계가 있을 것이기 때문에 효과 분석을 복잡하게 만든다. 예를 들면 달걀을 많이 먹는 사람들은 아마도 베이컨과 소시지도 많이 먹을 뿐만 아니라 설문지에서 물어보지 않은 많은 다른 음식과 영양분도 섭취할 것이다.

물론 이러한 종류의 교란 요인들을 '조정'할 수 있는 통계적인 방법들도 있다. 하지만 이런 통계적 방법들은 제대로 적용하기 어려울 뿐만 아니라 그 전제 조건은 모든 종류의 음식과 영양분 섭취가 측정돼야 한다는 점이다.[103] 우선 그러한 측정의 정확성 자체가 복잡한 논쟁의 대상이기도 하거니와, 관찰 연구 과정에서 어떻게 음식 섭취를 기록하는지에 대해서도 혹독한 비판의 목소리가 있다. 일부 연구자들은 식품 빈도 설문지 자체가 '치명적 결함'을 가지고 있다고 주장한다. 무슨 음식을 먹었는지에 대해 오로지 사람들의 부정확한 기억력에 의존하기 때문이다.[104] 설문 조사는 또한 사회적으로 규정되는 바람직한 행동의 편향성 때문에 왜곡되기도 한다. 즉, 일부 참가자들은 자신이 지난 일주일 동안 5개의 더블 치즈버거를 먹었다는 사실을 밝히지 않으려 한다는 것이다.[105]

이런 문제점을 안고 있는 영양 역학 조사 연구를 개선하기 위한 한 가지 제안이 있다. 단순히 관찰 연구용 데이터 세트를 얻는 데 모든 자원을 쏟아붓는 대신 일련의 복잡하지 않은 '대규모 표본 실험megatrials'을 실시하자는 주장이다. 그 결과 최적 식단과 관련해 모두가 만족할 수 있는 수준의 분명한 사실들을 밝힐 수 있다는 것이다.[106] 문제는 대규모의 영양학 실험은 결코 간단하지 않다는 데 있다.[107] 2013년 7,000명 이상의 참가자를 대상으로 실시한 영양 역학 연구를 통해 지중해 식단에 관한 역사상 가장 큰 무작위화 실험의 결과가 〈뉴잉글랜드 의학 저널〉에 발표됐다.[108] 저지방 식이요법을 따르도록 권고 받은 대조군에 비해 더 많은 흰 고기와 해산물, 견과류와 콩류, 올리브유를 섭취하는 지중해 식단을 따른 참가자들을 비교한 결과였다. 지중해 식단을 따른 참가자들은 그로부터 5년 동안 심장 질환으로 인한 뇌졸중, 심장마비, 그리고 사망자 수를 반영하는 측정치에서 상당히 낮은 수치를 보였다. 이 연구를 진행했던 스페인 연구자들은 연구 결과를 확인한 후 자신들 스스로도 식단을 지중해식으로 바꿨다고 밝혔다.

줄여서 프리다임드PREDIMED, Prevención con Dieta Mediterránea라고 불리는 이 연구 결과는 여러분들이 예상하듯 모든 언론의 주목을 받았다. '심장 발작과 뇌졸중을 물리치는 지중해식 다이어트',[109] '심혈관 위험을 감소시키는 지중해식 다이어트'.[110] 심지어 캘리포니아 호두 협회에서도 이 연구 결과를 지지하는 열광적인 언론 보도 자료를 내보냈다.[111] 누가 이들을 비난할 수 있을까? 프리다임드의 연구자들의 말을 빌리면 이 연구는 '강력한 증거'를

바탕으로 지중해 식단의 이점을 '증명'한 '대단한 연구'였던 것이다.[112]

이때 존 칼라일이 나타났다. 앞서 칼라일은 '무작위화된' 수천 건의 통제 실험들을 조사한 결과 실제로는 많은 실험이 무작위화 과정을 전혀 거치지 않았다는 것을 발견한 데이터 탐정으로 소개됐다. 프리다임드 역시 칼라일의 방법을 적용하자 많은 문제가 발견됐다. 기준이 되는 숫자들이 제대로 무작위화된 실험에서 얻은 숫자와 일치하지 않았던 것이다.[113] 칼라일의 방법을 사용해 검증에 나선 논문의 저자들은 프리다임드 논문에 실린 데이터를 점검하기 시작했다. 그 결과 확실히 심각한 실수가 있었음이 드러났다. 특히, 두 가지 식단 중 한 가지를 실험 참가자들에게 무작위로 배정하지 않고, 한 가정에서 여러 명이 참가하면 이들을 모두 같은 식단에 배정한 것이었다. 그뿐만 아니라 특정 연구 장소에서는 참여자별로 무작위 식단을 배정하지 않고 병원별로 식단을 배정하기도 했다. 그 결과 같은 병원에 다니는 모든 사람이 동일한 식단을 섭취하는 일이 발생했다. 이 경우 같은 가정이나 병원에 속한 사람들끼리는 어쩔 수 없이 모든 종류의 영향 인자들을 공유하게 된다. 따라서 이런 사람들과 다른 사람들 사이에서 발견되는 차이를 식단만의 영향이라고 보기는 어려워진다.[114] 참가자 중 21퍼센트인 1,588명에게 이러한 실수가 있었던 것을 비롯해 다른 많은 실수들이 연구 과정에 있었음이 밝혀졌다.

그때까지 3,000번 이상 인용됐던 이 논문은 결국 철회됐고 2018년 수정본으로 대체됐다.[115] 심지어 수정된 논문에서 저자들은 지중해 식단이 가지는 장점에 대해 훨씬 더 강력한 증거를 발견했다고 주장했다. 하지만 여전히 이런 결론을 받아들이는 데 신중해야 할 이유가 또 있다. 예를 들면 연구에서 추적했던 세 가지 증상을 분석했을 때 지중해 식단은 기이하게도 뇌졸중에만 영향을 미치는 것처럼 보였다. 즉, 심장마비나 사망률에는 아무런 영향이 없는 것으로 나타났던 것이다.[116] 또한 식단의 효과가 너무 인상적으로 나타났기 때문에 연구는 원래 계획보다 일찍 중단됐다. 이처럼 논란의 여지가 있는 관행이 임상 시험 분야 연구에 흔히 발생하고 있다.[117] 더 걱정스러운 것은 프리다임드 연구에서 얻은 데이터를 사용해 지중해 식단이 미치는 다른 영향에 대해 분석한 논문이 지금까지 250편이나 발표됐다는 점이다. 이 논문들 사이에서도 설명할 수 없는 수치상의 불일치가 드러났다.[118] 그 논문들 역시 무작위화 문제로 영향을 받았는지는 여전히 불분명하다.

프리다임드 연구가 특별히 과장의 나쁜 예이기 때문에 언급하는 것은 아니다. 오히려 과장이 엄청나게 심한 분야에서 이루어진 연구 중 그나마 최고의 연구였다. 이 연구를 선택한 것은 과학의 엄격성을 대표한다고 할 수 있는 연구조차도 여러 숨은 문제점에서 벗어날 수 없다는 것을 잘 보여주는 사례이기 때문이다. 영양학 분야의 역학 연구는 심리학과 마찬가지로 매우 어렵다. 믿을 수 없을 정도로 복잡한 생리적, 정신적 과정들이 우리가 음식을 조리하고 무엇을 먹을지 결정하는 방식에 관여돼 있다. 관찰 연구 데이터는 많은 노이즈는 물론이고 인간의 불완전한 기억력에도 영향을 받는다. 무작위화된 실험은 그것을 실현하기 위한 행정적 복잡성에 의해 방해받을 수도 있다. 그러한 맥락에서 볼 때 영양학 연구에 쏟아지는 언론의 엄청난 관심은 전혀 도움이 되지 않는다. 아마도 대중들이 가장 원하는 대답을 찾기 위한 바로 그 질문들(무엇을 먹을 것인가, 어떻게 아이들을 교육시킬 것인가, 어떻게 잠재적 고용주와 대화할 것인가 등)이 사실은 과학이 대답하기에 가장 모호하고, 어렵고, 자기 모순적인 분야들이기 때문이다. 이런 이유 때문에 이 분야의 과학자들은 그들의 연구 결과를 대중에게 합리적으로 전달하는 방법에 대해 더 심각하게 고민해야 한다.

예상치 못한 결과를 처리하는 방식

과장에 맞서 대중들에게 조언하고 실제로 현실이 얼마나 복잡한지 알려주는 것도 좋은 일이지만, 여전히 과학자들은 자신들의 연구 결과를 세상에 내놓도록 압력을 받는다. 대중들은 자신들의 세금으로 지원되는 과학적 연구 결과에서 최신 정보를 얻을 자격이 있다. 우리가 앞서 살펴보았던 극단적 사례를 피하면서도 연구 결과를 제대로 전달하는 방법이 있을까? 그런 일들이 어떻게 이루어져야 하는지에 대한 모범적인 예가 있다.

현재 과학계에서 합의된 바에 따르면 빛의 속도보다 더 빨리 움직일 수 있는 것은 없다. 이것은 아인슈타인의 특수 상대성 이론의 뼈대일 뿐만 아니라 지금까지 물리학에서 얻은 모든 결과가 이 사실을 뒷받침해주고 있다. 따라서 2011년 오페라OPERA 실험을 통해 관찰된 결과는 매우 기이하게 느껴졌다.[119] 오페라는 아원자 입자가 스위스 제네바의 유럽 입자 물리 연구소CERN 실험실과 이탈리아의 그란 사소Gran Sasso의 검출기 사이의 지구 지각부를 통과할 때 일어나는 일들을 연구하는 입자 물리 공동 연구 프로젝트였다. 많은 대학에서 온 약 150명의 과학자로 구성된 연구팀은 전자와 유사한 입자이면서 전하가 없는 중성미자가 이론보다 목적지에 너무 빨리 도달하고 있다는 사실을 발견했다. 측정 결과 중성미자는 60.7나노초(607억분의 1초)의 속도로 이탈리아에 설치된 검출기에 도달하고 있었던 것이다. 이는 같은 거리를 빛이 이동할 때보다 빠른 속도였다.[120]

이런 결과를 발견하고 연구팀은 한동안 그들이 실시했던 계산과 시험 장비를 철저하게 점검했으나 오페라에 참여했던 물리학자들은 어떤 실수도 발견해낼 수 없었다. 빛보다 빠른 중성미자는 거의 사실인 것처럼 보였다. 실험과 관련된 소문들이 돌기 시작했기 때문에 과학자들은 투표를 거쳐 이 실험 결과를 세상에 알리기로 했다. 그들은 이 발견을 담은 연구 논문을 발표하고 보도 자료도 냈다.[121] 이 시점에서 오페라의 물리학자들도 NASA가 취했던 '비소-생명체' 언론 전략을 따를 수 있었을 것이다. 우주에 대한 우리의 근본적인 이해가 믿을 수 없는 새로운 발견으로 인해 어떻게 송두리째 뒤집혔는지에 대해 과장해서 쓸 수도 있었다. 하지만 그들은 반대로 매우 조심스럽게 접근했다. 그들의 보도 자료에는 과장이나 속임수는 없었다. 오히려, 그들은 발표문에 연구 결과의 불확실성을 명시적으로 강조했다. "이런 결과가 미칠 잠재적이고 광범위한 영향을 고려할 때 본 결과를 반박하거나 확실하게 받아들이기 위해서는 매우 독립적인 확인 절차가 필요하다. 이것이 바로 우리 오페라 연구팀이 공동 연구 결과를 공개하기로 결정한 이유다. 더 광범위한 검증을 거치기 위해서다."[122]

언론 발표와 함께 공개된 오페라 연구원들의 진술에는 '완전히 놀라운 일' '믿을 수 없을 만큼 놀라운 일'처럼 결과에 대한 당혹감이 담겨져 있었다. 발표 후 오페라 연구팀은 언론이 이 뉴스를 어떻게 다룰지 보기 위해 기다렸다. 예상했던 것처럼 몇몇 바람직하지 않은 헤드라인들도 있었다. 〈데일리 텔레그래프〉는 "CERN의 과학자들이 '빛의 속도를 돌파했다'", ABC 뉴스의 굿모닝 아메리카는 "시간 여행이 현실이 될 수 있을까?"라는 제목으로 보도했다. 하지만 그런 와중에도 회의주의자들의 목소리는 사라지지 않고 언론에 보도됐다.[123] 대부분의 뉴스에서는 실험 결과가 정말 이상하며 상대성 이론은 이전에 한 번도 잘못된 것으로 증명된 적이 없었으므로 다른 실험에 의해 결과가 검증되어야 한다는 과학자들의 코멘트를 함께 보도하고 있었다.

그 후 오페라팀은 어디에 실수가 있었는지 발견했다. 그것은 바로 잘못된 연결부였다. 느슨하게 연결된 광섬유 케이블 때문에 중성미자가 움직이는 데 소요된 시간을 과소평가하고 있었던 것이었다. 일단 광섬유 케이

블을 제대로 연결하자 중성미자의 속도는 아인슈타인의 이론과 일치하는 것으로 측정됐다.[124] 다른 측정 방법을 사용한 두 번째 실험 결과에서도 중성미자는 빛의 속도를 초과하지 않는다는 사실을 재확인했다. 하지만 그것으로 끝이 아니었다. 오페라 팀의 많은 물리학자들에게 이 모든 일은 당혹스러운 사건이었다. 몇몇 물리학자들은 처음부터 연구 결과를 발표하지 말았어야 했다고 비판했다.[125] 언론의 관심을 다루는 데 있어 극도의 조심성을 보였고 전체 투표에 의해 연구 결과를 공표했는데도 오페라 연구팀의 의장과 임원진들은 불신임 투표에서 근소하게 패했고 결국은 사임해야 했다.[126]

오페라의 경우 예상치 못한 결과를 처리하는 방식의 모범적인 사례에 가까웠다. 따라서 책임자들이 사임한 것은 유감이다. 오페라의 물리학자들은 반복 재현 실험이 필요한 것으로 보이는 기이한 현상의 발견을 세상에 발표함으로써 관심을 집중시켰지만 동시에 최대한 과장을 피하는 유보적 표현을 사용함으로써 대중들에게 과학적 불확실성에 대한 귀중한 교훈을 줬다. 처음에 어지럽게 난무했던 언론 보도가 잠잠해지자 뒤이어 그 문제가 어떻게 해결됐는지에 대한 추가 취재가 뒤따랐다.[127] 만약 오페라 과학자들이 물리학자가 아니고 심리학자들이었다면 어땠을까? 결과를 다시 점검하는 과정은 생략한 채 다음과 같은 제목의 책 출판 계약서에 서둘러 사인했을 것이라고 말하면 너무 과장된 것일까? "장벽을 돌파하다, 빠른 속도의 중성미자는 여러분의 자신감과 초광속에 어떤 의미가 있을까, 아원자적 성공을 위한 새로운 과학".

오페라의 사례를 모범적인 언론 보도 사례의 한 예로 드는 것이 공평하지 않을 수도 있다. 이 사례는 과장하지 않더라도 언론이 충분히 관심을 가질 수 있을 만큼 명백한 물리학 법칙의 위반이라는 예외적 사건에 대한 이야기이기 때문이다. 그러나 동시에 이 사건은 결과를 과장하고 싶은 과학자들 사이에 만연해 있던 욕망을 억제하고, 처음부터 조심스럽게 접근해야 한다는 경고를 뉴스 채널에 내보냈던 모범적 사례로 꼽을 수 있다. 오페라의 사례를 교훈 삼아 해당 연구 결과는 잠정적인 것이므로 지나치게 믿지 말라는 경고 문구를 모든 언론 보도 자료와 과학 논문에 항상 포함시켜 과장을 근본적으로 방지하면 어떨지 상상해보라.

물론 그런 일은 현재의 과학 시스템이 구성된 방식에 반하는 일이다. 주의, 절제, 회의주의가 과학의 기본 덕목인데도 현재 우리는 그것과 정반대되는 동기를 부여하고 있는 과학 시스템을 가지고 있다. 오늘날의 과학자들은 가능한 한 많은 논문을 발표해야 하고, 제대로 된 과학을 수행할 수 없도록 만드는 학문적 체계하에서 연구 결과를 한껏 부풀리도록 강요받고 있기 때문이다. 이제 우리가 현재의 과학 시스템을 어떻게 고칠 것인가에 대해서는 이 책의 마지막 부분에서 다루도록 하겠다.

SCIENCE FICTIONS

제3부

잃어버린 과학의 정신을 되찾는 길

제7장:
비뚤어진 인센티브 –
논문 대량 생산의 시대

만약 당신이 따랐던 규칙이 당신을 이렇게 만들었다면 그 규칙이 무슨 소용이 있을까?

_코맥 매카시, 《노인을 위한 나라는 없다》(2005)

100만 에이커 이상 번졌던 2017년 캘리포니아 산불은 수천 개의 건물을 불태우고 47명의 목숨을 앗아 갔다. 뒤이어 캘리포니아주 역사상 가장 많은 비용인 13억 달러를 투입한 재해 복구 작업이 시작됐다.[1] 이 작업을 지휘하기 위해 미군 공병대가 징집됐다. 그들은 화재가 남긴 거대한 잔해 더미를 제거하기 위해 지역 건설업자들과 계약을 맺었다. 그러나 이 과정에서 공병대는 중대한 실수를 저질렀다. 작업 비용을 톤 단위로 지불한 것이었다. 그에 따라 작업한 결과물이 무거울수록 계약업체들은 더 많은 돈을 버는 구조가 됐고, 건설업자들 중 일부는 터무니없는 방법으로 이 빈틈을 이용했다. 작업 현장을 목격한 사람들은 작업자들이 '젖은 진흙으로 중량을 부풀리는 것'을 봤다고 말했다. 어떤 계약업체들은 잔해를 줍는 대신 거대한 구멍을 새로 파기도 했고, 어떤 경우에는 잔해로 남은 사람들의 집

기초 구조물까지 허문 다음 거기서 나온 흙과 콘크리트를 트럭에 싣기도 했다. 결국 캘리포니아 주정부는 잔해 더미 제거 작업이 끝난 후 더 많은 일꾼들을 고용해야 했고 이전 계약업체들이 파놓은 구멍을 다시 메우는 데 추가로 350만 달러를 지불해야 했다.

이 사건은 비뚤어진 동기 부여의 폐해를 보여주는 전형적인 사례다. 공병대는 잔해 더미를 제거하는 작업이 아니라 트럭의 무게에 인센티브를 줌으로써 의도치 않게 새로운 문제를 일으켰던 것이다. 이와 비슷한 예를 다른 분야에서도 쉽게 찾을 수 있다. 언론인에게 특종 보도보다 기사를 클릭함에 따라 발생되는 매출에 대해 보상금을 주게 되면 그 결과 기사 클릭만을 유도하는 조잡한 미끼 기사를 양산하게 된다. 학습 결과보다는 학교 순위를 기준으로 교사들에게 보상을 주면 학생들의 성적 채점 결과에 대한 신뢰도가 떨어진다. 정치인이 투표 승리라는 단기적 이익에만 매몰될 경우 화석연료 산업에 대한 장기적인 해결책보다는 일시적 보조금 지급을 늘리게 된다.[2] 이 장에서는 오늘날 과학적 관행에 숨어 있는 인센티브에 대해 살펴보고 결과적으로 그것들이 과학적 결과의 객관성에 대해 보상을 하고 있는지 아니면 전적으로 다른 목적으로 오용되고 있는지에 대해 알아보도록 한다.

지금까지 우리는 과학자들이 데이터를 조작하고, 무효 결과를 책상 서랍에 숨기고, 연구 결과를 p-해킹하고, 오류 확인에 실패하고, 결과를 과장하는 사례들에 대해 살펴봤다. 이 모든 것들이 합쳐져서 근본적으로 과학적 이상론과 부딪히는 오늘날의 과학적 관행이 만들어졌다. 우리는 어떻게 이런 일들이 일어나는지에 대해 앞에서 깊이 있게 다룬 바 있다. 하지만 이 퍼즐 조각들 중에 아직 자세히 살펴보지 않았던 것이 있다. 그것은 바로 '왜 이런 일들이 일어나는가?'에 관한 것이다. 대부분의 과학자들은 자연에 대한 평생의 관심, 과학 교사나 멘토로부터 받은 영감, 또는 사회를 변화시키기 위해 과학자라는 직업을 선택했다고 말한다.[3] 이들에게 질문을 하면, 압도적으로 많은 사람이 보편주의, 공동체성, 사심 없음, 조직적 회의주의라는 네 가지 머튼 규범을 지지한다고 이야기한다.[4] 이렇게 과학에 대한 사랑과 과학적 원리 때문에 과학자가 된 사람들이 왜 그렇게까지 과학의 근간을 허무는 나쁜 행동을 하게 되는 것일까?

이 질문에 대한 해답의 일부는 이 책의 서문에 나타나 있다. 즉, 내가 했던 초능력 재현 연구와 이에 대한 저널의 즉각적인 출판 거절에서 그 이유를 찾을 수 있다. 효과가 없는 것으로 드러난 연구나 재현 실험은 드러난 증거의 전체 그림을 파악하는 데 매우 중요하지만 과학 저널에서는 별 관심을 보이지 않는다. 현재 과학계는 긍정적이고, 화려하고, 혁신적이고, 뉴스가 될 만한 연구가 그렇지 않은 연구보다 더 많이 보상받는 구조다. 따라서, 과학자들은 다른 모든 것들을 희생하는 한이 있더라도 이런 연구 결과들을 만들어내도록 동기 부여를 받고 있는 셈이다. 그들은 동료 평가자와 편집자들에게 자신들의 논문이 출판될 만한 충분한 자질을 갖췄다는 것을 납득시키기 위해 규칙을 자의적으로 바꾸거나 어기고 있는 것이다.

이번 장에서는 이 문제에 대해 훨씬 더 깊게 다뤄보려고 한다. 우리가 깨닫게 될 것은 과학계의 인센티브 제도가 특정 논문을 양산하는 것뿐만 아니라 논문 발표 그 자체에 지나치게 집착하도록 만든다는 것이다. 현재의 시스템은 과학자들에게 진정한 과학을 하도록 독려하는 것이 아니라 시스템의 비뚤어진 요구 조건을 따르라고 강요하고 있는 셈이다. 우리의 과학을 망치고 있는 많은 관행의 뿌리에는 바로 이러한 비뚤어진 인센티브 제도가 자리 잡고 있는 것이다.

출판물과 연구 지원금과 고용 기준

가끔 진정한 과학 전문가는 찰스 다윈이 마지막이었다는 말을 심각하게 하는 사람들이 종종 있다. 다윈은 당시 자신의 전공인 자연과학 분야에서 알아야 할 모든 것을 알고 있는 사람이었다. 이것은 전 세계를 돌아다니며 탐사 여행했던 경험과 함께, 그의 표현을 빌리면 '편지로 괴롭힐 수 있는' 모든 사람과 과학적 의견 교환 네트워크를 구축했기 때문이다.[5] 하지만 오늘날에는 다윈처럼 모든 것을 다 아는 전문가는 어떤 과학 분야에도 없다. 지금 우리는 과학 논문의 홍수 속에서 살고 있다. 현대판 다윈이라면 생물학 및 생물의학 분야에서 매년 새롭게 발표되는 40만 편 정도의 새로운 논문을 읽고 계속 자신의 지식을 업데이트해야 할 것이다. 이것을 전체 과학 분야로 확대해보면 2013년에만 240만 개의 새로운 논문이 발표됐다.[6]

이러한 과학 논문 증가 현상을 과학 역사 전체로 확장해 분석한 결과에 따르면 발표 논문 건수의 상승 추세는 갈수록 가속화되고 있다. 1650년에서 1750년 사이에는 연 0.5퍼센트의 성장률을 보였던 것이, 1750년과 1940년 사이에는 2.4퍼센트, 그 이후로는 8퍼센트의 성장률을 보였다. 8퍼센트 성장률은 전체 과학 문헌의 숫자가 매 9년마다 두 배가 됨을 의미한다.[7] 어떤 면에서 이것은 매우 긍정적이라고 할 수 있는 발전이다. 집단적으로 현재의 인간은 수세기 전 과거의 우리보다 세상에 대해 훨씬 더 많이 알고 있다는 뜻이기 때문이다. 그러나 우리는 여기에 대해 의문을 가져야 한다. 이 거대한 논문 수의 증가가 반드시 우리의 지식 증가를 의미할까?

달리 생각해야 할 이유가 있다. 과학계에 등장했던 가장 우려할 만한 악명 높은 인센티브의 예는 아마도 논문을 발표하면 돈을 주는 정책일 것이다. 1990년대 초부터 중국 대학들은 자연과학 분야의 과학자들에게 주류 국제 과학 학술지에 게재하는 논문마다 현금으로 보상금을 지급하는 정책을 펴왔다. 이 정책의 자세한 내용은 명확하지 않다. 자세한 연구 결과에 따르면 대부분의 보상금 지급이 비밀에 부쳐졌다는 것이 밝혀졌다. 기본적 개념은 논문이 실린 저널의 명성이 높을수록 비례해서 현금 보상이 증가한다는 것이다. 특히 매우 명망 높은 학술지의 경우 그 금액이 상당한 수준에 이른다.[8] 만약 중국 과학자가 〈네이처〉나 〈사이언스〉에 논문을 발표한다면 일부 중국 대학 기준 연봉의 몇 배나 되는 보상을 기대할 수 있게 된다.

이러한 현금 보상 정책은 중국에서 가장 널리 시행됐고 높은 수준의 보상이 따랐다. 이와 유사하게 논문 발표에 현금으로 보상금을 주는 정부 정책이 터키와 한국에서도 시행됐다는 보고가 있다. 그 외 카타르, 사우디아라비아, 대만, 말레이시아, 호주, 이탈리아, 영국과 같은 나라의 일부 대학에서도 같은 정책이 시행됐다는 조사 결과가 있다.[9] 하지만 발표 논문 건수에 따라 돈으로 보상하는 것은 머튼 규범 중 사심이 없어야 한다는 조항과 정면으로 충돌하는 정책이다. 이 규범에 의하면 과학자들은 각자의 금전적 이익을 위해 연구를 해서는 안 된다.[10]

논문에 대해 직접적으로 현금을 지급하는 프로그램은 대학들이 과학자들에게 가능한 한 자주 연구 결과를 발표하도록 장려하기 위해 사용하는 세련되지 못한 정책들 중 하나다. 연구자들에게 가해지는 여러 종류의 재정적 압박은 미묘하지만 확실하게 느낄 수 있는 것들이다. 대학 취업 시장에서의 채용과 승진 결정은 이력서에 적힌 발표된 논문이 얼마나 많은지, 그리고 어느 저널에 실렸는지에 따라 적지 않은 차이가 있다. 너무 적은 수의 논문을 발표하거나 애매한 저널에 발표하면 대학에서 자리를 얻거나 그것을 유지할 가능성이 훨씬 줄어든다. 미국 대학 제도에서 종신 재직권tenure은 교수 체계에서 가장 낮은 직급인 조교수가 부교수로 승진하면서 자리가 종신 보장될 때 주어진다. 이것을 심사하는 과정에서도 발표 논문 건수라는 생산성 측정 방법을 사용하고 있다.

왜 대학들이 연구의 질과 더 관련 있을 수 있는 무작위화나 블라인딩 같은 표준을 잘 지키는지 혹은 재현 가능성이 있는 연구를 하고 있는지보다 출판물에 근거한 측정법을 우선시하는지 그 이유가 궁금할 것이다. 그 대답은 대학들도 마찬가지로 재정적인 압박을 받기 때문이라고 할 수 있겠다. 영국을 포함한 많은 나라의 정부는 대학들이 생산하는 논문이 얼마나 명망 있는 저널에 실렸느냐에 따라 순위를 매긴 후 납세자들이 낸 세금을 분배하고 있다.[11] 이 모든 것들이 '발표하지 않으면 사라진다publish or perish' 라는 표현이 등장하게 된 배경이다. 계속해서 논문을 생산하고 되도록 가장 인상적인 저널에 발표하지 않으면 학계에서 벌어지는 경쟁에서 결코 살아남지 못하기 때문이다.[12]

이것은 비단 논문에 국한된 것은 아니다. 앞에서 살펴본 바와 같이 우리는 과학적 연구를 수행하는 데 필요한 첫 번째 단계가 실험 장비, 재료, 데이터 액세스 비용, 실험 참가자 보상과 직원 급여 지급에 필요한 연구 지원금을 따내는 것임을 알고 있다. 과학자들은 자신들의 연구 활동을 계속하기 위해 지속적으로 연구 지원금 신청을 해야 한다. 그뿐만 아니라 대학들도 같은 종류의 압력에 시달린다. 그들은 소속 교수들이 어렵게 따온 연구 지원금에서 일정 부분을 교육, 고용, 건물 유지 보수 등에 필요한 비용으로 충당한다. 그런 이유로 대학들은 대학원 소속 교수들이 따온 연구 지원금에 크게 의존할 수밖에 없는 실정이다. 미국에서 실시된 한 연구에서 과학자들은 평균적으로 일하는 시간의 8퍼센트, 연구 시간의 19퍼센트를 연구 지원금 신청서를 작성하는 데 쓰는 것으로 나타났다. 하지만 나에게는 이 두 가지 수치 모두 현실에서 실제로 일어나는 것보다는 상당히 낮은

추정치로 들린다.[13]

연구 자금을 구하기 위해 끝도 없이 노력해야 하는 것은 단지 시간 낭비만의 문제가 아니다. 이 과정에서 엄청난 실패와 실망이 싹트게 된다. 그리고 이 문제는 소위 '마태복음 효과'에 의해 더 복잡해진다. 현재 과학적 연구 보조금이 할당되는 시스템하에서는 이미 부유한 사람들이 더 부유해지는 구조다(마태복음 25:29, '무릇 있는 자는 받아 넉넉하게 되되, 없는 자는 그 있는 것도 빼앗기리라.').[14] 실제로 이런 일이 일어나고 있다는 것을 보여주는 좋은 사례가 있다. 한 대규모 조사에서 밝혀진 바에 의하면 첫 연구 지원금 신청 절차에서 자금 지원의 임의적 기준치를 약간 상회하는 점수를 받은 과학자들은 임의적 기준치 바로 아래에 있었던 과학자들보다 그다음 8년 동안 두 배 이상의 연구 지원금을 받았다. 첫 연구 지원금 신청서의 수준이란 것이 과학자들마다 그렇게 큰 차이가 날 수 없었음에도 실제로 현실에서 일어나는 일들이다.[15]

이런 분위기에서 많은 과학자들은 좌절감 때문에 과학자라는 직업을 그만두게 된다. 그나마 떠나지 않고 남은 사람들은 이미 풍부한 연구 자금을 확보한 연구자들과 경쟁하기 위해 어떻게든 연구 자금 신청서를 과장해서 작성하지 않으면 안 되는 상황에 놓이게 된다. 매우 건강하지 않은 환경인 것이다. 이런 환경에서 왜 과학적 정확성 자체가 뒷전으로 밀려나게 됐는지를 상상하는 것은 어렵지 않다.[16]

재정적 인센티브는 그렇다 치고 우리는 인간 본성의 역할에 대해서도 잊어서는 안 된다. 사람들은 본능적으로 지위와 신용을 얻고 평판을 높여주는 성과를 거두기 위해 치열하게 경쟁하도록 태어났고, 어떨 때는 객관적으로 볼 때 무의미한 목표를 달성하기 위해 노력하기도 한다. 많은 출판물과 연구 지원금이 그런 목표의 예가 되겠다. 야심 차고 경쟁적인 성향의 사람들에게는 긴 이력서 자체가 하나의 보상으로 느껴지기도 한다. 어떤 이들에게는 어떤 논문이 됐든 그저 학술지에 이름을 올리는 것 자체가 매우 의미 있는 성취로 느껴진다.

어쨌든 과학자들에게 더 많은 논문을 발표하도록 장려하는 이런 정책은 소기의 목적을 달성한 것처럼 보인다. 논문 발표율이 크게 상승했을 뿐만 아니라 논문 생산성이 높은 과학자들이 살아남는 경향이 점점 더 강해지고 있기 때문이다. 프랑스의 한 연구에서는 2013년에 고용된 젊은 진화생물학자들의 경우 2005년에 고용된 사람들보다 거의 두 배나 많은 논문을 발표했다고 밝혔다. 이는 과학자들을 고용할 때 기준이 되는 논문 출판 건수가 매년 조금씩 상승해왔음을 암시한다.[17]

이러한 현상의 원인을 진화 생물학에서 찾을 수 있다. 직업을 차지하기 위한 경쟁을 공작의 꼬리와 사슴의 뿔이 생겨난 것과 동일한 자연 선택 과정의 일종으로 볼 수 있기 때문이다. 공작과 사슴에게는 짝짓기 기회가 부족한 자원이고 과학자에게는 연구 지원금과 직업이 부족한 자원이다. 이때 자연의 섭리는 더 과시적인 특징을 가진 종이 경쟁에서 승리하게 돼 있다. 따라서 동물에서 터무니없이 화려한 신체적 특징을 가지는 방향으로 진화가 일어나는 것과 마찬가지로 이력서도 터무니없이 긴 쪽으로 진화하고 있다. 설상가상으로 부족한 자원은 갈수록 점점 더 부족해지고 있다. 박사 과정을 포함한 학생들의 수가 많을수록 대학이 벌어들이는 돈이 증가하기 때문에 날이 갈수록 박사 학위를 받는 사람들의 수가 점점 더 늘고 있기 때문이다. 하지만 그에 맞춰 새로 박사가 된 과학자들을 채용할 만큼 대학에서의 일자리는 늘어나지 않고 있다.[18]

아마도 여러분은 왜 학자들이 학계에서 논문을 발표하지 않으면 사라지는지 궁금할 것이다. 대학들이 연구자들에게 더 많은 연구 결과를 생산해

내고, 연구 결과에서 흥미로운 발견을 하고, 그 결과를 유명 학술지에 발표해 세상과 공유하기를 바라는 것은 좋은 일이 아닐까? 이것이 연구자들의 성공을 가늠하기 위한 적절하고 효과적인 방법은 아닐까? 그리고 최고의 아이디어에만 연구 자금을 지원하는 경쟁 방식에서 학자들이 받은 돈으로 자신들의 연구 비용을 지불하면 왜 안 되는가? 그렇지 않을 경우 빈둥거리면서 공짜로 돈을 받으며 지식 축적에 어떤 것도 기여하지 못하는 사람들로 대학이 가득 차지 않을까?

생산성을 근거로 인센티브를 주는 방식은 완벽하게 작동하는 세상에서는 적합할 것이다. 저널들은 논문의 품질을 일정 수준으로 관리할 수 있는 능력을 갖추고, 과학자들은 발표 논문의 수가 증가해도 결코 논문의 품질을 저하시키지 않는 타고난 과학적 진정성을 가진 세상이라면 가능할 것이다. 하지만 현실에서는 그렇지 못하다. 실제로는 어느 하나를 포기해야 한다. 빛이 깜박일 때 가능한 한 빨리 버튼을 누르도록 고안한 인지심리학 실험에서는 '속도-정확성 충돌' 문제가 발생한다. 피실험자들이 빨리 버튼을 누르는 것에만 초점을 맞추면 정확도가 저하되고, 정확도를 높이려면 속도를 늦춰야 한다. 그런데, 이러한 속도-정확성 충돌 문제는 실제로 모든 유사한 종류의 실험에서 완벽하게 나타난다.[19] 과학 출판 분야에서도 동일한 현상이 일어나고 있다.[20]

시간은 유한하다. 과학자들을 압박해 교육, 멘토링, 행정 업무와 같은 모든 책임을 다 소화하면서도 더 많은 논문을 발표하고 더 많은 연구 자금을 끌어오도록 강요하는 것은 곧 연구에 더 적은 시간을 소비하게 되는 것을 의미한다. 마찬가지로 바쁜 과학자인 동료 평가자들에게 점점 더 많은 투고 논문을 검토하도록 강요하는 현실은 곧 과장되거나 심지어 부정한 오류투성이의 연구들이 검증 과정을 더 많이 통과하게 된다는 것을 의미한

다. 두 가지 경우 모두 규정이 제대로 지켜지지 않는 것이 그리 놀랍지 않은 상황이다.[21]

살라미 슬라이싱 현상과 미끼 저널

적어도 일부 과학자들이 질보다 양을 우선순위에 뒀다는 사실을 그들이 시스템을 속이기 위해 개발했던 교활한 방법에서 찾을 수 있다. 중국 정부가 논문 발표에 대해 현금을 지급한 방식을 분석한 연구에서는 이에 대해 한 가지 사례를 제시하고 있다.

> 헤이룽장대학교의 가오 교수는 2004~2009년 헤이룽장대학교가 수여한 총 현금 보상금의 절반 이상을 받아갔다. 그는 〈액타 결정학 섹션Acta Crystallographica Section E〉라는 하나의 저널에 총 279편의 논문을 게재했다. 5년간 가오 교수의 연구는 새로운 결정 구조를 찾아내고 이것을 항상 같은 저널에 보고하는 데 초점이 맞춰져 있었다. 장기적인 연구 프로젝트를 수행하면 현금 보상금이 적은 반면, 단기간에 많은 논문을 게재하면 더 많은 현금 보상금을 받을 수 있다는 제도적 허점을 노린 것이다.[22]

1970년부터 등장해 두 개 정도의 기본적인 록rock 곡을 가지고 약간씩만 변형시킨 변주곡들을 끊임없이 만들어내며 성공을 거둔 '스테이터스 쿠오Status Quo' 라는 밴드가 있다. 가오 교수는 이 밴드에 버금가는 학자라고 할 수 있겠다. 찰스 다윈과는 정말 거리가 먼 학자인 것이다. 가오가 사용한 수법을 '살라미 슬라이싱salamislicing'이라고도 부른다. 동일한 실험에서 나온 결과를 함께 묶어서 하나의 연구 결과로 발표하는 대신, 개개의 더 작은 하위 논문으로 나눈 다음 각각을 독립된 별개 논문으로 발표하는 수법을 일컫는 말이다.[23] 재난 현장을 정리하기 위해 투입됐던 트럭 운전사들이 젖은 진흙을 실어 트럭을 더 무겁게 만들었던 것과 본질적으로는 매우 유사하다. 이력서를 인위적으로 부풀려 훨씬 더 많은 연구를 한 것처럼 보이게 함으로써 적어도 어떤 분야에서의 이익을 극대화하는 것이기 때문이다. 예를 들면 내가 이 책의 서문과 에필로그뿐만 아니라 개별 챕터도 모두 따로 분리해 여러 권의 책을 출판하는 것과 근본적으로는 다를 바 없다. 그런 후에 내가 10권의 책을 썼다고 이야기하고 각각의 책에 대해 별도로 돈을 받는다고 상상해보라.

터무니없는 살라미 슬라이싱 사례 중 하나는 우리가 제6장에서 다루었던 전장 유전체 연관분석[GWAS] 방법을 사용해 몇몇 유전학자들이 정신 질환과 관련된 유전자를 연구한 경우다. 인간은 23쌍의 염색체를 가지고 있다. 표준적 GWAS의 경우 연구 대상이 되는 어떤 특성과의 연관성을 찾기 위해 인간의 모든 염색체를 한 번에 스캔하는 방법을 사용한다. 문제의 유전학자들은 표준 분석 방법 대신 23쌍의 모든 개별 염색체에 대해 분석한 다음 그 결과를 별도의 논문으로 발표했다. 보통이라면 이런 종류의 실험에서는 한 편의 논문이 나오는 데 반해 그들은 단일 논문을 23개의 논문으로 쪼개어 저널에 투고했다. 이 책을 쓰고 있는 현재 그들이 투고한 논문 중 6편이 성공적으로 저널에 실렸다.[24]

물론 그들의 뻔뻔함이 재미있기도 하고 그렇게 하는 것이 저자들의 이력과 은행 잔고에는 확실히 도움이 될 것이라는 점은 이해된다. 하지만, 그런 행위들이 결국 과학의 발목을 잡게 될 것이다. 해당 분야에 관심 있는 사람들은 한 권에 포함됐어야 했던 정보를 찾기 위해 23편에 달하는 논문을 읽어야 하는 불편함을 감수해야 할지도 모른다. 또한 이런 행위는 각 개별 논문을 검토해야 하는 편집자와 동료 평가자의 시간을 불필요하게 낭비하게 만드는 파렴치한 짓이다. 게다가 이런 행태가 만연하게 된다면 연구 결과를 모아 한꺼번에 길고 알찬 내용의 논문을 발표하는 양심적인 과학자들로서는 출판물의 절대량 자체가 적어지므로 현재의 고용 시장에서 양심 없는 과학자들에 비해 불리한 위치에 놓일 수밖에 없다.

물론 살라미 슬라이싱이 일어났다고 해서 각각의 슬라이스에 포함된 과학의 질이 반드시 나쁘다고 이야기할 수는 없다. 연구자들이 그렇게 노골적으로 과학 출판 시스템을 이용하려고 한다는 사실만으로 논문의 신뢰성 자체를 의심할 수는 없기 때문이다. 그러나 단순히 이력서를 꾸미는 것보다 더 사악한 목적을 가지고 있는 살라미 슬라이싱 사례도 있다. 임상 시험 시에 제약회사와 의약품 개발 연구진은 대중들이 모든 발표 논문에 관심을 기울이지 않는다는 점을 이용해 전략적으로 살라미 슬라이싱을 한다는 주장이 제기됐다. 연구 결과를 여러 논문으로 나누면 단지 한두 개의 논문이 발표됐을 때보다 약의 효능이 더 강력한 것처럼 비칠 수 있기 때문이다. 이것은 비록 기만적이기는 하지만 효과적 전략이라는 점은 부인할 수 없다. 모든 논문을 다 읽어볼 시간이 없는 의사들로서는 단순히 어떤 약에 대해 효능을 주장하는 논문이 여섯 편 나와 있을 때와 한 편의 논문이 나와 있을 때 전자를 참고해 처방할 가능성이 더 높기 때문이다. 의사들로서는 여섯 편의 논문이 사실상 같은 연구로부터 나온 것이라는 점을 알기 어렵다. 게다가 모든 의사가 같은 저널을 보는 것은 아니기 때문에 논문을 나눠서 발표하는 것은 더 많은 의사에게 접근하는 데 매우 효율적인 방법이다.

한 조사에서는 항우울제 약인 둘록세틴[duloxetine]에 대한 연구에서 살라미 슬라이싱이 심하게 이루어졌음을 발견했다. 많은 사례 중 하나만 들자면 둘록세틴 연구원들은 약의 효과에 대한 흑인과 백인의 인종 차이를 연구한 논문을 발표하고 난 다음 계속해서 히스패닉과 백인의 차이를 조사한 또 다른 논문을 발표했다. 하지만 모든 데이터는 같은 실험에서 나온 것이었다.[25] 두 논문이 하나의 논문에 함께 발표되지 못할 이유는 없다. 개발한 약을 알리기 위해 세운 '논문 발행 전략'의 일환으로 많은 수의 논문을 양산할 목적이 아니라면 전혀 그럴 이유가 없다. 이것은 과학이 아니라 마케팅이다. 의사들이 이러한 의도적인 전략에 현혹돼 자신들이 믿는 것보다 실제로는 훨씬 효과가 떨어지는 약을 환자들에게 처방한다면 결국 환자들이 그 약값을 치르게 된다.[26]

양이 질을 떨어뜨리고 있다는 또 다른 종류의 증거는 소위 '미끼 저널'의 출현이다. 지난 15년 동안 평범한 사람들의 눈에는 마치 진짜 과학 매체인 것처럼 보이는 웹사이트들이 급증해왔다. 이들 미끼 저널들은 정상적인 저널과 달리 동료 평가 과정을 거치거나 일반적 편집 표준을 적용하지 않는다.[27] 겉만 멀쩡해 보이는 이러한 과학 매체들은 더 많은 논문을 발표하고 싶어 하는 과학자들의 욕망을 이용하려는 비양심적 사업체들에 의해 운영된다. 그들은 종종 엉터리 영어로 된 스팸메일을 과학자들에게 보내 연구 결과 투고를 재촉하면서 자신들의 저널이 얼마나 빨리 논문을 게재해주는지에 대해 자랑한다. 안타깝게도 경험이 부족하고 신중하지 못하며 논문 발표에 목마른 많은 과학자들이 그 매체들에 논문을 투고함으로써 자신의 평판에 오점을 남기는 함정에 빠진다. 물론 가짜 저널에 논문을 게재하는 과학자들을 보면 쉽게 속는 사람이거나 무원칙한 사람이라고 짐작해도 무방할 것이다.[28]

미끼 저널과 합법적인 저널을 구별하는 것은 크게 어렵지 않다. 해당 웹사이트들이 형편없이 디자인돼 있거나 논문들이 엉망으로 조판돼 있는 것을 보고도 충분히 알 수 있기 때문이다. 이런 저널의 편집자는 사실상 들어본 적 없는 대학 출신이거나, 심지어 어떤 경우에는 존재하지 않는 대학 출신일 경우도 있다. 그러나 점점 합법적 저널과 미끼 저널 사이의 경계가 모호해지고 있다. 이로 인해 미끼 저널들의 목록을 작성하기는 점점 더 어려워지고 있다. 모든 사람이 만족할 만한 '미끼 저널'의 정의를 내리기도 어렵고, 해당 출판사에서 법적으로 대응할 위협도 도사리고 있기 때문이다. 빠른 속도로 새로운 가짜 저널들이 계속해서 등장하고 있는 것도 하나의 원인이다.[29]

최악의 미끼 저널이라면 투고된 모든 것들을 문자 그대로 다 실어줄 것이다. 심지어 가짜임이 명백한 것들까지도 여과 없이 모두 실을 것이다. 2014년 컴퓨터 과학자 피터 뱀플루Peter Vamplew는 미끼 저널인 〈국제 첨단 컴퓨터 기술 저널International Journal of Advanced Computer Technology〉이 끊임없이 보내는 스팸 메일에 너무 화가 나서 〈망할 메일링 목록에서 나를 삭제해줘Get Me Off Your Fucking Mailing List〉라는 제목의 장난 논문을 투고했다. 이 논문에서는 'Get me off your funcking mailing list'라는 문장을 모두 800번 이상 계속해서 반복하고 있다. 'Get & me & off & Your & Fucking & Mail & ing & List'라는 메시지를 화살표와 박스 표시를 이용해 플로차트로 그려 놓기도 했다. 그 잡지는 이 논문을 심지어 '우수하다'고 평가하면서 출판하기로 결정했다.[30]

엄밀히 말해서 살라미 슬라이싱이나 미끼 저널에 논문을 게재하는 것 중 어느 것도 규칙을 위반하는 것은 아니다. 모든 저널을 '미끼 저널'과 합법적 저널로 분류하는 것이 어려운 만큼, 무엇이 살라미 슬라이싱인지를 정의하는 것도 사실상 어렵다. 더 많은 논문을 발표하려는 일부의 과학자들이 항상 사기를 저지른다고 말하는 것은 더욱 아니다.

앞에서 살펴본 것처럼 사기는 지금까지 과학계에 항상 존재해왔다. 데이터를 수집하고 논문을 쓰는 과정이나 출판 과정에서 이런 종류의 사기가 나타나기도 한다. 예를 들어, 사기꾼들은 과학자들이 그들의 논문을 저널에 제출할 때 동료 평가자를 제안할 수 있다는 관행을 이용한다. 일반인들로서는 놀랍게 들릴 수 있는 관행이다. 논문을 투고자가 제안한 검토자에게 보낼지 혹은 저널이 확보하고 있는 검토자에게 보낼지는 전적으로 편집자가 결정한다. 이때 종종 편집자들은 전자를 택한다. 검토자를 제안하는 이런 아이디어는 바쁜 편집자가 논문을 검토해줄 수 있는 관련 분야의 전문가를 찾는 데 드는 부담을 덜어주기 위한 것이다. 하지만 이 제도는 남용될 여지가 충분하다. 논문 저자들이 논문 출판 승인을 쉽게 받기 위해 그들의 친구나 동료들을 검토자로 제안할 수 있기 때문이다.

그것만으로도 충분히 나쁜 일이지만, 항상 그렇듯이 사기는 늘 새로운 단계로 발전한다. 어떤 편집자는 생물학자 문형인(리트랙션 워치 순위 13위로서 35회 철회 기록)의 사례를 언급했다.

> 그는 가짜 신분과 계정을 이용해 자신이 직접 자신과 동료들을 논문 검토자로 추천했다. 구글링할 경우 확인할 수 있는 실존 인물의 이름도 제공했다. 하지만 자신이 그 사람들의 전자 메일 계정을 만들고 동료 연구원이 확인할 수 있게 한 다음 자기 논문에 대해 동료 평가 의견을 제출하는 데 사용했다. 또 다른 경우에는 이름과 이메일 주소를 모두 자신이 만들어내기도 했다. 이런 가짜 검토자들이 제출한 논문 검토 의견은 거의 항상 호의적인 편이었지만 가끔은 개선이 필요한 부분에 대한 제안도 들어 있었다.[31]

저널의 편집자들은 그가 제출한 논문에 대한 검토 의견들이 하나같이 24시간 내에 제출되는 것을 보고 의심하기 시작했다. 이것은 문형인 측에서 범한 초등학생 같은 실수였다. 실제 과학자들은 바쁜 것으로 악명

이 높다. 동료 평가 결과의 제출이 몇 주 혹은 몇 달 정도 늦는 것은 다반사다. 진짜 과학자들이라면 결코 정해진 제출 마감 시간에 논문 검토를 마치지는 못할 것이다. 물론 문형인 혼자만 이런 속임수를 쓰지는 않을 것이다. 논문 철회 데이터베이스인 리트랙션 워치에 주로 올라오는 사례가 바로 이런 논문 검토자와 관련된 사기이기 때문이다.[32] 과학 논문계에서 주요 출판사 중 하나로 활동하고 있는 스프링거는 2016년 그들이 운영하고 있던 저널 중 하나인 〈종양생물학Tumor Biology〉을 다른 회사에 팔아버렸다. 동료 평가 과정에서 일어난 사기 사건 때문에 4년 치 발행분에 해당하는 107개의 논문을 철회하고서 그들은 이런 사태에 깊은 절망감을 느꼈을 것이다.[33]

하지만 과학 출판계에 이런 우울한 일만 있는 것은 아니다. 아이러니하게도 잘못된 출판 관행에 의한 피해를 줄이는 데 있어 예상치 못했던 구세주로 등장한 현실이 하나 있다. 바로 이토록 많은 수의 사기 논문들이 다른 과학자들로부터 거의 관심을 받지 못하고 있다는 사실이다. 한 분석에 따르면 출판 후 5년 동안 의학 연구 논문의 약 12퍼센트와 자연과학 및 사회과학 논문의 약 30퍼센트는 다른 논문에서 전혀 인용하지 않았다고 한다.[34] 물론 이런 논문들이 결국은 나중에 인용되었을 수도 있고 혹은 인용 여부를 분석하는 과정에서 일부 인용 사실이 누락됐을 수도 있다.[35] 발표 논문의 수만 극대화하려는 시스템에서 생산된 질 낮은 논문들이 그다지 큰 영향력을 발휘하지 못한다는 점은 다행이지만, 뒤집어 생각하면 뭔가 크게 잘못됐다는 신호로 받아들여져야 한다. 우리의 시간과 연구비가 과학계에 거의 기여하지 못하는 이런 연구에 사용되고 있기 때문이다. 물론 인용 횟수가 적다는 것만으로 논문의 질이 나쁘다고 말할 수는 없다. 많은 논문이 과소평가되고 있을 수도 있다. 하지만, 과학자들이 과학을 발전시키기보다는 단지 일자리나 연구지원금을 따내기 위해 쓸모없는 논문들을 양산하고 있다면, 그토록 많은 논문이 동료 과학자들의 관심을 받지 못하는 것도 그리 놀랄 만한 일은 아니다.

h-지수와 자기 인용, 자기 표절

살라미 슬라이싱, 미끼 저널, 동료 평가자 사기와 같은 사례들은 과학자들을 총 발표 논문의 수로만 평가해서는 안 된다는 점을 분명히 반증하고 있다. 발표 논문의 수는 너무 쉽게 조작할 수 있기 때문이다. 이에 대한 한 가지 대안으로 제시된 것은 논문이 인용되는 횟수에 따라 과학자들을 평가하자는 제안이다. 이러한 대안에 따르면 발표된 논문이 과학 자체나 과학계에 실제로 얼마나 공헌하고 있는지를 더 잘 보여줄 수 있을 것이다. 하지만 극단적인 경우 다른 논문에 수천 번 인용된 아주 훌륭한 논문 한 편을 쓴 후, 후속 연구로는 아무도 읽지 않는 수십 편의 쓸모없는 논문들을 발표할 수도 있을 것이다. 그런 상황에서는 총 피인용 횟수가 과학에 대한 광범위한 공헌도를 잘 나타내지는 못하게 된다.

2005년 물리학자 호르헤 허쉬Jorge Hirsch는 이 문제를 해결하기 위해 한 가지 방법을 생각해냈다. 그는 이것을 h-지수라고 불렀다.[36] 어떤 과학자의 h-지수 값이 n이라면 그는 적어도 n번 인용된 적이 있는 논문을 n편 보유하고 있다는 뜻이다. 예를 들면 이 책을 쓰고 있을 때 나의 h-지수는 33이었다. 이는 h-지수의 정의상 33편의 논문이 각각 최소 33번씩 다른 논문에 인용됐다는 것을 뜻한다. h-지수의 영리한 점은 더 높은 점수로 올라가기가 점점 더 어려워진다는 것이다. 나의 h-지수를 33에서 34로 늘리기 위해서는 34번 인용된 논문을 추가로 발표하기도 해야 하지만, 동시에 기존에 있던 다른 논문들의 최소 인용 횟수도 모두 34번으로 늘어나야 하기 때문이다. 몇몇 저명한 과학자들처럼 수백에 달하는 h-지수를 보유하기 위해서는 스스로의 많은 노력은 물론이고 다른 연구자들의 관심도 반드시 필요하다. 구글에서 제공하고 있는 전문 학술 검색 엔진인 구글 학술검색Google Scholar에서는 자동으로 과학자들의 h-지수를 계산하고 있다. 이 때문에 나 자신을 포함한 많은 과학자의 경우 자신의 논문이 새롭게 다른 논문에 인용될 때마다 주기적으로 구글 학술검색에 접속해 업데이트를 확인하고 있다. 동시에 이런 사실에 대해 다들 약간씩은 계면쩍어하고 있다. 내 경험에 의하면, 이런 식의 연구자 평가 지표를 못마땅해하는 과학자라 하더라도 자신의 h-지수를 확인하는 데 전혀 관심이 없다고 말하는 것은 거짓말을 하고 있거나 구글 학술검색에 대해 들어본 적이 없거나 둘 중 하나일 것이다.[37]

이쯤 되면 과학자의 h-지수가 종종 고용과 승진 결정에 명시적인 고려 항목이 되고 있음을 예상할 수 있을 것이다. 그렇다면 과학자들은 강력한 동기를 가지고 자신의 논문이 인용되도록 노력할 것이다. 또한 많이 인용될 수 있는 논문을 많이 발표하기 위해 노력할 것이다. 하지만, h-지수와 같이 좋은 의도로 만들어진 제도의 경우에도 그로 인해 생긴 인센티브는 과학 자체가 추구하는 목표보다는 시스템 자체의 구미를 맞추는 행동을 유발하게 된다.

논문 인용을 유도하는 가장 확실하고 좋은 방법은 중요하면서도 획기적인 결과를 얻는 것이다. 하지만 일부 과학자들은 자신의 논문이 얼마나 대단한지를 저널과 세상에 알리기 위해 지나치게 과도한 시간을 소비하고 있다. 앞 장에서 살펴본 것과 같은 종류의 스핀은 논문 인용을 극적으로 늘리는 데 확실히 도움이 된다. 한 분석 연구 결과 유의미한 결과를 나타낸 논문은 효과 없음을 보고하는 논문에 비해 1.6배 더 자주 인용됐다. 반면 논문 저자들 스스로 실험 결과가 가설을 뒷받침한다고 명시적으로 결론 내린 논문의 경우 인용되는 횟수가 2.7배 증가했다.[38] 여기서 얻을 수 있는 교훈은 분명하다. 더 많은 인용을 원한다면 연구 결과 중에서 거칠고 현실적인 부분은 모두 깔끔하게 정리하고 긍정적으로 보이는 논문을 더 많이 작성하라는 것이다.

하지만 논문 인용 횟수를 증가시키는 훨씬 더 효과적인 방법은 놀랄 만큼 단순하다. 바로 자신의 논문을 스스로 인용하는 것이다. 한 분석 결과에 따르면 논문이 발표된 후 처음 3년 동안은 자기 인용이 전체 인용 횟수의 3분의 1을 차지한다고 한다. 자기 인용 관행은 불법과 합법의 중간 정도에 걸쳐 있다.[39] 과학은 점진적으로 발전하는 속성을 가지고 있다. 보통 연구자들은 특정 주제를 몇 년에 걸쳐 연구하게 된다. 따라서 연구 프로그램이 다음 단계로 진행할 때 이전 연구 결과의 인용을 막는 것은 옳지 않다. 하지만 어떤 사람들은 이런 점을 지나치게 이용하고 있다. 허용 가능한 자기 인용과 문제 있는 자기 인용 사이의 경계가 흐릿한 경우는 종종 있지만 일부 사례들에서는 이런 문제점이 명백하게 드러난다.[40]

2018년에 심리학자 로버트 스턴버그Robert Sternberg는 저명한 학술지 〈심리과학의 전망Perspectives in Psychological Science〉 편집장에서 물러났다. 여러 문제들이 있었지만 특히 그중에서도 자신의 논문을 자기 인용한 사례들로 인해 거센 비판을 받았기 때문이다.[41] 사건의 전말은 이렇다. 흔히 저널 편집자들은 해당 호에 게재된 논문에 대해 자신의 의견을 제시하는 사설을 쓴다. 스턴버그는 이런 사설을 쓸 때 지나치게 자신의 논문을 자주 인용했다. 심지어 그가 7개의 사설을 쓰면서 인용했던 논문 중 46퍼센트가 자신의 논문이었다. 그중 한 사설에서는 자기 인용 비율이 65퍼센트에 달했다.[42] 편집자는 저널에 어떤 논문을 게재할 것인지를 결정하는 사람이다. 따라서 자신의 지위를 이용해 h-지수를 올리는 일을 하지 않도록 하는 자기 제어 능력이 필수적이다. 일부 편집자의 경우 다른 편집자보다 이러한 자기 제어 능력이 심하게 떨어지는 것으로 보인다.

만약 이런 식으로 자신의 h-지수를 조작하는 것이 너무 노골적이라고 느껴진다면, 다른 사람들을 동원해 자신의 h-지수를 올리는 방법도 있다. 거의 모든 과학자가 적어도 한 번쯤은 자신의 논문을 심사하는 익명의 동료 평가자로부터 우연히 같은 저자가 쓴 것으로 보이는 X, Y, Z 논문을 인용할 것을 권고받은 적이 있을 것이다. 그 논문들의 저자는 틀림없이 익명의 동료 평가자 자신이었을 것이다. 이런 일이 단순하게 해프닝으로 끝나는 수준을 넘어선다는 몇 가지 증거가 있다. 동료 평가 과정에 대한 조사 결과, 논문 인용을 '제안'하는 동료 평가자 중 29퍼센트가 검토자 자신의 논문을 제안하고 있음이 밝혀졌다. 그리고 이러한 자기 인용에 대한 제안은 논문의 동료 평가 결과가 부정적인 경우보다는 긍정적인 경우에 더 많았다. 즉, 동료 평가자들은 주로 저널 게재가 승인될 논문을 대상으로 자신들의 논문을 인용할 것을 제안한다는 것이다.[43]

스턴버그는 살라미 슬라이싱과 자기 인용을 섞어 놓은 행위에 해당하는 자기 표절에도 관여했다. 이전에 다른 곳에서 출판했던 논문에 실린 문장들을 새 논문에 다시 사용하는 것이다. 어떻게 자기 표절이란 것이 가능한지 궁금해할 것이다. 표절이란 것이 원래 다른 사람의 아이디어와 문장을 훔치는 것 아닌가? 예전에 썼던 문장을 재활용하는 것을 게으른 행위라고 할 수는 있겠지만, 적어도 그것이 세상에 나쁘거나 잘못된 아이디어의 수를 증가시키는 것은 아니지 않은가? 그러나 자기 표절은 저작권이 있는 경우에 저자로서의 계약을 파기하는 행위다. 더 나아가 저자가 쓴 논문이 최초의 연구 결과일 것이라고 생각하는 독자들과의 암묵적 계약을 위반하는 행위다. 겉으로 보기에는 매우 생산적으로 보일 수 있겠지만 사실은 같은 아이디어를 반복해서 써 먹고 있는 것에 불과하다. 살라미 슬라이싱과 마찬가지로 이런 행위는 연구자들의 이력서를 비교할 때 유리하게 작용하는 기울어진 운동장을 만들어낸다.

최근 몇 년 동안 많은 과학자들이 아무런 언급도 없이 꽤 긴 텍스트 단락 혹은 전체 논문을 여러 저널에 게재한 사실이 적발됐다. 스턴버그가 저지른 일 중 하나로는 〈인지교육과 심리학 저널〉에 투고했던 논문과 그가 오래전에 썼던 책의 일부 텍스트를 조합해 논문 제목만 '인지교육'에서 '학교 심리학'으로 바꾸어 〈학교 심리학 인터내셔널〉에 게재한 사례가 있었다.[44] 이 저널의 편집자는 나중에 이 논문을 '중복 출판'이란 이유로 철회했다.[45] 호주 학계를 표본으로 한 소규모 분석 연구의 결과, 이전에 발표했던 논문의 10퍼센트 또는 그 이상의 텍스트를 출처를 밝히지 않고 재사용하는 행위를 자기 표절로 정의할 경우, 조사된 저자 10명 중 6명이 자기 표절에 해당한다는 것을 발견했다.[46]

수단이 목표가 되면 길을 잃고 만다 – 굿하트의 법칙

지금까지 살펴본 바와 같이 과학자들이 출판과 인용 시스템을 악용하는 방법들을 심지어 여러 저널에서도 쓰고 있다. 이는 과학 저널이 과학적 표준을 보증하는 주체가 돼야 한다는 측면에서 볼 때 매우 당혹스러운 일이다. 현재 과학이 직면한 문제들이 시스템적으로 이뤄지는 증거로 볼 수 있는 사안이며 곧 과학 문화 전체가 잘못된 방향으로 가고 있다는 것을 의미한다.

개인들의 h-지수에 해당하는 저널에서의 비교 척도가 바로 임팩트 팩터impact factor다. 이것은 원래는 한정된 예산의 대학 도서관 사서들이 어떤 저널을 구독할지 선택할 수 있도록 돕는 도구로서 고안된 것이다.[47] 그러나 시간이 지남에 따라 저널의 중요성과 명성을 공식적으로 인정하는 척도로 변했다. 일반적으로 매년 계산되는 임팩트 팩터는 해당 저널에 게재된 최근 논문들이 1년 동안 인용된 평균 횟수다.[48] 내가 이 글을 쓰고 있는 시점에 세계 최고의 저널이라고 평가 받고 있는 〈네이처〉와 〈사이언스〉의 임팩트 팩터는 각각 43.070과 41.063이다. 반면 출판계에서 최하위에 가까운 저널들은 임팩트 팩터가 한 자릿수에 머물고 있다.[49]

임팩트 팩터는 평균값이다. 동일한 저널에 발표됐다 하더라도 논문마다 운명이 크게 다를 수 있기 때문에 매우 폭넓게 분포하는 숫자들을 모두 평균한 값이 될 것이다. 인용 횟수 분포는 소득 분포와 비슷하다. 상위권에 있는 몇 개의 논문이 대부분의 피인용 횟수를 가져간다. 그리고 대다수의 논문들은 상대적으로 적은 인용 횟수에 머무르게 된다.[50] 즉, 많은 인용 횟수를 받은 상위권 논문들이 전체 평균치를 끌어 올리게 되는 구조다. 저널 자체의 임팩트 팩터가 높다 하더라도, 〈네이처〉에 막 게재된 논문이 가까운 시일 내에 43번의 인용 횟수를 기록할 것이라고는 기대하기 어렵다. 마치 당신이 어떤 나라에서 무작위로 만나는 사람들이 그 나라의 평균 수입만큼 벌 것이라고 기대할 수 없는 것과 마찬가지다.

그럼에도 불구하고 현 제도 아래에서는 저널의 임팩트 팩터가 클수록 저널의 명성이 높다는 것을 의미한다. 오늘날 대부분의 저널은 엘스비어나 스프링거와 같은 영리 기업들이 운영하고 있다. 저널의 편집자들은 당연히 해당 출판사로부터 임팩트 팩터를 올리라는 강한 압력을 받는다. 심지어 이런 압력이 과학적 진실성과 충돌하는 경우도 있다. 일부 편집자들은 스턴버그가 썼던 수법처럼 자신들의 잡지에 실리는 논설에 많은 논문을 인용한다. 그리고 이때 '공고롭게도' 지난 2년 이내에 같은 저널에 게재된 발표 논문만을 인용한다. 매년 임팩트 팩터를 계산할 때 2년 이상 지난 논문은 포함시키지 않기 때문이다.[51] 몇몇 편집자들은 우리가 앞에서 봤던 동료 평가자들처럼 이른바 '강제 인용' 관행에 참여한다. 동료 평가 과정 중에 논문의 저자들에게 자신들의 저널에 게재된 이전 논문의 목록을 인용할 것을 강하게 요구하는 것이다. 이때 저자들에게 인용하도록 요구하는 이전 논문들이 현재 검토 중인 논문과 엄밀하게 관련이 있는지 여부는 중요하지 않다. 한 조사에서 밝혀진 바에 의하면 약 5분의 1의 과학자들이 논문 출판 과정에서 이런 요구를 받은 적이 있다고 한다.[52]

일부 극단적인 사례에서는 몇몇 저널의 편집자들이 모여서 서로 논문을 인용해주자는 이면 합의를 통해 '논문 인용 카르텔'을 만들기도 한다. 2012년 출판 컨설턴트인 필 데이비스Phil Davis에 의해 끔찍한 일이 폭로됐다. 그가 추적했었던 토끼굴처럼 복잡한 인용 커넥션을 여기에 소개할 필요가 있을 것 같다.

2010년 한 리뷰 논문이 〈의학 과학 모니터Medical Science Monitor〉에 실렸다. 이 리뷰에는 총 490편의 논문이 인용됐는데 그중 445편은 모두 〈세포 이식Cell Transplantation〉이라는 저널에 2008년과 2009년에 게재된 논문들이었다. 나머지 45편의 논문 중 44편은 리뷰를 실어준 〈의학 과학 모니터〉의 과거 논문을 인용하고 있었다. 놀라운 것은 이 리뷰 논문의 저자 4명 중 3명이 〈세포 이식〉 저널의 편집위원이었다는 사실이다.

같은 해인 2010년에는 이들 편집자 중 2명이 124편의 논문을 인용하며 〈사이언티픽 월드 저널The Scientific World Journal〉에 리뷰 논문을 게재했는데, 이 중 96편이 2008년과 2009년에 〈세포 이식〉에 게재된 논문들이었다. 나머지 28편 중 26편은 2008년과

2009년 〈사이언티픽 월드 저널〉에 게재된 논문들이다. 어떤 일정한 패턴이 나타나고 있는 것을 알 수 있다.[53]

이러한 논문 인용 카르텔이 늘고 있는 상황에서 임팩트 팩터를 산출하는 기업인 톰슨 로이터Thomson Reuters가 특정 학술지들을 순위에서 제외하기 시작한 것은 바로 이런 '비정상적 인용' 관행 때문이다.[54]

논문 출판 횟수 및 h-지수와 마찬가지로 임팩트 팩터 역시 의도적으로 조작할 수 있는 지표다. 과학자들이 자기 인용, 인용 강요, 그리고 다른 의심스러운 인용 관행을 이용해 이 숫자들을 인위적으로 부풀리기 시작하면 이런 지표들은 과학의 질을 가늠하는 척도로서의 의미를 잃는다. 그럴 경우 해당 지표들은 어떤 과학자와 학술지가 최고인지를 나타내기보다는 어떤 학술지가 그 지표를 높이는 것에만 주로 초점을 맞추고 있는지 보여줄 뿐이다. 이것은 '지표 자체가 목표가 되면 더 이상 좋은 지표로서의 기능을 상실한다'라고 하는 굿하트의 법칙Goodhart's Law이 증명되는 분명한 사례다.[55] 우리가 앞서 살펴봤던 사례들처럼 현대 과학계에서는 이러한 지표들의 의미가 변질돼 달성해야 할 목표가 돼버렸다. 이로 인해 전혀 예측하지 못했던 결과들을 만들어내고 있다. 반복 재현성, 엄격함, 진정한 과학적 진보와 같은 가치에 앞서 무의미한 지표와 피상적인 통계 수치만을 선호하는 비뚤어진 인센티브 구조가 만들어진 것이다.

특히 이처럼 쓸모없는 숫자들의 덤불 속에 갇혀 있는 사람들이 바로 순수한 과학자들이라는 사실이 실망스럽다. 그들은 통계에 가장 정통하고 이것들의 오용에 가장 비판적이어야 할 사람들이다. 그들 스스로도 이러한 허무하고 잘못된 지표들이 중시되는 시스템에서 일하고 있다는 것을 발견하게 되는 아이러니한 상황에 놓여 있다. 처음에는 과학자나 저널의 기여도를 정량화할 수 있는 유용한 지표가 과학적으로도 매력적으로 보일 수 있다. 결국 객관적 정량화가 과학이 가진 고유한 강점 중 하나이기 때문이다. 하지만 굿하트의 법칙에 따르면, 어떤 가치를 대표하기 위해 만들어진 수치가 그 가치보다 더 큰 목표가 되는 순간 우리는 완전히 길을 잃게 된다. 그 가치란 우리의 지식 체계에 큰 기여를 하는 연구를 찾는다는 원칙이다. 이러한 지표들은 단지 어떤 지위를 얻기 위해 경쟁하는 개별 과학자들만이 추구하는 전유물이 더 이상 아니다. 이미 대학과 과학 출판 시스템에 이런 지표들이 구조적으로 녹아들어가 있다. 과학 시스템이 추구해야 할 가장 중요한 목적에서 얼마나 멀어지고 있는지를 보여주는 또 다른 사례가 되겠다.

나쁜 과학의 자연 선택

이 책을 통해 우리는 과학자들을 잘못된 연구로 이끄는 수많은 요인들을 살펴봤다. 그들 자신의 이론에 너무 현혹되거나 스스로 유의미한 변화를 만들었다고 느끼기를 간절히 원하는 과학자들이 많다. 그들은 이런 목적을 달성하는 데 방해가 되는 어떤 애매모호함도 허용하지 않는다. 목적 달성을 위해서는 데이터를 조작하거나 p-해킹도 마다하지 않고 실행한다. 주로 돈, 지위, 권력, 혹은 명성에 대한 열망에 의해 움직이는 과학자들이다. 사기꾼이나 다름없을 만큼 진실에 대해 조금도 관심을 갖지 않는 과학자들도 있다. 자신의 연구에 포함된 오류도 체크하지 못할 정도로 너무 바쁘거나 스트레스를 받고 있는 과학자들, 자신들이 훈련받은 방식에 대해 의문을 갖지 않고 똑같이 잘못된 관행을 계속 따르는 과학자들도 있다. 그렇다면 앞에 언급한 모든 사례들의 원인이 되고 있는 잘못된 과학 출판 시스템을 단지 남의 일처럼 방치하는 것이 옳은 일일까? 논문 출판 횟수, 논문 인용 횟수, 그리고 연구 보조금 지급에 우선순위를 두는 비뚤어진 인센티브 시스템이 과학계에 만연한 조작, 편향, 부주의, 과장의 직접적인 원인이라고 진지하게 말할 수 있을까?

앞 장에서 살펴본 여러 문제적 관행들 중 하나를 과학자가 저지를 때 그의 마음에 어떤 일이 일어나고 있는지는 결코 알 수 없다. 하지만 적어도 가장 합리적인 설명을 추론해볼 수는 있다. 과학자들은 인간이고, 인간은 인센티브에 반응한다. 우리가 관찰하고 있는 과학의 문제들은 전 세계와 과학 분야 전반에 걸쳐 매우 광범위하게 퍼져 있다. 따라서 이에 대한 설명은 더 넓은 영역인 과학 문화에서 찾아야 한다. 우리는 단지 몇 개의 썩은 사과가 과학계 전체를 망치는 문제에 대해서 이야기하는 것이 아니다. 최근 수십 년 동안 과학계에 나타난 추세를 살펴보자. 논문의 기하급수적 증가, 대학에서의 논문 출판 횟수, 논문 피인용 횟수, h-지수 및 연구 지원금에 의해 교수를 선발하는 관행, 임팩트 팩터와 새롭고 흥미로운 연구 결과에 대한 집착, 그리고 이런 수요가 있기 때문에 나타난 미끼 저널과 같은 현상 등이 있다. 이런 환경에서 일하고 있는 과학자들에게 나쁜 행동들이 나타나지 않는다면 그것이 오히려 이상한 일이 아닐까? 물론 문제가 인센티브 자체보다는 시스템을 운영하는 방법에 있을 수도 있기 때문에 다른 원인을 찾는 것을 멈춰서는 안 된다. 하지만 논문 출판 횟수에 주어지는 인센티브가 적어도 과학을 타락시키는 한 가지 원인이라는 주장은 과학자들이 처해 있는 현실을 꽤 훌륭하게 설명해준다. 적어도 우리에게 현재 일어나고 있는 모든 범죄에 적용해봤을 때 잘 들어맞는 범행 동기라고 말할 수 있다.

과학계 전체 시스템에 대한 메타 과학 연구는 엄청나게 어려운 일이다.

과학계에 존재하는 모든 직종, 수천 개의 대학과 학술지, 국가별 상황, 다양한 연구 분야를 총망라해야 하기 때문이다. 그렇다고 해서 단지 추측만 하고 있을 수는 없다. 이를 위해 몇몇 독창적인 과학자들은 과학 출판 시스템을 시뮬레이션하기 위한 컴퓨터 모델을 고안했다. 그런 다음 인센티브 제도가 과학 연구에 어떻게 영향을 미치게 되는지에 대해 연구했다.

이러한 컴퓨터 모델들 중 일부는 과학적 시스템 자체를 진화론적 측면에서 바라본다. 앞에서 나는 대학에서 교수직을 얻기 위해 이력서가 길어지는 과정을 짝을 유혹하기 위해 점점 더 화려한 외양을 띠도록 진화하는 성 선택 과정에 비교했다. 추가적으로 또 다른 진화적 비유를 들어 이런 상황을 설명할 수 있다. 우리가 살펴봤던 것처럼 현재의 과학 체계는 부정한 방법을 사용하는 사람들에게 더 많은 보상을 주는 방향으로 짜여져 있다. 만약 지위, 돈 또는 다른 비과학적 목표보다는 오로지 과학 자체만을 위해 일하고 있으며 신뢰할 만한 사람들이 현재의 시스템 내에서 경쟁할 수 없다면, 그들은 학계에서 물러나 다른 직업을 가질 가능성이 높다. 꼭 그렇지는 않더라도 적어도 그들은 과학계 내에서 최고의 지위를 차지하는 데 있어서 경쟁력이 떨어질 것이다. 현재의 과학 시스템은 우리가 신뢰할 수 없는 연구 방법을 사용하도록 과학자들을 몰아가고 있다. 그뿐만 아니라 그것을 바로잡아야 한다는 신념을 가진 과학자들을 자연 선택 하기보다는 규칙을 위반하는 것이 더 행복한 사람들을 선택하는 방향으로 진화하고 있다.

인지과학자인 폴 스말디노Paul Smaldino와 생태학자 리처드 매컬리트Richard McElreath가 만든 컴퓨터 모델은 아마도 이런 진화 과정이 시간에 따라 어떻게 변화하는지를 가장 생생하게 보여주는 예라고 할 수 있을 것이다.[56] 이 컴퓨터 모델은 같은 스토리가 여러 차례 반복되는 게임과 닮아 있다. 모델에서는 처음에 여러 개의 가상 연구소가 등장한다. 각 연구소들은 거짓 양성 결과를 방지하기 위해 다양한 수준의 노력을 기울이면서 새로운 가설을 테스트하는 연구를 진행하고 이 연구 결과를 발표하려 한다. 만약 이 과정에서 연구소가 긍정적 효과를 보이는 연구 결과를 발견하는 경우 그것은 논문 출판으로서 보상을 받도록 프로그램돼 있다. 하지만 실험 결과에서 그런 긍정적 효과를 발견하지 못한다면 논문 출판이라는 보상을 받지 못하게 된다. 이 모델에 따라 시뮬레이션해보면 이 과정이 반복될 때마다 더 많은 논문을 출판한 연구소가 진화적으로 '번식'할 가능성이 더 높아진다. 이러한 연구소들이 박사 과정 학생을 교육시킨 후 내보내어 각자의 연구실을 재구성하게 하기 때문이다. 이렇게 되면 과학계에 긍정적 결과만을 얻는 높은 수준의 꼼수가 과학계 전반에 확산되게 된다. 모델이 계속 진행됨에 따라 인센티브는 더 치명적인 힘을 마법처럼 발휘한다. 진화론적으로 비유하자면, 더 많은 논문을 발표한 가상의 연구소에게 '번식'이라는 인센티브를 주게 되면 점점 더 많은 연구소들이 연구의 과학적 품질을 지키려는 노력을 더 적게 기울이는 방향으로 진화하게 된다. 이는 거짓 양성 결과를 얻는 것이 참 양성 결과를 얻기 위해 들이는 노력과 비교할 때 결과적으로 발표 논문 건수에서는 별 차이가 없지만 훨씬 적게 노력해도 되는 효율적인 방법이기 때문이다. 결국, 자연 선택에 의해 거짓 양성 결과의 논문 발표 비율이 급증하게 된다. 스말디노와 매컬리트는 이것을 '나쁜 과학의 자연 선택'이라고 불렀다.

다른 컴퓨터 모델들도 현재의 과학 출판 시스템에 대해 비슷한 결론을 내리고 있다. 한 연구에서는 과학 저널의 논문 혁신성에 대한 선호도가 너무 강할 경우, 야심차고 공격적인 과학자가 취하게 될 최적의 전략은 '거짓 양성 결과가 아무리 많이 나올지라도 많은 노력을 기울일 필요 없이 소규모의 연구를 간단하게 수행하는 것이 논문 발표 건수를 최대화하기 위해서는 최선'이라는 것을 발견했다.[57] 다른 모델들의 경우 역시 과학 저널들이 긍정적 효과를 보여주는 결과에 집착할 경우 '성실한 과학 대신 거짓 양성 및 부정한 결과에 잘못된 보상'을 하게 되는 것으로 밝혀졌다.[58] 물론 컴퓨터 모델은 수많은 변수들이 숨어 있는 현실과는 다르다. 그러나 이렇게 단순화된 시뮬레이션은 앞에 제시한 추론의 뼈에 수학적 살을 붙일 수 있는 강점을 가지고 있다. 즉, 인센티브 시스템의 약점이 시간이 지남에 따라 과학 연구의 질을 얼마나 악화시킬 수 있는지를 이론적으로 증명할 수 있게 되는 것이다.

'발표하지 않으면 사라진다'는 논문 발표 시스템

로스앤젤레스의 게티Getty 센터에는 네덜란드의 황금시대 화가 코르넬리스 베가Cornelis Bega가 그린 〈연금술사The Alchemist〉라는 그림이 걸려 있다.[59] 그림에는 연금술사가 지저분한 실험실에서 금속을 금으로 바꾸려다 실패해 깨진 항아리, 그릇, 병들에 둘러싸여 있다. 일반적인 믿음과는 달리 당시의 연금술이 이 그림에서 묘사하는 것만큼 가치가 없었던 것은 아니다. 일부 연금술 활동들이 지금은 우리가 화학이라고 부르는 학문의 초기 활동과 그 경계를 구분할 수 없을 만큼 밀접했기 때문이다.[60] 그림에서 베가는 금에 대한 집착이 가져오는 허무함에 대해 표현하고 있다. 현대 과학이 추구하는 인센티브 시스템에 대한 완벽한 비유라고 볼 수 있다. 논문 출판이나 인용 횟수와 같은 학문적 금은보화를 추구하는 세태는 훼손되고 쓸모없는 연구 결과라는 쓰레기를 우리에게 남기고 있기 때문이다.[61]

비뚤어진 인센티브는 심술궂은 요정처럼 작용한다. 자신이 요구했던 것을 주지만 반드시 원했던 그것을 주지는 않는다. 논문 발표 수를 장려한다면 당장은 자신이 원했던 것을 얻을 수는 있다. 하지만 그에 따라 과학자들은 실수를 점검하는 시간이 줄어들고, 살라미 슬라이싱이 판을 치는 것을 각오해야 한다. 영향력이 큰 저널에 논문을 발표하는 것을 장려한다면 이 역시 원했던 것을 얻을 수는 있다. 하지만 이를 달성하기 위해 과학자들이 온갖 p-해킹, 출판 편향, 심지어 사기까지 저지르게 되는 상황에는 대비해야 할 것이다. 연구 자금을 받기 위해 경쟁하는 것을 장려한다면

코르넬리스 베가, 〈연금술사〉, 1663, 게티 미술관

원하는 바를 얻을 수 있다. 하지만 연구 자금을 지원하는 사람들의 눈길을 끌기 위해 연구 결과를 과장하고 부풀리는 것에 대해서도 준비가 돼 있어야 한다. 현재의 과학 연구 지원금 제도 및 출판 시스템이 표면적으로는 연구 생산성과 혁신을 촉진하는 것처럼 보일 수 있지만, 아이러니하게도 노력이라는 단어에 깃든 정신보다는 글자 그 자체만을 따르는 사람들에게 보상하는 결과를 낳게 된다.[62]

인센티브 제도에 문제가 있다는 것을 알게 된다는 것이 곧 나쁜 관행에 참여하는 과학자들의 책임을 면하게 해주지는 않는다. 우리 모두는 인센티브라는 것이 거부할 수 없는 강력한 힘을 가지고 있음을 느낀다. 그런데도 과학을 위해서 우리 스스로가 그 힘을 거역하기 위해 최선을 다해야 한다.[63] 하지만, '발표하지 않으면 사라진다'는 시스템이 주는 엄청난 무게를 견뎌낼 필요가 없는 환경이 만들어진다면, 우리가 세상에 대해 새로운 발견을 하려고 할 때 더할 나위 없이 좋을 것이다. 과학자들이 열심히 일하고 창의력을 발휘하도록 동기를 부여하면서도 동시에 과학을 하는 과정이 조심스럽고 엄격할 수 있다면 최선일 것이다. 이런 환경이 조성된다면 단순히 논문을 발표하는 것보다는 제대로 된 연구를 하는 것이 더 존중받는 세상이 될 것이다.[64] 그렇다면 어떻게 이런 목표를 달성할 수 있을까? 어떻게 하면 비뚤어진 인센티브 제도를 개선해 과학에 대한 신뢰도를 높일 수 있을까? 그것이 우리가 다음 장과 마지막 장에서 논의할 주제가 되겠다.

제8장:
과학을 고치기 위한 시작

과학적 발견 과정은 … 과거 300년보다 향후 20년간 더 많이 바뀔 것이다.

_마이클 닐슨, 《과학의 미래》(2008)

2018년에 발표된 메타 과학 논문 한 편에는 우리가 이 책에서 살펴봤던 과학계에 만연하고 있는 거의 대부분의 문제들이 요약돼 있다. 정신의학 연구원인 임제 안나 드 브리스Ymkje Anna de Vries와 그녀의 동료들은 신약 시험과 그 결과를 세상에 발표하는 과정에서 일반적으로 발생하는 모든 일들을 단계별로 조사했다.[1] 우선 그들은 미국 식품의약국FDA에 의해 승인된 105개의 각기 다른 항우울제 실험을 연구 대상 표본으로 골랐다. 이렇게 표본으로 고른 신약 시험 결과는 우연히도 양성 대 음성 결과의 비율이 거의 50 대 50이었다. 53개의 실험에서는 해당 항우울제가 대조군이나 위약보다 효과가 좋았고, 52개의 실험에서는 무효(FDA는 '부정적'이라고 언급하고 있다) 또는 '의문스러운' 결과를 얻었다.[2] 여기까지는 현실에서 충분히 일어날 수 있는 현상이다. 일부 실험에서는 유의미한 결과가 나타났고 일부 연구에서는 그렇지 못했다. 문제는 그다음이었다.

드 브리스 팀은 모든 연구 대상 실험 과정을 조사한 결과, 출판 세탁 과정이 있음을 발견했다. 어지럽고 다양한 효과를 보여주는 실제 실험 결과들을 과학적으로 획기적인 발견을 이룬 것처럼 보이도록 훨씬 더 깔끔한 내용으로 바꾼 정황이 드러났다. 이 과정에서 약효가 의문시되던 약품들은 실제보다 훨씬 더 효과적으로 보이는 약으로 바뀌게 된다. 이런 세탁 과정의 첫 번째 단계는 출판 편향이다. 시험 결과가 양성으로 나온 연구는 98퍼센트(53건 중 52건)가 논문으로 발표된 반면, 시험 결과가 음성인 경우 48퍼센트(52건 중 25건)만이 발표됐다. 실제 결과는 양성 대 음성 비율이 거의 같았으나 논문 출판 과정을 거치는 동안 양성 대 음성의 비율이 2:1이 된 것이다. 우리가 알다시피 과학 저널들은 무효인 연구 결과를 선호하지 않는다. 그러나 모든 과학적 연구 데이터들을 선명하게 남기는 차원에서 볼 때 무효인 연구 결과들도 볼 수 있는 시스템이 필요하다.

두 번째 단계는 p-해킹이다. 원래 의도했던 연구 결과가 통계적으로 유의미하지 않게 나타나면 과학자들은 연구의 초점이 원래부터 다른 쪽에 있었던 것처럼 소위 '결과 스위칭'을 실시한다. 이 사례에서도 결과 스위칭이 일어났고 10건 이상의 연구들이 부정적 결과에서 긍정적 결과로 바뀌었다. 제4장에서 살펴본 대로 결과 스위칭이 일어나면 거짓 양성 결과를 보고할 확률이 높아지게 된다. p-해킹 과정을 거쳤는데도 여전히 부정적 결과로 남은 연구가 52건 중 15건이었다. 이 시점에 이른바 '스핀' 기술이 들어온다. 15건의 연구 중 10건은 논문 요약부나 본문 중에 결과를 더 긍정적으로 보이도록 문장을 미화하거나 부풀리는 스핀이 들어가 있다.

이러한 출판 편향과 스핀 과정을 거치자 분명하게 음성 연구 결과로 남은 것은 단 5건에 불과했다. 이것은 애초에 연구 결과가 부정적으로 나타났던 52건에 비하면 10분의 1밖에 되지 않는 비율이다. 그리고 이어지는 마지막 과정에서는 더 심각한 문제가 일어나고 있다. 후속 연구들에서 부정적인 결과보다는 긍정적인 결과를 세 배나 더 많이 인용하고 있기 때문이다. 우리를 의기소침하게 만드는 이런 과정들의 전체 프로세스를 그림 4에 단계별로 설명해 놓았다.

이런 일은 항우울제 연구에서만 일어나는 것은 아니다. 심리학 분야에 새롭게 등장한 심리 치료 실험에서도 유사한 일들이 일어나고 있다는 것을 발견했다.[3] 실제로 과학 연구의 거의 모든 곳에서 정도의 차이만 있을 뿐 같은 일들이 일어나고 있다고 보면 된다. 이로 인해, 특정 연구 분야에서의 전체적 결과를 파악하려는 메타 연구는 완전히 왜곡된 관점을 갖게 된다. 불행히도 사전 실험 등록부를 자세히 들여다보지 않는 한 결과가 왜곡됐다는 사실을 알 방법도 없다. 더구나 사전 실험 등록 규정은 의학계를 제외하고는 요구하는 분야가 없다. 드 브리스의 연구에서는 연구 기획이나 분석 단계에서 사기나 실수가 발생할 가능성은 고려하지 않고 있다. 또한 언론이나 마케팅 용도로 새로운 치료법을 발표할 때 과장이 존재하는지 여부에 대해서도 조사하지 않았다. 하지만 우리는 현실에서 이러한 일들이 항상 일어나고 있으며, 이로 인해 연구의 진실성이 가려지고 있다고 간주해야 한다.

드 브리스와 그녀의 동료들이 발견한 것은 이상적 과학과는 분명히 거리가 멀었다. 이 책의 시작 부분에서 과학은 출판 과정과 동료 평가 과정이라는 사회적 과정을 통해 진실을 세상과 공유하고 우발적 오류를 걸러낸다는 이상적 목표를 지향하고 있다고 했다. 하지만 현실은 그렇지 않았다. 그렇다면 이런 위기로부터 어떻게 과학을 구해내야 할까? 과학 출판 시스템, 연구 자금 지원, 순위를 매기는 프로세스의 저변에 깔려 있는 문

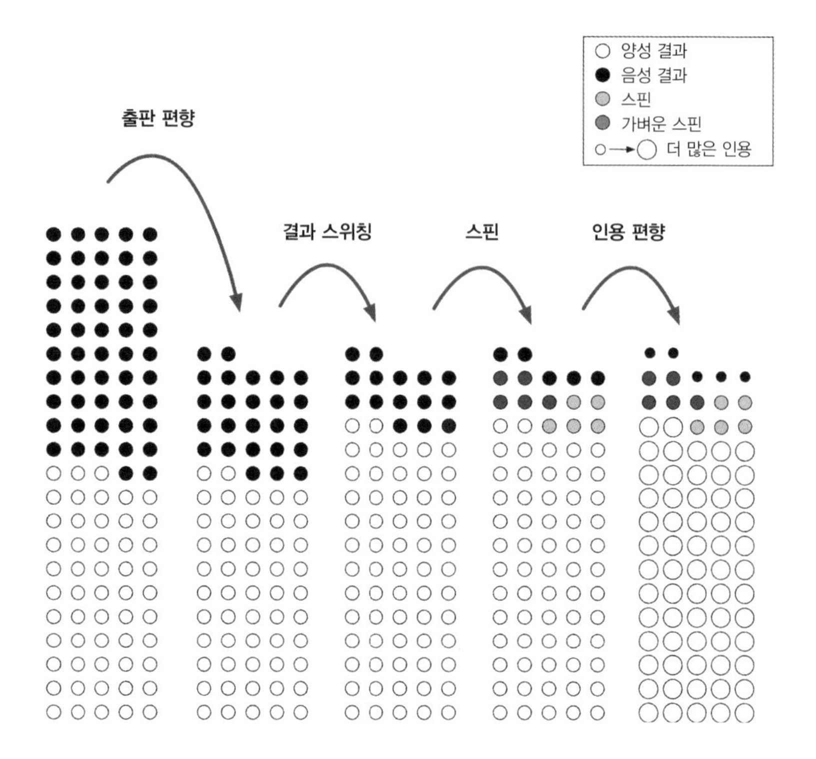

그림 4. 부정적인 결과를 숨기는 편향과 스핀이 일어나는 흐름도. 각각의 점은 항우울제 실험을 나타내고, 검은 점은 음성 결과를 나타내는 실험이다. 그림에서 보면 좌에서 우로 이동하면서 음성 결과가 사라지는 것을 볼 수 있다. 음성 연구는 양성 연구보다 훨씬 적게 발표되고, 결과 스위칭에 의해 양성 연구로 바뀌며, 스핀에 의해 약간 또는 상당한 정도로 양성 연구처럼 보이도록 변경되고, 음성 연구는 양성 연구보다 훨씬 적게 인용됨에 따라 마지막 단계에서는 양성 연구 점의 크기가 부풀려진다. 결국 마지막에는 거의 긍정적인 결과만 남게 된다. [드 브리스, 〈심리 의학 저널〉(2018년)]

화와 인센티브 시스템을 어떻게 재정비해야 화려한 스토리 대신 진실과 신뢰성을 갖춘 연구를 더 우대할 수 있을까? BBC 라디오 다큐멘터리의 제목을 빌려서 표현하자면 '우리는 어떻게 과학자들로부터 과학을 구할

수 있을까?'

이 장에서는 이러한 질문에 대한 몇 가지 답을 간략히 설명하려 한다. 우선은 지금까지 살펴본 조작, 편향, 부주의, 과장이라는 네 가지 주요 문제점들을 예방하거나, 최소한 그 영향을 완화할 수 있는 다양한 시도에 대해 살펴보겠다. 그런 다음 우리는 과학자들이 일상적으로 수행하는 업무뿐만 아니라 과학 문화 자체를 변화시킬 방법에 대해 논할 것이다. 우리가 다룰 변화들 중 일부는 이미 진행 중인 것도 있다. 다른 것들은 급진적인 제안들로서 과학이 이루어지는 방식에 혁명적인 변화를 일으킬 만한 것들이다.

모든 연구에는 오류가 있다

우리가 제3장에서 살펴본 바에 의하면 종종 대학들은 과학 사기꾼들을 보호했다. 우리가 앞서 살펴보았던 디데릭 스타펠, 파올로 마키아리니, 황우석, 얀 헨드릭 숀 등을 포함한 유명한 사기꾼들의 경우 결국 비밀의 댐이 무너지면서 사건이 폭로된 사례들이었다. 그러나 그보다 낮은 수준의 연구 부정행위 사례에서는 좀처럼 과학자들의 신원이 공개되지 않는다.[4] 들킬 위험이 없고 설사 들킨다고 하더라도 많은 사람이 그 사실을 알 수 없다면, 왜 그토록 많은 과학 사기꾼들이 마치 면책 특권을 가지고 있는 것처럼 뻔뻔하게 행동했는지도 이해가 될 법하다. 그렇다면 우리가 시도해야 할 첫 번째 변화는 과학적 범죄를 저질렀다고 밝혀진 사람들의 이름을 낱낱이 공개하는 것이 되어야 할지 모른다.[5]

물론, 대학들이 스스로 이렇게 하도록 동기 부여를 하기는 어렵다. 그래서 제시된 또 다른 아이디어는 대학들이 연루된 과학 사기 사건에 대해 자체 조사하는 관행을 막는 것이다. 실제로 이 분야에서 몇 가지 진전이 있었다. 카롤린스카 기술대학이 마키아리니 기관지 이식 사건을 얼마나 엉망으로 다루었는지를 경험한 후, 2019년 스웨덴 정부는 대학들이 연구 조작 사건을 스스로 조사하는 것을 금지하는 법안을 통과시켰다. 대신 조사 권한을 새로 조직된 독립된 정부 기관에 넘겼다.[6]

이러한 방안은 일단 연구 사기 사건이 발견된 후 대처하는 방법으로는 훌륭하다. 하지만 애초에 그런 조작 논문이 과학 저널에 실리지 않도록 하는 것이 더 나은 방법이다. 이를 위해서는 해당 분야의 기술적 도움을 받는 방법이 있다. 과학자들은 과학 논문에서 조작된 데이터를 찾아내거나 이미지 복제와 같은 문제를 탐지할 수 있는 효과적인 알고리듬을 속속 개발하고 있다.[7] 제3장에서 소개했던 엘리자베스 비크와 같은 숙련된 복제 탐지 전문가의 솜씨와 이런 기술들을 비교해보면 재미있을 것이다. 이론적으로 이런 기술들을 이용하면 부적절한 데이터 조작을 탐지하는 데 드는 노동 집약적 과정을 줄일 수 있다. 과학 저널들은 투고되는 논문에 대해 동료 평가 과정이 시작되기 전에 GRIM과 스탯체크 같은 알고리듬으로 먼저 점검하고, 이 프로그램들이 표시한 의심스러운 부분들을 논문과 함께 제출하도록 규정을 만들 수 있을 것이다. 그뿐만 아니라 잠재적 표절이나 자기 표절의 가능성이 있는 부분을 본문 중에 표시해주는 프로그램을 사용할 수도 있다.[8]

이러한 알고리듬은 부주의함을 방지하는 좋은 방법이기도 하다.[9] 스탯체크 알고리듬에 의해 발견되는 오류의 상당 부분은 연구원들이 통계 분석 소프트웨어에서 나온 숫자들을 복사해 논문 작성용 워드 프로세서에 붙여넣을 때 생기는 평범한 실수다. 논문을 작성한 후 스탯체크 프로그램을 통과시키면 과학 문헌에 발표되기 전에 이러한 오류들을 잡아낼 수 있다. 나아가 과학 기술의 발전은 애초에 이러한 오류가 발생하지 않도록 하는 데에도 도움을 줄 수 있다. 최근 몇 년 동안 통계 분석과 워드 프로세싱을 하나의 프로그램으로 통합해 논문 내의 모든 표와 수치를 자동으로 배치시키는 소프트웨어가 개발됐다.[10] 이를 이용하면 산만하면서도 오류를 잘 일으키는 속성을 가지고 있는 과학자라는 작성 주체를 우회해 데이터를 다룰 수 있게 된다. 또한 이 방법을 쓰면 원본 데이터로부터 논문까지 이어지는 데이터 '파이프라인'을 모든 사람이 볼 수 있게 된다. 이럴 경우 수치나 분석 방법을 조작하는 것이 매우 까다로워진다.[11]

이런 새로운 기술의 출현에 지나치게 흥분할 수도 있다. 하지만 모든 소프트웨어는 자체 버그라는 위험 요소를 항상 가지고 있다. 특히 당혹스러운 예를 하나 들어보겠다. 약 20퍼센트의 유전학 논문들은 검사 유전자 목록을 마이크로소프트 엑셀 스프레드시트를 사용해 정리하는 과정에서 자동 수정 기능에 의해 오류가 발생한 것으로 밝혀졌다. 이 오류는 SEP2와 MARCH1과 같은 유전자 이름이 엑셀 기능에 의해 날짜로 자동 변환되기 때문에 발생하는 것이다.[12] 자동 소프트웨어는 우리가 잘 다룰 수 있다는 확신이 서기 전까지는 사람이 직접 주의 깊게 작동 상태를 확인해야 한다. 그런데도 이론적으로는 인간이 개입하지 않는 비인간적 지능을 쓰면 많은 과학적 작업들이 더 정확하게 이뤄진다고 받아들여진다. 이는 그러한 일상적인 작업을 자동으로 처리하면 많은 양의 데이터를 분석해 특정 패턴을 찾거나, 과학 문헌에 나타난 수치들을 조사해 공통점을 손 쉽게 찾아낼 수 있기 때문이다. DNA 분석 결과, 세포, 뇌 스캔 이미지를 읽고 해석하는 등의 많은 작업들이 자동 소프트웨어 덕분에 가능해졌다. 과학 논문에서 엄청난 수의 오류가 발생하고 있고 자동화된 논문 작성 도구를 이용할 경우 많은 오류를 쉽게 피할 수 있다는 점을 고려한다면, 결국 나중에는 인간에게만 의존해 논문을 작성하는 것이 비윤리적인 일이 될 수도 있을 것이다.

재현 연구의 투고 – 통계적 유의성에 대해 편견 없이 판단하기

우리가 계속 직면했던 문제 중 하나는 새로움에 대한 과학자들의 지속적 편향성이다. 새롭고 흥미로운 결과가 과학적 진보를 이끄는 원동력인 것은 분명하다. 하지만, 우리가 '획기적인' 결과에만 지나치게 집착하면 과학의 전 분야에 걸쳐 엉성하고 재현할 수 없는 연구로 가득 차게 된다는 것을 목격한 바 있다. 생물학자 오톨린 레이저Ottoline Leyser의 말을 빌리면, 획기적groundbreaking이라는 것의 목적은 건축물을 짓기 위한 것이다. 만약 여러분이 수행하는 모든 과정이 건축물은 짓지 않고 땅만 파는 것breaking ground에 그친다면 결국 땅에는 무수히 많은 구멍만 남을 것이다.[13] 어떻게 하면 새롭고 획기적인 결과보다 강건한 결과를 우선순위에 둘 수 있을까? 어떻게 하면 획기적이든 무효이든 간에 모든 연구 결과가 출판되도록 만들어 출판 편향을 방지할 수 있을까?

이런 질문에 대한 한 가지 답으로 무효 결과만을 출판하는 전문 과학 저널을 만들자는 제안이 있었다. 발표되지 않고 서랍 속으로 들어가는 연구 결과에 또 다른 매력적인 대안으로 제시될 수 있는 아이디어다. 예를 들면 2002년에 창간된 〈생체임상의학의 부정적 결과 저널Journal of Negative Results in Biomedicine〉은 오직 이런 목적만을 위해 만들어졌다. 이 아이디어는 의도는 좋았지만 실제로는 아무도 자신들의 연구가 무효 결과만을 싣는 저널에 발표되는 것을 원하지 않았다. '다른 저널은 출판하지 않을 기사를 출판하는 저널'로 인식된 것이다.[14] 2017년 결국 이 저널은 폐간됐다. 매년 감당

하기 힘들 정도로 많은 논문이 발표되는 과학계에서는 찾아보기 힘든 학술지의 최후였다.[15]

특별히 무효 결과만 취급하는 저널과 같은 시도로는 별다른 효과가 없다면, 방법론적으로 타당한 논문일 경우에는 결과와 상관없이 게재해주겠다는 것을 명시적으로 천명하는 저널은 어떨까? 재현 연구자들에게는 이런 저널이 든든한 지원군이 될 수 있을 것이다. 현재 과학계에서 재현 연구는 무효 결과를 얻은 연구와 동일한 취급을 받고 있기 때문이다. 최근 몇 년 동안 이런 종류의 학술지들이 많이 생겼다. 이런 저널들을 통칭해 메가 저널mega-journal이라고 부른다. 투고되는 연구의 결과가 꼭 긍정적이거나 인상적일 필요가 없다는 방침에 따라 결과적으로 엄청나게 많은 양의 논문들이 게재되기 때문에 붙은 이름이다. 대표적으로 〈플로스 원PLOS ONE〉이라는 저널이 있다. 나와 동료들도 가짜로 드러난 데릴 벰의 초능력 연구를 반복 재현한 연구를 〈플로스 원〉에 발표할 수 있었다.[16] 이 정도만으로도 상당한 발전을 이뤘다고도 볼 수 있으나 여전히 지위에 민감한 과학자들의 마음속에서는 이런 저널들이 하위 계급으로 밀려날 가능성이 있다. 가장 이상적인 상황은 명망 높고 영향력이 큰 저널에서도 메가저널과 비슷한 비율의 무효 결과와 더 많은 반복 재현 연구가 실리는 것이다.

이런 움직임에 좋은 소식이 들려온다. 비록 무효 결과 게재를 천명한 것은 아닐지라도 많은 저명한 저널들이 재현 연구 게재에 대한 기존의 태도를 철회하고 있기 때문이다. 벰의 논문은 게재했으면서도 '반복 재현 연구'는 출판하지 않는다는 정책 때문에 내 논문을 거절했던 〈성격과 사회심리학 저널〉을 살펴보자. 반복 재현 위기 이후 해당 저널의 웹사이트에는 재현 연구를 따로 다루는 섹션이 생겼다. 이 섹션에는 다음과 같은 문구가 적혀 있다. '본 저널의 편집위원회는 우리 분야의 누적된 지식 기반을 구축하는 데 있어 반복 재현 연구의 중요성을 인지하고 있다. 따라서 우리는 과거의 중요한 발견, 특히 〈성격과 사회 심리학 저널〉에 발표됐던 결과를 재현 시도한 연구 논문의 투고를 환영한다.'[17] 어떤 도자기 가게 안에는 다음과 같은 안내문이 붙어 있다. '당신이 깨뜨리면, 당신이 사야 합니다'. 이와 비슷한 생각으로 심리학자 산제이 스리바스타바Sanjay Srivastava는 과학 저널이 지켜야 할 새로운 규범을 제안했다. 즉, 논문을 게재한 저널에서 재현 여부를 확인하는 추가 연구 결과를 출판할 책임을 일부라도 져야 한다는 규범이다. 이 사례는 이러한 규범을 실천한 모범적인 예라고 할 수 있겠다.[18]

다양한 과학 분야에서 점점 더 많은 저널의 편집자들이 이 사례를 따르고 있다. 최근 1,000개 이상의 저널들이 재현 연구의 투고를 환영한다고 명시한 일련의 지침들을 발표하고 있다.[19] 네덜란드 과학 연구 기구Organization for Scientific Research와 같은 일부 재단들은 재현 연구에 자금을 쏟아붓고 있다.[20] 이는 매우 바람직한 방향이다. 하지만 더 많은 재현 연구가 일상적으로 저널에 실려야 실제로 이런 움직임이 실현되고 있다고 믿을 수 있을 것이다. 메타 연구 과학자들은 계속해서 이런 움직임을 예의주시하고 있다.

p-값을 없애면 모든 문제가 사라질까

과학자들이 재현 연구와 무효 결과를 더 쉽게 발표할 수 있도록 환경이 조성되면 자연적으로 출판 편향은 줄어들 것이다. 하지만 우리가 앞서 살펴보았던 p-해킹과 관련된 다른 형태의 편향은 어떨까? p-값이 가진 한계에 대해 이미 수십 편의 논문과 많은 책들이 발표됐다. 하지만 이 논문과 책들은 대부분 매우 이해하기 어렵고, 정작 우리가 정말 알고 싶은 것에 대해서는 다루고 있지 않으므로 잘못 해석되기도 쉽다.[21] p-값과 관련된 이런 모든 비판에는 다 이유가 있다. 이런 문제를 극복하기 위해서는 p-값이 0.05 이하일 때의 통계적 유의미성에 초점을 맞추기보다는 실질적 유의미성에 더 의미를 두는 문화가 필요하다. 예를 들면 충분히 큰 표본 크기와 높은 통계적 검정력을 갖춘 두통약 실험에서는 통증 척도 1~5를 기준으로 0.01 정도밖에 차이가 안 나는 효과라 하더라도 p-값은 0.05보다 훨씬 적어진다. 이때 절대적인 p-값은 아무런 의미도 지니지 않은 쓸모없는 지표가 된다. 경제학자 스티븐 질리악Stephen Ziliak과 디어드리 매클로스키Deirdre McCloskey는 이를 '통계적 유의미함을 향한 무조건적 응시sizeless stare of statistical significance'라고 불렀다. 통계값 자체가 가지는 의미에 대해서는 전혀 고려하지 않고 과학자들이 오로지 p-값 자체에만 지나치게 초점을 맞추고 있음을 지적한 것이다.[22]

이에 대해 아주 간단한 해결책이 자주 거론된다. 통계적 유의미성이라는 개념을 포기하는 것이다. 2019년에는 850명이 넘는 과학자들이 〈네이처〉에 게재된 바로 그런 주장을 지지하는 공개서한에 서명했다. 그들은 '이제 통계적 유의미성이라는 개념이 사라질 때가 됐다'라고 선언했다.[23] 연구자들은 통계적 유의미성만 강조하기보다는 자신의 발견에 불확실성이 포함돼 있음을 더 분명하게 밝혀야 할 때라고 주장했다. 각 숫자에 대해서는 오차 범위를 표시하고, 모호할 수밖에 없는 속성을 지닌 통계 데이터로부터 도출해내는 결론에 대해서는 과학자들이 더 겸손해져야 한다는 것이 핵심적 내용이었다.[24] 여기에는 많은 의미가 내포돼 있다. 오차 범위를 나타내는 값으로 가장 흔하게 사용하고 있는 이른바 '신뢰 구간confidence interval'이라고 불리는 계산 값은 새로운 통계적 정보를 제공한다기보다는 해당 데이터에 대해 p-값과는 다른 관점을 제공할 뿐이라는 점을 명심해야 한다.[25] 물론 통계적 유의미성이란 값이 가지고 있는 가치도 엄연히 존재한다. 임의적이긴 하지만 객관적인 척도를 과학자들에게 제공함으로써 어느 정도 선에서 그들의 손발을 묶는 수단이 되기 때문이다. p-값을 없앤다고 해서 반드시 문제가 개선될 수 있는 것도 아니다. 사실 p-값 대신 다른 객관적 지표를 도입할 경우 오히려 상황을 훨씬 더 악화시킬 수도 있을 것이다.[26] 존 이오아니디스는 우리가 정말 p-값 같은 객관적인 척도들을 제거한다면 '모든 과학이 귀에 걸면 귀걸이고 코에 걸면 코걸이식인 영양학처럼 전락하는 상황을 초래할 것이다'라고 반쯤은 비꼬는 투로 말했다. 정말 생각만 해도 끔찍한 일이다.[27]

p-값에 대한 주요 대안으로 여겨지고 있는 베이지안Bayesian 통계도 종종 동일한 비판을 듣고 있다. 18세기 통계학자 토머스 베이즈Thomas Bayes는 확률 정리를 바탕으로 통계 분석법을 고안했다. 이 분석법은 새로운 연구 결과의 유의미성을 평가할 때 '선행 증거prior'라고 불리는 과거 증거의 힘을 고려할 수 있도록 하는 것이다. 예를 들어, 누군가가 자신들이 만든 일기예보 시스템을 이용해 가을에 런던에서 비 오는 날을 예측할 수 있다고 말한다면, 사람들을 설득하는 데 그리 많은 시간이 걸리지는 않을 것이다. 반면에 같은 일기예보 시스템으로 7월에 사하라 사막에 눈보라가 몰아칠 것을 예측할 수 있다고 한다면, 사하라 사막의 타는 듯한 여름을 겪었던 이전 경험상 상당히 회의적인 시각으로 바라보게 될 것이다. 베이지안 통계도 이와 마찬가지로 초기 계산 시에 기존에 존재하는 모든 증거를 감안할 수 있도록 하고 있다. 따라서 사하라 사막의 눈보라 예보와 같은 사례에서는 이전에 존재하는 모든 기상학적 상식을 뒤집기 위해 이례적으로 특별히 설득력 있는 증거를 내놓을 것을 요구하게 된다.[28] p-값으로는

이와 같은 일을 쉽게 해낼 수 없다. 왜냐하면 p-값은 이전에 존재하는 어떠한 증거와도 무관하게 독립적으로 계산되기 때문이다. 단, 베이지안 통계에서 등장하는 '선행 증거'는 본질적으로 주관적인 특징을 가지고 있다. 사하라 사막이 덥고 건조하다는 것에는 우리 모두 동의할 수 있지만, 연구가 시작되기 전에 특정 약물이 우울증 증상을 감소시킬지 혹은 정부의 특정 정책이 경제 성장을 촉진할지를 얼마나 믿어야 할까에 대해서는 논쟁의 여지가 있기 때문이다.

베이지안 통계에는 선행 증거를 고려하는 것 외에도 p-값과 다른 차이점이 있다.[29] 베이지안 통계의 경우 표본의 크기에 영향을 덜 받는다는 점이다. 베이지안식 접근법은 특정 조건들의 영향을 감지하는 것에 초점을 맞춘다. 대신 가설을 뒷받침하거나 배치되는 증거들의 중요도에 초점을 맞추고 있다. 따라서 베이지안 통계에서 통계적 검정력은 중요한 고려 요인이 아니다. 일반적으로 통계 데이터를 보고 사람들이 추론하는 방식에 더 가깝다고 할 수 있다. 베이지안 통계의 경우 '관측된 이전 증거들을 고려할 때 내가 세운 가설이 사실일 확률은 얼마인가?'라고 묻는 식이다. '내 가설이 사실이 아니라고 가정했을 때 내가 이러한 관측 데이터를 얻을 확률은 얼마인가?'라고 질문하는 p-값보다는 훨씬 더 직관적인 접근법이라고 할 수 있다.[30]

모든 통계적 도구에는 장단점이 있다.[31] 이와 관련된 논쟁에서 일부 전문가들은 p-값이 모든 악의 근원이라고 말하고 있다. p-값이 일종의 숫자로 된 피리 부는 사나이처럼 작동해 분별력 있는 과학자들을 엉뚱한 곳으로 끌고 간다는 것이다. 하지만, 우리가 p-값을 다른 통계적 도구로 대체한다고 해서 이 책에서 본 모든 조작, 편향, 부주의, 과장이 사라질 가능성은 매우 낮다. 통계만으로는 비뚤어진 인간 본성과 이로 인해 왜곡된 과학 시스템의 저변에 깔린 근본적 문제를 해결할 수 없기 때문이다. 어떤 통계적 도구를 주로 사용하느냐와 무관하게 일부 과학자들은 자신들의 연구 결과가 실제보다 더 인상적으로 보이게 조작하는 방법을 결국은 찾아낼 것이기 때문이다. 나중에 살펴보겠지만, 이러한 문제에 대한 해결책은 동기 부여와 문화적인 것에서 나와야 한다.

이 정도로 뿌리 깊게 박혀 있는 유의미성 검사와 같은 통계적 방법을 연구자들이 완전히 포기하도록 유도하기보다는, 과학자들에게 그런 통계적 도구가 보여줄 수 있는 것과 보여줄 수 없는 것에 대해 교육하고 실수를 피할 수 있게 사용법을 고치는 것이 더 나을 수 있다. 최근에는 통계적 유의미성의 기준을 $p<0.05$에서 $p<0.005$로 변경하자는 의견이 제시됐다. 연구 결과를 흥미롭다고 여기기 위해 넘어야 할 장애물의 높이를 높이자는 것이다.[32] 반복 재현 위기로 인해 드러난 여러 문제점을 고려할 때 어떤 증거가 가설을 뒷받침한다고 받아들이는 것에 대해 우리가 훨씬 더 보수적인 입장을 취해야 한다는 논리에 근거한 접근 방법일 것이다. 그러나 장애물의 높이를 높이는 것의 단점은 표본 크기를 동시에 늘리지 않는 한 테스트의 통계적 검정력이 심각하게 떨어진다는 점에 있다. 그런데도 0.005라는 기준에 대한 지지자들은 그들이 제시한 방법에 의해 줄어들 수 있는 거짓 양성false positive의 문제가 거짓 음성false negative이 일으키는 문제보다 훨씬 더 심각하다고 주장한다.

한편 통계적 편향과 해킹에 대처하는 또 다른 해법이 있다. 그것은 연구 결과의 분석 과정을 연구원들과 완전히 분리시키는 것이다. 이 시나리오에 의하면 과학자들은 연구 데이터를 얻은 후에는 완전히 독립된 통계학자나 다른 전문가들에게 데이터 분석을 맡기게 된다. 그렇게 되면 아마도 데이터 분석 과정이 실험을 설계하고 수행한 사람들의 특정한 편향이나 욕망에서 자유로워질 것이다.[33] 물론 이런 시스템을 현실적으로 적용하기는 매우 어려울 것이다. 과학자들이 소중하게 얻은 데이터에 대해 통계학자가 실시한 분석이나 해석 결과에 만족하지 않으면 과학자들과 통계학자 간에 충돌이 일어나게 될 것이 불을 보듯 뻔하기 때문이다.[34] 이 장의 뒷부분에서 살펴볼 개혁을 위한 일부 급진적 아이디어와 마찬가지로 이 방법 역시 소규모로 시도해볼 가치는 여전히 있다고 생각된다.

제4장에서 살펴본 바와 같이 하나의 데이터 세트를 분석하는 데 무수히 많은 방법이 있을 수 있다는 사실이 과학자들을 괴롭힌다. 그럴 경우 수많은 분석법 중 우연히 선택된 한 가지 분석 방법에 의해 그런 결과가 나타난 것이 아니라는 사실을 어떻게 알 수 있을까? 분석 방법을 제대로 올바르게 선택했는지에 대해 걱정하지 않으려면 '미로 정원' 문제를 끌어안아야 한다. 즉, 주어진 데이터 세트에서 실행할 수 있는 모든 경우의 수에 대해 분석을 실시해야 한다는 의미다. 예를 들면 특정 참가자를 분석에 포함할 것인가 혹은 제외할 것인가, 특정 변수를 결합할 것인가 분할할 것인가, 특정 교란 변수에 대한 조정을 할 것인가 하지 않을 것인가와 같은 모든 경우의 수를 대상으로 분석을 진행해야 한다는 뜻이다. 그리고 이렇게 분석한 결과 전체를 놓고 결론을 내려야만 한다. 이런 분석 방법에는 여러 가지 이름이 붙어 있다. '규격 곡선 분석specification-curve analysis', '효과 진동 분석vibration-of-effects analysis'을 비롯해 내가 개인적으로 좋아하는 이름인 '다중우주 분석multiverse analysis'과 같은 이름도 있다.[35] 무한 평행 우주를 상상해보자. 각 평행 우주마다 분석을 약간씩만 변형해 다르게 실행한다고 했을 때 이들 분석 결과 중 동일한 효과가 어느 정도의 비율로 나타날까? 완전히 반대 결과가 나오는 비율은 어느 정도일까? 이러한 모든 분석 결과가 전반적으로 동일한 결과에 수렴될까?

한 예로서, 옥스퍼드대학교의 심리학자 에이미 오르벤Amy Orben과 앤드루 프르지블스키Andrew Przybylski는 요즘 뜨거운 이슈로 등장하고 있는 젊은 사람들의 정신 건강에 미치는 스크린 타임의 영향을 연구하기 위해 다중 우주 분석법을 적용했다.[36] 스크린 타임에 대한 연구 결과는 많은 신문 기사와 인기 있는 책들에서 지나치게 과장되게 다뤄지고 있는 주제다. 전반적으로 오늘날 젊은이들이 온라인에서 보내는 시간이 너무 많기 때문에 여러 가지 문제가 발생하고 있다는 것이다.[37] 그중 소셜미디어는 특히 많은 문제를 발생시키는 것으로 인식되고 있다. 젊은 층이 타인과 직접 대면하는 시간을 많이 갖질 않고, 사이버 왕따와 하드코어 포르노에 노출되며, 주의를 집중하는 시간이 부족한 모든 원인이 소셜 미디어라고 보고하고 있다.[38] 심지어 '비디오 게임 장애', '온라인 포르노 중독', '아이폰 중독'과 같은 새로운 정신과 진단 항목이 등장했고 계속해서 늘고 있다는 것이다.[39] 이런 패닉 현상을 일으키는 데 기여한 대부분의 증거는 청소년기의 스크린 타임과 정신 건강 문제 사이의 관계를 연구한 대규모 관찰 실험 결과로부터 나온다. 영양학 연구에서 모든 식품들이 어떤 식으로든 암과 연관돼 있는 것처럼 보이는 증거들이 발견되는 것과 마찬가지로 이러한 종류의 관찰 연구에서는 p-해킹이 일어날 가능성이 매우 크다. 이런 점을 고려할 때 스크린 타임이 정신 건강에 미치는 영향 연구는 다중 우주 분석의 대상으로 매우 적합하다고 하겠다.

오르벤과 프르지블스키는 스크린 타임과 관련된 세간의 주장에 대해 살펴보기 위해 얻은 세 가지 빅 데이터 세트를 가능한 모든 분석 방법으로 연구했다. 예를 들어, 참가자들을 대상으로 한 설문 조사에서는 웰빙보다는 자존감과 자살에 대한 생각을 물어볼 수 있다. 아니면 이 세 가지 중 두 가지만 골라서 물어보거나 혹은 세 가지 모두에 대해 물어보는 방법도 있다. 부모님이 자녀에 대해 매긴 점수를 사용할 수도 있고, 자가 진단 등급을 사용하거나 혹은 둘 다 사용할 수도 있을 것이다. TV 시청 시간만 '스크린 타임'으로 분류할 수도 있고, 비디오 게임까지 포함할 수도 있다. 성별, 학교 성적, 또는 다른 중요한 요인들에 대해서도 조정의 여지가 많다. 설문지의 평균을 사용할 수도 있고 합계를 사용할 수도 있다. 이런 경우의 수를 열거하면 리스트는 끝도 없이 이어진다. 데이터를 분석하는 데 '적합한' 과학적 분석법이라고 주장할 수 있는 조합의 총 수는 첫 번째 데이터 세트에서는 수백 개, 두 번째 데이터 세트의 경우 수만 개, 세 번째 데이터 세트에서는 수억 개에 달했다. 너무 많은 분석을 실행하면 대부분의 컴퓨터는 과부하 상태가 되기 때문에 세 번째 데이터 세트에서는 '단순하게' 2만 개의 조합으로 줄여서 분석했다.

이 모든 조합을 분석한 결과, 오르벤과 프르지블스키는 스크린 타임의 심각한 부정적 영향을 보여주는 조합을 몇 가지 발견했다. 전혀 영향을 주지 않는 조합도 있었다. 심지어 일부는 스크린 타임이 유익하다는 결과를 주는 조합도 얻었다. 그들은 이 결과들을 모두 모아 평균을 내봤다. 그 결과 스크린 타임이 웰빙 등급에 부정적인 영향을 주는 것으로는 나타났지만 그 정도는 약 0.4퍼센트에 불과했다. 따라서 실제로는 그 영향이 매우 미미하다고 해도 무방할 것이다. 이런 수치를 다른 경우와 비교하자면 감자를 규칙적으로 먹었을 때 웰빙 등급에 미치는 영향과 비슷한 수준의 상관관계였으며, 안경 착용이 웰빙 등급에 미치는 영향보다는 작았다. 세간에 떠도는 온갖 공포스러운 이야기들에 비해서는 너무 미미한 정도의 수치였다. 스크린 타임에 대한 다중 우주 분석 결과가 의미하는 바는 청소년 정신 건강 문제에 대해 제대로 논하기에는 스크린 타임이 너무 일차원적인 희생양이라는 점이다.[40] 이 문제에는 더 많은 인자들이 관련돼 있음이 분명하다. 개인적인 편향에 맞는 단 하나의 분석만 실행하기보다는 훨씬 더 넓은 통계적 시야를 가져야 한다. 가설과 반대되는 모든 사실들에 대해서도 살펴보고, 만약 조금 다른 방식으로 연구를 진행했다면 무슨 일이 일어났을지에 대해서도 자문해봐야 한다.

다중 우주 분석의 보완 – 연구 사전 등록 제도

다중 우주 분석법의 단점은 대부분의 연구자들이 접근할 수 없는 슈퍼컴퓨터가 필요하다는 것이다. 그리고 뜨거운 논쟁을 불러일으키는 질문에 명료한 답을 가져다주는 좋은 방법이긴 하지만, 처음부터 가장 인상적인 결과를 골라 가설로 제시하고 싶은 유혹까지 없애지는 못한다는 점이다. 이는 항상 과학자들을 괴롭혀오던 문제였다. 우리는 이러한 문제를 해결하기 위해 과학을 고치는 또 다른 도구로서 '사전 등록' 제도를 사용해야 할지도 모른다.

2000년부터 미국 정부의 자금 지원을 받는 모든 임상 시험에 사전 등록이 의무화됐다. 그리고 2005년 이후로는 대부분의 의학 저널에 논문을 발표하기 위해서는 그 실험을 사전 등록하도록 바뀌었다.[41] 연구 사전 등록 제도는 연구원들이 실험을 통해 데이터를 수집하기 전에 연구 계획이 상세히 기술된 문서를 제출된 날짜와 함께 온라인에 게시하도록 하는 것이다. 앞으로 진행될 실험들을 미리 공개된 저장소에 모아놓는 것은 향후 이러한 연구들이 진행된 후 실제로 어느 정도의 비율로 저널에 발표됐는지를 확인하는 데 있어 기준선을 제공한다. 처음에 연구자들이 어떤 가설을 실험하려고 했는지 사전 등록을 통해 알 수 있기 때문에 연구 도중에 이 목적이 바뀌었는지도 확인할 수 있다.

연구가 실시된다는 사실 자체를 사전 등록하는 것 외에도 과학자들은 데이터 분석 방법에 대한 상세한 계획도 사전 등록할 수 있다. 우리는 통계 분석 방법이 미리 계획되지 않을 경우 과학자들이 진실과는 거리가 멀다 할지라도 통계적으로 유의미해 보이고 논문 출판이 가능한 결과를 찾아 헤맨다는 것을 알고 있다. 분석 계획을 사전 등록하는 아이디어는 '율리시스의 계약Ulysses pact'의 과학계 버전이다. 향후에 이루어질 통계 분석 계획을 미리 공공장소에 게재함으로써, 자신을 돛대에 묶은 채 바다요정 사이렌이 p-해킹을 하도록 유혹하는 것에 굴복하지 않겠다는 의지를 보이는 것과 비슷하다 하겠다.

어떤 사람들은 과학자들에게 움직일 여유 공간을 허락하지 않을 경우 더 이상 우연한 발견을 할 기회가 없어질 것이라는 이유를 들어 이런 제도에 반대하고 있다. 페니실린과 비아그라의 발견은 이러한 논쟁에 항상 등장하는 우발적 발견 사례로서 가장 유명하다.[42] 그러나 그들이 우려하는 것과 사전 등록이 지향하는 목적은 분명히 다르다. 사전 등록된 연구에서도 데이터에 우연히 나타난 흥미로운 패턴을 탐색하기 위해 계획되지 않았던 즉석 분석을 하는 것은 여전히 허용된다. 사전 등록 제도의 중요한 목적은 이러한 즉석 분석이 원래부터 미리 계획됐던 것처럼 꾸밀 수 없도록 하는 것이다. 이러한 탐색적 분석은 중요하고도 새로운 많은 통찰과 아이디어로 이어질 수 있다. 예를 들면 새로 개발된 약이 전혀 예상치 못하게 젊은 사람들보다는 나이든 사람들에게 더 효과가 있음을 발견하고 그 이유를 알아내기 위해 새로운 연구 계획을 수립할 수도 있다. 하지만 앞 장에서도 반복해서 살펴봤듯이, 데이터에는 많은 노이즈가 포함돼 있기 때문에 계속해서 여러 가지 방법으로 데이터를 분석하면 결국에는 뭔가 흥미로운 것을 찾을 수 있게 된다. 이런 식으로 통계적으로 유의미한 결과를 찾기 위해 더 많은 분석 기회를 제공하는 탐색 분석에서 얻은 긍정적 결과는 새로운 데이터 표본을 대상으로는 재현되지 않는 무작위 패턴일 가능성이 높다. 그러나 부끄럽게도 과학계에서는 탐색 분석의 결과를 마치 연구가 시작되기 전부터 계획됐던 결과를 확인한 것처럼 가장하는 일이 비일비재하게 일어나고 있다. 사전 등록 제도는 데이터를 탐색적 방법으로 분석한 후 여기에서 발견된 것을 사용해 새로운 가설을 세웠는지('흠, 흥미롭군, 변수 X는 변수 Y와 연결돼 있는 것처럼 보이네! 새로운 데이터 세트에서도 이런 연관성이 발견되는지 확인해보는 게 좋겠군') 아니면 애초에 세웠던 가설을 확인하는 데 이용했는지('이 데이터 세트에서 변수 X가 변수 Y와 관련이 있을 것으로 예측했는데, 확실하게도 그런 경향이 보이는군!')를 논문을 읽는 사람들이 분명히 알 수 있도록 해준다.[43]

그림 5에 나타나 있는 것과 같이 심장 질환 예방과 관련한 대규모 임상 시험 연구를 보면 사전 등록 제도의 영향이 극명하게 나타남을 알 수 있다.[44] 2000년 사전 등록 제도가 시행되기 전에 저널에 실린 논문들은 그래프 하단의 흰색 점(심장 질환의 위험이 낮음을 나타냄)으로 표시된 긍정적 효과를 많이 보고하고 있었다. 물론 이때도 몇몇 무효 결과가 있기는 했다. 하지만 본격적으로 사전 등록 제도가 시행된 2000년 이후에 어떤 일이 일어났는지를 보라. 갑자기 양성 결과를 나타내는 흰색 점은 두 개로 대폭 줄었다. 나머지 연구는 모두 무효 결과를 나타내는 검은 점이고 효과의 크기도 0을 표시하는 선 주위에 몰려 있다. 임상 시험의 성공률 또한 사전 등록 제도 실행 전에는 57퍼센트였지만 그 후엔 8퍼센트로 곤두박질쳤다. 다시 반복되는 이야기이지만, 사전 시험 등록 제도가 시행되기 전의 심장 질환 예방과 관련된 연구들은 매우 긍정적인 효과를 보이는 것으로 나타났으며, 실제 유망한 것으로 보이는 심장병 관련 약들도 등장했다. 하지만

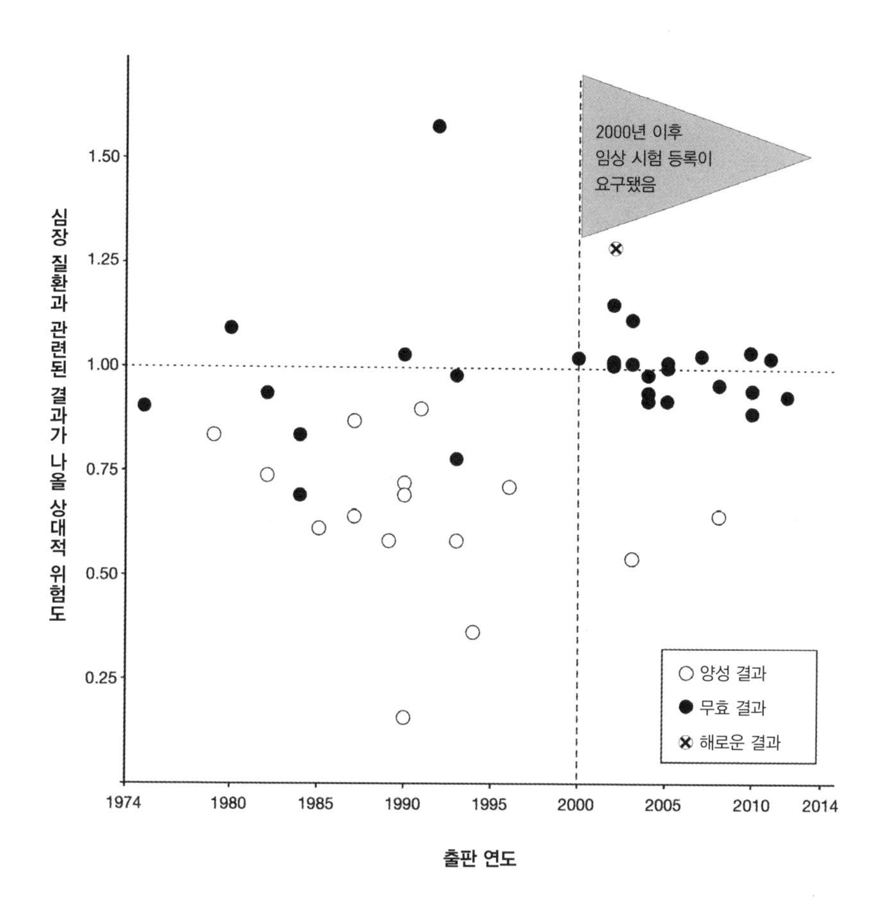

그림 5. 임상 시험을 등록하거나 적어도 예비 결과의 등록을 요구했던 2000년(수직 점선) 전후로 심장 질환의 치료와 예방에 관해 출판됐던 연구 결과. 수평 점선 이하의 연구들은 시험했던 심장 질환 치료 및 예방법이 심장 질환 위험을 낮추는 것으로 나타난 경우다. 하얀 점들은 치료와 예방법이 통계적으로 유의미하게 효과 있는 것으로 나타난 사례이고 검은 점들은 효과가 없는 것으로 나타난 경우다. 2000년 이후에 실시된 시험 중 한 사례는 통계적으로 유의미한 정도로 치료법이 해로운 것으로 나타난 결과도 있었다(× 표시된 하얀 점). [캐플런 & 어빈, 〈플로스 원〉, 2015.]

그 후 무엇이 진실인지가 밝혀졌다. 이들 연구에서 테스트됐던 약물과 식이 보조제가 우리가 믿던 것만큼 유용하지 않았던 것이다.

그렇다고 해서 사전 등록 제도의 시행이 곧 양성 결과의 감소로 이어졌다고 결론 내려서도 안 된다. 흔히 범하는 오류인 상관관계 자체를 인과관계로 결론 내릴 수 있기 때문이다. 예를 들면 같은 해에 다른 종류의 치료법으로 관심이 이동하는 것과 같은 요인들이 있었을 수도 있다. 그러나 사전 등록 제도의 시행으로 인해 임상 시험을 하는 사람들이 자신들의 발견에 대해 더 투명하고 정직하게 연구했을 것이라고 생각하는 것은 합리적 추론이다. 만약 실제로 이러한 변화가 사전 등록 제도로 인해 나타난 것이었다면 모든 연구를 사전 등록해야 한다는 주장에 당위성을 부여하는 강력한 증거로 이용될 수 있다. 그뿐만 아니라 사전 등록 제도를 시행하기 전에 이루어지고 있던 표준적인 과학계의 관행들에 심각한 문제가 있었음을 나타내는 증거로도 해석될 수 있다.[45]

물론 사전 등록이 모든 문제를 해결하는 만병통치약은 아니다. 임상 시험을 사전 등록한 많은 과학자들도 여전히 임상 시험 등록 기관에서 요구하는 기간 내에 논문을 발표하거나 연구 결과를 보고하지 못하고 있다. 다른 이들은 사전 등록 제도가 시행되고 있는데도 사전에 등록된 것과 다른 방법으로 분석을 진행하기도 한다.[46] 임상 시험의 경우에 있어서 일부 과학자들은 단순히 모범 사례에 어긋난 행위를 하고 있는 것을 넘어 법을 어기고 있다. 2020년 〈사이언스〉에 의한 조사에 따르면 임상 시험의 55퍼센트 이상이 미국 정부 산하의 사전 등록 기관에 그 결과를 늦게 보고하고 있기 때문이다. 이러한 행위들은 사전 등록 제도의 취지에 맞지 않는 것이다. 사전 등록 제도는 원래 등록된 계획대로 따를 경우에만 의미가 있다. 임상 시험의 경우 사전 등록 제도의 취지를 위반하는 사람들에게는 엄격하게 법을 적용하고 처벌할 필요가 있다. 예를 들면 정부의 연구 자금 지원 대상에서 배제한다든지 혹은 일정 기간 동안 특정 저널에 논문을 발표하지 못하게 하는 방법 등이 있을 수 있다.[47] 사전 등록한 것을 따라야 할 법적 의무가 없는 다른 과학 분야의 경우 과학자들이 이를 지키도록 할 다른 방법을 찾아야 한다. 예를 들면 영국의 국립 보건 연구소는 자신들이 연구 자금을 지원했던 거의 모든 프로젝트로에서 논문을 발표하도록 이끄는 데 성공했다. 임상 시험 보고서가 제출될 때까지 연구 지원금 중 10퍼센트를 지급하지 않는 방법을 썼기 때문이다.[48]

또 다른 방법은 훨씬 더 엄격한 사전 등록제를 도입하는 것이다. 예를 들면 과학자들이 제출한 사전 등록 서류를 동료 평가 과정을 통해 검토하고, 동료 평가자들이 제출된 연구의 설계가 잘돼 있다는 데 동의한다면 해당 저널은 그 연구의 결과가 어떻게 나오든 최종 논문을 출판하기로 약속하는 식이다. 이런 제도하에서는 연구 설계에 대한 동료 평가 과정이 통과돼야 실험을 시작하고 데이터를 수집할 수 있다.[49] '보고서 사전 등록'이라고 불리는 이런 유형의 제도는 연구 결과의 통계적 유의미성이 출판 결정에 영향을 미치는 악순환의 고리를 제거함으로써 출판 편향성을 없앨 수 있다. 그뿐만 아니라 사전에 당신이 어떤 분석 방법을 사용할 것인지에 대해 동료 평가자들이 동의해야 하기 때문에 p-해킹도 줄일 수 있다. 또한, 사후에 등록했던 분석 방법을 바꾸려면 명확히 그 부분에 대해 해명해야 한다. 무엇보다도 이 제도는 처음부터 여러 종류의 편향과 부정행위를 조장하는 왜곡된 인센티브 제도가 작동하지 못하도록 만드는 효과를 가지고 있다. 어떤 경우에라도 논문 출판이 보장되기 때문에 더 이상 연구 결과를 미화해야 한다는 부담이 사라지기 때문이다.[50]

모두가 자유롭게 참여하는 과학 – 오픈 사이언스

이런 제도가 실제로 시행될 수 있을지 여부는 차치하고라도, 사전 등록 아이디어 자체는 매우 좋은 발상이다. 이 제도의 취지는 투명성에 있다. 연구 계획이나 분석 방법을 세상에 숨기지 않는 것이다. '오픈 사이언스'와도 연결된 이런 개념은 반복 재현 위기가 발생하기 훨씬 이전부터 있어왔지만, 반복 재현 위기를 해결하기 위한 가장 강력한 대안이라고 여겨진다.[51] '오픈 사이언스'는 과학의 전 과정에 가능한 한 모든 사람이 자유롭게 접근할 수 있어야 한다는 생각을 가리키는 말이다.[52] 완벽한 오픈 사이언스 연구라고 불릴 수 있으려면 모든 데이터와 데이터 분석에 사용된 통계 프로그램의 코드, 초기 데이터를 얻기 위해 사용된 모든 재료에 대한 정보를 누구든지 다운로드할 수 있는 웹 페이지를 가지고 있어야 한다.[53] 또한 논문을 게재하면서 동료 평가 결과와 논문의 초안도 함께 발표해야 한다. 동료 평가자들의 신원은 밝히지 않더라도 논문을 읽는 사람들이 논문 출판 과정 전체를 볼 수 있어야 한다.[54]

모든 데이터와 연구 방법에 대해 자유로운 접근을 허용하는 것은 머튼의 공동체주의 규범을 실천하는 것이다. 동료 과학자들의 연구를 더 효율적으로 만들기 위해 여러분의 연구를 재사용할 수 있도록 허락하는 것이기 때문이다. 이것은 또한 조직적 회의주의 규범을 실천하는 행위이기도 하다. 이렇게 함으로써 다른 연구자들은 이전 논문에 어떤 부주의한 오류가 있었는지 확인하고, 그 연구 결과를 재현하려는 시도 과정에서 이전 연구 결과들을 더 자세하게 파헤칠 수 있다. 또한 저널에 발표된 논문에 포함된 요약표와 그래프만 사용해 분석하는 일반적인 경우보다는 훨씬 더 쉽게 재현 연구를 할 수 있다. 그럴 경우 직접 저자에게 편지를 써서 원본 데이터 세트를 요청하지 않아도 된다. 오픈 사이언스 방식을 취하게 되면 더 이상 숨길 것이 없으므로 동료 과학자들도 여러분이 모든 것을 정확하게 보고했을 것이라고 무턱대고 믿지 않아도 된다.

오픈 사이언스 아이디어의 근본 취지는 데이터나 결과를 조작하고 무엇인가를 숨기고자 하는 의도를 가지고 있을 때 훨씬 더 논문 제출을 어렵게 만드는 것이다. 제3장에서 살펴봤듯이 조작 데이터 세트를 실제 데이터 세트와 유사하게 만드는 것은 매우 힘든 작업이다. 지금까지 데이터 분석가는 논문에 수록된 요약된 데이터 세트만으로 연구 결과의 조작 여부를 판단해야 했다. 하지만 전체 데이터 세트에 접근할 수 있다면 이러한 조사가 훨씬 쉬워질 것이다. 데이터를 완전히 공개하도록 유도하는 것 자체가 조작 행위를 일차적으로 막는 역할을 할 수 있다. 공개된 웹사이트에 버젓이 가짜 데이터 세트를 올려놓으려면 과학자들로서는 엄청난 용기를 내야 하기 때문이다.[55] 이러한 데이터 공개는 사기에 가까운 p-해킹은 물론이고 단순한 실수를 범하는 것에도 동일한 효과를 나타낸다. 다른 과학자들이 여러분의 데이터와 분석 방법을 볼 수 있도록 허용하면 동료 과학자들이 독수리와 같은 눈으로 스프레드시트의 오탈자, 틀린 통계, 계산상으로 가능하지 않은 숫자, 사전 신고 되지 않은 분석법을 사용했는지 여부를 찾아낼 수 있다.

그러나 모든 데이터를 온라인에 게시할 수 있는 것은 아니다.[56] 예를 들어, 연구에 참여한 참가자의 유전자 데이터를 온라인에 게시하는 것은 사생활에 대한 법적 권리는 말할 것도 없고 연구 참여의 전제 조건인 익명성을 위반하는 것이다. 그 외 다른 종류의 데이터를 제공하는 것도 위험할 수 있다. 2011년, 바이러스학자들이 매우 전염성이 강한 H5N1 '조류 독감' 바이러스의 유전자 변형 버전을 어떻게 생산했는지에 대해 지나치게 자세한 세부 내용들을 발표하면서 논란이 된 적이 있었다.[57] 물론 바이러스의 작동 원리를 규명하는 데 있어서는 중요한 연구였지만, 이런 정보가 사악한 동기를 가진 사람들의 손에 들어가면 끔찍한 결과를 초래할 수도 있기 때문이다. 결국 당시 연구진들은 일부 실험 방법의 세부 사항을 그들의 논문에서 삭제해달라는 요청을 받았다.[58] 이것은 매우 예외적인 사례이고, 원칙적으로는 대다수의 과학자들이 자신들의 연구 결과를 공개하는 것을 막을 수 없다.

오픈 사이언스를 실행하는 또 다른 방법이 있다. 과학의 범위를 더 크게 확대하는 것이다. 더 큰 과학적 질문에 답하려면 오래전 연금술사들이 조심스럽게 그들의 비밀을 지키면서 혼자 연구했던 과학의 길에서 벗어나 한 발 더 크게 나아가야 한다. 오늘날 모든 과학자가 국제 학술지에 연구 결과를 발표함으로써 각자의 비밀을 전 세계 사람들과 공유하고 있는 것도 이런 취지의 변화다. 그다음 단계는 다양한 실험실과 대학에서 온 과학자들이 훨씬 더 큰 규모의 공동 프로젝트에 속해 서로 협력해 연구하는 것이다. 이른바 '팀 사이언스'라고 불리는 활동이다.[59] 이러한 공동 연구 형태는 입자 물리학 분야에서 먼저 시작됐다. 입자 가속과 관련된 엄청나게 복잡한 수천 가지 작업을 수행하기 위해서는 거대한 공동 연구팀이 필요하다.[60] 이런 공동 연구의 중요성은 현대 유전학에서도 입증되고 있다. 수만 개의 DNA 변형이 인간에게서 발현되는 특징과 질병에 미치는 아주 작은 상관관계를 확인하는 데 필수적인 통계적 검정력을 얻기 위해서는 연구자들이 국제적인 협력 프로젝트를 통해 각자 얻은 표본을 서로 합쳐야 한다.[61] 제5장에서 다룬 바와 같이 유전학계에서 유행하던 잘못된 '후보 유전자' 접근 방식을 제거하고, 적어도 재현 가능한 연구를 생산하게 된 것도 이러한 협력 연구를 통해서였다.[62]

점점 더 많은 분야들이 공동으로 과학계의 버그를 잡아내고 있다. 우리가 제2장에서 살펴본 것처럼 과거의 저명한 심리학 연구 100개를 모아 여러 연구실에서 공동으로 재현하려는 시도는 연구 규모를 키워 강력한 통계 검정력으로 과거의 실수를 바로잡는 방법을 보여주는 좋은 예다. 물리학과 유전학에서뿐만 아니라 최근에는 신경과학, 암 역학, 심리학, 동물-인간 전사 의학 연구 등에서도 초국가적 협력 프로젝트들이 진행되고 있다.[63] 이러한 대규모 프로젝트에서는 각각의 분야에서 제기된 반복 재현성 문제를 자신들이 직접 해결할 수 있다. 이론적으로는 좀 더 큰 커뮤니티에 연구 결과가 공유되면 자기 주관이 매우 뚜렷한 다수의 과학자들이 개별 연구자들의 편향을 견제하는 역할을 할 수 있기 때문이다.

오픈 사이언스 운동은 단지 과학계에 머물지 않는다. 과학을 보다 투명하게 만드는 일의 마지막 과정은 바로 대중에게 공개하는 것이다. 과학적 발견을 다 같이 공유할 것을 강조하는 머튼의 공동체주의 규범은 중요한 사실을 깨닫게 한다. 그것은 현재 엄청난 양의 연구들이 납세자들의 세금에 의해 지원되고 있다는 점이다. 대부분의 학술지들은 구독자가 아니면 개별 논문을 볼 때 35달러에 가까운 돈을 내도록 하고 있다. 이러한 관행은 세금을 통해 과학 연구에 자금을 댄 대중들이 그 연구 결과에 접근하기 위해 또 돈을 내야 한다는 측면에서 심각한 문제다. 심지어 비민주적인 일이기도 하다. 물론 납세자들의 돈으로 진행되는 연구 중에서도 대중들이 접근하게 내버려 둬서는 안 되는 정보도 있다. 예를 들어, 지속적인 해상 핵 억제력을 가능하게 해주는 영국 잠수함의 비밀 순찰 경로 같은 정보들이다. 앞에서 이야기했던 바이러스와 관련된 중요 데이터를 포함해 이러한 종류의 정보는 예외적으로 다뤄야 한다. 대부분의 정부에서는 대중들이 정부의 문서와 통계에 접근할 수 있도록 허용하는 정보 자유법Freedom of Information Act을 통과시키고 있다. 미국의 경우 모든 공무원의 업무 결과를 자동적으로 공공 영역에 공개하도록 돼 있다.[64] 과학적 정보에 자유롭게 접근할 수 있도록 하는 것이 기본 철학인 오픈 액세스Open Access 운동은 오픈 사이언스 운동의 일부라고 할 수 있다. 그 효과는 이미 확실히 나타나고 있다. 많은 저널들은 논문 출판 시 아무 대가 없이 누구나 영구히 다운로드받을 수 있도록 과학자들로부터 일정한 요금을 받고 있다.

이와 같이 논문 출판 시 연구 결과를 대중들에게 무료로 제공하기 위해 과학자들이 돈을 지불하는 방식은 현재로서는 선택 사항이다. 하지만 연구 자금 지원 기관들은 자신들이 지원한 연구에 대해서 오픈 액세스 방식으로 출판할 것을 요구하기 시작했다. 가장 야심찬 계획이라고 할 수 있는 '플랜 S'는 유럽 정부의 연구 자금 지원 기관들을 대표하는 '사이언스 유럽'에서 나온 전략이다. 2021년까지 사이언스 유럽 소속 기관들로부터 자금을 지원받는 모든 연구들은 오픈 액세스 방식을 채택하고 있는 저널들에 실리도록 한다는 아이디어다.[65] 웰컴 트러스트와 빌 앤 멀린다 게이츠 재단과 같은 주요 재단들뿐만 아니라 16개국의 정부 기금 지원 위원회에서 이 계획을 지지하고 있다. 이들이 정한 규정에 따르면 사이언스 유럽에서 연구 자금을 받는 과학자들은 완전한 오픈 액세스를 시행하고 있지 않는 저널에는 연구 결과를 출판할 수 없다. 이렇게 되면 〈사이언스〉, 〈네이처〉를 비롯해 현재 발행되고 있는 저널의 거의 85퍼센트에 해당하는 곳에 논문을 게재할 수 없게 되는 것이다.[66] 그뿐만 아니라 연구 자금 지원 기관들은 출판업자들이 과학자들에게 오픈 액세스 방식으로 논문을 출판할 때 요금을 너무 과하게 부과하지 않도록 공동으로 협력할 것이라고 밝히고 있다. 출판 비용을 충당하기 위해 저널들이 오픈 액세스 수수료를 합리적 금액 이상으로 인상할 경우에 대비해 연구 자금 지원 기관들은 연구자들에게 출판 수수료 지원금에 상한선을 둘 계획이다. 이렇게 되면 과학자들의 상당수는 요금을 비싸게 받고 있는 학술지들에 논문 발표를 중단할 수 밖에 없게 되고, 이 학술지들은 더 이상 운영을 계속할 수 없게 될 것이다. 플랜 S 그리고 더 나아가 오픈 액세스 운동은 연구 자금 지원 기관들의 통일된 행동이 어떻게 연구 관행에 거대한 변화를 일으킬 수 있을지를 잘 보여주는 사례다. 이러한 통일된 활동이 향후 과학이 잘못된 길로 가는 것을 막는 데 도움이 될 수 있다는 희망을 우리에게 주고 있다.

저널 출판 시스템의 변화 – 사전 인쇄

지금까지 과학계에 만연한 조작, 부주의, 편향을 방지하고 나아가 이를 제거하는 방법에 대해 살펴봤다. 그렇다면 과학계의 네 번째 문제점인 과장은 어떻게 해결해야 할까? 과장은 연구 결과가 발표되는 방식에 관한 것이므로, 그 해법이 방금 논의한 출판 시스템과 연결돼 있을 수 있다.

책이라는 것이 처음 등장했을 때부터 우리는 17세기 〈철학적 소통〉에 처음 등장했던 출판 모델을 줄곧 당연한 것으로 여겨왔다. 편집자가 동료평가자들의 조언을 바탕으로 어떤 연구 결과를 저널에 게재할지를 결정한 후, 이 논문들이 실제로 인쇄돼 나올 때까지 모든 일을 담당하는 출판 모델이다. 얼마 전까지만 해도 이 모든 작업들이 서류상으로 이루어졌기 때문에 동료 평가 및 저널 발행 과정은 상상을 초월할 만큼 힘들었다. 동료평가자와 편지로 연락을 하고, 그들에게 논문 초안을 보내고, 동료 평가자들로부터 검토 결과를 수집한 다음 편집, 확인, 인쇄를 거쳐 종이로 만들어진 저널을 배포해야 했다. 출판사들이 이런 힘든 서비스를 제공하는 것에 일정한 요금을 부과하는 것은 충분히 이해할 만하다. 하지만 지금은 이메일과 온라인 저널의 등장으로 모든 과정이 크게 간소화됐다. 온라인 출판이 보편화된 시대에 영리 출판사들이 자신들의 저널에 접속하기 위해 과도한 구독료를 부과한다면, 그 정확한 근거는 무엇일까?

지금의 저널 구독료가 얼마나 터무니없이 비싼 것인지에 대해 강조할 필요가 있을 것 같다. 2019년 노벨 생물학상 수상자이면서 저널의 편집장이기도 한 랜디 쉐크먼Randy Schekman은 캘리포니아대학교가 비영리 출판사인 국립 과학 아카데미National Academy of Science와 영리 출판사인 엘스비어에 지불하는 구독료를 서로 비교했다.[67] 개별 과학 논문 한 편당 다운로드 비용이 국립 과학 아카데미의 경우 0.04달러인 반면, 엘스비어는 1.06달러였다. 엘스비어가 26배 이상 비싼 것이다. 전 세계의 연구원들은 엘스비어의 금고에 수백만 달러를 쏟아붓고 있는 것이다. 이것을 과학 출판계 전체로 확대하면 영리 출판사들의 금고에 수십억 달러를 쏟아붓고 있는 셈이 된다. 그렇다면 우리는 이 돈으로 어떤 서비스를 추가로 받고 있을까? 그 점은 분명하지 않다. 국립 과학 아카데미는 본질적으로 엘스비어와 같거나 혹은 더 나은 서비스의 학술지를 제공한다. 동료 평가자가 들이는 시간과 그들의 전문성은 과학 발전에 필요한 비판적 분석 기능을 제공하는 전체 과학 시스템의 핵심이라고 할 수 있다. 중요한 사실은 동료 평가자들이 자원 봉사자이며 저널에 고용된 사람들이 아니라는 점이다. 어디까지나 그들이 제공하는 노동력은 무상이기 때문에 영리 출판사들이 책정한 이러한 과도한 비용을 정당화할 수는 없다. 따라서, 엘스비어와 다른 영리 출판사들은 경제학자들이 말하는 소위 '지대 추구rent-seeking'를 하고 있는 것처럼 보인다. 즉, 더 많은 가치를 제공하지 않으면서도 더 많은 이익을 얻으려 하고 있는 것이다.[68] 과학 출판 시스템에 대해 매우 비판적인 한 조사 결과는 다음과 같은 부조리를 지적하고 있다.

이것은 마치 〈뉴요커〉나 〈이코노미스트〉 같은 영리 잡지가 언론인들에게 무상으로 기사를 투고하고 번갈아가며 편집해줄 것을 요구하는 동시에 정부에게는 해당 비용을 청구하는 것과 같다. 이런 구조를 설명하면 외부 사람들은 너무 놀라운 사실이라 믿지 않으려 한다. … 2005년 도이체방크 보고서는 이러한 상황을 '기괴한' '삼중 비용 부담' 제도라고 언급했다. 정부가 대부분의 연구에 대해 자금을 지원하고, 이 연구의 수준을 검증하기 위해 투입된 사람들의 월급을 지불하고, 이 연구로부터 나온 출판물을 사주는 시스템이기 때문이다.[69]

일단 엘스비어와 같은 '지대 추구' 영리 회사들에게 대학들이 지불하는 비용이 대체로 공적 자금이라는 사실을 떠올려보라. 이 모든 것들이 부도덕해 보이기 시작할 것이다. 대학들이 납세자들의 돈을 더 효율적으로 사용해야 하지 않느냐는 생각이 들 것이다. 이것은 우리가 이윤 추구 동기나 상업적인 출판업자들이 과학계에 관여하는 것을 막자는 것이 절대 아니다. 다만 현재의 저널 출판 시스템이 명성이라고 하는 합리적이지 않은 가치에 근거해 저널 순위를 구축하고 있다는 불합리성을 지적하는 것이다. 이로 인해 비용을 절감할 수 있는 경쟁 구도가 형성되지 못하고 있다. 이 문제는 결국 출판 시장이 제대로 작동하고 있지 않기 때문에 일어나는 일이다. 그렇다고 저널 출판사들이 논문에 더 많은 가치를 추가하고 있다고 주장하기는 어렵다. 글 자체를 고치는 것 이외에 편집이나 다른 작업은 거의 하고 있지 않기 때문이다. 그들은 단순히 논문 저자들과 무료로 봉사하는 동료 평가자들 사이에서 통로 역할만 할 뿐이다.[70]

이런 기존의 저널 출판 시스템에 큰 변화가 일어날 수도 있다. 그중 하나의 시도는 지금 현재 진행형이다. 바로 '사전 인쇄'라는 출판 방식의 등장이다. 사전 인쇄는 과학 논문의 초안을 누구나 볼 수 있도록 온라인 무료 저장소에 게시하는 것이다. 다른 과학자들이 이 논문 초안을 읽고 논평하면 저자는 공식적으로 학술지에 발표하기 전에 제기된 문제점들을 수정한다. 이것은 과학 연구 결과를 사회적 프로세스를 통해 처리하고자 하는 의도를 가진 새로운 시도다. 경제학자들과 물리학자들은 수십 년 전부터 이러한 사전 인쇄 모델을 사용해왔다. 최근 몇 년 동안에는 생물학, 의학, 심리학 같은 다른 분야들로도 급속하게 확산됐다.[71] 새로운 기술, 데이터 세트의 등장, 그리고 연구 결과가 아찔한 속도로 생산되고 있는 유전학 같은 분야에서 사전 인쇄 방식은 공식적인 논문이 출판될 때까지 오랫동안 기다리지 않고도 과학자들이 모든 최신 트렌드를 따라잡을 수 있도록 해준다. 또한 이러한 방식에는 통상적으로 동료 평가 과정에 참가하는 두세 명의 사람에게 의존하지 않는다는 특징이 있다. 대신 과학 커뮤니티에 속한 그 누구라도 논문 초안에서 발견되는 실수, 좋지 않은 발상, 나쁜 논문들을 찾아내고 비판할 수 있다. 이러한 비판 혹은 긍정적 피드백은 보통 온라인에 게시된다. 현재 우리가 표준 모델로 사용하고 있는 동료 평가 방식을 격식에 얽매이지 않으면서도 투명한 방식으로 바꾸고 있는 셈이다.[72]

사전 인쇄 방식은 이미 과학 연구의 속도를 높이고 개방성을 상당히 향상시키고 있다. 이 방식과 관련된 또 다른 한 가지 희망적인 면은 저널에 투고하는 과정을 거칠 필요가 없기 때문에 소위 '실패한' 연구들을 책상 서랍에 숨기지 않아도 된다는 것이다. 그렇다면 과장 문제도 이 방식으로 해결할 수 있지 않을까? 앞에서 살펴본 바와 같이 논문 결과를 과도하게 포장하는 주요 원인 중 하나는 자신의 논문이 출판될 가치가 있다는 것을 동료 평가자들과 편집자들에게 납득시켜야 한다는 점이다. 사전 인쇄 방식을 통하면 과학자들은 그럴싸해 보이는 출판 결과물들을 얻기 위해 연구 결과의 의미를 부풀리고 무의미한 결과들을 미화하지 않아도 된다.

한편 학술 저널들은 과학 연구 결과를 전 세계에 전파하는 역할만 하는 것이 아니라 논문의 출판 여부를 결정하는 역할도 동시에 맡고 있다. 만약 이 두 역할을 완전히 분리한다면 어떨까?[73] 이와 관련된 한 급진적인 아이디어가 있다. 연구가 완료되면 과학자들에게 논문 초안을 작성해 공개된 온라인 저장소에 업로드하게 한다. 그런 다음 논문 검토 기관에 자신들이 업로드해 놓은 논문 초안의 검토를 요청한다. 논문 검토 서비스를 제공하는 기관은 새로운 종류의 조직으로서, 다른 과학 저널과는 독립적으로 동료 평가자들을 모집하게 된다.[74] 논문 검토 서비스 기관은 논문 검토가 완료되고 나면 업로드된 논문에 적절한 등급을 부여한다. 논문을 업로드했던 저자들은 처음으로 다시 돌아가 더 많은 데이터는 물론이고 높은 등급을 받기 위해 무엇이든 추가해 논문을 수정할 수 있다. 그런 다음 저자들은 더 나은 등급을 받기 위해 새로운 버전을 다시 제출하게 된다. 이 시스템에서 저널의 편집자들은 문지기보다는 큐레이터에 가까운 역할을 한다. 즉, 등급이 매겨진 모든 사전 인쇄물을 읽어본 후 자신들의 저널에 게재하고 싶은 논문을 선택하는 것이다.

이런 출판 모델에서는 모든 연구 결과들이 사전 인쇄 형식으로 출판된다. 그리고, 각 저널들은 가장 우수하거나 자신들과 관련성이 높다고 생각되는 논문을 골라 널리 배포하는 역할을 맡는다. 마치 신문사들이 로이터나 AFP Agence France-Presse와 같은 통신사에서 공급 받는 뉴스 중에서 각자 가장 중요하다고 생각하는 기사를 골라서 인쇄하고 배포하는 것과 같은 방식이다. 이런 시스템하에서는 독자들에게 최고의 부가 가치를 제공하는 저널들이 구독할 만한 가치가 있는 학술지가 될 것이다. 즉, 수천 개의 사전 인쇄물을 꼼꼼히 살펴 독자들의 관심을 끌 만한 가치가 있는 논문들을 찾는 저널이 훌륭한 저널이 될 것이다.[75] 이렇게만 되면 저널들 간에 더 나은 품질의 논문을 만들기 위해 경쟁하는 분위기가 조성될 수 있다. 또한 과학자들 사이에서 수준 높은 논문을 내기 위한 경쟁도 얼마든지 가능하다. 누구라도 자신의 논문이 가장 유명한 저널의 편집자 혹은 큐레이터에게 뽑히길 원할 것이다. 그리고 사전 인쇄 형식의 출판을 통해 이미 논문이 출판된 상태이기 때문에 논문을 출판할 것인지 말 것인지에 대한 고민은 더 이상 할 필요가 없다.[76]

물론 이런 아이디어는 과학이 가진 문제에 대한 유일한 해답은 아니다. 이런 시도 후에도 현재와 별다를 바 없어질 수도 있고, 심지어 알 수 없는 어떤 문제로 인해 상황이 더 악화될 수도 있다. 하지만 분명 시도해볼 만한 가치가 있는 제안들이다.[77] 하지만 우리는 이러한 새로운 출판 모델에 대해 좀 더 신중해질 필요가 있다. 동료 평가 없이 누구나 온라인에 연구 결과를 게시할 수 있는 상황이 된다면 논문의 수준을 어떻게 통제할 수 있을까?[78]

2016년 하버드대학교 경제학자 롤랜드 프라이어Roland Fryer가 등록한 사전 인쇄물은 현재 미국인들의 생활에서 가장 논쟁이 되는 주제들 중 하나를 다루어 주목을 받았다.[79] 프라이어의 분석 결과는 텍사스주 휴스턴에서 일어난 경찰 체포 행태의 유형에 관한 데이터 세트에 근거한 것이었다. 프라이어의 연구 결과는 일반적으로 우리가 가지고 있던 상식과는 반대였다. 즉, 경찰이 흑인과 히스패닉계 사람들을 체포하는 과정에서 생명에 위험하지 않을 만큼의 힘을 사용하는 경우는 백인에 비해 50퍼센트 이상 높은 반면, 생명에 위험한 힘을 사용하는 경우는 그보다 낮았기 때문이다. '흑인들이 경찰의 총에 맞을 확률이 백인에 비해 23.8퍼센트 낮았다'라는 것이 논문의 결론이었다.[80] 이 사전 인쇄물은 〈뉴욕타임스〉의 1면에 "놀라운 새로운 증거에 의하면 경찰의 무력 사용은 인종 편향적이지만 총기 사용에는 편향이 없다"라는 기사를 통해 대중의 관심을 끌었다. 그리고 이 기사는 "나의 경력을 통틀어 가장 놀라운 결과였다"라는 프라이어의 말도 인용하고 있다.[81] 이 기사는 보수 논객들이 경찰의 폭력에 저항하는 것을 모토로 하는 '흑인의 생명도 중요하다Black Lives Matter' 운동을 공격하는 도구로도 이용됐다. 심지어 어떤 사람은 이 운동이 '거짓말 위에 세워졌다'는 것을 프라이어의 연구 결과가 '증명'한다고 말하기도 했다.[82]

프라이어가 이야기한 23.8퍼센트라는 수치는 원본 데이터를 그대로 가감 없이 인용한 것이다. 이 연구에는 원본 데이터보다 훨씬 더 많은 중요한 시사점들이 포함돼 있었지만, 안타깝게도 언론 보도 과정에서 모두 사라졌다. 23.8퍼센트라는 특정 수치를 프라이어 자신이 기자들에게 강조한 이후에는 특히 더 두드러졌다. 하지만 좀 더 자세한 세부 사항들을 고려 항목에 넣고 보면 프라이어의 연구 결과는 언론에서 보도한 것과는 달라진다.

예를 들면 체포된 사람이 무기를 소지하고 있는 상황에서는 백인들보다 흑인들이 총에 맞을 확률이 더 높았다. 이렇게 원본 데이터와 세부 사항을 고려한 분석 결과에 차이가 나는 것은 경찰 측의 인종적 편향이 있었음을 반영하는 결과다. 경찰이 위협적이지 않은 상황에서 흑인들을 체포하는 경우에는 총기 사용 확률이 낮은 것처럼 보이게 된다. 반대로 체포 과정에서 상황이 악화되는 경우에는 흑인들이 총에 맞을 확률이 더 높아지게 된다. 하지만 아무런 이유 없이 체포된 흑인들의 수가 너무 많기 때문에 실제로 총격을 당한 흑인 체포자의 수가 희석돼버리고 만다.[83]

우리는 이 연구에서 나온 여러 숫자들을 너무 믿지 말아야 한다. 프라이어 연구의 표본 크기가 너무 작기 때문이다. 심지어 23.8퍼센트라는 수치도 통계적으로 볼 때 유의미한 값이 아니었다. 만약 프라이어가 통계적으

로 유의미한 결과만을 강조했더라도 애초부터 이런 논란은 일어나지 않았을 것이다.[84]

또한 〈뉴욕타임스〉가 사전 인용됐던 이 논문의 2019년 4월 정식 출간본을 기다렸더라면, 다른 결론을 내리게 됐을 것이다. 이 최종 논문의 요약부에서는 이미 크게 논란이 됐던 이전의 '가능성 낮은' 주장은 모두 기각했고, 대신 흑인과 백인의 사망률에는 차이가 없었다고 결론 내리고 있다.[85] 이 정도의 결론도 여전히 논란이 될 수 있긴 하지만, 프라이어의 초기 주장에 비해서는 그 강도가 꽤 많이 약해진 것이었다. 그렇다면 이 사례가 남긴 교훈이 사전 인쇄물을 게재하는 과학자들에게 어떤 경각심을 불러일으킬까? 사전 인쇄물은 누구의 검열 없이도 온라인에 얼마든지 게시될 수 있기 때문에, 우리는 이에 대해 분명히 더 회의적인 태도를 가져야 한다는 점을 명심해야 한다. 사전 인쇄물을 게재하는 과학자들도 적어도 동료들에 의해 검토되기 전에는 그들의 연구 결과를 공론화하지 않는 지적 겸양을 가져야만 할 것이다.[86]

과학 생태계가 이런 식으로 변화함에 따라 언론인들은 사전 인쇄물에도 여러 '단계'가 있다는 점을 깨달아야 할 것이다. 특히 사전 인쇄물의 출판 단계 초기에 해당하는 논문들의 경우 더욱 주의를 요한다는 사실을 알아야 한다. 2020년 초 코로나 바이러스COVID-19 대유행이 시작된 직후 생물학 분야의 사전 인쇄물 등록 서버에는 코로나 바이러스의 기원과 그 영향에 대해 세계적인 논의를 촉발시킨 논문들이 게재됐다. 몇몇 질 낮은 논문들이 바이러스 대유행에 따른 언론의 관심을 이용하기 위해 서둘러 온라인에 발표됐다. 어떤 논문들에는 의도적이든 아니든 코로나 바이러스가 생물학 무기로 사용하기 위해 고의적으로 설계됐다는 음모론을 부추기는 문구도 포함됐다. 이 때문에 해당 서버는 자신이 제공하는 사전 인쇄물들이 동료 평가를 거치지 않았음을 경고하는 문구 외에 다음과 같은 특별 경고문을 모든 페이지의 맨 윗줄에 추가해야 했다.

> 주의사항: 이 논문들은 동료 평가 과정을 거치지 않은 예비 보고서다. 따라서 이 논문들을 결정적이라고 간주하고, 임상/건강 관련 가이드라인으로 쓰거나, 확인된 정보인 것처럼 뉴스 매체에 보도해서는 안 된다.[87]

그러나 우리는 이 책을 통해 동료 평가 과정을 거쳤다고 해서 꼭 논문의 과학적 품질이 보장되지는 않는다는 것을 알게 됐다. 과학 역사상 가장 큰 피해를 입힌 과학적 조작이라고 할 수 있는 앤드루 웨이크필드의 MMR 백신 연구를 생각해보라. 이 연구 결과는 동료 평가 과정을 통과한 것은 물론이고 세계 최고의 권위를 자랑하는 의학 저널인 〈랜싯〉에 논문 게재 허가를 받은 논문이었다. 사전 인쇄 방식이 잘못된 정보를 바로잡는 방향키 역할은 할 수 있지만, 과학계의 모든 실수를 근절해주지는 못한다. 사전 인쇄 방식이 개방성, 투명성 및 신속성을 높이는 측면은 있지만 동시에 이 출판 방식이 가진 단점도 충분히 고려해야 한다.

물론 사전 인쇄 방식이 가져다준 혁명적 변화는 코로나 바이러스 위기에 대응하고 있는 바이러스 학자와 전염병 역학 연구자들에게 새로운 데이터의 물결을 신속하게 전달함으로써 연구의 가속화를 이루어냈다. 이를 통해 과거 전염병이 유행했을 때와는 전혀 다른 연구 문화를 만들어냈다. 공식적인 동료 평가 단계를 기다릴 필요 없이 새로운 연구 결과의 초안에 즉시 의견을 달 수 있게 됐고, 보통이라면 출판 과정에서 살아남지 못했을 중요한 무효 결과를 다 같이 공유할 수 있게 됐다. 또한 잘못된 주장이 가끔 등장한다는 단점이 있지만 일반적인 출판 과정보다 몇 달 또는 몇 년이나 앞서 새로운 과학 논문을 미리 볼 수 있게 됐다. 이렇게 가속화된 과학적 연구 과정이 이번 세기 최악의 감염병 위기 속에서 우리를 구해줄지는 두고 봐야 하겠지만, 적어도 과학계에 주는 교훈은 분명해 보인다. 낡은 출판 시스템인 구시대 저널만 존재하는 경우와 사전 인쇄 방식이 공존하는 출판 시스템이 서로 경쟁한다면 사전 인쇄 방식이 손쉽게 승리할 것이라는 점이다.[88]

건강한 과학 커뮤니티를 만드는 데 필요한 연구 성과 평가 제도

위에 제시된 아이디어들의 경우 현대 과학계가 앓고 있는 여러 병폐들로 인해 드러난 증상을 다루는 면에서는 유용할지 모르겠으나 근본적 원인을 제거할 수 있는 방법은 아니다. 우리가 근본적 원인에 대한 해결책을 찾는 노력을 하지 않는다면 앞으로 과학계를 개혁하고자 하는 사람들은 산 위로 끝없이 돌을 굴려 올려야 하는 시시포스와 같은 처지에 놓이게 될 것이다. 눈길을 끄는 '획기적' 연구 결과로 자신들의 이력서를 화려하게 꾸미고자 애쓰는 모든 신세대 과학자들이 만들어내는 피해 상황을 끊임없이 복구해야 할지도 모를 일이다. 앞 장에서는 이러한 신세대 과학자들의 열정이 외부 압력에 의해 어떻게 움직이는지 살펴봤다. 모든 과학자들에게는 일자리와 연구 자금이 필요하다. 영향력이 큰 저널에 논문이 실릴 수 있는 연구 결과를 끝없이 추구하는 것도 대체로 그러한 목적 때문이다. 얼마나 많은 대학들이 발표 논문의 수와 발표 저널의 임팩트 팩터를 고려해 종신 재직권을 보장한다는 동의서에 소속 교수들을 서명하게 만드는지 살펴보라.[89]

하지만 이상하게도 이미 종신 재직권이 있고, 충분한 연구 자금을 지원

받는 연구실을 운영하고 있는 과학자들조차도 이 책에 설명된 여러 종류의 나쁜 관행을 되풀이하고 있다. 이것은 비뚤어진 인센티브 제도가 너무 뿌리 깊이 박힌 나머지 스스로 영속하는 시스템이 돼버렸기 때문이다. 현재 과학 시스템에서 수습 과학자들은 수년간 수단 방법을 가리지 않고 논문 출판 건수와 논문 피인용 건수를 확보하도록 암묵적이고도 노골적으로 길들여진다. 이렇게 훈련된 수습 과학자들은 안정된 일자리가 확보되고 나서도 이미 만들어진 규범과 습관, 그리고 사고방식을 깨지 못하고 계속 같은 행동을 되풀이하게 된다. 그리고 앞 장에서 살펴보았던 것과 같이 정해진 규칙에 따라 게임을 잘하는 학자들만이 살아남도록 선택 압력을 가하는 시스템이 구축된다. 만약 여러분이 만족할 줄 모르는 자아를 가지고 동료들의 h-지수를 이기기 위해 어떤 일이든 하는 사람이라면, 오늘날의 과학계는 여러분을 두 팔을 벌리고 환영할 것이다.

스스로 영속하는 시스템은 매우 견고하다. 과학을 바로잡기 위해서는 학문적 인센티브 구조와 함께 그에 따라 계속 논문을 출판하고 더 많은 보조금을 받아와야 하는 비뚤어진 관행을 바꾸는 것이 중요하다. 이러한 사태에 책임이 있는 주요 주체는 대학, 저널, 그리고 연구 자금 후원자다. '발표하지 않으면 사라진다'라는 현 상황을 압력솥에 비유한다면 이들 주체들은 압력솥의 뚜껑을 여는 힘을 가지고 있는 집단이다. 조만간 어떻게 그들이 그 일을 하는지 보게 될 것이다. 하지만 우리가 여기서 더 이상 나아가지 않고 멈춘다면, 현재의 많은 과학자들은 과거에 자신들이 해오던 방식 외에는 알고 있는 것이 없다는 현실을 애써 외면하는 것과 같다. 이것을 바꾸기 위해서는 주요 주체들로부터 시작되는 하향식 변화와 함께 과학 커뮤니티 자체로부터 시작되는 상향식 변화를 결합할 필요가 있다.

과학계를 바꾸기 위해 필요한 개혁에 과학자들이 동참하도록 하려면 머튼의 '사심 없음' 규범이 존경할 만한 것이긴 해도 현실과는 다소 동떨어져 있다는 사실을 인정해야만 한다. 사실 개인적 보상은 과학적 진보를 이룬 중요한 원동력이었고 지금까지도 항상 그래왔다.[90] 과학자들끼리 서로 더 많이 협력하고 온라인에서 자유롭게 데이터를 공유하도록 장려하고 싶다면, 그들이 받아 마땅한 보상을 받을 수 있는 환경을 조성하는 데 몇 배의 힘을 기울여야 할 것이다.

이를 위해서는 연구 노력을 평가하는 방식을 바로잡는 것에 상당한 노력을 기울여야 한다. 그리고, 그로 인해 큰 변화가 있어야 한다. 현재의 시스템은 과학적 협력 관계를 장려하기에는 불투명하고 불평등하다. 그러므로 지금이 이를 대체할 수 있는 좋은 기회이기도 하다. 현재 대부분의 과학 분야에서 이루어지고 있는 관행은 다중 저자의 논문에서 프로젝트의 대부분을 담당했던 과학자의 이름을 제일 앞에 쓰고 프로젝트를 감독한 시니어 연구원의 이름은 제일 끝에 쓰는 것이다.[91] 그 외 연구 설계, 연구실 구성, 참가자 모집, 자료 수집, 데이터 정리, 통계 분석에 기여한 사람들은 중간쯤에 나열된다. 각자의 역할에 대해 공평한 보상을 한다는 차원에서 본다면 이러한 관행은 이상적인 상황과는 매우 거리가 멀다. '저자'로 등재된 사람들 중 많은 수가 실제 기여도가 적거나 심지어 전혀 관련이 없을 때도 있다. 반면, 논문에 어느 정도 기여했던 수많은 중간 저자들의 노력은 거의 인정받지 못하고 있다. 대학들이 채용을 하고 월급을 책정할 때는 주로 논문의 처음과 마지막 저자만 고려하고 있기 때문이다.

이런 상황에서 포괄적이고 협력적인 '팀 사이언스적' 노력을 확장하는 것은 문제를 더 악화시킬 뿐이다. 이런 활동의 결과로 종종 저자 목록이 수백 개 또는 경우에 따라 수천 개에 달하는 논문이 출판되기도 하기 때문이다.[92] 또한 오픈 사이언스 운동의 경우 필수적으로 데이터를 공유하는 것이 필요한데, 아무 보상도 없이 데이터만 제공하게 될 것이라는 우려도 있는 것이 사실이다. '연구 기생충'이라고 불리는 새로운 종류의 과학자들이 등장할 경우에는 어떻게 대응해야 할까? 이는 〈뉴잉글랜드 의학 저널〉에서 처음 사용한 용어로서, 이 부류에 속하는 과학자들은 스스로 데이터를 수집하지는 않고 다른 사람들이 어렵게 수집해놓은 데이터를 분석하기만 하는 사람들이다.[93] 이러한 문제는 눈에 보이는 어떤 규정보다는 막연한 불문율에 주로 의존하고 있는 현 과학 시스템이나 개인 인용 지수 체계로는 해결할 수 없다.

과학에서 공과와 책임을 배분하는 새로운 방법이 필요한 시점이다. 과학자들이 단순히 논문에 이름을 올리는 정도의 보상을 받는 것이 아니라 실질적인 보상을 해주는 제도가 있어야 한다.[94] 이러한 목표를 달성하기 위한 첫 걸음에는 반드시 대학들이 나서야 한다. 대학에서 교수들에 대한 고용 및 종신 재직 결정을 내릴 때, 기존에 쓰고 있는 h-지수에 추가하거나 혹은 그것을 대체할 척도로서 '건강한 과학 커뮤니티를 만드는 데 기여한 정도'를 고려해야 한다.[95] 즉, 몇 편의 논문을 출판했는가만 눈여겨볼 것이 아니라, 국제 협력 팀 구축의 복잡성, 데이터 수집 및 공유의 어려움, 효과가 없는 연구 결과도 출판하는 정직성, 건강한 과학계를 만드는 데 꼭 필요한 활동인 재현 연구를 수행했는지 여부들이 고려의 대상이 돼야 한다. 이런 방식으로 개방적이고 투명한 과학 문헌을 발표하기 위해 노력한 연구자들에게 대학들이 보상함으로써 학계에서 가치 있다고 여겨지는 일들의 범위를 계속 확장해 나가야 한다.[96] 양보다는 질을 중시한다는 사실을 분명하게 드러나 보이게 해야 하는 것이다. '0.05 이하의 p-값을 계속해서 얻고 있는가?'와 같이 연구 결과에만 집중하기보다는 '탄탄한 과학적 결론에 도달하기 위해 엄격한 기준으로 연구를 수행했는가?'와 같은 학문적 방법론을 더 중요하게 생각해야 한다. 심리학자인 스콧 릴리엔펠드Scott Lilienfeld의 말처럼 연구 지원금은 "그 자체가 목적이 되어서는 안 되고 목적 달성의 수단이 되어야 한다."[97]

연구 자금을 지원하는 단체들도 마찬가지다. 과학자가 이전에 발표한 논문의 수나 연구 제안서에 포함된 주장이 얼마나 파급 효과가 큰가에 근거해 자금 지원 결정을 내리기보다 지원되는 연구 자금으로 저명한 저널에 논문을 출판하는 것 이상으로 더 많은 일을 어떻게 할 것인가를 판단하는 기준을 세워야 한다. 예를 들면 '제안된 연구 결과 얼마나 많은 데이터가 생성되는가?' 혹은 '연구 결과가 어느 정도까지 과학 커뮤니티에 공유될 것인가?'와 같은 기준을 마련해야 할 것이다. 연구 자금 지원 단체들은 이 책에서 소개했던 여러 방법을 시도해보고 과학자들이 모든 결과를 보고하지 않아 출판 편향을 일으킨다면 연구 자금의 일부를 지원 보류할 수도 있을 것이다. 플랜 S가 보여줬듯이 연구 자금 지원 단체들이 힘을 합쳐 오픈 사이언스 원칙을 추진한다면, 강력한 힘을 발휘할 수 있을 것이다.

현재 과학계의 병폐를 해결하기 위해서는 이보다 훨씬 더 극단적인 변화가 일어나야만 한다. 갈수록 더 과장된 주장을 하며 연구 자금을 얻기 위해 경쟁하는 과학자들의 군비 경쟁을 종식하기 위해 다양한 방법들이 제시되고 있다. 일부 연구 자금 지원 기관들이 이미 채택하고 있는 한 가지 아이디어는 과학자들이 제안하는 구체적인 연구 프로젝트보다는 과학자 자체를 대상으로 연구 자금을 대는 것이다. 즉, 충분히 창의적이라고 판단되는 과학자들에게 그들이 계획하고 있는 어떤 연구에든 쓸 수 있도록 충분한 자금을 제약 없이 지원하는 것이다. 이 경우 과학자들이 자신들에게 주어진 자유를 이용해 새롭고 흥미로운 진보를 만들어낼 것이라는 희망을 가져볼 수 있다. 그렇게만 된다면 끊임없이 연구 자금을 끌어와야 하는 고통에서 과학자들을 해방시켜줄 수 있을 것이다. 또한 다음 연구 자금 신청을 위해 이력서를 보강하는 목적으로 짧은 살라미 슬라이싱 논문 제출을 하기보다는 장기적이고 수준 높은 프로젝트에 집중할 수 있게 될 것이다.[98]

그러나 이런 방식은 관련 직원, 장비, 실험 참가자를 사전에 잘 계획해서 예산을 책정해야 하는 대규모 연구 프로젝트에는 적합하지 않다. 그리고 장기 연구 자금 지원 대상자로 선정되기 위한 전제 조건이라고 할 수 있는 학계 네트워크나 영향력이 없는 과학자들에게는 불리할 수도 있다. 그렇다면 연구 프로젝트에 자금을 지원하는 현재 시스템에서 가장 좋은 방법은 무엇일까? 이와 관련해 일정 수준을 넘는 연구 지원 자금 신청자들을 대상으로 최종 목록을 만든 다음, 최종 연구 자금은 추첨으로 배분하자는 식의 흥미로운 제안들이 등장하고 있다. 현재의 과학계가 실력 우선주의로 이루어져 있다는 점을 고려하면 이 방식이 매우 이상하게 들릴 수 있다. 그러나 추첨 방식을 지지하는 일군의 사람들은 현재의 연구 자금 지원 제도가 적절하게 돈을 분배하는 측면에서는 이미 현실적으로 '무작위라는 확률적 장점도 없는 추첨 방식'이 돼버렸다고 주장하고 있다.[99] 2016년 실시된 한 분석 연구 결과에 따르면 미국 국립보건원에 제출된 연구 자금 제안서에 대한 심사 점수와 최종 연구 결과의 논문 피인용 횟수는 거의 상관성이 없는 것으로 나타났다.[100] 만약 이것이 사실이라면, 과학자들이 연구 제안서를 만들고 다듬는 데 소비한 시간은 아무런 의미가 없다는 이야기가 된다. 한 계산 결과에 의하면 "과학자들이 연구 과제 제안서를 준비하면서 들이는 시간과 노력 때문에 포기해야 하는 과학적 가치는 자금이 지원된 연구 프로젝트에 의해 창출되는 과학적 가치와 비슷하거나 더 클 수 있다"라고 한다.[101]

이런 점들을 고려할 때 일정 수준 이상의 연구 자금 신청서들 중에서 더 높은 품질의 제안서를 공정하게 고른다는 것은 거의 불가능에 가깝다는 것을 알 수 있다. 반면 추첨에 의해 무작위로 자금 지원 대상자를 뽑게 되면 제안서를 검토하는 사람들도 애초부터 달성 불가능한 것에 들이는 시간을 아낄 수 있다. 또한 나이, 성별 또는 다른 특징에 의해 특정 타입의 과학자가 선호되는 편향 현상도 피할 수 있다.[102] 과학자들도 무작위 추첨을 통해 최종 선정이 이뤄진다는 것을 알면 프로젝트 제안서를 일정 수준 이상(단, '오픈 사이언스 원칙을 준수한다'를 포함한 매우 높게 설정된 기준을 통과하는 수준이어야 한다)으로만 작성하면 될 것이다. 그러면 자신들의 연구를 과장되게 표현해야 하는 부담은 훨씬 덜 수 있을 것이다.[103]

이를 위해 과학 저널들 역시 개방성과 반복 재현성을 장려하는 새로운 표준을 채택해야 한다. 반복 재현 연구 논문을 투고해줄 것을 공개적으로 과학자들에게 요청하고, 연구 계획을 사전 등록하도록 하며, 발표되는 논문에 연구 데이터 세트 전체를 함께 첨부하게 하는 것도 좋은 시작이 될 것이다.[104] 이럴 경우 과학자들은 저널 편집자들에게 논문을 멋지게 알리기 위해 긍정적인 연구 결과만 강조하는 기존의 틀에서 벗어날 수 있게 된다. 그 결과 무효 결과를 얻은 연구자들은 연구 결과 발표를 포기하지 않아도 된다.[105] 또한 저널들은 투고 전에 기본 오류에 대해 연구 논문을 스캔하도록 하는 정책을 도입하거나, 데이터 진실성을 검토할 담당자를 고용해 GRIM 테스트와 같은 방법으로 무작위 표본 검사를 수행할 수 있다.[106] 그뿐만 아니라 논문 저자들이 겸손한 태도로 자신들의 연구 결과를 발표하도록 유도해야 한다. 과학자들에게 그들의 연구에 이해 충돌 가능성이 있는지를 공개하도록 요구하는 것과 함께, 출판되는 논문의 최종본에 사각형 박스로 표시된 '연구의 한계'라는 섹션을 만들고 이것을 작성하도록 의무화해야 한다.[107] 더불어 논문 제출에 더 많은 시간, 노력, 비용과 같은 자원이 소요되게 만들면 살라미 슬라이싱 논문 관행에 제동을 걸 수도 있을 것이다.[108]

이 모든 것이 대학, 연구 자금 지원 기관, 저널이 해야 할 일 또는 할 수 있는 일이다. 하지만 이러한 변화가 정작 그들에게는 어떤 이득이 될까? 시장에서는 각 대학의 소속 과학자들이 얼마나 많은 논문을 만들어내는지를 기준으로 순위를 매기고 있고, 대학들은 이런 치열한 상황에서 자신들의 순위를 지키고 싶어 한다. 연구 자금 지원 기관들은 자신들이 최첨단 과학 분야를 지원하는 것처럼 보이기를 원한다. 또한 저널들은 매년 자신들의 임팩트 팩터가 커지는 것을 보고 싶어 한다. 하지만 지금이야말로 이런 것들이 변화해야 할 시기다. 여기에는 두 가지 이유가 있다.

첫 번째는 지속적으로 발생하는 반복 재현 위기 때문이다. 수십 년, 심지어 수 세기 동안 많은 과학자들은 연구 결과의 신뢰성과 그 결과가 생성되는 시스템에 대해 심각한 의심을 품어왔다. 그러나 그런 의심을 뒷받침하는 실질적 데이터가 축적된 것은 불과 최근 몇 년 동안의 일이다. 이제야 시스템상의 문제로 잘못된 사례를 여러 분야에 걸쳐 광범위한 맥락에서 골라낼 수 있게 됐다. 그리고 이러한 사례들을 뒷받침하기 위한 강력한 메타 사이언스 데이터를 제시할 수 있게 된 것이다. 비로소 잘못된 과학을 고칠 수 있는 구체적 데이터를 확보할 수 있게 됐다고 할 수 있겠다.

어떤 대학도 소속 연구원들이 반복 재현에 실패하거나 논문 사기 건으로 조사에 휘말리는 것을 원치 않는다. 연구 자금 지원 기관들도 마찬가지다. 그들은 반복 재현이 가능한 고품질의 연구에 연구 자금을 지원하지 않는다면, 그들의 돈이 낭비되는 것이고 장기적으로 봤을 때 자신들이 바보처럼 보이리라는 점을 충분히 인식하고 있다. 저널 역시 마찬가지다. 저널이나 출판사들이 가장 피하고 싶어 하는 일은 과거 조잡한 연구 결과를 출판했던 몇몇 저널들처럼 웃음거리가 되는 것이다.[109] 과학자들이 평판에 신경 쓰는 것 때문에 현재와 같은 혼란에 빠졌다고도 볼 수도 있지만, 만약 이런 사건들과 문제점들에 대해 충분히 알릴 수만 있다면 동일한 이유가 우리를 혼란에서 구출해줄 수도 있을 것이다.

사실 과학계에서 조성되고 있는 반복 재현 위기에 대한 깊은 우려가 과학 개혁을 뒷받침하는 힘이 되고 있다. 사전 인쇄 방식을 수용한 것에서 보여주듯이 과학자들은 표준 출판 시스템도 기꺼이 집단적으로 해체할 의지를 보여왔다. 사전 인쇄 방식이 출판 속도와 투명성 면에서 보여주는 장점을 목격한 과학계는 이를 전격적으로 받아들이기로 결단했다. 저널들도 그 뒤를 따랐다. 저널들은 정책을 바꿔 사전 인쇄 논문도 투고가 가능하다고 밝히고 있다. 오픈 액세스, 오픈 데이터, 사전 등록 제도와 같은 방식에 대한 요구가 저널 정책에 영향을 미치고 있는 것이다.

상향식 수요와 하향식 정책을 연결하면 비뚤어진 기준이 아니라 유익한 자생적 규범을 만드는 긍정적 피드백 순환 체계를 끌어낼 수 있다. 예를 들어, 반복 재현 위기에 대해 걱정하는 학자들과 대학 내의 풀뿌리 단체들에 의해 구성된 '영국 재현성 네트워크'는 연구의 개방성과 투명성을 살리는 방향으로 대학들의 채용 관행을 바꾸는 방법에 대해 해당 대학들과 논의 중에 있다.[110] 이러한 노력을 통해 지난 장에서 살펴본 바 있는 나쁜 과학을 '자연 선택'하도록 만드는 현대 과학계의 관행에 대해 나름대로 해독제 역할을 기대할 수 있다. 개방성과 투명성을 중시하는 과학자들에게 보상이 더 돌아가도록 함으로써 나름대로의 선순환 구조를 형성할 수 있게 해주는 것이다.

오픈 사이언스를 실천하는 과학자들의 수가 증가할수록 상향식 변화가 촉진되고, 다른 연구자들도 이 운동과 관련된 여러 개혁 물결에 동참하게 될 것이다. 이러한 변화는 자연스럽게 더욱 많은 메타 사이언스 연구를 촉진시킬 것이다. 그렇게 되면 어떤 종류의 연구 결과들이 재현할 수 있고, 어떤 학문 구조에서 더 신뢰할 수 있는 연구 결과가 만들어지고, 어떤 연구 결과들은 의심의 눈초리로 지켜봐야 하는지를 이해하는 데 있어 훨씬 많은 도움을 받게 될 것이다.[111]

동료들로부터 지지와 존경을 받는 것은 과학자들에게 큰 동기 부여가 된다. 우리는 수치심의 힘을 과소평가해서는 안 된다. 바보 같은 실수를 하거나, 명백한 편향을 보이거나, 자신의 연구를 과대평가하는 경우 온라인에서 조롱받게 될 것이라는 두려움이 들면 과학자들은 숫자를 다시 한 번 더 확인하게 되고, 자신의 주장을 현실적 범위 내에서만 유지하려고 노력할 것이다.[112] 하지만 이러한 변화를 일으키기 위해 꼭 부정적 이유에만 초점을 맞출 필요는 없다. 지금이 우리의 과학 시스템을 혁신하기에 가장 좋은 시기인 두 번째 큰 이유는 우리에게 새롭게 등장한 기술이 있기 때문이다.

간단히 말해서 오픈 사이언스 운동을 하기에 지금보다 더 쉬웠던 때는 없었다. 이제는 알고리듬의 도움으로 논문에 포함된 오류를 손쉽게 확인할 수 있다. 즉시 사전 인쇄 및 사전 등록을 할 수 있고, 몇 년 전만 해도 불가능했던 방식으로 대규모 데이터 세트를 공유할 수도 있다. 논문은 물론이고 더 나아가 과학 커뮤니티 전체에 대한 저자의 기여도가 분 단위로 기록될 수 있는 시스템도 갖췄다. 데이터를 모으는 단계에서부터 논문을 출판하기까지의 전 과정을 세상에 공개할 수 있다. 오픈 사이언스 센터의 책임자인 브라이언 노섹은 다음과 같은 점을 강조한다. 과학계의 문화를 바꾸는 데 있어 규범, 인센티브, 정책과 같은 뿌리 깊은 관행에 손을 대기 전에 믿을 수 없을 정도로 간단한 첫 단계가 있다. 사람들이 자신의 새로운 아이디어에 쉽고 간단하게 동참하도록 만드는 것이다.[113] 많은 과학자들도 연구의 질이 향상되기를 바란다. 하지만 그런 변화를 만들어내기 위해 얼마나 많은 노력이 요구될까 라는 생각이 들면 당연히 망설이게 된다. 끊임없이 발전하는 관련 기술을 통하면 이러한 우려를 불식할 수 있고 점점 더 많은 연구자들이 오픈 사이언스 운동에 동참할 수 있을 것이다.

만약 오픈 사이언스 운동에 쉽게 동참할 수 있도록 하는 것만으로 충분하지 않다면, 우리는 과학자들의 이기적인 욕망에 호소할 수 있다. 암 생물학자 플로리안 마코웨츠Florian Markowetz는 과학자들이 새로운 자동화 도구를 활용해 데이터, 분석 방법, 논문 간의 연결 고리를 투명하게 만들 수 있는 방법에 대해 논한 논문에서 다음과 같이 '재현 가능하도록 연구해야 하는 다섯 가지 이기적 이유'를 제시했다.

1. 데이터를 공개해 투명하게 관리하면 연구 결과의 가치를 떨어뜨리는 자신과 공동 저자들의 실수를 찾아내는 데 도움 받을 수 있다. 즉, 자신의 연구가 또 다른 라인하트-로고프의 엑셀 스프레드시트 실수 사례가 되는 것을 방지할 수 있는 것이다.
2. 자동화된 새로운 도구를 사용하면 논문을 좀 더 쉽게 쓸 수 있다.
3. 누군가가 자신의 데이터 분석 방법을 투명하게 볼 수 있다면, 논문 검토자에게도 자신이 올바르게 작업을 했다고 확신시키기 쉽다(데이터가 공개돼 있다면 검토자들이 직접 분석 방법을 검증해볼 수도 있다).
4. 분석의 모든 단계를 공개적으로 문서화할 경우 몇 개월이 소요되는 긴 작업도 문제없이 계속할 수 있다. '미래의 자신'은 과거의 자신이 무엇을 했는지 오로지 기억에만 의존하지 않아도 되기 때문이다.
5. 모든 것을 공개하는 것은 전혀 숨길 것이 없고 모든 연구 활동을 정직하게 수행했다

는 것을 과학 커뮤니티에 보여주는 것이다. 그런 태도는 정직한 연구자로서의 명성을 쌓는 데 큰 도움이 된다.[114]

우리는 현 시점에서 무엇이 문제인지 분명히 알고 있다. 문제를 해결하는 방법도 우리 손에 달려 있다. 우리가 과학의 문제를 고치기 위해 해야 할 일은 단지 사람들에게 올바른 동기를 부여하는 것이다.

유레카에 대한 환상 – 학문은 언제나 지루한 법이다

헨리크 구레츠키Henryk Górecki의 제3번 교향곡, 슬픔에 찬 노래 심포니Symphony of Sorrowful Songs 음반은 100만장 이상 팔렸다. 현대 클래식 음반 업계에서는 들어보지 못했던 기록이다.[115] 이 곡의 인기는 곡의 단순함에 있다. 이 곡은 영화 음악처럼 매우 천천히 연주된다. 구레츠키의 전작들에서 보이는 엄격한 무조성atonality은 보이지 않는다. 엄청난 음반 판매량과는 달리 1977년에 이루어진 초연은 관객들에게 좋은 반응을 끌어내지 못했다. 마지막 악장을 21번의 A장조 반복으로 끝내자마자, 구레츠키는 앞줄에 앉은 '유명한 한 프랑스 음악가(많은 사람들은 그가 다혈질의 전위예술가 피에르 불레즈Pierre Boulez라고 믿고 있다)'가 '쓰레기!'라고 외치는 것을 들어야 했다.[116] 지금은 현대 음악계의 걸작 중 하나로 인식되고 있지만 당시로서는 구레츠키의 제3번 교향곡이 전위 음악가가 만족할 만큼 충분히 신선하거나 실험적이지 않았던 것이다.

과학자들은 구레츠키보다는 불레즈와 더 비슷하게 생각하는 경향이 있다. 그들은 과학이 항상 흥분되는 새로운 발견을 내놓아야 한다고 진지하게 믿고 있다. 그로 인해 과학자들은 항상 새로운 것만 좋아하는 부류의 사람이 됐다. 과학자들에게는 모든 연구가 세상을 바라보는 우리의 시각을 완전히 바꿀 수 있는 엄청난 발견이어야 한다. 마치 영화의 한 장면처럼 흥분한 과학자가 하얀 실험 가운을 입고 종이뭉치를 흔들며 방으로 뛰어들어올 정도의 결과여야 하는 것이다. 그렇기 때문에 과학자들은 자신들의 연구 결과가 항상 '유레카'를 외칠 만한 것처럼 보이기를 원한다. 그런 상상에 맞도록 데이터를 분석하고, 논문을 쓰고, 저널에 발표한다. 물론 때로는 정말 예상치도 못한 혁신적인 발견이 나타날 때도 있다. 하지만, 대부분의 과학은 점진적으로 누적되는 성격을 띠고 있다. 갑자기 결론적 진리로 도약하기보다는 서서히 잠정적 이론으로 발전해나가는 방식인 것이다.[117] 솔직히 말하자면 대부분의 과학은 매우 지루하다.

물론 새로운 연구 결과를 둘러싼 과장을 자제하고 우리가 알고 있는 것에 겸손한 태도를 취하는 것은 가뜩이나 지루한 과학을 더 지루하게 만들 수 있다. 하지만 거의 모든 상황에서 따분하지만 신뢰할 수 있는 결과는 흥미진진하지만 공허한 결과를 이기게 된다. 더 많은 무효 결과와 재현 연구를 출판하도록 장려하는 것이 우리의 지식 창고를 채우는 데 있어 훨씬 더 신뢰할 수 있는 방법인 것처럼, 과학을 제대로 평가하기 위해서는 장기적으로 불확실하고 예비적인 연구 활동의 본질에 대해 잘 이해해야 한다. 반짝이는 물건을 모으는 까치처럼 새로운 것을 선호하고 눈에 띄는 연구 결과에만 관심을 두려는 우리의 본능을 다스리고, 당장은 덜 흥분되더라도 좀 더 견고한 결과를 중요시하는 법을 배워야 한다. 다른 말로 표현하자면, 과학을 다시 지루하게 만들어야 하는 것이다.[118]

하지만 너무 지루해서도 안 된다. 과학은 점진적인 것이기 때문에 인센티브 제도를 개혁하는 데서도 점진적이어야 한다. 진자의 추를 반대 방향으로 너무 크게 흔들면 안 된다는 뜻이다. 그럴 경우 거칠지만 새로운 아이디어로 자신의 운을 시험하고, 종종 중대한 혁신으로 이어지는 새로운 종류의 모험에 나서려는 과학자들의 의지를 꺾을 수 있다. 지식을 향해 한 걸음씩 새롭게 나아가는 태도와 함께, 때로는 불레즈와 같은 별난 사람들의 야심찬 연구가 엄청난 보상을 가져다줄 수 있다는 인식이 적절하게 균형을 이루는 것이 중요하다.[119] 이러한 관점은 생각보다 쉽게 실현할 수 있다. 출판과 논문 피인용 횟수에만 지루하게 초점을 맞추는 것은 혁명적 진보를 촉발할 수 있는 괴짜 탐구 연구를 저해한다. 대신 이 장에서 설명한 개혁 방안들은 우연, 편향, 과장에 의한 연구 결과와 미래의 큰 발견으로 이어질 수도 있겠다는 기대를 갖게 만드는 진짜 연구 결과를 분명하게 구별해내어 혁신적인 발견을 더 돋보이게 만들어줄 것이다.[120]

과학계의 진짜 위기는 따로 있다 - 과학자와 회의주의자

보편주의, 공동체주의, 사심 없음, 그리고 세계에 대한 진실과 지식을 정직하게 추구하는 조직적 회의주의라는 머튼 규범에 입각해 과학을 하게 된다면 적어도 어떤 고귀함을 발견할 수 있다. 그러나 이러한 모든 미덕은 터무니없는 결과 부풀리기, 질시에 가득 찬 데이터 보호, 나태한 실수, 뻔뻔한 명성 추구, 부끄러운 사기 행각을 부추기는 현재의 시스템에서는 형편없는 취급을 받는다. 만약 우리가 새로운 세대의 과학자들에게 머튼 규범을 따르도록 훈련시키는 동시에, 그들을 잘못된 방향으로 끌고 가려는 삐뚤어진 인센티브의 범람을 억제할 수 있다면, 우리는 결국 과학을 구해낼 수 있을 것이다.

물론, 이 장에서 제시한 아이디어들이 적어도 시도해볼 가치가 있다는 것을 과학계에 납득시키려면 시간이 걸릴 것이다. 우리는 이런 부분에 있어서 너무 독단적인 입장을 취해서도 안 된다. 그것은 비과학적일 뿐만 아니라 과학계의 경우 분야마다 다른 종류의 개혁이 필요할 수 있기 때문이다. 모든 것을 해결할 수 있는 만능 해법이란 것은 없다.[121] 우리는 현재 제도를 완전히 갈아엎고 법령에 의해 개혁을 강요할 것이 아니라 신중하게 새롭게 제시된 방법들을 실험해보고 증거를 수집해가면서 이 과정을 진행해 나가야 한다.

이 책에 제시된 메타 사이언스 연구 결과들을 본다면 사람들은 과학계가 잘못돼가고 있다는 것을 확신할 수 있을 것이고, 더불어 과학계가 변해야 할 필요성에 대해서도 절감할 수 있을 것이다. 여러분은 과학계가 '위기'에 처해 있다는 주장이 심하게 과장됐다고 생각할 수도 있다. 하지만 걱정에 가득 찬 나의 마지막 주장은 다음과 같다.[122] 설사 과학계에 재현 위기가 없다 하더라도 우리가 이 장에서 논했던 모든 개혁안이 결국은 과학계를 건강하게 만들 것이라는 점이다. 이런 식의 논쟁은 기후변화와 관

련해 〈렉싱턴 헤럴드〉 지에 게재된 조엘 페트의 고전적 만화를 떠올리게 만든다.

페트에게 미안하지만, 다른 종류의 질문에 대답할 수 있도록 그의 만화를 다음과 같이 다시 쓰겠다.

> 개방성. 투명성. 향상된 통계. 사전 등록. 자동화된 오류 검사. 사기꾼을 잡는 영리한 방법. 사전 인쇄. 더 나은 고용 관행. 겸손의 새로운 문화. 등등
> 재현 위기가 큰 속임수에 불과하고 우리가 괜히 그것 때문에 과학을 쓸데없이 더 낫게 만든다면 어떡하려고 하는가?

에필로그:
우리에게 필요한 것은 진리다

오, 살아 있는 동안 진실을 말하고 악마를 부끄럽게 하라!

_윌리엄 셰익스피어, 《헨리 4세》

내가 이 장을 쓰고 있는 지금 천체물리학자들은 처음으로 블랙홀의 사진을 찍는 데 성공했다고 발표했다.[1] 한편, 유전학자들은 격리돼 살지 않으면 치명적 감염이 생기게 되는 심각한 면역 질환을 가지고 있는 7명의 아이들이 유전자 치료법에 의해 치료됐을지도 모른다고 발표했다. 그리고 유전자 기반 치료법은 낭포성 섬유증을 앓고 있는 사람들의 90퍼센트에게 효과가 있었음을 암시하는 결과를 보여줬다.[2] 공중 보건의학 연구원들은 최신 항레트로바이러스 약제를 복용한 HIV 양성 동성애자들의 경우, 성적인 파트너에게 바이러스를 전달할 가능성이 '실질적으로 제로'였음을 밝혔다.[3] 엔지니어들은 양자 얽힘quantum entanglement현상을 이용해 다이아몬드 안에서 정보를 순간 이동 시킬 수 있음을 보여줬다.[4] 과학자들은 쥐의 눈에 나노 입자를 주입해 쥐가 적외선을 볼 수 있도록 만들었다.[5] 과학 및 의학이 이룬 수많은 진보들 중에 이런 몇몇 경이로운 결과들을 보게 되면 인류가 이룩한 가장 자랑스러운 업적 중 하나가 과학이라는 사실을 새삼 깨닫게 된다.

적어도 이런 놀라운 결과들은 사실이어야만 한다. 그리고 우리는 그 결과들에 자랑스러울 수 있어야 한다. 그러나 이 책을 통해 과학계에 만연해 있는 온갖 문제점에 대해 알게 된다면 어떤 새로운 결과가 발표된다고 하더라도 의심의 눈초리로 쳐다보게 될 것이다. 과학적 진보라는 흐름의 내면을 들여다보면 순수함과는 거리가 멀다는 사실을 알아버렸기 때문이다. 위에서 열거했던 경이로운 연구 결과들이 발표되던 것과 비슷한 시기에 미국의 연구 청렴성 사무소는 듀크대학교의 한 연구원이 발표했던 39편의 논문과 총 2억 달러의 연구 자금이 투입된 60개 이상의 프로젝트에서 데이터가 위조됐다는 결론을 내렸다.[6] 한편, 한 유전학 교수는 런던 유니버시티 칼리지 내 자신의 연구실을 방만하게 운영하면서 수십 편에 달하는 조작 논문을 발표한 것이 드러나기도 했다. 하지만 그는 이로 인해 사임하거나 어떤 책임도 지지 않았다.[7] 〈사이언스〉에 게재된 한 심리학 연구에서는 갑작스러운 소리와 같은 자극에 보수주의자들이 더 강한 생리적 반응을 보인다는 주장을 펼쳤다. 하지만 훨씬 더 큰 규모의 연구에서는 동일한 결과를 재현하는 데 실패했다. 이 사례는 내가 재현을 시도했던 벰의 초능력 연구의 경우와 매우 유사해 보인다. 〈사이언스〉는 해당 논문의 재현 연구 결과를 담은 논문의 게재를 즉각 거부했다.[8] 새로운 표절 방지 알고리듬을 사용해 조사해보면 7만 편 이상의 러시아어 논문들이 적어도 2개, 그 중 일부는 최대 17개의 다른 저널에 실렸음을 확인할 수 있었다.[9] 세계에서 가장 많은 논문 피인용 횟수를 보유하고 있는 연구자 중 한 사람인 미국의 어느 생물 물리학자는 자신이 편집 위원으로 있던 한 생물학 저널에 논문을 투고한 저자들에게 자신의 논문을 인용하도록 강요한 사실이 밝혀지면서 저널 이사회에서 물러났다. 자신의 논문 50편을 한꺼번에 인용할 것을 강요한 경우도 있었다. 그의 논문 피인용 건수는 이런 과정을 통해 엄청나게 증가했을 것으로 보인다.[10]

이런 일련의 이유로 인해 우리는 새로운 과학적 진보 결과가 보고될 때 단순히 경탄만 하고 있을 수가 없다. 견고하고 재현 가능한 유익한 연구 결과가 오류, 편향, 잘못된 결론, 조작으로 얼룩진 수많은 가짜 연구 결과에 섞여 우리에게 제공되고 있음을 알고 있기 때문이다. 1986년 신장병학자 드러몬드 레니Drummond Rennie는 다음과 같이 썼다.

> 저널을 비판적으로 폭넓게 읽는 사람이라면 현실적으로 논문 출판에는 어떤 제약도 존재하지 않는 것처럼 느낄 수밖에 없다. 연구가 너무 단편적이거나, 가설이 부실하거나, 인용이 편향적이거나, 지나치게 자기중심적이거나, 연구 설계가 너무 왜곡되거나, 연구 방법이 형편없고, 결과 보고가 부정확하고, 모호하고, 모순되고, 결과의 해석이 너무 자의적이고, 주장이 너무 순환적이고, 결론이 너무 하찮고 비논리적이고, 문법과 문장이 지나치게 공격적이어서 출판하기에 어려운 논문이란 것은 세상에 존재하지 않는 것처럼 보이기 때문이다.[11]

물론 이러한 사실을 알아차린 사람이 그가 처음은 아니다. 1830년, 수학자이자 '컴퓨터의 아버지'라고 불리는 찰스 배비지Charles Babbage는 '영국 과학의 쇠락에 대한 성찰과 그 원인'이라는 훌륭한 글을 썼다. 여기서 그는 과학계에 만연해 있는 병폐들을 종류별로 분류했다.[12] 이 분류들을 한번 살펴보자면, 우선 '위장'이 있다. 먼저 가짜 결과를 발표한 후 나중에 자신들의 주장을 증명하는 과정에서 진짜 결과를 밝히는 사례다. 이것과는 다른 종류로 '조작'이 있다. 지금까지 우리가 살펴본 유명한 과학 사기꾼들이 저질렀던 행위에 해당한다. 조작을 하는 사기꾼들은 나중에라도 자신들이 속였다는 사실을 밝힐 의도가 전혀 없다. '트리밍trimming'과 '쿠킹cooking'은 과학자들이 그들의 데이터와 관찰 결과에 손을 대어 연구 결과가 흥미로워 보이거나 정확해 보이는 논문의 외관을 갖추도록 하는 행위로서 현대적 관점에서 보자면 p-해킹에 해당된다. 이런 분류법이 오래전에 등장한 것을 보면 비록 현대적 출판 시스템이 과학계가 가진 문제를 악화시키기는 했지만, 그것이 궁극적 원인은 아님을 알 수 있다. 이런 출판 시스템은 역사적으로도 이미 오랫동안 우리와 함께 해왔다는 것을 알 수 있다. 이처럼 오래된 모든 불합리함에 대해 우리가 어떤 조치를 취할 수만 있다면, 과학계가 얼마나 더 많은 진전을 이룰 수 있을지에 대해 상상해보라. 얼마나 더 많은 질병을 박멸 또는 무력화시킬 수 있을지, 우주와 진화, 세포와 뇌와 인간 사회에 대해 얼마나 더 많은 비밀을 알 수 있게 될지, 헛된 기대와 가망 없는 일에 매달리는 일을 얼마나 피할 수 있을지 생각해보라.

내가 이 책을 쓰게 된 동기는 배비지가 그의 논문 도입부에서 말한 것처럼, 과학계에 변화의 움직임을 일으켜 '과학에 공헌하기' 위해서다. 하지만, 배비지의 친구들은 과학적 관행을 비판하는 것이 그를 과학계의 적으로 만들 것이라고 경고했다. 물론 그의 모난 성격을 감안한 조언이었을 것이다.[13] 내가 친구들에게 이 책을 쓰겠다고 이야기했을 때 돌아온 반응도 "그런 책을 쓰는 것은 무책임하지 않은가?"였다. 내 친구들도 나의 책이 과학에 대한 신뢰를 무너뜨릴 것에 대해 우려했다. 진화론, 백신의 안전성, 인간이 지구 온난화를 자초했다는 사실 등에 대한 불신을 가지고 있는 사람들이 책에서 주장했던 내용을 나쁜 의도로 잘못 사용하게 되면 무질서한 혼돈 상태에 빠지지 않겠는가? 만약 주류 과학이 그렇게 편향돼 있고 연구 결과들이 그토록 과장돼 있다면, 보통 사람들이 과학자가 하는 말을 믿을 수 있겠는가?

하지만 이런 태도는 문제를 인식하는 올바른 방법이 아니다. 첫째, 과학에 대한 신뢰는 실제로 과학이 매우 높은 기준을 만족할 때 생기기 때문이다. 웰컴 글로벌 모니터Welcome Global Monitor는 전 세계에서 과학 및 과학자에 대한 사람들의 인식에 관한 데이터를 수집했다. 2018년 전 세계 표본 조사를 실시한 결과 평균 72퍼센트의 사람들이 과학에 대해 중간 혹은 높은 수준의 신뢰를 가지고 있다는 것이 밝혀졌다. 특히 호주와 뉴질랜드의 경우 92퍼센트에 이르는 수치를 보였다.[14] 반면 중앙아프리카는 48퍼센트, 남미에서는 65퍼센트의 낮은 신뢰도를 보였다. 영국과 같은 일부 서구 국가에서는 현재 과학에 대한 사람들의 평균 신뢰도가 높은 것은 물론이고, 시간이 지남에 따라 더 높아지고 있다는 증거를 보여주고 있다.[15] 결론적으로 전 세계 사람들은 과학을 높은 수준에서 신뢰하고 있다. 이런 신뢰도가 과학 시스템에 문제가 있다는 이야기를 듣게 되면 일시적으로 약간 떨어질 수는 있겠지만 갑자기 급격하게 낮아질 가능성은 거의 없다.[16] 나는 과학자들이 사람들의 신뢰를 받기 위해서는 더 열심히 노력해야 한다고 생각한다. 내 생각을 뒷받침하는 조사 연구가 있는지는 잘 모르겠지만, 영양학과 같은 분야에서 매일 밤 생산돼 나오는 서로 맞지 않는 상반된 주장과, 언론에서 과장해 보도하는 각종 획기적 과학 발견과 의학적 업적들이 오히려 논문 재현 위기를 둘러싼 기존의 논란과는 비교할 수 없을 정도로 과학적 신뢰를 훼손하고 있다는 점은 분명하다.

더 중요한 것은 과학에 대해 의심하지 않고 무조건 신뢰하는 것만이 과학을 대하는 올바른 태도는 아니라는 점이다. 이러한 생각은 영국 왕립 학회의 모토인 '아무도 믿지 말라'라는 문장으로 간결하게 요약된다. 이 말은 냉전 협상 중 로널드 레이건이 좋아했던 '신뢰하라. 그러나 검증하라' 라는 러시아 속담과도 궤를 같이한다. 이것이 오픈 사이언스 운동이 지향하는 바이고, 머튼의 공동체주의 정신이며 조직적 회의주의 개념이다. 즉, 무조건적 신뢰에 의존하는 것을 최대한 줄이고 확인 가능하고, 실험 가능하고, 검증 가능한 증거들을 가능한 한 많이 세상과 공유해야 한다. 이런 말이 있다. "대안 의학과 같은 것은 존재하지 않는다. 단지 효과가 있는 약과 그렇지 않은 약이 있을 뿐이다."[17] 마찬가지로 이야기하자면, 오픈 사이언스와 같은 것도 존재하지 않는다. 다만 진정한 과학이 존재하고 있고 그 반대편에는 이해할 수 없고 폐쇄적이며 검증할 수 없는 학문적 활동들이 존재하고 있을 뿐이다. 그리고 그곳에서 당신에게 주어진 유일한 선택권은 모든 것이 제대로 되고 있을 것이라고 맹목적으로 믿는 것뿐이다.

우리는 여기서 한 발 더 나아갈 수 있다. 사람들이 과학을 결코 의심할 수 없는 사실들의 집합체라고 생각하게 만드는 것은 매우 위험한 발상이다. 이런 견해는 조직적 회의주의라는 과학적 규범에 반할 뿐만 아니라 나아가 매우 심각한 역효과를 가져올 수 있기 때문이다. 만약 과학이란 것이 믿지 않을 수 없는 견고한 사실로 이루어진 벽이라고 확신하고 있다가, 무언가 크게 잘못됐다는 것이 분명해지면 어떻게 해야 할까? 우리가 이 책에서 단 한 가지만 배워야 한다면 그것은 과학이란 것이 꽤 자주 잘못될 수 있다는 점을 깨닫는 것이다. 과학 사학자 알렉스 시자르Alex Csiszar는 기후변화 사례에 대해 다음과 같이 논하고 있다.

> 기후변화 회의주의자들은 어떤 논문이 저널에 발표된다는 의미가 이미 학계에서 그 결과에 대해 합의가 이루어진 것이라는 잘못된 이미지를 조성해놓았다. 따라서 이러한 이미지가 현실에 부합하지 않는 것으로 밝혀질 경우 필연적으로 분노를 불러일으킬 수밖

에 없다. 이러한 반응은 2009년 11월 이스트앵글리아대학교의 기후 연구소에서 수천 건의 이메일과 문서가 유출됐을 때 일어났다. 유출된 이메일은 기후 과학자들의 비밀스러운 행동과 함께 그들이 동료 평가자들과 정치적으로 얽혀 있음을 폭로하고 있었다. 저널에 인쇄된 논문 뒤에 숨겨져 있는 과학계의 현실이 대중에 비쳐진 이미지와 정확하게 일치하지 않는다는 사실이 밝혀진 것이다. 이런 사실을 들어 비평가들은 과학계의 바닥이 드러났다고 비판했다.[18]

기후 과학은 이러한 논의를 하기에 적절한 대상이라고 할 수 있다. 특히 최근 몇 년 동안 이 분야는 과학을 개혁하기 위한 목소리에 정치적 저의가 있는 것으로 치부되며 매우 미묘한 공격의 대상이 되고 있기 때문이다. 2019년 미국 농무부는 이 분야의 모든 연구에 '예비적'이라는 문구를 추가해야 한다고 발표했다.[19] 액면 그대로만 본다면 이는 이 책에서 권고하고 있는 과학적 방향과 정확히 일치하는 방침인 것처럼 보인다. 각 연구 결과를 해답이 아니라 단지 해답을 향해 나아가는 잠정적 단계로 다루자는 것이기 때문이다. 그러나 아무도 이런 정책이 연구 결과에 대한 사람들의 인식을 개선하려는 순수한 의도로 추진됐다고는 생각하지 않는다. 농무부에서 이루어진 많은 일들이 기후변화와 관련돼 있었고, 종종 그 결과가 도널드 트럼프처럼 화석연료 사용을 찬성하는 정부에게는 불편한 것이었기 때문에 추진된 것이다.

이 새로운 규정은 즉각 논란을 불러일으켰고 '예비적'이란 문구를 사용하도록 한 지침은 도입된 지 한 달 만에 철회됐다. 이 사건에 있어서 특히 인상적이었던 점은 자신들에게 가해진 정치적 공격에 대해 반응하는 과정에서 일부 과학자들이 지나치게 과잉 보상을 받았다는 것이다. 〈환경의 질 저널Journal of Environmental Quality〉의 편집자는 〈워싱턴포스트〉와의 인터뷰에서 다음과 같이 주장했다. "발표된 논문은 여러분들이 했던 연구의 최종 산물이다. 저널에 발표됨으로써 연구는 완성된 것이다. 더 이상 예비적 요소는 존재하지 않는다."[20] 이것은 이 책에서 계속해서 문제점으로 지적했던 이상적이고 미화된 과학에 대한 잘못된 인식에 근거한 순진한 생각이다. 물론 기후변화에 대해 회의적인 정치인들이 자신들의 시각을 뒷받침하기 위한 솔직하지 못한 핑계로서 연구 결과의 재현성에 우려를 표시하기도 한다. 하지만 그렇다고 해서 자신들의 연구 결과를 무조건 믿으라고 하는 과학자들의 과도한 주장 또한 정당화될 수는 없다. 리트랙션 워치의 편집장인 이반 오란스키와 애덤 마커스가 말했듯이 "화석 연료 사용을 지지하는 정치인들이 가능한 모든 기회를 이용해 지구 온난화라는 의제에 의구심을 제기하더라도 과학자들과 정책 입안자들은 장기적 안목을 가질 필요가 있다. 현재 이 분야의 연구 재현성을 향상시키기 위해 상당한 노력이 진행되고 있다. 과학계를 개혁하기 위한 활동을 이용하려는 불순한 의도를 가진 세력들의 위협이 있다 하더라도 개혁을 위한 우리의 시도 자체를 포기해서는 안 된다."[21]

정치인들은 자신들의 정책에 불편함을 주는 과학을 오랫동안 억압해왔다. 역사적으로 가장 극단적인 예는 유전학을 부인하던 광신적 생물학자 트로핌 리센코Trofim Lysenko가 바로크적 유사과학을 믿을 것을 강요한 것이었다. 그의 이론은 결국 스탈린의 소련과 마오쩌둥의 중국에서 수백만 명의 목숨을 앗아 간 기근을 일으키는 배경이 됐다.[22] 하지만, 반과학적인 태도를 취하기 위해 정부가 전체주의적 독재 정권일 필요는 없다. 민주주의 시대의 정치인들도 유권자들의 환심을 사기 위해 과학적 증거를 부인하거나 왜곡하는 일이 비일비재하기 때문이다. 창조론의 가르침을 지지하는 미국 정치인, 백신 반대 운동을 주도하고 있는 이탈리아 포퓰리스트, HIV

와 에이즈의 연관성을 부인하는 남아프리카 정부, 고대 인도 시대에 이미 줄기세포 기술이 있었다고 괴상한 주장을 하는 나렌드라 모디Narendra Modi 인도 총리가 대표적인 예다.[23] 심지어 비교적 진보적이라고 할 수 있는 스코틀랜드 정부조차도 2015년 유전자 변형 농작물의 상업적 재배를 금지했다. 이런 결정은 결과적으로 관련 연구 활동을 저해함으로써 스코틀랜드 농부들이 해충 저항성을 높이는 기술의 혜택을 입지 못하도록 하는 정책이 되었다. 스코틀랜드가 내세우는 '깨끗하고 친환경적인' 브랜드의 '순수성'을 보호하기 위해 시행된 이 정책은 정치 평론가들에 의해 '값싼 포퓰리즘' 정책이라고 조롱당했다. 또한, 28개 과학 협회가 서명한 공개서한에서는 이를 '극히 우려되는' 결정으로 표현하고 있다.[24] 이 모든 상황이 우리에게 말해주는 것은, 논문 재현 위기와 그와 관련된 문제에 대해 과학계가 아무리 자체적인 노력을 기울이더라도 정치인들은 투표에 유리하다고 생각하면 어떻게든 과학 전반에 개입할 것이라는 점이다.

이 책에 실린 주장들이 과학적 연구 활동에 대한 선별적이고도 진실되지 못한 공격에 악용될 수 있다는 우려를 이유로 논문 재현 위기와 그와 관련된 문제에 대해 공개적으로 논의하는 것을 중단해서는 안 된다. 대중이나 정치인들이 지켜본다고 해서 과학이 움츠러들게 내버려둬서는 안 된다. 오히려 과학계가 가지고 있는 약점을 좀 더 솔직하게 인정하고 불확실성으로 가득 찬 과학적 과정이 어떻게 작동하는지에 대해 정직하게 말할 때 과학 비평가들의 공격을 사전에 차단할 수 있다.

과학계의 잘못된 관행을 바로잡기 위해 세상에 내놓는 것이 과학적 신뢰를 떨어뜨린다는 주장은 현재 과학계가 생산하고 있는 가치 없고, 오해의 소지가 있으며, 근본적으로 신뢰할 수 없는 연구의 양을 생각할 때 매우 잘못된 인식이다. 오히려 결점이 있거나 명백히 편향된 연구 결과가 발표되는 것을 허용할 때마다, 데이터로 뒷받침될 수 없는 양치기 소년 같은 주장을 보도 자료로 낼 때마다, 듣기에는 좋지만 허술한 조언들로 가득 찬 베스트셀러 책을 과학자가 쓸 때마다, 과학 비평가들에게 또 다른 공격 재료를 던져주는 것이다. 과학을 제대로 고치기만 하면 신뢰는 자연히 따라올 것이다.

과학은 좀 더 지루해져도 괜찮다

잘못된 동기 부여, 잘못된 출판 체계, 잘못된 학계와 과학자들이 존재하지만 그럼에도 과학은 스스로 치유할 수 있는 도구들을 자체적으로 보유하고 있다. 연구가 어디서 잘못됐는지를 발견하고 그것을 고칠 방법을 찾는 것은 아이러니하게도 더 많은 과학적 활동을 통해서 이뤄진다. 과학적 과정이 지향하는 이상적 덕목 자체가 문제는 아니다. 문제는 우리가 현실적으로 과학을 실행하는 방식이 이러한 이상적 덕목을 배신하기 때문에 발생한다. 현재 이루어지고 있는 과학적 관행을 이상적인 가치와 맞추기만 한다면, 흔들리는 신뢰를 되찾을 수 있을 것이다. 그렇게 된다면 세상에 발표되는 온갖 놀라운 연구 결과들을 한 발 물러서서 아무런 양심에 거리낌 없이 경탄하며 바라봐도 될 것이다.

에밀 졸라Émile Zola는 예술을 '괴팍함의 눈을 통해 보는 자연의 한 모서리'라고 정의했다.[25] 우리가 이 책에서 계속 목격해온 것처럼, 이 정의는 과학 혹은 적어도 현재 과학이 행해지는 방식에 적용할 수 있다. 과학이 다루는 자연의 모서리들은 지나친 인간적 괴팍함, 과학적 과정에 참여하는 사람들의 편향, 오만, 부주의, 부정직함을 통해 관찰되고 있다. 과학이 반드시 여러 '진리'들 중 하나라고 믿을 필요는 없다. 분명히 과학은 인간에 의해 수행되는 활동이고 그로 인해 인간들이 가진 결점이 남긴 흔적들이 반드시 포함돼 있을 것이기 때문이다.

과학을 혁신한다는 과제는 결코 간단하지 않다. 그 과정에서 시행착오와 적절한 새로운 시도들이 있어야 할 것이다. 이것은 단순히 지동설, 산소를 발견하기 전 가연물 속에 존재한다고 믿어졌던 플로지스톤설, 연금술, 또는 과학의 역사를 어지럽혔던 여러 부정확한 아이디어들을 폐기하는 것에 관한 것이 아니다. 그보다는 연구하는 방식과 연구실과 저널을 포함한 과학 문화 전반에 대한 근본적 개혁에 관한 것이다. 대부분 알아차리지 못하는 사이에 서서히 우리에게 스며든 과학계의 결함과 편향을 극복하려는 시도에 관한 것이다. 세상은 과학이 우리에게 가져다준 것에 대해 자랑스러워한다. 그 자긍심을 유지하기 위해서는 약점투성이 인간이 만들어낸 결과물보다는 훨씬 더 나은 것이 필요하다.

우리에게 필요한 것은 바로 진리다.

감사의 글

이 모든 일은 내 문학 에이전트인 윌 프랜시스로부터 시작됐다. 이런 주제에 관한 책을 쓰면 좋겠다는 아이디어를 제안해온 것이 바로 그였기 때문이다. 이 책을 구상하고, 제안하고 쓰는 모든 단계에서 큰 도움이 된 것은 윌, 마크와 잰클로우 앤 네스빗 소속의 팀이었다.

편집자인 윌 해먼드, 그리고리 토비스와 함께 일하면서는, 편집 작업이란 것이 보기 흉한 대리석 덩어리를 매력적인 조각으로 바꾸는 과정이라는 오래된 진부한 속담을 종종 떠올리게 됐다. 믿을 수 없을 정도로 명확하고 사려 깊고 상세한 의견을 그들이 제시해주지 않았더라면 이 책은 아마 여러분들이 읽고 싶지 않은 책이 됐을 것이다. 또한 이 책이 출간되도록 도와준 보들리 헤드와 메트로폴리탄 북스(특히 앨리슨 데이비스와 새라 피츠)의 윌과 그리고리 팀에게 감사를 전한다. 마리골드 앳키의 꼼꼼하고 유머 감각 좋은 카피와 헨리 카우프만의 든든한 법률 조언에도 감사를 드리고 싶다.

몇몇 친구들이 다양한 초안을 읽고 의견을 줬는데, 그들의 조언에 대해 매우 고맙게 생각한다. 그들은 닉 브라운, 아이바 코우키치, 제러미 드라이버, 스테이시 쇼, 크리스 스노든, 케이티 영이다. 그리고 무엇보다도 감사해야 할 두 명의 독자가 있다. 내가 각 장의 초고를 쓰자마자 즉시 읽고 글이 어떻게 보이는지, 어떤 점은 좋고 어떤 점은 좋지 않은지에 대해 즉각적인 피드백을 준 살로니 다타니가 있다. 그리고, 자신의 업무 한계를 훨씬 벗어나 통계학에서의 전문성과 오픈 사이언스에 대한 엄청난 지식, 표현과 뉘앙스에 대한 통찰력 있는 매서운 눈으로 수많은 통계적 함정과 어려움에서 나를 구해준 앤 쉴이 있다.

나는 또한 내게 새로운 이야기나 참고 문헌을 소개해주거나, 나와 함께 과학과 과학계의 문제에 대해 흥미로운 대화나 논쟁을 벌이거나, 책을 쓰는 과정에서 절실히 필요한 격려를 해준 모든 분들에게 감사를 드린다. 그들은 다음과 같다. 베스트 픽처의 모든 멤버들(보비 블루벨, 케니 파콰슨, 유언 맥컴 그리고 이안 란킨), 이전에 언급되지 않았던 모든 팻 캅스 멤버들(크리스 에어, 크리스 디린, 알 머레이, 닐 머레이), 호락 앤 나이젤 앳킨슨, 마이크 버드, 이완 버니, 로빈 비슨, 샘 보먼(인정하고 싶진 않지만 책 제목에 대한 초기 아이디어를 줬다), 크리스 채브리스, 톰 시버스, 사이먼 콕스, 게일 데이비스, 이안 디어리, 로리 엘우드, 앨러스데어 퍼거슨, 패트릭 포셔, 안나 푸르트제스, 로저 가이너-소롤라, 니올 구치, 사스키아 하겐나, 새라 하이더, 루이스 해슬리, 페이지 하든, 커스티 존슨, 마이크 존스, 무스타파 라티프-아라메시, 리카르도 마리오니, 데이미언 모리스, 닉 파팅턴, 로버트 플로민, 제니퍼 래프, 조 롤링, 애덤 러더포드, 아일윈 스컬리, 에이드리언 스미스, 벤

사우스우드, 마이클 스토리, 애완견 라스카, 엘리엇 터커 드롭, 시민 바자이어, 레이첼 와그너, 에드 웨스트, 샘 웨스트우드, 탈 야코니, 그리고 과학미디어 센터가 있다. 책을 쓰기 위해 집으로 돌아가기 전에 매일 런던 킹스칼리지의 SGDP 센터에 있는 동료들과 일하는 것은 정말 즐거운 일상이었다. 그들의 이름을 일일이 열거하기에는 너무 많지만, 특별히 언급하고 싶은 사람은 감사하게도 나를 지지해주는 학과장 프랭키 하페와 캐서린 루이스다.

물론, 위에 언급된 사람들(또는 아래에 있는 사람들) 중 어느 누구도 내가 책에서 언급한 모든 (또는 어떤) 주장에 반드시 동의하는 것은 아니며, 그들 중 어느 누구도 내 편견이나 태만으로 인해 야기된 오류에 대해 책임지지 않는다. 우연히 그런 오류를 발견한 사람은 sciencefictions.org 웹사이트를 통해 내게 정확한 정보를 알려주기 바란다. 오류에 대한 수정 사항은 같은 웹사이트에 게재하도록 하겠다.

많은 사람들이 조작, 편향, 부주의 또는 과장된 과학에 대해 내게 (때로는 충격적인) 이야기를 들려줬고, 이들 중 일부는 잘못된 일이 일어나고 있는 실험실에서 학생이나 연구 조교로서 직접 일하기도 했다. 유감스럽게도 이 책에는 그중 일부만 실을 수 있었다. 연구 위법 행위, 혹은 정직한 결함이 있는 연구를 알고 있는 사람이 최선을 다해 이를 세상에 알리는 데 이 책이 조그만 힘이 될 수 있기를 바랄 뿐이다.

책을 쓰는 것은 까다롭다. 이 책에서 다루고 있는 주제에 대한 결과물을 가지고 돌아오는 데까지 왜 그렇게 오랜 시간이 걸렸는지 의아해하고 있을 모든 동료들과, 집필 과정에 너무 바쁜 나머지 내가 지구 밖으로 사라진 것 아닌가 궁금했을 친구들에게 사과의 말을 전하고 싶다. 나의 부모님은 책을 쓰는 전 과정 내내 놀랄 만큼 친절하셨고 끊임없는 용기를 주셨다. 내가 말할 수 있는 것보다 더 많은 감사를 부모님께 드린다. 그러나 이 책의 집필 과정에 가장 직접적인 영향을 받은 사람은 캐서린 앳킨슨이었다. 그녀는 내가 수없이 반복했던 "… 미안한데 책 쓰러 가야 해"를 들으면서도 전혀 불평하지 않고 한없이 인내해줬다. 확실히 그것은 내가 받아 마땅한 것보다 더 큰 인내였다. 그런 이유로 이 책은 그녀에게 바치려고 한다.

스튜어트 리치

부록:
과학 논문 읽는 법

제2장에서 대니얼 카너먼이 '우리는 프라이밍 효과가 행동에 영향을 준다는 사실을 믿는 것 외에는 선택의 여지가 없다'라고 이야기했던 것을 기억하는가? 그런 후에 재현 위기가 닥쳤을 때 모든 것이 사실이 아닌 것으로 드러났던 것을 기억하는가? 이 책에서 전달하고자 하는 메시지는 새로운 과학적 발견을 마주했을 때 우리들에게는 분명히 선택의 자유가 있다는 것이다. 즉, 관련된 과학적 증거들을 제대로 평가할 때까지 판단을 보류하는 선택을 하면 된다.

하지만 어떻게 이것을 실천할 수 있을까? 연구 결과의 강점과 약점을 완전히 이해하기 위해서는 관련된 과학 분야에서 수년간 훈련을 해야 한다는 점은 부인할 수 없다. 그러나, 온라인으로 검색할 약간의 의지만 있다면 해당 연구의 장단점에 대해서 대략적으로 감을 잡는 것은 가능하다. 그리고 문제가 되는 논문 자체를 확인하려는 의지가 있다면, 도저히 이해하기 어려운 전문 용어들 속에서도 몇 가지 문제점은 발견할 수 있을 것이다.

논문을 확인할 수 있다는 것은 문서를 다운로드할 수 있다는 것을 의미한다. 물론 완전한 오픈 액세스가 실현되지 않은 현실에서는 관심 있는 논문을 보기 위해 다운로드 수수료를 지불해야 하는 수고로움은 감수해야 한다. 이에 대해 몇 가지 시도해볼 수 있는 방안이 있다. 우선 당신이 논문을 보기 위해 돈을 지불하고 싶은 마음은 없다고 가정해보자. 돈을 지불하는 것은 지금 제시하려는 모든 방법이 실패했음에도 여전히 그 논문을 읽고 싶어 하지 않는 한 절대로 해서는 안 되는 일이다. 먼저, 논문 저자의 개인 또는 직장 웹사이트에 접속해 무료로 다운받을 수 있는 저널 투고 이전 버전이 업로드돼 있는지 확인해봐야 한다. 구글 학술검색 사용해 논문을 검색하고 각 항목 아래에 있는 '버전[version]' 링크를 클릭하는 것만으로도 이러한 무료 원고가 있는 사이트로 갈 수 있다.

둘째, 논문의 사전 인쇄 버전이 있는지 확인한다. 사전 인쇄 버전은 항상 무료이며, 동료 평가 과정을 거친 최종 논문과 약간 다를 수는 있지만 대부분의 면에서는 유사하다고 보면 된다. 앞서 살펴본 바와 같이, 사전 인쇄본은 주요 미디어에 등장한 버전인 경우가 많다. 주요 미디어는 보통의 경우 여러분들이 새로운 연구 결과를 처음으로 접하게 되는 장소다.

셋째, 저자에게 직접 이메일을 보내볼 수 있다. 물론 앞에서 봤듯이 해당 논문 결과를 재현하기 위해 저자에게 자세한 데이터를 요청하면 우울할 정도로 응답률이 낮다. 그러나, 논문 자체를 요구하는 것은 문제가 될 가능성이 훨씬 적다. 사실, 많은 과학자들은 누군가가 자신의 연구 결과를 읽고 싶어 할 만큼 관심이 있다는 말을 들으면 오히려 기뻐한다.

넷째, 온라인 불법 행위를 통해 논문에 합법적이지 않은 방법으로 접근

할 수도 있다고 하는데, 이것에 대해서는 전혀 알고 싶지 않다.[1]

다음으로 여러분이 그 논문의 전체 버전을 손에 넣었다고 가정해보자. 이 논문을 읽기 위해, 먼저 책에서 배웠던 내용을 이용해 다음과 같은 열 가지 질문 리스트를 작성해볼 수 있다.

1. **모든 것이 정직한가?** 우선 기본적 사항들을 확인한다. 저자들이 평판 좋은 대학, 회사, 연구소에 소속돼 있는가? 연구 결과가 게재된 저널이 전문적인 것으로 보이는가? 만약 그 웹사이트의 외관이 1990년대에 만들어진 것처럼 어설프게 보인다면, 제7장에서 우리가 살펴봤던 흔한 '미끼 저널'들 중 하나일 것이다. 이러한 저널에 게시된 모든 내용은 동료 평가 과정을 거치지 않은 것들이므로 신뢰해서는 안 된다.[2]

2. **얼마나 투명한가?** 다시 말해, 이 연구가 제8장에서 다룬 오픈 사이언스라는 개념에 얼마나 부합하는가? 사전 등록은 돼 있는가? 물론 이 질문에 그렇다고 답을 할 수는 있더라도 그것만으로 연구 결과가 사실이라고 단정 지을 수는 없다. 그리고 그 질문에 아니라는 답을 한다 하더라도 그것만으로 연구 결과가 사실이 아니라고 할 수도 없다. 그러나 연구 결과가 온라인에 사전 등록돼 있다면, 최소한 p-해킹을 통해 얻은 결과는 아닐 것이라는 신뢰감을 가질 수 있을 것이다.[3] 사전 등록된 문서를 추적하면 본 논문의 분석 방법이 사전 등록된 것과 다른지 여부를 확인할 수 있기 때문이다. 저자들이 결과를 스위칭했는지 여부도 알 수 있게 된다. 또한 데이터와 기타 자료가 온라인에 등록돼 있는지도 확인해본다. 앞서 설명한 것처럼 모든 데이터를 공개할 수 있는 것은 아니다. 예를 들어, 연구에 참여하는 개별 사용자를 식별할 수 있는 정보가 포함돼 있다면 더욱 그

렇다. 드문 사례이긴 하지만 전체 데이터 세트로 연결되는 링크를 쉽게 찾을 수 있도록 해뒀다면, 이는 논문 저자들이 해당 데이터와 관련해 독자들에게 자신 있게 공개할 수 있다는 강력한 증거가 된다.[4]

3. **연구가 잘 설계됐는가?** 제5장에서 살펴본 것처럼 동물 연구 분야는 우려스러울 정도로 블라인드 테스트나 무작위화에 대한 언급조차 없다는 점을 기억할 것이다. 블라인드 테스트나 무작위화 과정은 실험 설계에 있어서 매우 중요한 측면이다. 따라서 논문에서 이에 대한 논의를 찾을 수 없는 경우 해당 논문은 더 회의적인 시각에서 바라봐야 한다. 적어도 이러한 측면이 중요하게 다뤄져야 할 임상 시험 결과의 경우에는 더욱 그러하다. 마찬가지로 연구 설계 단계에서 적절한 대조군을 준비하는 것이 중요하다. 따라서, 논문의 헤드라인에서 주장하는 내용을 볼 때는 항상 '무엇과 비교하는가'를 물어봐야 한다. 만약 그 대답이 '실험을 시작하기도 전에 통제 그룹이 처치 그룹과 중요한 면에서 차이점이 존재'한다면, 여러분은 잘못 설계된 연구로부터 얻은 결과를 손에 들고 있는 것이다.

4. **표본 크기는 얼마나 큰가?** 표본 크기는 통계적 검정력에 큰 영향을 미친다. 물론 통계적 검정력은 다른 방법으로도 증가시킬 수 있다. 따라서 표본 크기만이 고려 대상은 아니다. 예를 들어, 큰 효과가 나타날 것을 예상하고 있거나 같은 참가자를 반복적으로 테스트하는 연구의 경우에는 작은 표본 크기가 더 적당하다. 그리고 심지어 표본 크기가 큰 연구라 하더라도 무작위 과정을 거치지 않았거나 대표성을 띠는 표본을 고르지 않았다면 절망적으로 편향될 수 있다. 신경과학, 생태학, 심리학 같은 분야의 연구들이 일반적으로 소규모의 표본을 이용해 작은 크기의 효과를 확인하

려는 실수를 종종 범한다. 그 결과 쓸모없는 결과를 넘어 더 나쁜 결과를 얻게 된다. 또 하나 주의해야 할 점은 얼마나 많은 실험 참가자가 최종 분석 대상에서 제외됐는지 여부다. 일부 참가자를 실험 대상에서 제외하는 것은 지극히 정상적인 연구 활동이며 대개는 불가피하다. 참가자들이 따라야 할 지시를 모두 완벽하게 따르는 것은 거의 불가능에 가깝기 때문이다. 그러나 참가자의 절반 이상을 제외하는 것과 같이 제외 비율이 지나치게 높은 경우는 어떤가? 이 경우 연구 대상 집단에 대해 일반화할 수 있는 연구 결과인지 아니면 저자들이 원하는 효과를 보여주는 참가자들만 고르고 그렇지 않은 참가자는 제외하는 체리 피킹을 하고 있는지에 대해 의문을 가지게 된다.

5. **효과 크기는 얼마나 큰가?** 첫 번째로 확인해야 할 것은 연구에서 보고된 효과가 통계적으로 유의미한지 여부와 유의미성의 수준이 어느 정도인지다. 통계적 유의미성의 임계값인 0.05 바로 아래에 분포하는 p-값이 많은가? 연구 결과가 유의미한 임계값에 미치지 못했다는 사실을 변명하기 위해 '유의미한 결과에 가까워지는 경향이 있다'와 같은 애매한 문구를 사용하고 있는가? 이러한 질문을 하는 것은 시작에 불과하다. 여러분은 그 연구가 얼마나 큰 효과를 발견했는지에 대해서도 물어봐야 한다. 다른 연구 또는 관련된 다른 효과와 비교하면 어떤가? 예를 들어, 새로운 교육 또는 의료 효과를 분석하는 연구라면 이미 확립된 다른 효과들과 어떻게 비교할 수 있는가? 언론 보도나 과학자들이 작은 크기의 효과를 유일하게 중요한 결과인 것처럼 해석하고 있는가? 이제 우리는 유사한 주제에 대해 몇 가지 무효 연구가 책상 서랍에 숨겨져 있을 수도 있다는 것을 알고 있기 때문에, 효과 크기를 논문에서 주장하는 것보다는 다소 낮게 수정해 받

아들이는 것이 나을 수도 있다. 이런 사례와 동전의 양면이라고 할 수 있는 경우가 있다. 즉, 사실이라고 하기에는 믿을 수 없을 정도로 큰 효과가 관찰되는 경우다. 이런 경우, 연구 과정에서 무언가 잘못됐을 수도 있다는 의심을 해봐야 한다. p-값도 마찬가지다. 절대적으로 혹은 거의 절대적인 것에 가까운 통계적 유의미성을 보고하는 논문의 경우 눈을 치켜뜨고 살펴봐야 한다. 왜냐하면 우리가 살펴봤듯이 현실적인 과학 연구들은 절대로 완벽한 통계적 검정력을 갖기 어렵고, 실제로는 낮은 통계적 검정력을 가지고 있는 경우가 더 많기 때문이다. 설사 효과가 있는 것이 사실로 드러나더라도 일부 p-값은 0.05 임계값을 넘지 못할 것이라고 예상해야 한다. 완벽하게 통계적 유의미성을 보여주는 연구들의 경우 p-값이 p-해킹 혹은 더 나쁘게는 완전한 조작의 결과일 가능성이 높기 때문이다.

6. **추론이 적절한가?** 앞에서 살펴봤듯이, 과학자들은 자신들이 실제로는 상관관계 연구를 실시하고 있음에도 마치 인자들 간에 인과관계가 있는 것처럼 들리는 문장을 사용하는 실수를 종종 범한다. 만약 과학자들이 관찰 연구로부터 얻은 데이터를 토대로 변수 X가 변수 Y에 어떤 영향, 충격, 효과가 있는지에 대해 논한다면 자신들이 얻은 데이터로 이야기할 수 있는 한계를 넘어서는 것이 된다. 관찰 연구에서는 무작위화 과정이 없기 때문에 일반적으로는 인과적 결론을 도출할 수 없다. 또한 쥐를 대상으로 한 실험이거나 컴퓨터 시뮬레이션에 근거한 연구라면, 그러한 실험 결과를 토대로 '인간에게 일어나는 어떤 일'에 대해 말할 수 있다고 추론하는 것은 타당하지 않다. 선별된 소규모의 하위 집단을 대상으로 수행된 연구 결과를 바탕으로 인류 전반에 관한 결론을 도출하려는 시도도 마찬가지로 성립하지 않는다.

7. **편향이 있는가?** 정치적 혹은 사회적으로 명백한 의도가 숨겨져 있고 과학자들이 중립적이지 않은 방식으로 연구 결과에 대해 기술하고 있는가? 우리는 심지어 동료 평가를 거치는 논문에서도 노골적인 과장과 미화가 횡행하는 것을 보아왔다. 특정 결과가 얻어지기를 희망하는 집단이나 영리 회사에 의해 전체 또는 일부 자금이 지원됐는가? 지금은 거의 모든 저널에서 작성을 요구하고 있는 이해 충돌 섹션에서 이에 대한 내용을 확인할 수 있다. 현재로서는 연구 결과에 직접적으로 영향을 줄 수 있음에도 도서 계약이나 강연 투어와 같은 것에 대해 밝히도록 규정돼 있지는 않다. 따라서 이런 정보들은 자자들의 웹사이트에서 확인하는 것이 좋다. 만약 과학자들이 그들의 발견에 대한 논의에 유보적이며, 정치적 관점이나 특정 정책을 옹호하는 입장을 언론에 확실히 밝히고 있지 않다면 과학자 스스로 편향을 잘 통제하고 있다는 좋은 신호다. 또한 연구 결과가 우연히 여러분의 이념적 선입견에 부합할수록 해당 논문에 편향이 포함돼 있는지 확인하는 것이 중요하다. 여러분 스스로 자신이 동의하지 않는 결론을 내린 연구에 대해서는 너무 지나치게 까다롭게 조사하고, 자신이 선호하는 결론에 이른 연구에 대해서는 증거들이 빈약한데도 쉽게 통과시키는 경향이 없는지 자문해봐야 한다.

8. **정말 동의할 만한 결론인가?** 실험 참가자를 대상으로 하는 연구의 경우, 자신이 참여했다고 상상해보면 도움이 된다.[5] 예를 들어, 지난 10년 혹은 지난 몇 주 동안의 간식 습관에 대한 음식 빈도 설문지에 답을 해야 한다고 생각해보라. 이 경우 기억이 얼마나 정확할 것인가? 그 대답은 아마도 '정확하지 않다'일 것이다. 행동 실험의 경우 모든 테스트가 끝날 즈음에는 참가자들이 상당히 지친 상태가 된다. 연구원들은 그런 상황을 고려

하는가? 대학 연구실과 같은 실험 환경은 심리적으로 매우 부담되는 취업 면접 같은 상황을 모사할 수 있는가? 즉, 해당 연구가 실제로 묻고자 하는 질문에 대한 답을 제공하는 환경인가? 실험 참가자들의 입장이 돼보는 것은 연구의 타당성을 점검할 수 있는 기본적 질문들을 떠올려보는 데 도움이 될 수 있다.

9. **재현 가능한 연구인가?** 우리는 개별적인 연구 결과에만 너무 의존하는 습성을 버려야 한다. 과학자들이 스스로의 연구를 재현했다고 밝힌다면 그나마 안심할 수 있다. 더 좋은 것은 다른 독립적인 실험실에서 해당 연구의 재현에 성공하는 것이다. 우선 이전에 발표된 재현 연구가 있는지 검색해볼 필요가 있다.[6] 해당 논문과 유사한 종류의 연구 결과에 대한 리뷰 논문이나 메타 분석 연구가 있을 수도 있기 때문이다. 이것을 통해 자신이 관심을 갖는 논문이 단지 특별한 사례인지 혹은 더 폭넓은 이론에 들어맞는 연구인지 여부를 판단할 수 있다. 특별한 경우 자신이 검토하고 있는 특정 논문이 이전 결과에 대한 재현 연구일 수도 있다. 물론 리뷰 연구와 메타 분석 연구 자체도 수준이 낮거나 출판 편향으로 인해 오염됐을 수도 있다. 예를 들면 분석 대상 연구들이 모두 사전 등록돼 있는 메타 분석 논문을 발견한다면 정말 운이 좋은 것이다. 나로서는 아직까지는 그런 행운을 경험하지 못했다. 하지만 지금은 사전 등록이 점점 대중화되고 있기 때문에 미래에는 많이 바뀔 것이다. 물론 완전히 새로운 분야의 연구라면 이전 재현 연구가 있으리라고 기대하기는 어렵다. 그렇다면 이 분야의 재현 연구가 나타날 때까지 연구의 유효성에 대한 판단을 보류하면 된다.

10. **다른 과학자들은 그것에 대해 어떻게 생각하는가?** 과학 연구 분야

를 다루는 데 있어 가장 좋은 언론 보도 방법은 이해관계가 없는 독립적인 과학자의 의견을 인용하는 것이다. 따라서, 새로운 연구 결과가 발표되면 이에 대해 즉각적인 반응이 있는지 알아보는 것도 나름대로 가치가 있다. 이런 활동을 좀 더 체계적으로 수행하고 있는 몇몇 단체들이 있다. 예를 들면, '사이언스 미디어 센터Science Media Centre'는 새로운 논문이 언론에 발표되면 이에 대해 다양한 독립적인 전문가들로부터 의견과 반응을 모아 자신들의 웹사이트에 공개하고 있는 영국의 비영리 단체다.[7] 이 사례는 공식적으로 논문이 발표된 후에도 어떻게 동료 평가가 이루어질 수 있는지를 보여주는 좋은 예라고 할 수 있겠다. 또한 다른 많은 사기범들의 속임수는 물론이고 오보카타 하루코의 줄기세포 사진들이 가짜임을 처음 발견한 익명 기반의 과학 논평 사이트인 펍피어Pubpeer와 같은 웹사이트를 검색해볼 수도 있을 것이다.[8] 그 외에도 구글링 검색을 통해 발표된 논문에 대해 논평하고 있는 블로그나 웹사이트가 있는지 확인해보거나, 트위터를 검색하는 것도 좋은 아이디어라고 할 수 있다. 이때 이런 곳에서 이루어지는 논의가 연구에 대해 상세한 정보를 가지고 있을 수도 있고 그렇지 않을 수도 있다는 것을 주의해야 한다. 진지한 논의일 수도 있고 그렇지 않을 수도 있으며, 편향돼 있을 수도 있고 그렇지 않을 수도 있다는 점을 기억해야 한다.[9] 만약 해당 연구가 발표되고 꽤 시간이 흘렀다면 구글 학술검색의 '인용' 기능을 사용해 해당 논문이 인용됐을 때의 반응이 긍정적인지 부정적인지도 확인할 수 있을 것이다.[10]

이러한 일반적인 방법들은 어느 것도 완벽하지 않으며 모든 형태의 연구에 적용되는 방법도 아니다. 특정 연구 결과가 가진 강점과 약점에 대해 더 나은 통찰력을 얻으려면 확실히 해당 연구 분야에 대한 사전 지식과 경험을 갖는 것이 좋다. 다만 어떤 방법이 됐든 주장하는 바를 액면 그대로 받아들이는 것보다는 훨씬 낫다.

스티븐 제이 굴드, 새뮤얼 모턴의 이야기와 두개골 크기에 대한 끝없는 논쟁을 통해 우리가 배운 것을 명심하는 것도 중요하다. 어떤 연구 결과에 대해 통렬한 비판을 담은 연구 비평을 읽을 때에는 비평 자체도 잘못될 수 있고 비평의 비평도 마찬가지라는 점을 기억해야 한다. 그러한 태도는 내가 이 책에 쓴 모든 것에 대해서도 마찬가지로 적용돼야 한다.

무엇보다 우리가 하고 있는 일과 우리가 모르는 것을 받아들이는 데 겸손해져야 한다. 처음에는 이런 태도가 세상에 대한 새로운 사실을 발견하고 우리의 지식을 늘린다는 과학적 연구의 개념과는 반대되는 것으로 보일 수도 있다. 하지만 좀 더 깊이 생각해보면, 그러한 태도가 바로 과학 그 자체의 본질이라는 사실을 깨달을 수 있을 것이다.

주

저자는 다음과 같은 출처의 이미지를 사용할 수 있도록 허가해주심에 감사드린다. ScienceCartoonsPlus.com의 시드니 해리스; 게티의 오픈 콘텐츠 프로그램; 케임브리지대학교 출판부; 조엘 페트. 그래프는 각각 CC-BY와 CC-0 크리에이티브 커먼스 라이선스에 따라 사용됐다.

격언: Chris Morris et al., 'Paedogeddon!', *Brass Eye*, Tristram Shapeero, dir. (Series 2, Episode 1, 26 July 2001).

서론

격언: Francis Bacon, *Novum Organum*, ed. Joseph Devey (New York: P. F. Collier & Son, 1620/1902).

1. Daryl J. Bem, 'Feeling the Future: Experimental Evidence for Anomalous Retroactive Influences on Cognition and Affect', *Journal of Personality and Social Psychology* 100, no. 3 (2011): pp. 407-25; https://doi.org/10.1037/a0021524
2. 초감각은 또한 그 반대로도 작용했다. 즉, 폭력적인 사진이 커튼 뒤에 숨겨져 있을 때, 참가자들은 초감각적인 느낌으로 그것으로부터 멀어졌고, 48.3퍼센트의 학생들만이 그 커튼을 선택했다는 것이다. 이것은 순수한 우연이라고 하기에는 통계적으로 유의미한 차이를 보이는 수치다.
3. Peter Aldhous, 'Journal Rejects Studies Contradicting Precognition', *New Scientist*, 5 May 2011; https://www.newscientist.com/article/dn20447-journalrejects-studies-contradicting-precognition/
4. The Colbert Report, *Time Travelling Porn - Daryl Bem*, 2011; http://www.cc.com/video-clips/bhf8jv/the-colbert-report-time-traveling-porn-daryl-bem
5. 몇 번의 좌절을 더 겪은 끝에 결국 우리는 다른 학술지에 논문을 실었다. Stuart J. Ritchie et al., 'Failing the Future: Three Unsuccessful Attempts to

Replicate Bem's "Retroactive Facilitation of Recall" Effect', *PLOS ONE* 7, no. 3 (14 Mar. 2012): e33423; https://doi.org/10.1371/journal.pone.0033423. 해당 저널은 벰의 연구에 대한 통계학적 비판 논문도 게재했다(Eric-Jan Wagenmakers et al., 'Why psychologists must change the way they analyze their data: the case of psi: comment on Bem (2011)', *Journal of Personality and Social Psychology* 100, no. 3 (2011): pp. 426-432; https://doi.org/10.1037/a0022790). 하지만 동시에 그 저널은 벰과 그의 동료들이 반론으로 내놓은 논문들도 게재해줬다(Daryl J. Bem et al., 'Must psychologists change the way they analyze their data?', *Journal of Personality and Social Psychology* 101, no.4 (2011): pp. 716-719; https://doi.org/10.1037/a0024777). 그러나 그들은 여전히 재현 연구 논문을 게재하는 것은 고려하지 않았다. 책의 후반부에서, 우리는 후에 이 저널의 편집자들이 이 중요한 문제에 대한 그들의 생각을 바꿨다는 사실을 밝혔다.

6. D. A. Stapel & S. Lindenberg, 'Coping with Chaos: How Disordered Contexts Promote Stereotyping and Discrimination', *Science* 332, no. 6026 (8 April 2011): pp. 251-53; https://doi.org/10.1126/science.1201068
7. Philip Ball, 'Chaos Promotes Stereotyping', *Nature*, 7 April 2011; https://doi.org/10.1038/news.2011.217 and Nicky Phillips, 'Where There's Rubbish There's Racism', *Sunday Morning Herald*, 11 April 2011; https://www.smh.com.au/world/where-theres-rubbish-theres-racism-20110410-1d9df.html
8. Stapel and Lindenberg, 'Coping with Chaos', p. 251.
9. Levelt Committee et al., 'Flawed Science: The Fraudulent Research Practices of Social Psychologist Diederik Stapel [English Translation]', 28 Nov. 2012; https://osf.io/eup6d
10. D. A. Stapel, *Derailment: Faking Science*, tr. Nicholas J. L. Brown (Strasbourg, France, 2014,2016): p. 119; http://nick.brown.free.fr/stapel
11. Stapel, *Derailment*, p. 124.
12. 사실, 과학의 진보는 우리가 이전 연구에서 범했던 실수를 발견하는 것에 의해 이루어진다. 예를 들면, 20세기 초 물리학자들은 오랫동안 사실로 여겨졌던 뉴턴의 고전 역학 이론이 매우 작고 빠른 입자의 행동과는 양립할 수 없다는 것을 깨닫고 양자 역학으로 대체했다. 이 문제를 빛의 속도와 플랑크 상수와 같은 양을 측정하는 관점에서 논의한 결과는 다음 논문에 실려 있다. Martin J. T. Milton and Antonio

Possolo, 'Trustworthy Data Underpin Reproducible Research', *Nature Physics* 16, no. 2 (Feb. 2020): pp. 117-19; https://doi.org/10.1038/s41567-019-0780-5

13. Quoted in Daniel Engber, 'Daryl Bem Proved ESP Is Real: Which Means Science Is Broken', *Slate*, 17 May 2017; https://slate.com/health-and-science/2017/06/daryl-bem-proved-esp-is-real-showed-science-is-broken.html
14. A classic example of such a book is Carl Sagan, *The Demon-Haunted World: Science as a Candle in the Dark*, reprint. ed. (New York: Ballantine Books, 1997).
15. 이 책에서는 다른 과학자들의 눈에 들어 있는 수많은 티끌에 대해 다루고 있기 때문에, 내 자신의 눈에 들보가 들어 있는지를 확인하기 위해 나의 연구를 뒤돌아보고 확인하는 과정이 필요했다. 벰의 연구 결과에 대한 재현 연구를 시도한 이후 수년 동안, 나는 인간 지능이라는 나의 주요 관심사에 관해 다양한 주제의 논문을 많이 발표했다. 첫 번째로 나는 어떤 연구 결과도 고의로 조작하지 않았다. 그렇다고 내가 절대 편향을 갖지 않는 사람이라고 말하는 것은 바보 같은 짓이다. 편향이란 것은 종종 의식하지 못한 상태에서 작동할 수도 있기 때문이다. 그리고 연구의 역사는 쉽게 다시 쓸 수 있기 때문에 마치 처음부터 어떤 결론을 의도했던 것처럼 보일 수도 있다. 긍정적인 측면에서 본다면 나는 몇 편의 무효 결과 논문을 발표한 바 있다. 처음에 내가 세웠던 주요 가설을 뒷받침하는 결과를 얻지 못했던 논문들이었다. 예를 들면, Stuart J. Ritchie et al., 'Polygenic Predictors of Age-Related Decline in Cognitive Ability', *Molecular Psychiatry* (13 Feb. 2019); https://doi.org/10.1038/s41380-019-0372-x;를 참조하라. 그리고 내 생애 첫 논문도 참조하면 좋을 것이다. S. J. Ritchie et al., 'Irlen Colored Overlays Do Not Alleviate Reading Difficulties', *Pediatrics* 128, no. 4 (1 Oct. 2011): pp. e932-38; https://doi.org/10.1542/peds.2011-0314.

   이 초기 무효 논문의 경우 표본의 크기가 너무 작아서 실제 있을 수도 있는 효과를 놓쳤을 수 있다는 주장도 가능할 것이다(제5장에서 다루는 통계적 검정력에 대한 논의 참조). 몇몇 나의 논문들은 다른 과학자들에 의해 오버피팅 문제가 있다는 지극히 합리적인 비판을 받기도 했다(제4장에서 다루는 문제다). Drew H. Bailey & Andrew K. Littlefield, 'Does Reading Cause Later Intelligence? Accounting for Stability in Models of Change', *Child Development* 88, no. 6 (Nov. 2017): pp. 1913-21; https://doi.org/10.1111/cdev.12669.

나는 심지어 제5장에서 다루는 방법을 사용해 '후보자 유전자' 연구 결과도 발표했다. Stuart J. Ritchie et al., 'Alcohol Consumption and Lifetime Change in Cognitive Ability: A Gene Environment Interaction Study', *AGE* 36, no. 3 (June 2014): 9638; https://doi.org/10.1007/s11357-014-9638-z.

또한 나도 논문을 과장하는 일에 관여하기도 했다. 나는 언론인들과 과학에 대해 여러 번 대화를 나눴는데, 그 과정에서 사용 언어를 선택하는 데 있어 너무 부주의했거나, 중요한 주의사항과 위험사항에 대해 경고하지 않았던 것을 지나고 나서 후회했다. 그리고 나는 마치 그것이 진실의 지표인 것처럼 '이 주제에 대해 수백 개의 동료 평가 논문들이 발표됐다'라고 주장하는 실수도 저질렀다. 동료 평가 단계에 대해 말하자면, 내가 동료 평가해야 하는 논문에 대해 충분한 시간을 할애하지 않았기 때문에 본의 아니게 논문에 포함된 오류들이 빠져나가도록 내버려뒀을 수도 있다. 나는 그 외에도 과거 내가 저질렀던 다른 오류나 후회가 미래에 드러날 것이라고 확신한다.

제1장

격언: David Hume, 'Of Essay-Writing', *Essays: Moral, Political, and Literary*, ed. Eugene F. Miller (Indianapolis: Liberty Fund, 1777).

1. Alan Sokal & Jean Bricmont, *Intellectual Impostures*, tr. Sokal & Bricmont (London: Profile Books, 1998, 2003).
2. John Stuart Mill, *On Liberty* (London: Dover Press, 1859) p. 29.
3. Helen E. Longino, *Science as Social Knowledge* (Princeton: Princeton University Press, 1990). See also Helen Longino, 'The Social Dimensions of Scientific Knowledge', *The Stanford Encyclopedia of Philosophy*, ed. Edward N. Zalta (Summer 2019); https://plato.stanford.edu/archives/sum2019/entries/scientificknowledge-social; and Julian Reiss & Jan Sprenger, Jan, 'Scientific Objectivity', *The Stanford Encyclopedia of Philosophy*, ed. Edward N. Zalta (Winter 2017); https://plato.stanford.edu/archives/win2017/entries/scientific-objectivity

4. 이러한 주장을 펴면서 나는 인간 추론의 기본적 기능들은 다른 사람들을 가장 잘 설득할 방법을 찾아내는 것에서 비롯된다는 진화 이론가 위고 메르시에와 당 스페르베르의 생각에 영향을 받았다. Hugo Mercier & Dan Sperber, 'Why Do Humans Reason? Arguments for an Argumentative Theory'. *Behavioral and Brain Sciences* 34, no. 2 (April 2011): pp. 57-74; https://doi.org/10.1017/S0140525X10000968
5. Julie McDougall-Waters, Noah Moxham, and Aileen Fyfe. *Philosophical Transactions: 350 Years of Publishing at the Royal Society* (1665 - 2015) (London: Royal Society, 2015); https://royalsociety.org/~/media/publishing350/publishing350-exhibition-catalogue.pdf. 일부 역사학자들은 1665년 〈철학적 소통〉이 나오기 두 달 전에 창간된 프랑스 간행물, 〈저널 데사반〉이 최초의 과학 저널로 여겨져야 한다고 주장한다. 그러나 〈저널 데사반〉은 많은 다른 학습된 주제들에 대한 기사를 발표했고, 처음에는 주로 서평과 발췌로 구성됐다. 반면에, 〈철학적 소통〉은 처음부터 과학적인 뉴스와 관찰을 출판하는 데 초점을 맞췄다. 〈저널 데사반〉을 최초의 학술 간행물로, 〈철학적 소통〉을 최초의 과학 출판물로 보는 것이 더 나을지도 모르겠다. See Roger Philip McCutcheon, 'The "Journal Des Scavans" and the "Philosophical Transactions of the Royal Society"', *Studies in Philology* 21, no. 4 (1924): pp. 626-28; https://www.jstor.org/stable/4171899; and David Banks, 'Thoughts on Publishing the Research Article over the Centuries', *Publications* 6, no. 1 (8 Mar. 2018): 10; https://doi.org/10.3390/publications6010010
6. Paul A. David, 'The Historical Origins of "Open Science": An Essay on Patronage, Reputation and Common Agency Contracting in the Scientific Revolution', *Capitalism and Society* 3, no. 2 (2008): 5; https://papers.ssrn.com/sol3/papers.cfm?abstract_id=2209188
7. Robert Hooke, 'A Spot in One of the Belts of Jupiter', *Philosophical Transactions*, Vol. 1, Issue 1, 30 May 1665; https://doi.org/10.1098/rstl.1665.0005. 원문에는 이탤릭체, 대문자, 'Hook'라는 이름의 철자 등 다양한 차이점이 존재한다. 원문에 있는 긴 s's와 같은 것들은 현대적인 철자로 바꾸었다.
8. 1900년에 이 저널은 수학, 물리과학 그리고 생물 과학에 대한 두 개의 하위 학술지로 나뉘어졌다. https://royalsocietypublishing.org/journal/rstl
9. Mark Ware & Michael Mabe, 'The STM Report: An Overview of Scientific and Scholarly Journal Publishing'. The Hague, Netherlands: International

Association of Scientific, Technical and Medical Publishers, March 2015; https://www.stmassoc.org/2015_02_20_STM_Report_2015.pdf

10. 다양한 개인 연구원들과 편집자들에 의해 운영됐던 〈철학적 소통〉은 18세기 중반이 돼서야 왕립 학회에 의해 공식적으로 운영됐다는 점에 주목하라.
11. 대부분의 저널 논문들은 '실험적 논문'으로 알려진 새로운 연구에 대한 보고이지만, 일부 논문들은 주어진 과학적 과제에 대해 지금까지 알려진 모든 논문들을 종합 요약한 '검토 논문'이다.
12 https://www.nih.gov/ and https://www.nsf.gov/. Similar organisations in other countries include UK Research and Innovation (https://www.ukri.org/), the National Natural Science Foundation of China (http://www.nsfc.gov.cn/english/site_1/index.html), and the Japan Society for the Promotion of Science (https://www.jsps.go.jp/english/). See also https://wellcome.ac.uk/ and https://www.gatesfoundation.org/
13. 예를 들어 일부 과학 저널은 연구 방법론 섹션이 맨 끝에 오도록 논문 형식을 지정한다. 이는 마치 이 중요한 정보가 단순한 사후 검토 항목인 것처럼 보이도록 한다.
14. https://www.sciencemag.org/site/feature/contribinfo/faq/index.xhtml#pct_faq
15. Alex Csiszar, 'Peer Review: Troubled from the Start', *Nature* 532, no. 7599 (April 2016): pp. 306-8; https://doi.org/10.1038/532306a
16. Quoted in Melinda Baldwin, 'Scientific Autonomy, Public Accountability and the Rise of "Peer Review" in the Cold War United States', *Isis* 109, no. 3 (Sept. 2018): pp. 538-58; https://doi.org/10.1086/700070
17. 같은 책.
18. https://shitmyreviewerssay.tumblr.com/
19. 이것은 과학적 조사와 분석을 위한 표준이며, 모든 과학자가 고려해야 하는 윤리적 우려와는 별개라는 점을 유념해야 한다. 이것들은 인간 (또는 다른 동물) 실험 대상자들과 함께 일하는 연구자들, 그리고 잠재적으로 위험한 기술을 다루거나 자신들의 실험이 환경이나 다른 측면에 해를 끼칠 수 있는 연구자들에게도 특히 중요하다.
20. Robert K. Merton, 'The Normative Structure of Science' (1942), *The Sociology of Science: Empirical and Theoretical Investigations* (Chicago and London: University of Chicago Press, 1973): pp. 267-278.

21. Darwin Correspondence Project, 'Letter no. 2122', 9 July 1857; https://www.darwinproject.ac.uk/letter/DCP-LETT-2122.xml
22. 머튼은 공동체성을 실제로는 '공산주의'라고 불렀지만, 그 용어는 몇 가지 다른 의미를 내포하고 있다. 후에 그 이름이 '공동체성'으로 바뀌었고, 나는 그 명명법을 따르고 있다. Melissa S. Anderson et al., 'Extending the Mertonian Norms: Scientists' Subscription to Norms of Research', *Journal of Higher Education* 81, no. 3 (May 2010): pp. 366-93; https://doi.org/10.1080/00221546.2010.11779057
23. 머튼은 매우 내성적인 18세기 물리학자이자 화학자인 헨리 캐번디쉬를 이 규범의 역사적 위반자로 언급한다. 그는 단지 부끄럽다는 이유로 자신의 많은 중요한 실험과 이론들을 숨겼고, 그가 사망하고 나서야 세상에 알려지게 됐다.
24. Nicholas W. Best, 'Lavoisier's "Reflections on Phlogiston" I: Against Phlogiston Theory', *Foundations of Chemistry* 17, no. 2 (July 2015): pp. 137-51; https://doi.org/10.1007/s10698-015-9220-5
25. Richard Dawkins, *The God Delusion* (London: Bantam Books, 2006): pp. 320-21.
26. Max Planck, *Scientific Autobiography and Other Papers*, tr. Frank Gaynor(London: Williams & Norgate, Ltd., 1949): pp. 33-34.
27. Karl Popper, *The Logic of Scientific Discovery* (London & New York: Routledge Classics, 1959/2002): p. 23.
28. 보일 이후 100년 정도 지났지만, 이를 재현하고자 하는 노력이 극적인 조명과 함께 현재 런던의 내셔널 갤러리에 있는 더비의 조지프 라이트가 그린 '공기 펌프 속의 새에 대한 실험'이라는 그림에 묘사돼 있다.
29. Robert Boyle, *The New Experiments Physico-Mechanicall, Touching the Spring of the Air and Its Effects* (London: Miles Flesher, 1682): p. 2; quoted in Steven Shapin & Simon Schaffer, *Leviathan and the Air-Pump: Hobbes, Boyle, and the Experimental Life* (Princeton: Princeton University Press, 1985).
30. Shapin & Schaffer, *Leviathan*.

제2장

격언: Brian A. Nosek et al., 'Scientific Utopia: II. Restructuring Incentives and Practices to Promote Truth Over Publishability', *Perspectives on Psychological Science* 7, no. 6 (Nov. 2012): pp. 615-631; https://doi.org/10.1177/1745691612459058, p. 616.

1. Daniel Kahneman, *Thinking, Fast and Slow* (New York: Farrar, Straus and Giroux, 2011).
2. James Neely, 'Semantic Priming Effects in Visual Word Recognition: A Selective Review of Current Findings and Theories', in *Basic Processes in Reading: Visual Word Recognition*, ed. Derek Besner, 1st ed. (Abingdon: Routledge, 2012); https://doi.org/10.4324/9780203052242
3. C. B. Zhong & K. Liljenquist, 'Washing Away Your Sins: Threatened Morality and Physical Cleansing', *Science* 313, no. 5792 (8 Sept. 2006): pp. 1451-52; https://doi.org/10.1126/science.1130726
4. K. D. Vohs et al., 'The Psychological Consequences of Money', *Science* 314, no. 5802 (17 Nov. 2006): pp. 1154-56; https://doi.org/10.1126/science.1132491
5. 같은 책. p. 1154.
6. Kahneman, *Thinking, Fast and Slow*, pp. 55, 57.
7. 내가 아는 한, 이 용어는 '재현 위기'라는 정확한 문구를 직접적으로 사용하지 않았지만 일련의 심리학 연구 결과들이 재현에 실패한 이후 '자신감의 위기'를 말한 파슬러 & 바겐메이커의 논문에서 유래됐다. 넬슨, 시먼스, 사이먼슨은 재현 위기를 촉발한 여러 사건들에 대해 논하고 있다. Harold Pashler & Eric-Jan Wagenmakers, 'Editors' Introduction to the Special Section on Replicability in Psychological Science: A Crisis of Confidence?', *Perspectives on Psychological Science* 7, no. 6 (Nov. 2012): pp. 528-30; https://doi. org/10.1177/1745691612465253 and: Leif D. Nelson et al., 'Psychology's Renaissance', *Annual Review of Psychology* 69, no. 1 (4 Jan. 2018): pp. 511-34; https://doi.org/10.1146/annurev-psych-122216-011836
8. John A. Bargh et al., 'Automaticity of Social Behavior: Direct Effects of Trait Construct and Stereotype Activation on Action', *Journal of Personality and Social Psychology* 71, no. 2 (1996): pp. 230-44; https://doi.org/10.1037/0022-3514.71.2.230; citation numbers (precisely 5,208 citations) come from Google Scholar as of January 2020.
9. Stéphane Doyen et al., 'Behavioral Priming: It's All in the Mind, but Whose

Mind?', *PLOS ONE* 7, no. 1 (18 Jan. 2012): e29081; https://doi.org/10.1371/journal.pone.0029081

10. Brian D. Earp et al., 'Out, Damned Spot: Can the "Macbeth Effect" Be Replicated?' *Basic and Applied Social Psychology* 36, no. 1 (Jan. 2014): pp. 91-98; https://doi.org/10.1080/01973533.2013.856792; Money-priming effect: Richard A. Klein et al., 'Investigating Variation in Replicability: A "Many Labs" Replication Project', *Social Psychology* 45, no. 3 (May 2014): pp. 142-52; https://doi.org/10.1027/1864-9335/a000178

11. Original study: Lawrence E. Williams & John A. Bargh, 'Keeping One's Distance: The Influence of Spatial Distance Cues on Affect and Evaluation', *Psychological Science* 19, no. 3 (Mar. 2008): pp. 302-8; https://doi.org/10.1111/j.1467-9280.2008.02084.x; Replication: Harold Pashler et al., 'Priming of Social Distance? Failure to Replicate Effects on Social and Food Judgments', *PLOS ONE* 7, no. 8 (29 Aug. 2012): e42510; https://doi.org/10.1371/journal.pone.0042510

12 Original study: Theodora Zarkadi & Simone Schnall, '"Black and White" Thinking: Visual Contrast Polarizes Moral Judgment', *Journal of Experimental Social Psychology* 49, no. 3 (May 2013): pp. 355-59; https://doi.org/10.1016/j.jesp.2012.11.012; Replication: Hans IJzerman & Pierre-Jean Laine, 'Does Background Color Affect Moral Judgment? Three Pre-Registered Replications of Zarkadi and Schnall's (2012) Study 1', Preprint, *PsyArXiv* (30 July 2018); https://doi.org/10.31234/osf.io/ktfxq

13. 종종 혐오감을 유발하기 위해 사용한 방법은 실험실을 나쁜 냄새로 가득 채우는 것이다. 심리학자들이 진지하게 '방귀 냄새 스프레이'의 효과에 대해 논했던 많은 논문들이 눈에 띈다. 이 중에는 '특허 받은 방향제인 액체 엉덩이'라는 상품의 효과에 대해 진지하게 논의하는 논문도 있다. T. G. Adams et al., 'The Effects of Cognitive and Affective Priming on Law of Contagion Appraisals', *Journal of Experimental Psychopathology* 3, no. 3 (July 2012): p. 473; https://doi.org/10.5127/jep.025911. For the review of that line of research, see Justin F. Landy & Geoffrey P. Goodwin, 'Does Incidental Disgust Amplify Moral Judgment? A Meta-Analytic Review of Experimental Evidence', *Perspectives on Psychological Science*

10, no. 4 (July 2015): pp. 518-36; https://doi.org/10.1177/1745691615583128

14. Alison McCook, '"I Placed Too Much Faith in Underpowered Studies:" Nobel Prize Winner Admits Mistakes', *Retraction Watch*, 20 Feb. 2017; https://retractionwatch.com/2017/02/20/placed-much-faith-underpowered-studiesnobel-prize-winner-admits-mistakes/. 칸만은 또한 사회심리학자들에게 공개적으로 서한을 보내 '재현성 위기라는 열차 충돌 사고가 다가오고 있다'고 말했고 그들에게 그들의 현재 연구 방식을 바꾸라고 촉구했다. 공개서한 복사본은 다음 링크에서 찾을 수 있다. https://go.nature.com/2T7A2NV

15. Dana R. Carney et al., 'Power Posing: Brief Nonverbal Displays Affect Neuroendocrine Levels and Risk Tolerance', *Psychological Science* 21, no. 10(Oct. 2010): pp. 1363-68; https://doi.org/10.1177/0956797610383437

16. TED 웹사이트 조회수 5,600만 건과 유튜브 조회수 1,760만 건은 2020년 2월 당시 기록이었다. 이 강연의 제목은 원래 '당신의 신체 언어가 당신을 결정한다'였지만, 재현 위기 후 어느 순간 '당신의 신체 언어가 당신을 결정할 수도 있다'로 바뀌었다. Amy Cuddy, 'Your Body Language May Shape Who You Are', presented at *TEDGlobal* 2012, June 2012; https://www.ted.com/talks/amy_cuddy_your_body_language_may_shape_who_you_are

17. Amy J. C. Cuddy, *Presence: Bringing Your Boldest Self to Your Biggest Challenges* (New York: Little, Brown and Company, 2015). The quotation is from the publisher page at the following link: https://www.littlebrown.com/titles/amy-cuddy/presence/9780316256575/

18. Homa Khaleeli, 'A Body Language Lesson Gone Wrong: Why is George Osborne Standing like Beyoncé?' *Guardian*, 7 Oct. 2015; https://www.theguardian.com/politics/shortcuts/2015/oct/07/who-told

19. Eva Ranehill et al., 'Assessing the Robustness of Power Posing: No Effect on Hormones and Risk Tolerance in a Large Sample of Men and Women', *Psychological Science* 26, no. 5 (May 2015): pp. 653-56; https://doi.org/10.1177/0956797614553946, p. 655 파워 포즈에 대한 논쟁은 그때부터 계속돼왔다. 2017년 한 리뷰 논문에서는 파워 포징 효과가 '현재로서는 실험적 증거가 부족한 가설'이라고 결론 내렸다. Joseph P. Simmons & Uri Simonsohn, 'Power Posing: P-Curving the Evidence', *Psychological Science* 28, no. 5 (May

2017): pp. 687-93; https://doi.org/10.1177/0956797616658563. 이후 커디는 파워 포즈의 전체적 효과를 발견했다는 자신의 리뷰로 반격했다. 하지만 인용된 연구에서 나타난 대부분의 영향은 아마도 파워 포즈의 유익한 효과라기보다는 구부정한 자세의 부정적인 효과 때문일 것이라는 점이 지적됐다. Amy J. C. Cuddy et al., 'P-Curving a More Comprehensive Body of Research on Postural Feedback Reveals Clear Evidential Value for Power-Posing Effects: Reply to Simmons and Simonsohn (2017)', *Psychological Science* 29, no. 4 (April 2018): pp. 656-66; https://doi.org/10.1177/0956797617746749. Marcus Credé , 'A Negative Effect of a Contractive Pose is not Evidence for the Positive Effect of an Expansive Pose: Commentary on Cuddy, Schultz, and Fosse (2018)', *SSRN*: https://doi.org/10.2139/ssrn.3198470

20. Philip Zimbardo, *The Lucifer Effect: How Good People Turn Evil* (London: Rider, 2007).
21. Stanley Milgram, 'Behavioral Study of Obedience', *Journal of Abnormal and Social Psychology* 67, no. 4 (1963): pp. 371-78; https://doi.org/10.1037/h0040525. 또한 자신들이 정말로 '학습자'에게 충격을 준다는 사실을 믿을수록 참가자들은 학습자에게 더 강력한 충격을 줄 가능성이 낮아진다는 밀그램 실험은 상당한 비판을 받았다. Gina Perry et al., 'Credibility and Incredulity in Milgram's Obedience Experiments: A Reanalysis of an Unpublished Test', *Social Psychology Quarterly*, 22 Aug. 2019; https://doi.org/10.1177/0190272519861952
22. Philip Zimbardo, 'Our inner heroes could stop another Abu Ghraib', *Guardian*, 29 Feb. 2008; https://www.theguardian.com/commentisfree/2008/feb/29/iraq.usa
23. Erich Fromm, *The Anatomy of Human Destructiveness* (New York: Holt, Rinehart and Winston, 1975).
24. Thibault Le Texier, 'Debunking the Stanford Prison Experiment', *American Psychologist* 74, no. 7 (Oct. 2019): pp. 823-39; https://doi.org/10.1037/amp0000401
25. 토론은 계속되고 짐바르도는 자신에게 가해지는 비판에 반응했다. Philip Zimbardo, 'Philip Zimbardo's Response to Recent Criticisms of the Stanford Prison Experiment', 23 June 2018; https://static1.squarespace.

com/static/557a07d5e4b05fe7bf112c19/t/5dee52149d16d153cba11712/1575899668862/Zimbardo2018-06-23.pdf. 또한 최근 버전에 대한 르텍시에의 반응(이 책을 쓰고 있을 당시에는 발표되지 않았다)은 다음에서 찾아 볼 수 있다. Thibault Le Texier, 'The SPE Remains Debunked: A Reply to Zimbardo and Haney (2020)', Preprint, *PsyArXiv* (24 Jan. 2020); https://doi.org/10.31234/osf.io/9a2er

26. Open Science Collaboration, 'Estimating the Reproducibility of Psychological Science', *Science* 349, no. 6251 (28 Aug. 2015): aac4716; https://doi.org/10.1126/science.aac4716

27. Colin F. Camerer et al., 'Evaluating the Replicability of Social Science Experiments in Nature and Science between 2010 and 2015', *Nature Human Behaviour* 2, no. 9 (Sept. 2018): pp. 637-44; https://doi.org/10.1038/s41562-018-0399-z

28. 이 숫자는 성공적인 복제를 보여주는 16개 연구 중 6개 연구에서 도출됐다. Charles R. Ebersole et al., 'Many Labs 3: Evaluating Participant Pool Quality across the Academic Semester via Replication', *Journal of Experimental Social Psychology* 67 (Nov. 2016): pp. 68-82; https://doi.org/10.1016/j.jesp.2015.10.012

29. 이 시점에서, 어떤 비평가들은 내가 판 함정에 내가 빠졌다고 비판할지도 모른다. 나는 계속 연구 결과의 강건성을 강조해왔지만, 재현 위기가 사실임을 주장하기 위해 모든 과학 문헌을 대표한다고 볼 수 없는 다중 재현 시도 연구 표본에 의존하고 있기 때문이다. '발표된 결과의 절반 정도만 재현 가능하다'라는 결론은 모든 과학에 일반화되지는 않을 수 있다. 이는 재현 설문 조사 연구 중 하나에 대한 비평에서 언급된 사항이다. D. T. Gilbert et al., 'Comment on "Estimating the Reproducibility of Psychological Science"', *Science* 351, no. 6277 (4 Mar. 2016): p. 1037; https://doi.org/10.1126/science.aad7243. 반면 나는 이 비평에서 이뤄진 많은 주장들에 동의하지 않는다. 몇 가지 이유로 그것에 회의적이다. 'The Statistical Conclusions in Gilbert et al (2016) Are Completely Invalid', *The 20% Statistician*, 6 March 2016; https://daniellakens.blogspot.com/2016/03/thestatistical-conclusions-in-gilbert.html 표본의 대표성에 대한 비판은 정당하다고 할 수 있다. 우리는 아직도 전체 연구 분야에 걸쳐 얼마나 많은 결과들이 재현 가능할 수 있을지에 대해 정확히 알지 못하고 있다. 심지어 심리학처럼 대규모 재현 시도가 이루어진 분야에서

도 마찬가지다. 이러한 연구 결과가 예상하는 것보다 실상은 더 낫거나 혹은 더 나쁠 수 있다. 하지만 우리가 모르고 있다는 바로 그 사실, 그리고 세간의 주목을 받고 부풀려졌던 많은 발견들이 자세히 조사했을 때는 그 증거들이 산산조각 났다는 사실도, 충분히 우려해야 하는 이유라는 데 동의한다. 재현 위기가 있다는 생각에 대한 또 다른 비판에 대한 답변은 다음 논문을 참조하라. Harold Pashler & Christine R. Harris, 'Is the Replicability Crisis Overblown? Three Arguments Examined', *Perspectives on Psychological Science* 7, no. 6 (Nov. 2012): pp. 531-36; https://doi.org/10.1177/1745691612463401

30. Alexander Bird, 'Understanding the Replication Crisis as a Base Rate Fallacy', *British Journal for the Philosophy of Science*, 13 Aug. 2018; https://doi.org/10.1093/bjps/axy051
31. 물론, 원본 저자들의 주장은 수정사항이 사실은 가벼운 것으로서 실험의 주요 취지를 깨뜨리지 않는다는 것이다. 모든 사례는 각각의 장점을 고려해 처리돼야 하지만, 이런 종류의 주장은 종종 특별한 형태의 변명으로만 보일 뿐이다.
32. 나름 잘하고 있는 또 다른 분야는 성격 심리학이다. 심리학자 크리스토퍼 소토는 성격 연구의 효과에 대한 대규모 재현 연구를 실시했다. 설문지에 의해 측정된 성격 특성과 삶과 사랑에 대한 만족, 종교와 정치적 견해 그리고 직업에서의 성공과 같은 것들과의 상관관계를 연구한 것이다. 그의 확인 결과 87퍼센트의 재현율을 보였는데, 이는 우리가 지금까지 살펴본 다른 분야들에 비해서는 상당히 높은 수치다. Christopher J. Soto, 'How Replicable Are Links Between Personality Traits and Consequential Life Outcomes? The Life Outcomes of Personality Replication Project', *Psychological Science* 30, no. 5 (May 2019): pp. 711-27; https://doi.org/10.1177/0956797619831612
33. C. F. Camerer et al., 'Evaluating Replicability of Laboratory Experiments in Economics', *Science* 351, no. 6280 (25 Mar. 2016): pp. 1433-36; https://doi.org/10.1126/science.aaf0918
34. Benjamin O. Turner et al., 'Small Sample Sizes Reduce the Replicability of Task-Based fMRI Studies', *Communications Biology* 1, no. 1 (Dec. 2018): 62; https://doi.org/10.1038/s42003-018-0073-z
35. Anders Eklund et al., 'Cluster Failure: Why fMRI Inferences for Spatial Extent Have Inflated False-Positive Rates', *Proceedings of the National Academy*

of Sciences 113, no. 28 (12 July 2016): pp. 7900-5; https://doi.org/10.1073/pnas.1602413113 and Anders Eklund et al., 'Cluster Failure Revisited: Impact of First Level Design and Physiological Noise on Cluster False Positive Rates', *Human Brain Mapping* 40, no. 7 (May 2019): 2017-32; https://doi.org/10.1002/hbm.24350

36. Kathryn A. Lord et al., 'The History of Farm Foxes Undermines the Animal Domestication Syndrome', *Trends in Ecology & Evolution* 35, no. 2 (Feb. 2020): pp. 125-36; https://doi.org/10.1016/j.tree.2019.10.011

37. Finches: Daiping Wang et al., 'Irreproducible Text-Book "Knowledge": The Effects of Color Bands on Zebra Finch Fitness: Color Bands Have No Effect on Fitness in Zebra Finches', *Evolution* 72, no. 4 (April 2018): pp. 961-76; https://doi.org/10.1111/evo.13459. See also Yao-Hua Law, 'Replication Failures Highlight Biases in Ecology and Evolution Science', *The Scientist*, 31 July 2018; https://www.the-scientist.com/features/replication-failures-highlight-biases-in-ecology-andevolution-science-64475. Sparrows: Alfredo Sánchez-Tójar et al., 'Meta-analysis challenges a textbook example of status signalling and demonstrates publication bias', *eLife* 7 (13 Nov. 2008): e37385; https://doi.org/10.7554/eLife.37385.001. Blue tits: Timothy H. Parker, 'What Do We Really Know about the Signalling Role of Plumage Colour in Blue Tits? A Case Study of Impediments to Progress in Evolutionary Biology: Case Study of Impediments to Progress', *Biological Reviews* 88, no. 3 (Aug. 2013): pp. 511-36; https://doi.org/10.1111/brv.12013

38. Timothy D. Clark et al., 'Ocean Acidification Does Not Impair the Behaviour of Coral Reef Fishes', *Nature* 577, no. 7790 (Jan. 2020): pp. 370-75; https://doi.org/10.1038/s41586-019-1903-y. See also Martin Enserink, 'Analysis Challenges Slew of Studies Claiming Ocean Acidification Alters Fish Behavior', *Science*, 8 Jan. 2020; https://doi.org/10.1126/science.aba8254. 나중의 기사에서 언급했듯이 물고기의 행동이 영향을 받지 않는 것처럼 보인다는 사실은 다른 많은 부정적 영향을 끼치는 해양 산성화에 대한 우려를 멈출 이유가 되지 않는다.

39. http://www.orgsyn.org/instructions.aspx; see also Dalmeet Singh Chawla, 'Taking on Chemistry's Reproducibility Problem', *Chemistry World*, 20 March

2017; https://www.chemistryworld.com/news/taking-on-chemistrys-reproducibilityproblem/3006991.article

40. 검색 방식 때문에 재현 연구라고 명시적으로 표시되지 않는 연구는 통계에서 빠트릴 수 있으므로 실제 숫자는 약간 더 높을 수 있다. 경제학 분야의 경우 다음을 확인하라. Frank Mueller-Langer et al., 'Replication Studies in Economics & How Many and Which Papers Are Chosen for Replication and Why?', *Research Policy* 48, no. 1 (Feb. 2019): pp. 62-83; https://doi.org/10.1016/j.respol.2018.07.019. For psychology: Matthew C. Makel et al., 'Replications in Psychology Research: How Often Do They Really Occur?', *Perspectives on Psychological Science* 7, no. 6 (Nov. 2012): pp. 537-42; https://doi.org/10.1177/1745691612460688

41. Board of Governors of the Federal Reserve System, Andrew C. Chang & Phillip Li, 'Is Economics Research Replicable? Sixty Published Papers from Thirteen 268 science fictions Journals say "Usually Not"', *Finance and Economics Discussion Series* 2015, no. 83 (Oct. 2015): pp. 1-26; https://doi.org/10.17016/FEDS.2015.083. 경제학 분야에서의 재현성에 관한 리뷰 논문은 다음을 보라. Garret Christensen & Edward Miguel, 'Transparency, Reproducibility, and the Credibility of Economics Research' (Cambridge, MA: National Bureau of Economic Research, Dec. 2016); https://doi.org/10.3386/w22989

42. Markus Konkol et al., 'Computational Reproducibility in Geoscientific Papers: Insights from a Series of Studies with Geoscientists and a Reproduction Study', International Journal of Geographical Information Science 33, no. 2 (Feb. 2019): pp. 408-29; https://doi.org/10.1080/13658816.2018.1508687

43. 더 나쁜 것은, 이 새로운 알고리듬이 등장하기 전 몇 년 동안 알려져 있던 훨씬 단순한 방법과 비교할 때 7개 중 6개가 이전 방법과 완전히 중복되는 내용이라는 점이다. Maurizio Ferrari Dacrema et al., 'Are We Really Making Much Progress?: A Worrying Analysis of Recent Neural Recommendation Approaches', in *Proceedings of the 13th ACM Conference on Recommender Systems* & RecSys 2019 (Copenhagen, Denmark: ACM Press, 2019): pp. 101-9; https://doi.org/10.1145/3298689.3347058. 컴퓨터 사이언스에 대한 다음 보고서도 참조하라. 이 보고서는 젊은 연구자들이 몇몇 고전적 알고리듬의 성능을 재현하는 데 어려움을 겪고 있음을 보여주고 있다. 이는 시한폭탄과 같은 것이다. 젊은 연구자들은 선

배 연구자들이 개발했고 그로 인해 명성을 얻었던 고전적 알고리듬의 성능을 재현하는 데 실패했다는 사실을 보고함으로써 '선배 연구자들을 비판하는 것으로 비춰지는 것을 원치 않기 때문이다': Matthew Hutson, 'Artificial Intelligence Faces Reproducibility Crisis', *Science* 359, no. 6377 (16 Feb. 2018): pp. 725-26; https://doi.org/10.1126/science.359.6377.725, p. 726.

44. C. Glenn Begley & Lee M. Ellis, 'Raise Standards for Preclinical Cancer Research', *Nature* 483, no. 7391 (Mar. 2012): pp. 531-33; https://doi.org/10.1038/483531a
45. Florian Prinz et al., 'Believe It or Not: How Much Can We Rely on Published Data on Potential Drug Targets?', *Nature Reviews Drug Discovery* 10 (Sept. 2011): 712; https://doi.org/10.1038/nrd3439-c1. 바이엘의 수치는 70퍼센트가 암 연구였고 나머지 30퍼센트는 여성의 건강 또는 심혈관 연구에 관한 것이었다.
46. Chi Heem Wong et al., 'Estimation of Clinical Trial Success Rates and Related Parameters', *Biostatistics* 20, no. 2 (1 April 2019): pp. 273-86; https://doi.org/10.1093/biostatistics/kxx069. 이 연구에서 다른 모든 약물에 대해 임상 전 실험에서 임상 사용까지 성공하는 비율은 13.8퍼센트로 추정됐고, 따라서 암 연구의 경우 특히 더 나쁜 결과를 보이고 있었다.
47. Brian A. Nosek & Timothy M. Errington, 'Reproducibility in Cancer Biology: Making Sense of Replications', *eLife* 6 (19 Jan. 2017): e23383; https://doi.org/10.7554/eLife.23383. 이 프로젝트는 '재현성 프로젝트: 암 생물학'이라고 불린다. 여기서는 내가 사용해왔던 것과 같은 의미로 재현성이라는 단어를 사용하고 있다(즉, 다른 표본에서도 동일한 결과를 얻어야 한다는 것). 나의 경우 광범위한 공감대를 반영하기 위해 재현성에 대해 나름대로의 정의를 내렸지만, 모두가 같은 용어를 써야 한다고 고집하는 것은 아니다.
48. John Repass et al., 'Replication Study: Fusobacterium Nucleatum Infection is Prevalent in Human Colorectal Carcinoma', *eLife* 7 (13 Mar. 2018): e25801; https://doi.org/10.7554/eLife.25801
49. Tim Errington, 'Reproducibility Project: Cancer Biology - Barriers to Replicability in the Process of Research' (2019); https://osf.io/x9p5s/
50. Monya Baker & Elie Dolgin, 'Cancer Reproducibility Project Releases First Results', *Nature* 541, no. 7637 (Jan. 2017): pp. 269-70; https://doi.

org/10.1038/541269a; Daniel Engber, 'Cancer Research Is Broken', *Slate*, 19 April 2016; https://slate.com/technology/2016/04/biomedicine-facing-a-worse-replication-crisis-than-theone-plaguing-psychology.html

51. Errington, 'Reproducibility Project', slide 11.
52. J. Kaiser, 'The Cancer Test', *Science* 348, no. 6242 (26 June 2015): pp. 1411-13; https://doi.org/10.1126/science.348.6242.1411
53. Shareen A. Iqbal et al., 'Reproducible Research Practices and Transparency across the Biomedical Literature', *PLOS Biology* 14, no. 1 (4 Jan. 2016): e1002333; https://doi.org/10.1371/journal.pbio.1002333. 441개의 연구가 전체 표본에 포함됐지만 268개 연구만이 실험 데이터를 보고했다.
54. Nicole A. Vasilevsky et al., 'On the Reproducibility of Science: Unique Identification of Research Resources in the Biomedical Literature', *PeerJ* 1 (2013): e148; https://doi.org/10.7717/peerj.148. 잘못된 보고의 문제는 생의학 분야에만 국한된 것은 아니다. 정치학의 관점에서 보려면 다음을 확인하라. Alexander Wuttke, 'Why Too Many Political Science Findings Cannot Be Trusted and What We Can Do About It: A Review of Meta-Scientific Research and a Call for Academic Reform', *Politische Vierteljahresschrift* 60, no. 1 (Mar. 2019): pp. 1-19; https://doi.org/10.1007/s11615-018-0131-7. 생태학적 관점에서 보려면 다음을 확인하라. Timothy H. Parker et al., 'Transparency in Ecology and Evolution: Real Problems, Real Solutions', *Trends in Ecology & Evolution* 31, no. 9 (Sept. 2016): pp. 711-19; https://doi.org/10.1016/j.tree.2016.07.002
55. Jocelyn Kaiser, 'Plan to Replicate 50 High-Impact Cancer Papers Shrinks to Just 18', *Science*, 31 July 2018; https://doi.org/10.1126/science.aau9619. Note that the reference in endnote 49, above (Errington, 'Reproducibility Project') discusses fifty-one studies, not fifty.
56. '재현 프로젝트: 암 생물학 연구'는 저널의 다음 링크에서 확인할 수 있다. *eLife*: https://elifesciences.org/collections/9b1e83d1/reproducibility-project-cancer-biology
57. Vinayak K. Prasad & Adam S. Cifu, *Ending Medical Reversal: Improving Outcomes, Saving Lives* (Baltimore: Johns Hopkins University Press, 2015).
58. Joshua Lang, 'Awakening', *The Atlantic*, Feb. 2013; https://www.theatlantic.

com/magazine/archive/2013/01/awakening/309188/

59. Michael S. Avidan et al., 'Anesthesia Awareness and the Bispectral Index', *New England Journal of Medicine* 358, no. 11 (13 Mar. 2008): 1097; https://doi.org/10.1056/NEJMoa0707361

60. Diana Herrera-Perez et al., 'A Comprehensive Review of Randomized Clinical Trials in Three Medical Journals Reveals 396 Medical Reversals', *eLife* 8 (11 June 2019): e45183; https://doi.org/10.7554/eLife.45183. 이것은 그들이 이전에 했던 유사한 연구에 대한 후속 연구였다. 여기서 연구 결과가 역전되는 것이 146번이었다: Vinay Prasad et al., 'A Decade of Reversal: An Analysis of 146 Contradicted Medical Practices', *Mayo Clinic Proceedings* 88, no. 8 (Aug. 2013): pp. 790-98; https://doi.org/10.1016/j.mayocp.2013.05.012

61. Jon F. R. Barrett et al., 'A Randomized Trial of Planned Cesarean or Vaginal Delivery for Twin Pregnancy', *New England Journal of Medicine* 369, no. 14 (3 Oct. 2013): pp. 1295-1305; https://doi.org/10.1056/NEJMoa1214939

62. George Du Toit et al., 'Randomized Trial of Peanut Consumption in Infants at Risk for Peanut Allergy', *New England Journal of Medicine* 372, no. 9 (26 Feb. 2015): pp. 803-13; https://doi.org/10.1056/NEJMoa1414850

63. Francis Kim et al., 'Effect of Prehospital Induction of Mild Hypothermia on Survival and Neurological Status Among Adults with Cardiac Arrest: A Randomized Clinical Trial', *JAMA* 311, no. 1 (1 Jan. 2014): pp. 45-52; https://doi.org/10.1001/jama.2013.282173

64. AVERT Collaboration, 'Efficacy and Safety of Very Early Mobilisation within 24 h of Stroke Onset: A Randomised Controlled Trial', *Lancet* 386, no. 9988 (July 2015): pp. 46-55; https://doi.org/10.1016/S0140-6736(15)60690-0

65. M. Irem Baharoglu et al., 'Platelet Transfusion versus Standard Care after Acute Stroke Due to Spontaneous Cerebral Haemorrhage Associated with Antiplatelet Therapy (PATCH): A Randomised, Open-Label, Phase 3 Trial', *Lancet* 387, no. 10038 (June 2016): pp. 2605-13; https://doi.org/10.1016/S0140-6736(16)30392-0

66. Paolo José Fortes Villas Boas et al., 'Systematic Reviews Showed Insufficient Evidence for Clinical Practice in 2004: What about in 2011? The Next Appeal

for the Evidence-Based Medicine Age: The Next Appeal for EBM Age', *Journal of Evaluation in Clinical Practice* 19, no. 4 (Aug. 2013): pp. 633-37; https://doi.org/10.1111/j.1365-2753.2012.01877.x

67. Leonard P. Freedman et al., 'The Economics of Reproducibility in Preclinical Research', *PLOS Biology* 13, no. 6 (9 June 2015): e1002165; https://doi.org/10.1371/journal.pbio.1002165

68. Iain Chalmers & Paul Glasziou, 'Avoidable Waste in the Production and Reporting of Research Evidence', *Lancet* 374, no. 9683 (July 2009): pp. 86-89; https://doi.org/10.1016/S0140-6736(09)60329-9. See also Malcolm R. Macleod et al., 'Biomedical Research: Increasing Value, Reducing Waste', *Lancet* 383, no. 9912 (Jan. 2014): pp. 101-4; https://doi.org/10.1016/S0140-6736(13)62329-6

69. Monya Baker, '1,500 Scientists Lift the Lid on Reproducibility', *Nature* 533, no. 7604 (May 2016): pp. 452-54; https://doi.org/10.1038/533452a

70. John P. A. Ioannidis, 'Why Most Published Research Findings Are False', *PLOS Medicine* 2, no. 8 (30 Aug. 2005): e124; https://doi.org/10.1371/journal.pmed.0020124

71. 구글 학술검색의 인용 횟수

72. One critique of Ioannidis is by Jeffrey T. Leek & Leah R. Jager, 'Is Most Published Research Really False?', *Annual Review of Statistics and Its Application* 4, no. 1 (7 Mar. 2017): pp. 109-22; https://doi.org/10.1146/annurev-statistics-060116-054104

제3장

격언: Norman MacDonald, Maxims and Moral Reflections (New York: 1827).

1. 달팽이관 이식: Vivien Williams, 'Baby Hears for First Time with Cochlear Implants', *Mayo Clinic News Network*, 13 Nov. 2018; https://newsnetwork.mayoclinic.org/discussion/baby-hears-for-first-time-with-cochlear-

implants/; 백내장: National Geographic, 'Two Blind Sisters See for the First Time', 26 Sept. 2014; https://youtu.be/EltIpB4EtYU; 의족: Victoria Smith, 'Video Of Rick Clement Walking On New Legs Goes Viral', *Forces Network*, 23 July 2015; https://www.forces.net/services/tri-service/video-rick-clement-walking-new-legs-goes-viral; see also 'Boy, 5, given Prosthetic Arm That Lets Him Hug Brother', *BBC News*, 14 Dec. 2019; https://www.bbc.co.uk/news/uk-wales-50762563

2. 접합은 봉합이라고도 불리는 수술의 일종으로서 종종 좋은 결과를 가져온다. 20세기 초에서 중반에 걸친 수술 기술의 발전에 따라 기도의 상당 부분이 제거된 후에도 봉합이 가능해졌다. 하지만 이러한 노력은 한계에 도달했다. 기관 종양이 특히 크게 자라서 기도의 절반 이상을 제거해야 한다면 봉합은 더 이상 선택사항이 아닌 것이 된다.
3. Hermes C. Grillo, 'Tracheal Replacement: A Critical Review', *The Annals of Thoracic Surgery* 73, no. 6 (June 2002): 1995-2004; https://doi.org/10.1016/S0003-4975(02)03564-6
4. Paolo Macchiarini et al., 'Clinical Transplantation of a Tissue-Engineered Airway', *Lancet* 372, no. 9655 (Dec. 2008): 2023-30; https://doi.org/10.1016/S0140-6736(08)61598-6
5. Karolinska Institute, 'First Successful Transplantation of a Synthetic Tissue Engineered Windpipe' (news release), 29 July 2011; https://ki.se/en/news/first-successful-transplantation-of-a-synthetic-tissue-engineered-windpipe
6. Philipp Jungebluth et al., 'Tracheobronchial Transplantation with a Stem-Cell-Seeded Bioartificial Nanocomposite: A Proof-of-Concept Study', *Lancet* 378, no. 9808 (Dec. 2011): pp. 1997-2004; https://doi.org/10.1016/S0140-6736(11)61715-7
7. Christian Berggren & Solmaz Filiz Karabag, 'Scientific Misconduct at an Elite Medical Institute: The Role of Competing Institutional Logics and Fragmented Control', *Research Policy* 48, no. 2 (Mar. 2019): pp. 428-43; https://doi.org/10.1016/j.respol.2018.03.020
8. 같은 책. p. 432.
9. Madeleine Svärd Huss, 'The Macchiarini Case: Timeline' (Karolinska Institute,

26 June 2018); https://ki.se/en/news/the-macchiarini-case-timeline

10. AFP Newswire, 'Macchiarini's Seventh Transplant Patient Dies', *Local*, 20 March 2017; https://www.thelocal.it/20170320/macchiarinis-seventh-transplant-patientdies-sweden-italy
11. Translated by Berggren & Karabag, 'Scientific Misconduct', p. 432; originally quoted in Johannes Wahlström, 'Den Bortglömda Patienten', *Filter*, 18 May 2016; https://magasinetfilter.se/granskning/den-bortglomda-patienten/ [Swedish]
12. William Kremer, 'Paolo Macchiarini: A Surgeon's Downfall', *BBC News Magazine*, 10 Sept. 2016; https://www.bbc.co.uk/news/magazine-37311038
13. 그녀는 건강했지만 교통사고로 인해 기관지 절개술을 받았고, 말하기 위해서는 손으로 구멍을 막아야 했다. 그녀는 수술을 통해 아들에게 노래를 들려주기를 바랐다. Carl Elliott, 'Knifed with a Smile', *New York Review of Books*, 5 April 2018;https://www.nybooks.com/articles/2018/04/05/experiments-knifed-with-smile/
14. 이전에 마키아리니가 수술했던 한 영국 환자는 2011년 런던에서 마키아리니 아이디어로부터 아이디어를 얻은 합성 기관지를 다른 외과 의사들로부터 이식 받았으나 이듬해 사망했다: 크레머, '파올로 마키아리니'
15. 그녀가 죽기 전과 죽은 후의 같은 캐나다 출판물에 실린 기사들을 비교하는 것은 가슴 아픈 일이다. AP Newswire, '"We Feel like She's Reborn": Toddler Born without Windpipe Gets New One Grown from Her Own Stem Cells', *National Post*, 30 April 2013; https://nationalpost.com/news/south-korean-2-year-old-youngest-ever-to-get-lab-made-windpipe-from-her-own-stem-cells; Joseph Brean, 'Swashbuckling Surgeon's Collapsing Reputation Threatens Canadian Girl's Legacy as "pioneer" Patient', *National Post*, 18 Feb. 2016; https://nationalpost.com/news/canada/swashbuckling-surgeons-collapsing-reputationthreatens-canadian-girls-legacy-as-pioneer-patient
16. Eve Herold, 'A Star Surgeon Left a Trail of Dead Patients - and His Whistleblowers were Punished', *leapsmag*, 8 Oct. 2018; https://leapsmag.com/a-star-surgeon-lefta-trail-of-dead-patients-and-his-whistleblowers-were-punished/

17. The report is hosted by the website Retraction Watch: http://retractionwatch.com/wp-content/uploads/2015/05/Translation-investigation.doc (see p. 36).
18. David Cyranoski, 'Artificial-Windpipe Surgeon Committed Misconduct', *Nature* 521, no. 7553 (May 2015): 406-7; https://doi.org/10.1038/nature.2015.17605. See also Alison McCook, 'Misconduct Found in 7 Papers by Macchiarini, Says English Write-up of Investigation', *Retraction Watch*, 28 May 2015; https://retractionwatch.com/2015/05/28/misconduct-found-in-7-papers-by-macchiarini-says-english-writeup-of-investigation/
19. Kremer, 'Paolo Macchiarini'.
20. 'Paolo Macchiarini Is Not Guilty of Scientific Misconduct', *Lancet* 386, no. 9997 (Sept. 2015): 932; https://doi.org/10.1016/S0140-6736(15)00118-X
21. Adam Ciralsky, 'The Celebrity Surgeon Who Used Love, Money, and the Pope to Scam an NBC News Producer', *Vanity Fair* (Feb. 2016); https://www.vanityfair.com/news/2016/01/celebrity-surgeon-nbc-news-producer-scam
22. 같은 책.
23. 또한 〈배니티 페어Vanity Fair〉의 조사는 마키아리니가 자신의 이력서에 기재된 많은 자격증과 소속 단체들을 꾸며내었으며, 그에 대한 이탈리아의 조사 결과는 공개된 적이 없다고 주장했다.
24. Kremer, 'Paolo Macchiarini'.
25. Huss, 'The Macchiarini Case'. See also David Cyranoski, 'Nobel Official Resigns over Karolinska Surgeon Controversy', *Nature*, 8 Feb. 2016; https://doi.org/10.1038/nature.2016.19332
26. 마키아리니는 혼자 행동한 것이 아니었다. 카롤린스카 연구소는 그의 공동 저자들 중 몇몇이 마키아리니와 함께 과학적인 비행을 저질렀다고 비난했다.
27. 'The Final Verdict on Paolo Macchiarini: Guilty of Misconduct', *Lancet* 392, no. 10141 (July 2018): 2; https://doi.org/10.1016/S0140-6736(18)31484-3
28. Karolinska Institute, 'Seven Researchers Responsible for Scientific Misconduct in Macchiarini Case', 28 June 2015; https://news.ki.se/seven-researchers-responsiblefor-scientific-misconduct-in-macchiarini-case
29. Matt Warren, 'Disgraced Surgeon is Still Publishing on Stem Cell Therapies', *Science*, 27 April 2018; https://doi.org/10.1126/science.aau0038

30. Margarita Zhuravleva et al., 'In Vitro Assessment of Electrospun Polyamide-6 Scaffolds for Esophageal Tissue Engineering: Polyamide-6 Scaffolds for Esophageal Tissue Engineering', *Journal of Biomedical Materials Research Part B: Applied Biomaterials* 107, no. 2 (Feb. 2019): pp. 253-68; https://doi.org/10.1002/jbm.b.34116
31. Alla Astakhova, 'Superstar Surgeon Fired, Again, This Time in Russia', *Science*, 16 May 2017; https://doi.org/10.1126/science.aal1201
32. Swedish Prosecution Authority, 'Investigation Concerning Surgeries Resumed after Review', 11 Dec. 2018; https://via.tt.se/pressmeddelande/investigation-concerningsurgeries-resumed-after-review?publisherId=3235541&releaseId=3252745
33. Herold, 'A Star Surgeon'.
34. Berggren & Karabag, 'Scientific Misconduct', p. 432.
35. 서머린이 주장했던 토끼에서의 각막 이식 결과도 조작된 것이었다. Jane E. Brody, 'Inquiry at Cancer Center Finds Fraud in Research', *New York Times*, 25 May 1974; https://www.nytimes.com/1974/05/25/archives/article-5-no-title-fraud-is-charged-at-cancer-center-premature.html; see also the titular essay in Peter Medawar, *The Strange Case of the Spotted Mice: And Other Classic Essays on Science* (Oxford: Oxford University Press, 1996).
36. P. G. Pande et al., 'Toxoplasma from the Eggs of the Domestic Fowl (Gallus gallus)', *Science* 133, no. 3453 (3 March 1961): pp. 648-648; https://doi.org/10.1126/science.133.3453.648
37. G. DuShane et al., 'An Unfortunate Event', Science 134, no. 3483 (29 Sept. 1961): pp. 945-46; https://doi.org/10.1126/science.134.3483.945-a; see also J. L. Kavanau & K. S. Norris, 'Letter to the Editor', *Science* 136, no. 3511 (13 April 1962): p. 199; https://doi.org/10.1126/science.136.3511.199; and Nicholas B. Wade & William Broad, *Betrayers of the Truth: Fraud and Deceit in the Halls of Science* (New York: Simon & Schuster, 1982).
38. 서울대(SNU)와 강아지(puppy)의 합성어. 이러한 성과는 매우 인상적이다. 개의 난자는 다른 포유류에 비해 상대적으로 연약하고 불안정하기 때문이다. 2005년까지 양, 고양이, 돼지, 말과 같은 동물이 복제됐지만 황교수가 최초로 개 복제를 성공할 때

까지는 아무도 해내지 못했던 일이었다. Byeong Chun Lee et al., 'Dogs Cloned from Adult Somatic Cells', *Nature* 436, no. 7051 (Aug. 2005): p. 641; https://doi.org/10.1038/436641a

39. Jaeyung Park et al., 'The Korean Press and Hwang's Fraud', *Public Understanding of Science* 18, no. 6 (Nov. 2009): pp. 653-69; https://doi.org/10.1177/0963662508096779
40. R. Saunders & J. Savulescu, 'Research Ethics and Lessons from Hwanggate: What Can We Learn from the Korean Cloning Fraud?', *Journal of Medical Ethics* 34, no. 3 (1 Mar. 2008): pp. 214-21; https://doi.org/10.1136/jme.2007.023721
41. Constance Holden, 'Bank on These Stamps', *Science* 308, no. 5729 (17 June 2005): p. 1738a; https://doi.org/10.1126/science.308.5729.1738a
42. 최고의 과학자: Jongyoung Kim & Kibeom Park, 'Ethical Modernization: Research Misconduct and Research Ethics Reforms in Korea Following the Hwang Affair', *Science and Engineering Ethics* 19, no. 2 (June 2013): p. 358; https://doi.org/10.1007/s11948-011-9341-8. 난자를 기증: Saunders & Savulescu, 'Research Ethics', p. 217.
43. Jennifer Couzin, 'STEM CELLS: … And How the Problems Eluded Peer Reviewers and Editors', *Science* 311, no. 5757 (6 Jan. 2006): pp. 23-24; https://doi.org/10.1126/science.311.5757.23; Mike Rossner, 'Hwang Case Review Committee Misses the Mark', *Journal of Cell Biology* 176, no. 2 (15 Jan. 2007): pp. 131-32; https://doi.org/10.1083/jcb.200612154
44. Saunders & Savulescu, 'Research Ethics', p. 215.
45. Kim & Park, 'Ethical Modernization', pp. 360-361.
46. 같은 책. p. 361.
47. Sei Chong & Dennis Normile, 'STEM CELLS: How Young Korean Researchers Helped Unearth a Scandal …', *Science* 311, no. 5757 (6 Jan. 2006): pp. 22-25; https://doi.org/10.1126/science.311.5757.22
48. Mi-Young Ahn & Dennis Normile, 'Korean Supreme Court Upholds Disgraced Cloner's Criminal Sentence', *Science*, 27 Feb. 2014; https://www.sciencemag.org/news/2014/02/korean-supreme-court-upholds-disgraced-cloners-criminal-sentence

49. 나는 그를 복제한 남자와 달리 스너피는 매우 착한 아이였다고 확신한다. Min Jung Kim et al., 'Birth of Clones of the World's First Cloned Dog', *Scientific Reports* 7, no. 1 (Dec. 2017): 15235; https://doi.org/10.1038/s41598-017-15328-2
50. 나는 지금은 일상적인 것이 된 이 실험실 기술이 내 모교인 에든버러대학교에서 서던에 의해 발명됐다는 것에 지극히 비이성적인 자부심을 가지고 있다. E.M. Southern, 'Detection of Specific Sequences among DNA Fragments Separated by Gel Electrophoresis', *Journal of Molecular Biology* 98, no. 3 (Nov. 1975): pp. 503-17; https://doi.org/10.1016/S0022-2836(75)80083-0
51. 서던 블로팅의 전체 과정은 다음과 같다. DNA 분자의 이중 나선을 효소를 사용해 단일 가닥으로 분해한 다음, 전류를 이용해 겔 속으로 강제로 밀어 넣어(전기영동이라고 부르는 과정이다) 모든 조각들을 분리한다. 이 기술이 영리한 점은 파편들은 크기에 따라 각기 다른 속도로 젤을 통과하기 때문에, 전류가 가해진 후 겔 내 위치를 통해 단백질의 크기를 가늠할 수 있게 된다는 것이다. 그런 다음, 겔을 이전에 방사능으로 태깅한 다른 DNA 가닥들과 여과지 위에서 섞는다. 이 새로운 DNA 가닥은 첫 번째 DNA 가닥과 관련된 부분에 결합되며 여과지를 X선 필름에 노출시키면 이것이 표지 역할을 한다. 그 결과 DNA의 다른 부분들이 다양한 크기와 명암으로 인해 흐릿하게 배열되는 것을 볼 수 있다. 이렇게 되면 어떤 패턴이 어떤 DNA 가닥과 일치하는지 알아낼 수 있다. 방사능 대신 컬러 염료를 태그로 사용해 블로팅을 할 수도 있다.
52. 노던 블로트는 RNA를 검출하고 웨스턴 블로트는 단백질을 검출한다. 또한 단백질 변형을 감지하는 이스턴 블로트가 있다. 심지어 파이스턴 블로트도 있는데, 이 블로트는 이스턴 블로트의 일종이지만 일본에서 개발됐기 때문에 이렇게 부른다.
53. Haruko Obokata et al., 'Stimulus-Triggered Fate Conversion of Somatic Cells into Pluripotency', *Nature* 505, no. 7485 (Jan. 2014): pp. 641-47; https://doi.org/10.1038/nature12968; Haruko Obokata et al., 'Bidirectional Developmental Potential in Reprogrammed Cells with Acquired Pluripotency', *Nature* 505, no. 7485 (Jan. 2014): pp. 676-80; https://doi.org/10.1038/nature12969
54. 이것은 다소 지나치게 단순화된 것이다: 유도된 세포들은 배아 세포들과 같은 성질을 가지고 있지 않다. 이는 의학적인 의미에서 매우 중요한 발견이 될 수 있다. 더 많은 연구 결과를 통해서만 이러한 사실을 밝혀낼 수 있을 것이다. 유도 다능성 줄기세

포를 만드는 과정은 2004~2005년까지는 발견되지 않았다. 그렇기 때문에 황 교수는 배아에서 줄기세포를 만드는 데 초점을 맞췄던 것이다.

55. Nobel Media, 'The Nobel Prize in Physiology or Medicine 2012' (Oct. 2012); https://www.nobelprize.org/prizes/medicine/2012/summary/

56. 〈재팬타임스〉에 따르면 오보카타의 유명세에 따라 갓포기 판매량이 급증했다고 한다. Rowan Hooper, 'Stem-Cell Leap Defied Japanese Norms', *Japan Times*, 14 Feb. 2014; https://www.japantimes.co.jp/news/2014/02/15/national/science-health/stem-cell-leap-defied-japanese-norms/

57. Shunsuke Ishii et al., 'Report on STAP Cell Research Paper Investigation' (31 March 2014); http://www3.riken.jp/stap/e/f1document1.pdf

58. '실패한 결과에는 빨간색': https://ipscell.com/stap-new-data/; '모든 결과가 빨간색': Mianna Meskus et al., 'Research Misconduct in the Age of Open Science: The Case of STAP Stem Cells', Science as Culture 27, no. 1 (2 Jan. 2018): pp. 1-23; https://doi.org/10.1080/09505431.2017.1316975. 또한 이 기사는 인터넷, 즉 위조 이미지에 대한 익명의 응답과 블로그 카탈로그 복제 시도 같은 활동이 STAP 연구를 중단시키기 위해 어떻게 사용됐는지에 대한 흥미로운 논의를 제공한다.

59. James Gallagher, 'Stem Cell Scandal Scientist Haruko Obokata Resigns', *BBC News*, 19 Dec. 2014; https://www.bbc.co.uk/news/health-30534674

60. Isao Katsura et al., 'Report on STAP Cell Research Paper Investigation' (25 Dec. 2014); http://www3.riken.jp/stap/e/c13document52.pdf; Masaaki Kameda, '"STAP Cells" Claimed by Obokata Were Likely Embryonic Stem Cells', *Japan Times*, 26 Dec. 2014; https://www.japantimes.co.jp/news/2014/12/26/national/stap-cells-claimed-by-obokata-were-likely-embryonic-stem-cells/

61. David Cyranoski, 'Collateral Damage: How One Misconduct Case Brought a Biology Institute to Its Knees', *Nature* 520, no. 7549 (April 2015): pp. 600-3; https://doi.org/10.1038/520600a

62. David Cyranoski, 'Stem-Cell Pioneer Blamed Media "Bashing" in Suicide Note', *Nature*, 13 Aug. 2014, https://doi.org/10.1038/nature.2014.15715

63. Elisabeth M. Bik et al., 'The Prevalence of Inappropriate Image Duplication

in Biomedical Research Publications', *MBio* 7, no. 3 (6 July 2016): e00809-16; https://doi.org/10.1128/mBio.00809-16. For a profile of Bik, see Tom Bartlett, 'Hunting for Fraud Full Time', *Chronicle of Higher Education*, 8 Dec. 2019; https://www.chronicle.com/article/Hunting-for-Fraud-Full-Time/247666

64. Bik et al., 'The Prevalence of Inappropriate Image Duplication'.
65. 예를 들면 사람들에게 1과 10 사이에서 임의의 수를 선택하도록 요청했을 때 다른 어떤 숫자보다 7을 선택할 가능성이 훨씬 더 높은 것으로 관찰됐다. 데이터 집합에서 7의 숫자가 불균형하게 많다는 것은 데이터 세트를 만드는 데 인간이 관여했다는 것을 말해주는 커다란 '단서'다. https://www.reddit.com/r/dataisbeautiful/comments/acow6y/asking_over_8500_students_to_pick_a_random_number/
66. 통계학자는 '오차'를 경멸적인 의미로 사용하지 않으며, 실제 참값과 측정되는 값의 차이를 의미할 뿐이다.
67. 실제로 많은 통계 검정의 핵심은 예를 들면 테스트 중인 새로운 신약의 실제 효과를 무작위적인 표본링 오차로부터 구별해내는 것이다.
68. J. B. S. Haldane, 'The Faking of Genetical Results', *Eureka* 27 (1964): pp. 21-24. Quoted in J. J. Pandit, 'On Statistical Methods to Test If Sampling in Trials Is Genuinely Random: Editorial', *Anaesthesia* 67, no. 5 (May 2012): pp. 456-62; https://doi.org/10.1111/j.1365-2044.2012.07114.x
69. Lawrence J. Sanna et al., 'Rising up to Higher Virtues: Experiencing Elevated Physical Height Uplifts Prosocial Actions', *Journal of Experimental Social Psychology* 47, no. 2 (Mar. 2011): pp. 472-76; https://doi.org/10.1016/j.jesp.2010.12.013. Dirk Smeesters & Jia (Elke) Liu, 'The Effect of Color (Red versus Blue) on Assimilation versus Contrast in Prime-to-Behavior Effects', *Journal of Experimental Social Psychology* 47, no. 3 (May 2011): pp. 653-56; https://doi.org/10.1016/j.jesp.2011.02.010
70. Uri Simonsohn, 'Just Post It: The Lesson from Two Cases of Fabricated Data Detected by Statistics Alone', *Psychological Science* 24, no. 10 (Oct. 2013): pp. 1875-88; https://doi.org/10.1177/0956797613480366
71. Ed Yong, 'Uncertainty Shrouds Psychologist's Resignation', Nature, 12 July 2012; https://doi.org/10.1038/nature.2012.10968. See also Jules Seegers, 'Ontslag Hoogleraar Erasmus Na Plegen Wetenschapsfraude',

NRC *Handelsblad*, 25 June 2012; https://www.nrc.nl/nieuws/2012/06/25/erasmus-trekt-artikelen-terug-hoogleraar-ontslagen-om-schenden-integriteit-a1443819 [Dutch].

72. 또한 은행의 자동 위폐 탐지기와 마찬가지로 논문에서 문제가 있는 데이터를 찾아내기 위한 자동 데이터 검사 알고리듬이 개발되고 있다(제5장 참조).

73. 예를 들면 벤포드의 법칙이 있다(Frank Benford, 'The Law of Anomalous Numbers', *Proceedings of the American Philosophical Society* 78, no. 4 (22 April 1937): pp. 551-72; https://www.jstor.org/stable/984802); 이 법칙을 처음 발견한 사람은 1881년 수학자 사이먼 뉴콤이었다. 이것은 많은 다양한 종류의 숫자들을 모아놓았을 때 발견되는 수학적 현상이다. 벤포드의 법칙에 따르면 많은 데이터 집합에서 첫 번째 자리의 숫자는 높은 숫자보다는 낮은 숫자일 가능성이 훨씬 높다. 첫 번째 자리의 수가 1일 가능성은 약 30퍼센트, 2일 가능성이 약 18퍼센트, 3일 가능성이 13퍼센트, 그리고 9일 가능성은 5퍼센트 정도로서 지속적으로 낮아진다. 이는 여러 국가 또는 지역의 인구수, 주택 및 주식의 가격, 세계 하천의 지표 면적, 피보나치 순열의 수와 같은 다양한 데이터 세트에서 나타난다. 벤포드의 법칙에 대한 과학 논문을 인용한 논문의 수도 벤포드의 법칙을 따르고 있다(Tariq Ahmad Mir, 'Citations to Articles Citing Benford's Law: A Benford Analysis', *ArXiv* (19 Mar. 2016): 1602.01205; http://arxiv.org/abs/1602.01205). 만약 벤포드의 법칙이 매우 기이하고 직관적이지 않다고 생각한다면, 여러분은 혼자가 아니다. 수학자들도 왜 그러한 법칙이 발생하는지 만족스럽게 밝혀내지 못했다. 그런데도 현실에서는 흔하게 관찰되고 있는 현상이다. 이 분포를 따르지 않는 데이터 세트의 경우 조작됐을 가능성이 있다고 생각되기도 한다. 하지만 데이터 조작의 지표로서 이 법칙을 얼마나 신뢰할 수 있을지에 대해서는 상당한 논란이 있다(Andreas Diekmann & Ben Jann, 'Benford's Law and Fraud Detection: Facts and Legends', *German Economic Review* 11, no. 3 (1 Aug. 2010): pp. 397-401; https://doi.org/10.1111/j.1468-0475.2010.00510.x). 따라서 조작을 밝혀내는 여러 기술 중 하나로서 이 법칙을 사용하는 것이 좋을 것이다.

74. 다음 논문에 도움이 되는 과정이 나와 있다: Rutger M. van den Bor et al., 'A Computationally Simple Central Monitoring Procedure, Effectively Applied to Empirical Trial Data with Known Fraud', *Journal of Clinical Epidemiology* 87 (July 2017): pp. 59-69; https://doi.org/10.1016/j.jclinepi.2017.03.018

75. M. J. LaCour & D. P. Green, 'When Contact Changes Minds: An Experiment

on Transmission of Support for Gay Equality', *Science* 346, no. 6215 (12 Dec. 2014): 1366-69; https://doi.org/10.1126/science.1256151

76. Harry McGee, 'Personal Route to Reach Public Central to Yes Campaign', *Irish Times*, 14 May 2015; https://www.irishtimes.com/news/politics/marriagereferendum/personal-route-to-reach-public-central-to-yes-campaign-1.2211282
77. Quoted by Michael C. Munger, 'L'Affaire LaCour: What It Can Teach Us about Academic Integrity and "Truthiness"', *Chronicle of Higher Education*, 15 June 2015; https://www.chronicle.com/article/LAffaire-LaCour/230905
78. David Broockman et al., 'Irregularities in LaCour (2014)', 19 May 2015; https://stanford.edu/~dbroock/broockman_kalla_aronow_lg_irregularities.pdf
79. Tom Bartlett, 'The Unraveling of Michael LaCour', *Chronicle of Higher Education*, 2 June 2015; https://www.chronicle.com/article/The-Unraveling-of-Michael/230587. 내 견해로는 라코어는 기소된 죄목에 대해 매우 약한 반박을 내놓았다(David Malakoff, 'Gay Marriage Study Author LaCour Issues Defense, but Critics Aren't Budging', *Science*, 30 May 2015; https://www.sciencemag.org/news/2015/05/gay-marriage-study-author-lacour-issuesdefense-critics-arent-budging). 결국 브룩만과 칼라는 라코어의 가짜 가설을 테스트한 그들만의 진짜 조사 연구를 발표했다. 다만 차이는 동성연애자의 권리보다는 트랜스젠더의 권리를 목표로 하는 것이었다. 그들은 대면 유세가 편견을 줄이는 데는 효과가 있었지만, 선거 운동가 자신이 트랜스젠더인지는 중요하지 않다고 결론지었다. D. Broockman & J. Kalla, 'Durably Reducing Transphobia: A Field Experiment on Door-to-Door Canvassing', *Science* 352, no. 6282 (8 April 2016): pp. 220-24; https://doi.org/10.1126/science.aad9713
80. Jeffrey Brainard, 'What a Massive Database of Retracted Papers Reveals about Science Publishing's "Death Penalty"', *Science*, 25 Oct. 2018; https://doi.org/10.1126/science.aav8384
81. https://retractionwatch.com/retraction-watch-database-user-guide/
82. Inha Cho et al., 'Retraction', *Science* 367, no. 6474 (2 Jan. 2020): p. 155; https://doi.org/10.1126/science.aba6100
83. https://twitter.com/francesarnold/status/1212796266494607360

84. 조작: Michael L. Grieneisen & Minghua Zhang, 'A Comprehensive Survey of Retracted Articles from the Scholarly Literature', *PLOS ONE* 7, no. 10 (24 Oct. 2012): e44118; https://doi.org/10.1371/journal.pone.0044118. 심리학 연구의 철회 사유 검토에서도 비슷한 수치가 나왔다: Johannes Stricker & Armin Günther, 'Scientific Misconduct in Psychology: A Systematic Review of Prevalence Estimates and New Empirical Data', *Zeitschrift Für Psychologie* 227, no. 1 (Jan. 2019): pp. 53-63; https://doi.org/10.1027/2151-2604/a000356. 표절: 이는 다른 철회 조사와 대체로 동일한 결과를 보여준다: Anthony Bozzo et al.,' Retractions in Cancer Research: A Systematic Survey', *Research Integrity and Peer Review* 2, no. 1 (Dec. 2017): 5; https://doi.org/10.1186/s41073-017-0031-1; Zoë Corbyn, 'Misconduct Is the Main Cause of Life-Sciences Retractions', *Nature* 490, no. 7418 (Oct. 2012): p. 21; https://doi.org/10.1038/490021a; Guowei Li et al., 'Exploring the Characteristics, Global Distribution and Reasons for Retraction of Published Articles Involving Human Research Participants: A Literature Survey', *Journal of Multidisciplinary Healthcare* 11 (Jan. 2018): pp. 39-47; https://doi.org/10.2147/JMDH.S151745. For a review, see Charles Gross, 'Scientific Misconduct', *Annual Review of Psychology* 67, no. 1 (4 Jan. 2016): pp. 693-711; https://doi.org/10.1146/annurev-psych-122414-03343785 Daniele Fanelli, 'Why Growing Retractions Are (Mostly) a Good Sign', *PLOS Medicine* 10, no. 12 (3 Dec. 2013): e1001563; https://doi.org/10.1371/journal.pmed.1001563

86. 사회에서 소수의 범죄자가: Avshalom Caspi et al., 'Childhood Forecasting of a Small Segment of the Population with Large Economic Burden', *Nature Human Behaviour* 1, no. 1 (Jan. 2017): p. 0005: https://doi.org/10.1038/s41562-016-0005. 과학자들: Jeffrey Brainard, 'What a Massive Database of Retracted Papers Reveals about Science Publishing's "Death Penalty"', *Science* (25 Oct. 2018); https://doi.org/10.1126/science.aav8384

87. https://retractionwatch.com/the-retraction-watch-leaderboard/. 현재 리더보드에 오르려면 최소 21편의 논문 철회가 필요하다.

88. Peter Kranke et al., 'Reported Data on Granisetron and Postoperative Nausea and Vomiting by Fujii et al. Are Incredibly Nice!', *Anesthesia & Analgesia* 90, no. 4 (April 2000): pp. 1004-6; https://doi.org/10.1213/00000539-200004000-

00053

89. Adam Marcus & Ivan Oransky, 'How the Biggest Fabricator in Science Got Caught', *Nautilus*, 21 May 2015; http://nautil.us/issue/24/error/howthe-biggest-fabricator-in-science-got-caught

90. 얻어질 수 없는 숫자: J. B. Carlisle, 'The Analysis of 168 Randomised Controlled Trials to Test Data Integrity: Analysis of 168 Randomised Controlled Trials to Test Data Integrity', *Anaesthesia* 67, no. 5 (May 2012): pp. 521-37; https://doi.org/10.1111/j.1365-2044.2012.07128.x. End of career: Dennis Normile, 'A New Record for Retractions? (Part 2)', *Science*, 2 July 2012; https://www.sciencemag.org/news/2012/07/new-record-retractions-part-2

91. Adam Marcus, 'Does Anesthesiology Have a Problem? Final Version of Report Suggests Fujii Will Take Retraction Record, with 172', *Retraction Watch*, 2 July 2012; https://retractionwatch.com/2012/07/02/does-anesthesiology-have-aproblem-final-version-of-report-suggests-fujii-will-take-retraction-record-with-172/

92. Daniele Fanelli, 'How Many Scientists Fabricate and Falsify Research? A Systematic Review and Meta-Analysis of Survey Data', *PLOS ONE* 4, no. 5 (29 May 2009): e5738; https://doi.org/10.1371/journal.pone.0005738

93. 같은 책.

94. Gross, 'Scientific Misconduct', p. 700.

95. 인도 나노 소재 연구원인 라쉬미 마두리는 주로 이미지 복제로 24편의 논문 철회를 기록했다. Alison McCook, 'Author under Fire Has Eight Papers Retracted, Including Seven from One Journal', *Retraction Watch*, 25 April 2018; https://retractionwatch.com/2018/04/25/author-under-fire-has-six-papers-retracted-including-five-from-one-journal/

96. Ferric C. Fang et al., 'Males Are Overrepresented among Life Science Researchers Committing Scientific Misconduct', *MBio* 4, no. 1 (22 Jan. 2013): e00640-12; https://doi.org/10.1128/mBio.00640-12

97. Daniele Fanelli et al., 'Misconduct Policies, Academic Culture and Career Stage, Not Gender or Pressures to Publish, Affect Scientific Integrity', *PLOS ONE* 10, no. 6 (17 June 2015): e0127556; https://doi.org/10.1371/journal.

pone.0127556. 남성이 여성보다 더 과학적인 조작을 많이 저지르는 것으로 보인다. 2017년 FBI 자료에서 모든 종류의 조작으로 체포된 사람들 중, 위조범의 65.5퍼센트가 남성이고, 사기 행위로 체포된 남성의 비율은 62.5퍼센트였기 때문이다(하지만 횡령으로 체포된 비율은 50.9퍼센트에 불과함); Criminal Justice Information Services, 'Crime in the United States: 2017'; https://ucr.fbi.gov/crime-in-the-u.s/2017/crime-in-the-u.s.-2017/topic-pages/tables/table-42, Table 42). 물론 이러한 경향은 사기를 비롯한 관련 범죄에만 국한되는 것은 아니다. FBI 자료에 나온 범죄 분류 중 단 하나도 여성의 비율이 높은 것은 없다. 횡령의 경우 남녀의 차이가 2퍼센트로서 가장 성별 차이가 근접해 있는 범죄다. FBI 자료상 모든 범주의 범죄에서 남성이 73퍼센트의 체포 건수를 차지했다.

98. Daniele Fanelli et al., 'Testing Hypotheses on Risk Factors for Scientific Misconduct via Matched-Control Analysis of Papers Containing Problematic Image Duplications', *Science and Engineering Ethics* 25, no. 3 (June 2019): pp. 771-89; https://doi.org/10.1007/s11948-018-0023-7

99. 물론 이러한 상황은 바뀔 것이다: 2017년 보고된 바에 의하면 중국의 일부 법원은 과학 사기 사건에 대해 사형을 선고하고 있다고 밝혔다. 논문에 대한 '과학적 사형'이라는 개념과 같이 은유적인 것이 아니라 말 그대로 저자들의 사형집행을 요구하고 있다. 리트랙션 워치의 설립자들은 왜 이러한 대응이 나쁜 생각인지 설명하고 있다. Ivan Oransky & Adam Marcus, 'Chinese Courts Call for Death Penalty for Researchers Who Commit Fraud', *STAT News*, 23 June 2017; https://www.statnews.com/2017/06/23/china-death-penalty-research-fraud/

100. Wang et al., 'Positive Results in Randomized Controlled Trials on Acupuncture Published in Chinese Journals: A Systematic Literature Review', *The Journal of Alternative and Complementary Medicine* 20, no. 5 (May 2014): A129-A129; https://doi.org/10.1089/acm.2014.5346.abstract cited in Stephen Novella, 'Scientific Fraud in China', *Science-Based Medicine*, 27 Nov. 2019; https://sciencebasedmedicine.org/scientific-fraud-in-china/https://www.liebertpub.com/doi/abs/10.1089/acm.2014.5346.abstract

101. Qing-Jiao Liao et al., 'Perceptions of Chinese Biomedical Researchers Towards Academic Misconduct: A Comparison Between 2015 and 2010', *Science and Engineering Ethics*, 10 April 2017; https://doi.org/10.1007/s11948-

017-9913-3

102. Andrew M. Stern et al., 'Financial Costs and Personal Consequences of Research Misconduct Resulting in Retracted Publications', *eLife* 3 (14 Aug. 2014): e02956; https://doi.org/10.7554/eLife.02956. The 'desperate for funding' interpretation is given by Nicolas Chevassus-au-Louis, *Fraud in the Lab: The High Stakes of Scientific Research*, tr. Nicholas Elliott (Cambridge, MA: Harvard University Press, 2019).

103. Medawar, *The Strange Case of the Spotted Mice*, p. 197.

104. David Goodstein, *On Fact and Fraud: Cautionary Tales from the Front Lines of Science* (Princeton: Princeton University Press, 2010): p. 2.

105. J. H. Schön et al., 'Field-Effect Modulation of the Conductance of Single Molecules', *Science* 294, no. 5549 (7 Dec. 2001): pp. 2138-40; https://doi.org/10.1126/science.1066171

106. 스탠퍼드대학교의 한 교수: quoted in 'World's Smallest Transistor', Engineer, 9 Nov. 2001; https://www.theengineer.co.uk/worlds-smallest-transistor/. For the full story of the Schön affair, see Eugenie Samuel Reich, *Plastic Fantastic: How the Biggest Fraud in Physics Shook the Scientific World* (Basingstoke, Hampshire: Palgrave Macmillan, 2009).

107. Leonard Cassuto, 'Big Trouble in the World of "Big Physics"', *Guardian*, 18 Sept. 2002; https://www.theguardian.com/education/2002/sep/18/science.highereducation

108. American Physical Society, 'Report of the Investigation Committee on the Possibility of Scientific Misconduct in the Work of Hendrick and Coauthors'(2002); https://media-bell-labs-com.s3.amazonaws.com/pages/20170403_1709/misconduct-revew-report-lucent.pdf, p. 3. 숀은 실험실에서 이루어진 엄청난 양의 연구 결과들을 기록하지 않았다. Reich, Plastic Fantastic.

109. American Physical Society, 'Report of the Investigation Committee on the Possibility of Scientific Misconduct in the Work of Hendrik Schön and Coauthors' (Sept. 2002): pp. E-5-E-6; https://media-bell-labs-com.s3.amazonaws.com/pages/20170403_1709/misconduct-revew-report-lucent.

pdf

110. 같은 책. p. H-1.

111. 리트랙션 워치 리더보드에서 손의 순위는 그렇게 높지 않다. 하지만 〈사이언스〉와 〈네이처〉와 같은 최고의 저널을 기준으로 본다면 가장 많은 논문 철회 건수를 기록하고 있다.

112. Diederik A. Stapel, *Derailment: Faking Science*, tr. Nicholas J. L. Brown (Strasbourg, France, 2014,2016): p. 103; http://nick.brown.free.fr/stapel

113. 미국 연구 진실성 기구로부터 146건 이상의 과학적 부정행위 보고에 대한 조사와 몇 가지 공통 주제에 대한 논의를 확인하려면 다음 논문을 참조하라. Donald S. Kornfeld, 'Perspective: Research Misconduct', *Academic Medicine* 87, no. 7 (July 2012): pp. 877-82; https://doi.org/10.1097/ACM.0b013e318257ee6a

114. Jeneen Interlandi, 'An Unwelcome Discovery', *New York Times*, 22 Oct. 2006; https://www.nytimes.com/2006/10/22/magazine/22sciencefraud.html

115. Levelt Committee et al., 'Flawed Science: The Fraudulent Research Practices of Social Psychologist Diederik Stapel [English Translation]', 28 Nov. 2012; https://osf.io/eup6d

116. 생체의학 분야에서 실시된 한 분석 결과에 의하면 논문을 철회한 후 1년 이내에 인용된 건수는 철회되지 않은 비슷한 논문에 비해 45퍼센트에 불과하고 이 숫자는 시간이 지날수록 감소한다. Jeffrey L. Furman et al., 'Governing Knowledge in the Scientific Community: Exploring the Role of Retractions in Biomedicine', *Research Policy* 41, no. 2 (Mar. 2012): pp. 276-90; https://doi.org/10.1016/j.respol.2011.11.001

117. Helmar Bornemann-Cimenti et al., 'Perpetuation of Retracted Publications Using the Example of the Scott S. Reuben Case: Incidences, Reasons and Possible Improvements', *Science and Engineering Ethics* 22, no. 4 (Aug. 2016): pp. 1063-72; https://doi.org/10.1007/s11948-015-9680-y

118. Judit Bar-Ilan & Gali Halevi, 'Post Retraction Citations in Context: A Case Study', Scientometrics 113, no. 1 (Oct. 2017): pp. 547-65; https://doi.org/10.1007/s11192-017-2242-0. For even more depressing figures, see also Anne Victoria Neale et al., 'Analysis of Citations to Biomedical Articles Affected by Scientific Misconduct', *Science and Engineering Ethics* 16, no. 2 (June

2010): pp. 251-61; https://doi.org/10.1007/s11948-009-9151-4

119. 또한 과학자들이 논문이 철회되기 전에 해당 논문을 컴퓨터에 저장하거나 저널에서 발행된 종이 논문 사본을 소유했을 수 있으며, 논문 철회 후에 다시 확인하지 않았을 수도 있다. Jaime A. Teixeira da Silva & Helmar Bornemann-Cimenti, 'Why Do Some Retracted Papers Continue to Be Cited?', *Scientometrics* 110, no. 1 (Jan. 2017): pp. 365-70; https://doi.org/10.1007/s11192-016-2178-9. Jaime A. Teixeira da Silva et al., 'Citing Retracted Papers Has a Negative Domino Effect on Science, Education, and Society', *Impact of Social Sciences*, 6 Dec. 2016; https://blogs.lse.ac.uk/impactofsocialsciences/2016/12/06/citing-retractedpapers-has-a-negative-domino-effect-on-science-education-and-society/

120. 요아힘 볼트는 100편의 논문을 철회했다. 여러분은 과학적 사기 사건에 연루된 마취과 의사가 꽤 많을 것 같다는 것을 눈치챘을 수도 있을 것이다. 단순한 우연이 아니라면, 내가 생각할 수 있는 가장 그럴듯한 이유는 마취가 여전히 일반인들에게는 다소 신비롭고 잘 이해되지 않는 영역이기 때문이다. 이로 인해 사기꾼들에게는 새로운 발견을 주장할 수 있는 많은 공간이 남겨져 있는 것이며, 문제는 이런 주장들을 검증할 수 있는 강력한 증거가 없다는 점이다. 참고로 이건 순전히 개인적인 추측일 뿐이다.

121. Ryan Zarychanski et al., 'Association of Hydroxyethyl Starch Administration With Mortality and Acute Kidney Injury in Critically Ill Patients Requiring Volume Resuscitation: A Systematic Review and Meta-Analysis', *JAMA* 309, no. 7 (20 Feb. 2013): pp. 678-88; https://doi.org/10.1001/jama.2013.430

122. 하지만 볼트의 100개의 논문이 철회된 후에도 이 책을 쓰고 있는 현재 시점에서 대략 100개의 논문이 아직도 과학 문헌상에 남아 있다. 저널 편집자들은 이를 불편하게 여길 수도 있다. 남아 있는 많은 개별 논문들의 경우 아직 사기가 명백하게 입증되지 않았지만, 볼트가 매우 많은 논문을 조작한 사기꾼이었기 때문에 우리 모두는 남아 있는 논문들도 사기일 가능성이 높다는 것을 알고 있다. 한 가지 제안은 편집자들이 이미 알려진 사기꾼들의 논문에 주석(출판용어로는 '우려의 표현')을 달아 해당 논문을 인용할 시에는 극히 주의해야 한다고 표시하는 것이다. Christian J. Wiedermann, 'Inaction over Retractions of Identified Fraudulent Publications: Ongoing Weakness in the System of Scientific Self-Correction',

Accountability in Research 25, no. 4 (19 May 2018): pp. 239-53; https://doi.org/10.1080/08989621.2018.1450143. See also Christian J. Wiedermann & Michael Joannidis, 'The Boldt Scandal Still in Need of Action: The Example of Colloids 10 Years after Initial Suspicion of Fraud', *Intensive Care Medicine* 44, no. 10 (Oct. 2018): pp. 1735-37; https://doi.org/10.1007/s00134-018-5289-3

123 A. J. Wakefield et al., 'Ileal-Lymphoid-Nodular Hyperplasia, Non-Specific Colitis, and Pervasive Developmental Disorder in Children', *Lancet* 351, no. 9103 (Feb. 1998): pp. 637-41; https://doi.org/10.1016/S0140-6736(97)11096-0

124. A. J. Wakefield et al., 'Enterocolitis in Children with Developmental Disorders', *The American Journal of Gastroenterology* 95, no. 9 (Sept. 2000): pp. 2285-95; https://doi.org/10.1111/j.1572-0241.2000.03248.x. 자폐 스펙트럼 장애를 겪고 있는 아동들의 경우 심한 소화기 장애에 시달리고 있다는 증거가 실제로 존재한다(B. O. McElhanon et al., 'Gastrointestinal Symptoms in Autism Spectrum Disorder: A Meta-Analysis', *Pediatrics* 133, no. 5 (1 May 2014): pp. 872-83; https://doi.org/10.1542/peds.2013-3995). 하지만 이런 증상이 예방 접종에 의해 발생한 것이라는 증거는 없다.

125. *MMR: What They Didn't Tell You,* Brian Deer, dir. (Twenty Twenty Television, 2004); https://youtu.be/7UbL8opM6TM

126. Luke E. Taylor et al., 'Vaccines Are Not Associated with Autism: An Evidence-Based Meta-Analysis of Case-Control and Cohort Studies', *Vaccine* 32, no. 29 (June 2014): pp. 3623-29; https://doi.org/10.1016/j.vaccine.2014.04.085; Jean Golding et al., 'Prenatal Mercury Exposure and Features of Autism: A Prospective Population Study', *Molecular Autism* 9, no. 1 (Dec. 2018): 30; https://doi.org/10.1186/s13229-018-0215-7; Matthew Z. Dudley et al., *The Clinician's Vaccine Safety Resource Guide: Optimizing Prevention of Vaccine-Preventable Diseases Across the Lifespan* (Cham: Springer International Publishing, 2018); https://doi.org/10.1007/978-3-319-94694-8; Anders Hviid et al., 'Measles, Mumps, Rubella Vaccination and Autism: A Nationwide Cohort Study', *Annals of Internal Medicine* 170, no. 8 (16 April 2019): pp. 513-520; https://doi.org/10.7326/M18-2101

127. Dudley et al., *The Clinician's Vaccine Safety Resource Guide*, pp. 157-165.

128. F. Godlee et al., 'Wakefield's Article Linking MMR Vaccine and Autism Was Fraudulent', *BMJ* 342 (5 Jan. 2011): c7452; https://doi.org/10.1136/bmj.c7452
129. B. Deer, 'How the Case against the MMR Vaccine Was Fixed', *BMJ* 342 (5 Jan. 2011): c5347; https://doi.org/10.1136/bmj.c5347
130. 철학과 1학년 학생이라면 누구나 파악할 수 있는 것은, 어쨌든 'MMR-이후에 나타난 증상'은 결정적인 증거가 될 수 없다는 것이다. 즉, Y 직후에 X가 발생한다고 해서 반드시 Y가 X를 발생시켰다는 증거가 될 수 없는 것이다.
131. B. Deer, 'How the Vaccine Crisis Was Meant to Make Money', *BMJ* 342 (14 Jan. 2011): c5258; https://doi.org/10.1136/bmj.c5258
132. 디어는 웨이크필드가 변호사로부터 시간당 150파운드를 받았으며 이는 합계 435,643파운드이며 여기에 추가로 경비가 포함돼 있다. 이 돈은 세금으로서 영국 법률 지원 펀드에서 나온 것이다; https://briandeer.com/wakefield/legal-aid.htm
133. http://briandeer.com/wakefield/vaccine-patent.htm
134. A. J. Wakefield et al., 'Ileal-Lymphoid-Nodular Hyperplasia', p. 641.
135. B. Deer, 'The Lancet's Two Days to Bury Bad News', *BMJ* 342, (18 Jan. 2011): c7001; https://doi.org/10.1136/bmj.c7001
136. 2007년 7월 16일 웨이크필드와 그의 동료 2명 문제를 다루기 위해 개최된 일반 의학 협회의 의사 면허 유지 여부 청문회Fitness to Practice Hearing 보고서는 다음 링크에 있다. http://www.channel4.com/news/media/2010/01/day28/GMC_Charge_sheet.pdf
137. 'Ruling on Doctor in MMR Scare', *NHS News*, 29 Jan. 2010; https://www.nhs.uk/news/medical-practice/ruling-on-doctor-in-mmr-scare/
138. 'Vaxxed: Tribeca Festival Withdraws MMR Film', *BBC News*, 27 March 2016; https://www.bbc.co.uk/news/entertainment-arts-35906470
139. *Daily Mail* as ringleader: Ben Goldacre, 'The MMR Sceptic Who Just Doesn't Understand Science', *Bad Science* (blog), 2 Nov. 2005; https://www.badscience.net/2005/11/comment-the-mmr-sceptic-who-just-doesnt-understand-science/; *Private Eye*: David Elliman & Helen Bedford, 'Press: *Private Eye* Special Report on MMR', *BMJ* 324, no. 7347 (18 May 2002): p. 1224; https://doi.org/10.1136/bmj.324.7347.1224
140. 언론보도 행태를 비난하는 데는 충분한 이유가 있다. 2019년 연구에 따르면 특정 가

정하에서 인과관계를 암시하는 MMR 관련 미디어 오보의 급증은 백신 접종률 감소와 직접적인 연관이 있다. 물론 궁극적인 원인은 웨이크필드의 논문 발표였다. Meradee Tangvatcharapong, 'The Impact of Fake News: Evidence from the Anti-Vaccination Movement in the US', Oct. 2019; https://meradeetang.files.wordpress.com/2019/11/meradee_jmp_oct31_2.pdf

141. 80퍼센트: NHS Digital, 'Childhood Vaccination Coverage Statistics: England 2017-18', 18 Sept. 2018; https://files.digital.nhs.uk/55/D9C4C2/child-vacc-stateng-2017-18-report.pdf, Figure 6. 상승세: Vaccine Knowledge Project, 'Measles', University of Oxford, 25 June 2019; https://vk.ovg.ox.ac.uk/vk/measles

142 WHO: 'More than 140,000 Die from Measles as Cases Surge Worldwide', World Health Organisation, 5 Dec. 2019; https://www.who.int/news-room/detail/05-12-2019-more-than-140-000-die-from-measles-as-cases-surge-worldwide. 홍역의 급증: Sarah Boseley, 'Resurgence of Deadly Measles Blamed on Low MMR Vaccination Rates', *Guardian*, 21 Aug. 2018; https://www.theguardian.com/society/2018/aug/20/low-mmr-uptake-blamed-for-surge-in-measles-cases-across-europe

143. 이 주장은 당시 〈데일리 메일〉의 피터 히친스와 같이 MMR-공포를 조장하는 행렬에 동참했던 일부 기자들이 제기해왔다(Peter Hitchens, 'Some Reflections on Measles and the MMR', Peter Hitchens's Blog, 11 April 2013; https://hitchensblog.mailonsunday.co.uk/2013/04/somereflections-on-measles-and-the-mmr-.html). 게다가, 백신 접종 반대론자들이 주장했듯이, 백신은 스스로의 성공의 희생물이다. 홍역, 볼거리, 풍진은 모두 매우 불쾌한 질병으로 드물지만 귀머거리와 같이 심각하고 삶을 바꾸는 합병증을 불러온다. 하지만 백신은 그것들을 없애는 데 아주 큰 역할을 해왔다. 우리는 현실에 만족할수록 이런 질병들이 얼마나 나쁜 것인지를 잊어버리게 된다.

144. Simon Chaplin et al., 'Wellcome Trust Global Monitor 2018', Wellcome Trust, 19 June 2019; https://wellcome.ac.uk/reports/wellcome-global-monitor/2018, Chapter 5.

145. 또 다른 비슷한 이야기는 최근에 일어난 테라노스 스캔들이다. 이 회사의 CEO인 엘리자베스 홈즈는 (이 책을 쓰고 있는 시점에 송금 사기 혐의로 재판을 받고 있다) 루퍼트 머

독, 월마트로 유명한 월튼가, 그리고 더 많은 투자자들로부터 상상을 초월하는 액수의 돈을 빼돌려 미국에서 가장 젊고 부유한 자수성가한 여성 억만장자가 됐다. 그녀의 회사가 내놓았던 작은 혈액 한 방울로 수많은 건강 상태를 진단할 수 있다는 장치는 실제로는 전혀 작동한 적이 없다. 그러나 차세대 페이스북이나 우버가 될 수 있는 혁신적 기술의 초기 단계에 합류하기를 원했던 투자자들은 명백하게 드러난 결함을 놓치거나 심지어 무시하기까지 했다. 존 캐리루 탐사기자는 손에서 놓을 수 없을 만큼 흥미진진한 그의 책에서 이 이야기를 전한다. Bad Blood, John Carreyrou, *Bad Blood: Secrets and Lies in a Silicon Valley Startup* (New York: Alfred A. Knopf, 2018).

146. 또 다른 비슷한 이야기는 다음을 참조하라. Alison McCook, 'Two Researchers Challenged a Scientific Study About Violent Video Games & and Took a Hit for Being Right', *Vice*, 25 July 2018; https://www.vice.com/en_us/article/8xb89b/two-researchers-challenged-a-scientific-study-about-violent-video-games-andtook-a-hit-for-being-right

147. For further discussion, see Joe Hilgard, 'Are Frauds Incompetent?', *Crystal Prison Zone*, 1 Feb. 2020; http://crystalprisonzone.blogspot.com/2020/01/arefrauds-incompetent.html

제4장

격언: Epigraph: Arthur Schopenhauer, *The World as Will and Presentation: Vol II*, tr. David Carus and Richard E. Aquila (New York: Routledge, 2011) and T. H. Huxley, 'The Darwin Memorial' (1885).

1. See e.g. Samuel George Morton, *Crania Americana* (London: Simkin, Marshall & Co., 1839); https://archive.org/details/Craniaamericana00Mort
2. Or possibly peppercorns – see Paul Wolff Mitchell, 'The Fault in His Seeds: Lost Notes to the Case of Bias in Samuel George Morton's Cranial Race Science', *PLOS Biology* 16, no. 10 (4 Oct. 2018): e2007008; https://doi.org/10.1371/journal.pbio.2007008
3. Samuel George Morton, 'Aug. 8th, 1848, Vice President Morton in the Chair',

Proceedings of the Academy of Natural Sciences of Philadelphia 4 (1848): pp. 75-76.

4. Stephen Jay Gould, *The Mismeasure of Man*, Rev. and Expanded (New York: Norton, 1996): p. 97.
5. S. J. Gould, 'Morton's Ranking of Races by Cranial Capacity. Unconscious Manipulation of Data May Be a Scientific Norm', *Science* 200, no. 4341 (5 May 1978): pp. 503-9; https://doi.org/10.1126/science.347573
6. 같은 책. p. 504.
7. 다음 논문에 첨부된 부록은 편향에 대한 제법 쓸 만한 분류법을 제시하고 있다. David L. Sackett, 'Bias in Analytic Research', *The Case-Control Study Consensus and Controversy*, Elsevier (1979): pp. 51-63; https://doi.org/10.1016/B978-0-08-024907-0.50013-4
8. 기술적 측면에서 볼 때 편향은 결과를 진실에서 멀어지게 하는 체계적인 어떤 것이다. 체계적이라는 말이 중요하다. 앞 장에서 살펴보았던 측정 및 표본 추출 시의 무작위 오류와는 달리 편향은 일정한 방향을 가지고 있다. 무작위 오류는 마치 핸들이 고장 난 자동차가 도로에서 마음대로 방향을 바꾸며 달리는 것과 같다. 반면 편향은 차축이 잘못 정렬된 상태의 차가 도로의 한쪽 방향으로만 달리는 것과 같다. 일부 편향은 기기 오작동이나 컴퓨터 소프트웨어의 결함과 같은 요인에서 발생할 수 있다. 하지만 여기서 우리가 관심이 있는 편향은 과학자가 가지고 있는 편향이다.
9. Daniele Fanelli, '"Positive" Results Increase Down the Hierarchy of the Sciences', *PLOS ONE* 5, no. 4 (7 April 2010): e10068; https://doi.org/10.1371/journal.pone.0010068
10. 시간이 지날수록 긍정적인 결과와 부정적인 결과의 수가 줄어드는지 혹은 늘어나는지에 대해서는 약간의 의견 차이가 있다. 한 가지 관점은 다음에서 찾을 수 있다. Daniele Fanelli, 'Negative Results Are Disappearing from Most Disciplines and Countries', *Scientometrics* 90, no. 3 (Mar. 2011): pp. 891-904; https://doi.org/10.1007/s11192-011-0494-7. Joost C. F. de Winder & Dimitra Dodou, 'A Surge of p-Values between 0.041 and 0.049 in Recent Decades (but Negative Results Are Increasing Rapidly Too)', *PeerJ* 3 (22 Jan. 2015): e733; https://doi.org/10.7717/peerj.733
11. 성공률이 90퍼센트를 넘으면 설사 틀림없고 의심스러운 부분이 없더라도 좋은 징조가 될 수 없는 또 다른 이유가 있다. 그것은 과학자들이 가설을 너무 잘 선택해서 그

것을 테스트하기 전에 이미 무엇이 진실인지 알고 있다는 것을 의미한다. 완벽에 가까운 성공의 세계에 가까이 있는 과학자들은 답이 불확실하고 성공 가능성이 낮은 새로운 최첨단 연구들은 꺼려하게 된다. 그렇게 함으로써, 그들은 미지의 것을 탐험하고 세계에 대한 우리의 지식을 발전시킨다는 과학의 중요한 역할을 소홀히 하게 되는 것이다.

12. Robert Rosenthal, 'The File Drawer Problem and Tolerance for Null Results', *Psychological Bulletin* 86, no. 3 (1979): pp. 638-41; https://doi.org/10.1037/0033-2909.86.3.638
13. 키는 나라마다 다르다. 평균적으로 오스트리아 여성들은 페루 남성들보다 키가 더 큰 것으로 나타났다. 물론 이 나라들 내에서의 성별 차이는 유지된다. 페루 여성들은 페루 남성들보다 키가 작으며 오스트리아 남성들은 오스트리아 여성들보다 키가 크다; https://en.wikipedia.org/wiki/Average_human_height_by_country#Table_of_Heights
14. 이것은 실제 효과를 과소평가하는 것이다: 위키피디아에 따르면, 2008년 스코틀랜드의 남성과 여성의 평균 키 차이는 13.7센티미터(5.5인치)였다; https://en.wikipedia.org/wiki/Average_human_height_by_country#Table_of_Heights
15. p-값 계산의 구체적인 세부 사항은 p-값의 작동 방식을 이해하는 데 꼭 필요하지는 않다. 일반적 통계에 대한 명확한 이해를 위해서는 다음 책을 읽어볼 것을 추천한다. David Spiegelhalter, *The Art of Statistics: Learning from Data* (London: Penguin, 2019). 통계학을 둘러싼 보다 철학적인 문제에 대한 접근 가능한 논의를 위해서는 다음 책을 추천한다. Zoltan Dienes, *Understanding Psychology as a Science: An Introduction to Scientific and Statistical Inference* (New York: Palgrave Macmillan, 2008).
16. Scott A. Cassidy et al., 'Failing Grade: 89% of Introduction-to-Psychology Textbooks That Define or Explain Statistical Significance Do So Incorrectly', *Advances in Methods and Practices in Psychological Science* 2, no. 3 (Sept. 2019): pp. 233-39; https://doi.org/10.1177/2515245919858072. See also Raymond Hubbard & M. J. Bayarri, 'Confusion Over Measures of Evidence (p's) Versus Errors (α's) in Classical Statistical Testing', *American Statistician* 57, no. 3 (Aug. 2003): pp. 171-78; https://doi.org/10.1198/0003130031856
17. 놀랍도록 이해하기 쉽게 작성된 p-값에 대한 미국 통계 협회의 합의된 입장은 다음에서 확인하라. Ronald L. Wasserstein & Nicole A. Lazar, 'The ASA Statement

on p-Values: Context, Process, and Purpose', *The American Statistician* 70, no. 2 (2 April 2016): pp. 129-33; https://doi.org/10.1080/00031305.2016.1154108. 여기서 p-값은 다음과 같이 정의된다. '특정 통계 모델에서 데이터의 통계적 요약(예: 비교된 두 그룹 간의 표본 평균 차이)이 관측값보다 같거나 그보다 더 극단적으로 치우칠 확률: 131페이지.

18. p-값의 정의('순수 노이즈가 관찰된 것과 같은 혹은 그보다 더 큰 효과를 줄 가능성이 얼마나 큰가')에서 '그보다 더 큰 효과' 라는 문구가 들어간 이유는 무엇일까? (17번 각주에 표시된 미국 통계 협회 정의에서 '그보다 더 극단적으로 치우칠'이라는 문구도 같은 목적으로 사용되고 있다.) 정확하게 어떤 특정 패턴이 데이터상에서 나타날 확률이 매우 낮기 때문에 이러한 문구가 필요하다. 예를 들면 스코틀랜드 남성과 여성의 키 차이에 대한 연구를 무한 반복하는 경우 표본에서 정확히 10.00144983823센티미터의 키 차이를 발견할 수 있는 확률이 얼마나 낮을까 생각해볼 필요가 있다. 모집단에 키 차이가 있는지 여부와는 관계없이 이렇게 매우 구체적인 수치가 실제로 관찰될 확률은 매우 낮다. 따라서 이 특정 수치가 나타날 확률을 말해주는 p-값은 아무런 도움이 되지 않는다. 이 경우 '그보다 더 극단적으로 치우칠' 이라는 문구를 써서 이 문제를 해결해야 한다. 우리가 앞서 예로 들었던 10명의 남성과 10명의 여성을 표본 추출했을 때 두 그룹 사이에 키 차이가 10센티미터가 나고 있음을 발견한 연구에서 p-값이 0.03이라는 뜻은 스코틀랜드 인구에서 '실제' 그런 키 차이가 나타나지 않는데도 10센티미터 이상 차이가 나는 결과를 얻을 확률이 3퍼센트라는 것을 의미한다.

19. 당연히 우리는 거짓 양성 오류를 범할 가능성이 0퍼센트이거나 0에 가까워지는 것을 원한다고 답할지도 모르겠다. 하지만 그러기 위해서는 치러야 할 대가가 있다. 어떤 결과를 받아들일지에 대해 너무 보수적으로 접근하면 데이터 집합에 포함된 실제 효과를 놓칠 가능성이 높아지는 것은 감수해야 한다. 즉, 거짓 음성 오류를 범할 가능성이 높아진다.

20. David Salsburg, *The Lady Tasting Tea: How Statistics Revolutionized Science in the Twentieth Century* (New York: Holt, 2002): p. 98.

21. Ronald A. Fisher, 'The Arrangement of Field Experiments', *Journal of the Ministry of Agriculture of Great Britain* 33 (1926): pp. 503-513, p. 504.

22. https://www.taps-aff.co.uk/. The creator of this wonderful service, which actually takes into account a lot more information than just the temperature, is Colin Waddell.

23. 이것은 통계적 유의미성에 대한 큰 논쟁의 일부였던 한 논문이 제안한 바이기도 하다. Dani l Lakens et al., 'Justify Your Alpha', *Nature Human Behaviour* 2, no. 3 (Mar. 2018): pp. 168-71; https://doi.org/10.1038/s41562-018-0311-x
24. David Spiegelhalter, 'Explaining 5-Sigma for the Higgs: How Well Did They Do?', *Understanding Uncertainty*, 8 July 2012; https://understandinguncertainty.org/explaining-5-sigma-higgs-how-well-did-they-do
25. Richard Dawkins, 'The Tyranny of the Discontinuous Mind', *New Statesman*, 19 Dec. 2011; https://www.newstatesman.com/blogs/the-staggers/2011/12/issueessay-line-dawkins. There's more discussion along these lines in Dawkins's wonderful book *The Ancestor's Tale*. Richard Dawkins & Yan Wong, *The Ancestor's Tale: A Pilgrimage to the Dawn of Life*, rev. ed. (London: Weidenfeld & Nicolson, 2016).
26. 질병으로 인한 사망률 감소에 미치는 백신의 영향은 1904년 통계학자 칼 피어슨이 시행한 최초의 의학 메타 분석의 주제였다. 이 질병은 장티푸스였고 당시에는 이것을 '메타 분석'이라고 명명하지는 않았다. Karl Pearson, 'Report on Certain Enteric Fever Inoculation Statistics', *BMJ* 2, no. 2288 (5 Nov. 1904): pp. 1243-46; https://doi.org/10.1136/bmj.2.2288.1243. 메타 분석의 역사와 그에 대한 요약은 다음을 참조하라. Jessica Gurevitch et al., 'Meta-Analysis and the Science of Research Synthesis', *Nature* 555, no. 7695 (Mar. 2018): pp. 175-82; https://doi.org/10.1038/nature25753. Climate change: A. J. Challinor et al., 'A Meta-Analysis of Crop Yield under Climate Change and Adaptation', *Nature Climate Change* 4, no. 4 (April 2014): pp. 287-91; https://doi.org/10.1038/nclimate2153
27. 다른 건 다 동일하다. 그러나 표본 크기 외에도 연구의 정밀도에 영향을 미치는 것은 많다. 예를 들면 측정의 정확도와 같은 것들이다. 표본 크기가 보통은 훌륭한 대표값이기는 하지만, 오늘날 대부분의 메타 분석에서는 효과의 정밀도를 보다 직접적으로 측정하는 방법인 '표준 오차'를 사용한다. 깔때기 그림의 Y축에서 흔히 볼 수 있는 값이 이것이다.
28. p-값의 계산 시 작은 표본에서 나타나는 큰 변동을 고려한다. 스코틀랜드에서 진짜로 남성과 여성 간에 키 차이가 없다면 추출된 표본에서 10센티미터나 되는 차이를 발견할 가능성은 매우 낮다. 하지만, 표본 크기가 작을 경우 이런 일이 가끔 발생할 수 있다. 남성 10명과 여성 10명의 표본에서 10센티미터 차이가 나는 경우의 p-값

이 0.03이었다는 것을 기억하라. 이것을 남성 1,000명과 여성 1,000명의 표본에서 실시하면 동일한 10센티미터 차이를 발견할 확률은 매우 작아지며 p-값(예: 0.0000001 이하)도 매우 작아진다. 이 경우 우리는 인구에 '실제' 키 차이가 있다는 더 나은 증거를 확보할 수 있을 것이다. 부수적으로 이러한 결과를 통해 왜 p-값이 결과의 중요성이나 효과의 크기를 대변하는 척도가 아닌지 그 이유를 알 수 있다. 정확히 동일한 효과의 크기가 표본 크기에 따라 다른 p-값을 나타낼 수 있기 때문이다.

29. David R. Shanks et al., 'Romance, Risk, and Replication: Can Consumer Choices and Risk-Taking Be Primed by Mating Motives?', *Journal of Experimental Psychology: General* 144, no. 6 (2015): e142-58; https://doi.org/10.1037/xge0000116. 또 다른 예로서 유사한 결과를 얻은 프라이밍 연구 사례는 다음을 확인하라. Paul Lodder et al., 'A Comprehensive Meta-Analysis of Money Priming', *Journal of Experimental Psychology: General* 148, no. 4 (April 2019):pp. 688-712; https://doi.org/10.1037/xge0000570

30. Panayiotis A. Kyzas et al., 'Almost All Articles on Cancer Prognostic Markers Report Statistically Significant Results', *European Journal of Cancer* 43, no. 17 (Nov. 2007): pp. 2559-79; https://doi.org/10.1016/j.ejca.2007.08.030

31. Ioanna Tzoulaki et al.,'Bias in Associations of Emerging Biomarkers with Cardiovascular Disease', *JAMA Internal Medicine* 173, no. 8 (22 April 2013): p. 664; https://doi.org/10.1001/jamainternmed.2013.3018

32. Erick H. Turner et al., 'Selective Publication of Antidepressant Trials and Its Influence on Apparent Efficacy', *New England Journal of Medicine* 358, no. 3 (17 Jan. 2008): pp. 252-60; https://doi.org/10.1056/NEJMsa065779. 이 책을 쓰고 있을 당시, 가장 최근의 항우울제 메타 분석 결과는 우울증 증상에 약물의 효과가 크지 않은 것으로 나타난다. Andrea Cipriani et al., 'Comparative Efficacy and Acceptability of 21 Antidepressant Drugs for the Acute Treatment of Adults with Major Depressive Disorder: A Systematic Review and Network Meta-Analysis', *Lancet* 391, no. 10128 (April 2018): pp. 1357-66; https://doi.org/10.1016/S0140-6736(17)32802-7

33. Akira Onishi & Toshi A. Furukawa, 'Publication Bias Is Underreported in Systematic Reviews Published in High-Impact-Factor Journals: Metaepidemiologic Study', *Journal of Clinical Epidemiology* 67, no. 12 (Dec. 2014):

pp. 1320-26, https://doi.org/10.1016/j.jclinepi.2014.07.002

34. D. Herrmann et al., 'Statistical Controversies in Clinical Research: Publication Bias Evaluations Are Not Routinely Conducted in Clinical Oncology Systematic Reviews', *Annals of Oncology* 28, no. 5 (May 2017): pp. 931-37; https://doi.org/10.1093/annonc/mdw691

35. 메타 분석 결과 출판 편향이 있다는 것을 발견했을 경우 효과의 크기를 조정할 수 있는 기법은 매우 다양하다. 이것은 추측(출판 편향이 어느 정도인지)에 근거한 추측(효과의 크기를 얼마나 줄여야 하는지) 작업이기 때문에 나로서는 항상 이러한 기법을 사용할 때 불안함을 느낀다. 더 자세한 내용은 다음에서 확인하기 바란다. Evan C. Carter et al., 'Correcting for Bias in Psychology: A Comparison of Meta-Analytic Methods', *Advances in Methods and Practices in Psychological Science* 2, no. 2 (June 2019): pp. 115-44; https://doi.org/10.1177/2515245919847196

36. Daniel Cressey, 'Tool for Detecting Publication Bias Goes under Spotlight', *Nature*, 31 March 2017; https://doi.org/10.1038/nature.2017.21728; Richard Morey, 'Asymmetric Funnel Plots without Publication Bias', *BayesFactor*, 9 Jan. 2016; https://bayesfactor.blogspot.com/2016/01/asymmetric-funnel-plotswithout.html

37 A. Franco et al., 'Publication Bias in the Social Sciences: Unlocking the File Drawer', *Science* 345, no. 6203 (19 Sept. 2014): pp. 1502-5; https://doi.org/10.1126/science.1255484

38. http://www.tessexperiments.org; 이 프로그램이 가진 추가적인 좋은 점은 모든 연구 신청서가 특정 기준을 염두에 두고 동료 평가됐기 때문에, 선택돼 실제 연구로 전환된 신청서들은 모두 품질이 우수하고 높은 통계적 검정력을 보이고 있다는 것이다(통계적 검정력과 그 중요성에 대한 논의는 제5장 참조).

39. 이 숫자는 프랑코 논문 표 2의 'Published' 열에 있는 값을 맨 아래 행에 있는 합계 값으로 나누어 계산한다.

40. 모든 인용은 Franco et al.'s 'Publication Bias', Supplementary Table S6가 출처다.

41. 프랑코의 출판 편향에 대한 연구가 내린 결론은 다음에 의해 뒷받침되고 있다. Kerry Dwan et al., 'Systematic Review of the Empirical Evidence of Study Publication Bias and Outcome Reporting Bias', *PLOS ONE* 3, no. 8 (28 Aug. 2008): e3081; https://doi.org/10.1371/journal.pone.0003081. 이 주제에 대한

고전적인 논문은 다음을 참조하라. An-Wen Chan et al., 'Empirical Evidence for Selective Reporting of Outcomes in Randomized Trials: Comparison of Protocols to Published Articles', *JAMA* 291, no. 20 (26 May 2004): pp. 2457-65; https://doi.org/10.1001/jama.291.20.2457

42. Winston Churchill, *The World Crisis*, Vol III, Part 1, abridged and rev. ed. Penguin Classics (London: Penguin, 2007): p.193. Quoted in Andrew Roberts, *Churchill: Walking with Destiny* (London: Allen Lane, 2018).

43 부시 대통령 시절 홍보 센터 소장: Susan S. Lang, 'Wansink Accepts 14-Month Appointment as Executive Director of USDA Center for Nutrition Policy and Promotion', *Cornell Chronicle*, 20 Nov. 2007; http://news.cornell.edu/stories/2007/11/wansink-headusda-center-nutrition-policy-and-promotion. 더 스마트한 식당: see e.g. https://snapedtoolkit.org/interventions/programs/smarter-lunchrooms-movement-sml/

44. 'The 2007 Ig Nobel Prize Winners', 4 Oct. 2007; https://www.improbable.com/ig/winners/#ig2007. 수프 그릇에 대한 논문은: Brian Wansink and Matthew M. Cheney, 'Super Bowls: Serving Bowl Size and Food Consumption', *JAMA* 293, no. 14 (13 April 2005): pp. 1727-28; https://doi.org/10.1001/jama.293.14.1727. 그것은 리처드 탈러와 캐스 선스타인이 2008년 쓴 매우 영향력 있는 책 《넛지[Nudge]》에서 '또 하나의 완싱크 … 걸작'으로 등장하고 묘사됐다. 선스타인은 이후로 진짜 노벨 경제학상을 수상했다. Richard H. Thaler & Cass R. Sunstein, *Nudge: Improving Decisions about Health, Wealth and Happiness* (New Haven: Yale University Press, 2008): p. 43.

45. 그릇 크기 연구: Wansink & Cheney, 'Super Bowls'. Shopping when hungry: Aner Tal & Brian Wansink, 'Fattening Fasting: Hungry Grocery Shoppers Buy More Calories, Not More Food', *JAMA Internal Medicine* 173, no. 12 (June 24, 2013): 1146-48; https://doi.org/10.1001/jamainternmed.2013.650. Cereal characters' eyes: Aviva Musicus et al., 'Eyes in the Aisles: Why Is Cap'n Crunch Looking Down at My Child?, *Environment and Behavior* 47, no. 7 (Aug. 2015): 715-33; https://doi.org/10.1177/0013916514528793. 완싱크는 또한 자신의 연구를 홍보하기 위해 일련의 동영상을 만들었으며, 그중 일부는 유튜브에서 볼 수 있다. 다음 비디오는 시리얼 연구에 대해 설명하고 있다. https://www.youtube.

com/watch?v=8u6xdGCIq6o. 그리고 다음 반응은 시리얼 연구가 불합리한 이유를 어떤 의미에서는 과분하리만큼 상세하게 설명하고 있다. Donald E. Simaneck, 'Debunking a Shoddy "Research" Study', *Donald Simanek's Skeptical Documents and Links*, April 2014; https://www.lockhaven.edu/~dsimanek/pseudo/cartoon_eyes.htm. Elmo on apples: Brian Wansink et al., 'Can Branding Improve School Lunches?', *Archives of Pediatrics & Adolescent Medicine* 166, no. 10 (1 Oct.2012): 967-68; https://doi.org/10.1001/archpediatrics.2012.999

46. 게시물이 삭제됐지만 인터넷은 이것을 절대 잊지 않고 있다. 이것을 보려면 '웨이백 머신Wayback Machine'을 사용해 액세스할 수 있다: http://web.archive.org/web/20170312041524/ http://www.brianwansink.com/phd-advice/the-grad-student-who-never-said-no

47. Christie Aschwanden, 'We're All "P-Hacking" Now', *Wired*, 26 Nov. 2019; https://www.wired.com/story/were-all-p-hacking-now/

48. Joseph P. Simmons et al., 'False-Positive Psychology: Undisclosed Flexibility in Data Collection and Analysis Allows Presenting Anything as Significant', *Psychological Science* 22, no. 11 (Nov. 2011): pp. 1359-66; https://doi.org/10.1177/0956797611417632

49 Norbert L. Kerr, 'HARKing: Hypothesizing After the Results Are Known', *Personality and Social Psychology Review* 2, no. 3 (Aug. 1998): pp. 196-217; https://doi.org/10.1207/s15327957pspr0203_4

50. 텍사스 명사수 아이디어가 어디서 나왔는지에 대한 논의를 살펴보려면 다음을 참조하라. Barry Popik, 'Texas Sharpshooter Fallacy', *The Big Apple*, 9 March 2013; https://www.barrypopik.com/index.php/texas/entry/texas_sharpshooter_fallacy/

51. 거짓 양성 오차를 만들 확률이 0.05이면 해당 오차를 만들지 않을 확률(즉, 효과가 없다고 올바르게 판단할 확률)은 1 - 0.05이다. n번의 검정에서 오류가 발생하지 않을 확률은 이 값의 n승을 한 것이므로 $(1 - 0.05)^n$이 된다. 그렇다면 n번의 검정에서 적어도 한 번 거짓 양성 오류를 범할 확률은 $1 - (1 - 0.05)^n$이 된다. 따라서 다섯 번의 테스트를 실행하면 $1 - (1 - 0.05)^5$ 즉, 0.226(22.6%)이 나온다. 기술적으로 이것은 각 테스트와 관련된 변수가 서로 전혀 관련이 없는 독립적인 테스트에만 적용된다. 실제로, 특히 동일한 변수가 반복적으로 사용되는 많은 p-해킹 사례의 경우, 검사 횟수

의 증가에 따른 거짓 양성 비율의 증가는 그다지 심각하지는 않을 것이다. 하지만 여전히 점점 더 높아지는 것은 사실이므로 동일한 원칙이 적용된다.

52. p-값 계산을 많이 하는 경우 p-값 임계값을 조정하는 여러 가지 방법이 있다. 예를 들면 0.05 대신 0.01보다 낮은 p 값만 유의미한 것으로 받아들이는 방법도 있다. 문제는 대부분의 연구자들이 이렇게 조정해야 한다는 사실을 잊어버린다는 점이다. 혹은 그들이 p-해킹을 하고 있는데도, 사실은 많은 테스트를 했는데도 실제로는 그렇게 많이 테스트했다고 느끼지 않는다는 점이다. 과학자가 몇 개의 p-값을 수정해야 하는지에 대한 흥미로운 철학적 질문도 있다. 그들이 그 특정 논문에서 계산했던 p-값 전부일까? 그들이 그 주제를 연구하면서 계산한 p-값 전부일까? 그들이 평생 동안 계산한 p-값 전부일까? 미래에 그들이 계산하게 될 모든 p-값은 어떨까? 모든 흥미로운 철학적 질문이 그런 것처럼, 간단한 답은 없다. 이에 대한 한 가지 관점은 다음에 실려 있다. Daniël Lakens, 'Why You Don't Need to Adjust Your Alpha Level for All Tests You'll Do in Your Lifetime', *The 20% Statistician*, 14 Feb. 2016; https://daniellakens.blogspot.com/2016/02/why-you-dont-need-to-adjustyou-alpha.html
53. p-해킹에 대한 이 비유는 다음 논문에 실려 있다. Lee McIntyre, *The Scientific Attitude: Defending Science from Denial, Fraud, and Pseudoscience* (Cambridge, Massachusetts: The MIT Press, 2019).
54. 이것은 전혀 새로운 발견이 아니다: 1969년에 발표된 논문에 이런 사실이 실려 있다. P. Armitage et al., 'Repeated Significance Tests on Accumulating Data', *Journal of the Royal Statistical Society*, Series A (General) 132, no. 2 (1969): pp. 235-44; https://doi.org/10.2307/2343787
55. 충격적인 폭로: 완싱크의 논문을 조사한 연구원 중 한 명인 닉 브라운은 내 동료이자 친구다.
56. Tim van der Zee et al., 'Statistical Heartburn: An Attempt to Digest Four Pizza Publications from the Cornell Food and Brand Lab', *BMC Nutrition* 3, no. 1 (Dec. 2017): 54; https://doi.org/10.1186/s40795-017-0167-x
57 'Notice of Retraction: The Joy of Cooking Too Much: 70 Years of Calorie Increases in Classic Recipes, *Annals of Internal Medicine* 170, no. 2 (Jan. 15, 2019): p. 138; https://doi.org/10.7326/L18-0647
58. Brian Wansink et al., 'Notice of Retraction and Replacement. Wansink B, Just

DR, Payne CR. Can Branding Improve School Lunches? *Arch Pediatr Adolesc Med*. 2012;166(10):967-968. Doi:10.1001/Archpediatrics.2012.999', *JAMA Pediatrics*, 21 Sept. 2017; https://doi.org/10.1001/jamapediatrics.2017.3136. 이런 오류들에 대해 처음으로 지적한 것은, Nicholas J. L. Brown, 'A Different Set of Problems in an Article from the Cornell Food and Brand Lab', *Nick Brown's Blog*, 15 Feb. 2017; http://steamtraen.blogspot.com/2017/02/a-different-set-of-problems-in-article.html. 처음부터 완싱크의 연구를 비판했었던 또 다른 연구자는 오류가 발견된 완싱크의 모든 논문 일체를 모아서 발표했다. Tim van der Zee, 'The Wansink Dossier: An Overview', *The Skeptical Scientist*, March 21, 2017; http://www.timvanderzee.com/the-wansink-dossier-an-overview/

59. 철회된 18개를 제외한 많은 다른 논문들은 수정됐거나 '주의를 요한다는 표현'이 붙었다. 신뢰를 받고 있는 리트랙션 워치 데이터베이스(http://retractiondatabase.org)에서 '브라이언 완싱크'를 검색하면 이 논문들을 찾을 수 있다. 엘모 논문의 경우 특히 흥미롭다. 이 논문이 철회된 후 저널의 편집자는 완싱크가 수정본을 발표하는 것을 허락했다. 하지만 완싱크가 수정본을 발표하자마자 또 다른 중대한 오류가 발견됐다. 연구에 참여한 아동들은 8세에서 11세라고 밝혔으나 실제로는 3세에서 5세인 것으로 드러난 것이다. 그 수정 논문 역시 철회됐다. 이 사례는 내가 알고 있는 한 과학적 사형 언도가 두 번 내려진 유일한 논문이 됐다. Brian Wansink et al., 'Notice of Retraction. Wansink B, Just DR, Payne CR. Can Branding Improve School Lunches? *Arch Pediatr Adolesc Med. 2012;166(10):967-968, JAMA Pediatrics* 171, no. 12 (1 Dec. 2017): 1230; https://doi.org/10.1001/jamapediatrics.2017.4603

60. 코넬대학교의 조사에 따르면 완싱크는 그의 연구와 학문에 있어서 '연구 데이터의 잘못된 보고, 문제가 있는 통계 기법의 적용, 연구 결과를 제대로 문서화하고 보관하지 못한 것, 그리고 부적절한 연구저자 지정'이 포함된 여러 학문적 비행을 저질렀다. Michael Kotlikoff, 'Provost Issues Statement on Wansink Academic Misconduct Investigation', *Cornell Chronicle*, 20 Sept. 2018; http://news.cornell.edu/stories/2018/09/provost-issues-statement-wansink-academic-misconduct-investigation

61 Stephanie M. Lee, 'Here's How Cornell Scientist Brian Wansink Turned Shoddy Data Into Viral Studies About How We Eat', *BuzzFeed* News, 25 Feb. 2018; https://www.buzzfeednews.com/article/stephaniemlee/brian-

wansink-cornell-p-hacking

62. '우리는 나쁜 과학을 하도록 강요당했다' 운동을 이끌고 있는 연구자들이 증언하듯이 많은 경우 그들은 자신들의 요청을 표현하는 데 있어 섬세하지 못했다; http://bulliedintobadscience.org/

63. Dana R. Carney, 'My Position on "Power Poses"', 26 Sept. 2016; http://faculty.haas.berkeley.edu/dana_carney/pdf_My%20position%20on%20power%20poses.pdf

64. https://twitter.com/nicebread303/status/780395235268501504; https://twitter.com/PeteEtchells/status/780425109077106692; https://twitter.com/cragcrest/status/780447545126293504; https://twitter.com/timothycbates/status/780386384276230144; https://twitter.com/MichelleNMeyer/status/780437722393698305; https://twitter.com/eblissmoreau/status/780594280377176064

65. Quoted in Jesse Singal & Melissa Dahl, 'Here Is Amy Cuddy's Response to Critiques of Her Power-Posing Research', *The Cut*, 30 Sept. 2016; https://www.thecut.com/2016/09/read-amy-cuddys-response-to-power-posing-critiques.html

66. Leslie K. John et al., 'Measuring the Prevalence of Questionable Research Practices with Incentives for Truth Telling', *Psychological Science* 23, no. 5 (May 2012): pp. 524-32; https://doi.org/10.1177/0956797611430953. 나는 대조군과 실험군(표 1 참조)의 '자기 인정' 비율 값의 중간 정도 되는 값을 사용해왔다. 그중 실험군에 속한 연구자들에게는 사실대로 말하면 일정 금액이 자선단체에 기부될 것이라는 이야기를 해줬다. 그랬더니 의심스러운 연구 관행에 대해 인정하는 비율이 높아졌다. 이 연구는 미국 심리학자들을 대상으로 실시한 것이지만, 이탈리아에서도 비슷한 결과를 얻었다. Franca Agnoli et al., 'Questionable Research Practices among Italian Research Psychologists', *PLOS ONE* 12, no. 3 (15 Mar. 2017): e0172792; https://doi.org/10.1371/journal.pone.0172792. 독일에서 실시된 설문 조사 결과도 참조하기 바란다. 이 연구에서는 원래 미국에서 실시된 연구에서 사용된 설문에 포함된 일부 단어들에 대한 문제를 조사했다: Klaus Fiedler & Norbert Schwarz, 'Questionable Research Practices Revisited', *Social Psychological and Personality Science* 7, no. 1 (Jan. 2016): pp. 45-52; https://doi.

org/10.1177/1948550615612150

67. Min Qi Wang et al., 'Identifying Bioethical Issues in Biostatistical Consulting: Findings from a US National Pilot Survey of Biostatisticians', *BMJ Open* 7, no. 11 (Nov. 2017): e018491; https://doi.org/10.1136/bmjopen-2017-018491. 나는 통계학자들이 지난 5년 동안 한 번에서 아홉 번, 그리고 열 번 이상 이런 요청을 받았음을 보고한 비율을 합산했다.

68. Sarah Necker, 'Scientific Misbehavior in Economics', *Research Policy* 43, no. 10 (Dec. 2014): pp. 1747-59; https://doi.org/10.1016/j.respol.2014.05.002. 해당 설문 조사에서 2퍼센트라는 깜짝 놀랄 만한 숫자의 경제학자들이 공동 저자 등재, 데이터에 대한 접근 권한, 특정 인물의 승진과 관련해 섹스를 제안하거나 받아들인 적이 있다고 인정했다.

69. E. J. Masicampo & Daniel R. Lalande, 'A Peculiar Prevalence of p Values Just Below .05', *Quarterly Journal of Experimental Psychology* 65, no. 11 (Nov. 2012): pp. 2271-79; https://doi.org/10.1080/17470218.2012.711335. Adrian Gerard Barnett and Jonathan D. Wren, 'Examination of CIs in Health and Medical Journals from 1976 to 2019: An Observational Study', *BMJ Open* 9, no. 11 (Nov. 2019): e032506; https://doi.org/10.1136/bmjopen-2019-032506. 이 논문들은 기본적으로 p-값과 동일한 정보를 제공하는 또 다른 통계 기법인 신뢰 구간과 관련해 동일한 문제점을 검토했다. 우연히도, 이런 종류의 패턴은 학교 시험 결과 그래프에서 발견된다. 임의의 합격 점수 바로 위의 등급을 받는 학생들이 갑자기 많아지는 경우다. 이것은 선한 의도를 가진 교사들이 낙제 대상인 아이들의 성적을 시험에 합격할 수 있을 만큼 상향 조정했기 때문에 나타나는 현상이다. 'Another Case of Teacher Cheating, or Is It Just Altruism?', https://freakonomics.com/2011/07/07/another-case-of-teacher-cheating-or-is-it-just-altruism/ (7 July 2011).

70. R. Silberzahn et al., 'Many Analysts, One Data Set: Making Transparent How Variations in Analytic Choices Affect Results', *Advances in Methods and Practices in Psychological Science* 1, no. 3 (Sept. 2018): pp. 337-56; https://doi.org/10.1177/2515245917747646; Justin F. Landy et al., 'Crowdsourcing Hypothesis Tests: Making Transparent How Design Choices Shape Research Results', *Psychological Bulletin* (16 Jan. 2020); https://doi.org/10.1037/bul0000220

71. Tal Yarkoni & Jacob Westfall, 'Choosing Prediction Over Explanation in Psychology: Lessons from Machine Learning', *Perspectives on Psychological Science* 12, no. 6 (Nov. 2017): pp. 1100-1122, p. 1104; https://doi.org/10.1177/1745691617693393
72. Andrew Gelman & Eric Loken, 'The Garden of Forking Paths: Why Multiple Comparisons can be a Problem, Even When There is no "Fishing Expedition" or "p-Hacking" and the Research Hypothesis was Posited Ahead of Time', unpublished, 4 Nov. 2013; http://www.stat.columbia.edu/~gelman/research/unpublished/p_hacking.pdf. And Jorge Luis Borges, 'The Garden of Forking Paths', *Labyrinths*, tr. Donald A. Yates (New York: New Directions, 1962, 1964).
73. p-해킹 문제에 대한 이런 틀은 p-해킹을 '절차적 오버피팅'이라고 부른 야코니 & 웨스트폴에 의해 만들어졌다: Yarkoni & Westfall, 'Choosing Prediction', p. 1103.
74 Roger Giner-Sorolla, 'Science or Art? How Aesthetic Standards Grease the Way Through the Publication Bottleneck but Undermine Science', *Perspectives on Psychological Science* 7, no. 6 (Nov. 2012): pp. 567-571; https://doi.org/10.1177/1745691612457576
75. Ernest Hugh O'Boyle et al., 'The Chrysalis Effect: How Ugly Initial Results Metamorphosize Into Beautiful Articles', *Journal of Management* 43, no. 2 (Feb. 2017): pp. 376-99; https://doi.org/10.1177/0149206314527133. 번데기 효과는 최근 심리학 연구를 통해 재현되고 있다: Athena H. Cairo et al., 'Gray (Literature) Matters: Evidence of Selective Hypothesis Reporting in Social Psychological Research', *Personality and Social Psychology Bulletin*, 24 Feb. 2020; https://doi.org/10.1177/0146167220903896
76. 이 나쁜 충고의 고전적인 예 중 하나는 다름 아닌 데릴 벰(서론에서 다뤘던 재현에 실패한 초능력 연구 논문의 저자)이 편집한 책의 한 챕터다. 그는 젊은 학자들에게 연구 데이터에서 '무엇이든 흥미로운 것을 낚아 올릴 수 있는 낚시 원정을 떠나라고' 주장한다. 물론, 그는 이것이 어떤 경우에는 거짓 양성의 결과를 낳을 수도 있지만, 우리는 항상 '새로운 발견'을 위해 위험을 감수해야 한다고 주장한다. Daryl J. Bem, 'Writing the Empirical Journal Article', in *The Compleat Academic: A Career Guide*, eds. John M. Darley, Mark P. Zanna, and Henry L. Roediger III, 2nd ed.,

pp. 171-201 (Washington, DC: American Psychological Association, 2003): p.172.

77. Sabine Hossenfelder, *Lost in Math: How Beauty Leads Physics Astray* (New York: Basic Books, 2018). 또한 호젠펠더는 물리학자들이 '단기간에 출판 가능한 결과를 낼 가능성이 더 높은 질문들'을 선호하기 때문에 물리학에서 까다로운 철학적, 이론적 문제들이 '덮이고 있다'고 주장한다(p.194). 이것은 책의 뒷부분에서 더 폭넓게 다루게 될 이슈다. 물리학계의 문제에 대한 더 많은 논의를 위해 다음을 참조하라. Lee Smolin, *The Trouble with Physics: The Rise of String Theory, the Fall of a Science and What Comes Next* (London: Allen Lane, 2007) and Peter Woit, *Not Even Wrong: The Failure of String Theory and the Continuing Challenge to Unify the Laws of Physics* (London: Vintage Books, 2007).
78. Catherine De Angelis et al., 'Clinical Trial Registration: A Statement from the International Committee of Medical Journal Editors', *New England Journal of Medicine* 351, no. 12 (16 Sept. 2004): pp. 1250-51; https://doi.org/10.1056/NEJMe048225
79. 제8장에서 사전 등록 연구에 대해 좀 더 논의하겠다.
80. http://compare-trials.org
81. 골드에이커의 팀은 또한 많은 임상 실험들이 발견된 결과들을 정확하게 보고하지 않았다는 것을 보여주는 레터 논문들을 저널에 게재하기 위해 노력했다. 하지만 대부분의 편집자들은 이에 대해 관심이 없었다. Ben Goldacre, 'Make Journals Report Clinical Trials Properly', *Nature* 530, no. 7588 (Feb. 2016): p. 7; https://doi.org/10.1038/530007a
82. Philip M. Jones et al., 'Comparison of Registered and Reported Outcomes in Randomized Clinical Trials Published in *Anesthesiology Journals', Anesthesia & Analgesia* 125, no. 4 (Oct. 2017): pp. 1292-1300; https://doi.org/10.1213/ANE.0000000000002272; see also Douglas G. Altman et al., 'Harms of Outcome Switching in Reports of Randomised Trials: CONSORT Perspective', *BMJ* (14 Feb. 2017): j396; https://doi.org/10.1136/bmj.j396
83. 의료 분야의 임상 실험이 가지고 있는 문제점에 대해 다루고 있는 다음 책들을 참조하기 바란다. Ben Goldacre, *Bad Pharma: How Drug Companies Mislead Doctors and Harm Patients* (London: Fourth Estate, 2012) and Richard F. Harris, *Rigor Mortis: How Sloppy Science Creates Worthless Cures, Crushes Hope, and Wastes Billions* (New

York: Basic Books, 2017).

84. 이를 메타 분석 분야에서는 '쓰레기를 넣으면, 쓰레기가 나온다' 원칙이라고 부른다. Morton Hunt, *How Science Takes Stock: The Story of Meta-Analysis* (New York: Russell Sage Foundation, 1998).

85. 전체 임상 실험에서 산업계가 지원하는 임상 실험이 차지하는 비율은 줄어들고 있지만, 시간에 따라 그 절대 횟수는 증가하는 경향을 보이고 있다. Stephan Ehrhardt et al., 'Trends in National Institutes of Health Funding for Clinical Trials Registered in ClinicalTrials.Gov', *JAMA* 314, no. 23 (15 Dec. 2015): pp. 2566-67; https://doi.org/10.1001/jama.2015.12206

86. 잠재적인 하나의 반론은 제약회사가 더 나은 품질의 임상 실험을 위해 필요한 것들을 지불하기에 충분한 자금과 자원을 가지고 있다는 것이다. 그럴 경우 우리는 임상 실험의 결과가 달라질 것으로 예상한다. 그러나 제약회사가 지원한 임상 실험의 결과가 더 높은 수준을 보였다면, 편향은 줄어들어야 하고 그에 따라 거짓 양성 결과가 나타날 확률은 더 낮아야 한다. 그러한 연구에서는 편향이 늘어날수록 더 많은 거짓 양성 결과가 양산된다는 것을 우리가 알고 있기 때문이다. 만약 어떤 치료법이 효과가 있다면, 편향 없는 실험에서는 단지 그 결과만을 보여준다. 하지만, 편향된 연구에서는 효과의 크기를 과장하고 잠재적으로는 거짓 양성 결과를 발견하게 될 것이다. 또한, 통제된 표본 크기의 연구를 대상으로 이루어진 리뷰 연구 결과는 여전히 산업계가 지원한 임상 실험에서 양성 결과를 얻을 확률이 더 높음을 발견했다. 산업계가 지원하는 연구 자금의 규모가 더 크기 때문에 다른 기관에서 지원한 임상 실험보다는 표본 크기의 통제가 더 용이한데도 나온 결과다. Stig Waldorff, 'Results of Clinical Trials Sponsored by For-Profit vs Nonprofit Entities', *JAMA* 290, no. 23 (17 Dec. 2003): p. 3071; https://doi.org/10.1001/jama.290.23.3071-a

87. D. N. Lathyris et al., 'Industry Sponsorship and Selection of Comparators in Randomized Clinical Trials', *European Journal of Clinical Investigation* 40, no. 2 (Feb. 2010): pp. 172-82; https://doi.org/10.1111/j.1365-2362.2009.02240.x. And Candice Estellat, 'Lack of Head-to-Head Trials and Fair Control Arms: Randomized Controlled Trials of Biologic Treatment for Rheumatoid Arthritis', *Archives of Internal Medicine* 172, no. 3 (13 Feb. 2012): pp. 237-44; https://doi.org/10.1001/archinternmed.2011.1209

88. C. W. Jones, L. Handler et al., 'Non-Publication of Large Randomized

Clinical Trials: Cross Sectional Analysis', *BMJ* 347, no. oct28 9 (29 Oct. 2013): f6104; https://doi.org/10.1136/bmj.f6104. 하지만 제약회사들이 지원한 임상 시험에서 결과 스위칭이 체계적으로 더 나빠지는 것 같지 않다는 점은 밝힐 필요가 있다(Christopher W. Jones et al., 'Primary Outcome Switching among Drug Trials with and without Principal Investigator Financial Ties to Industry: A Cross-Sectional Study', *BMJ Open* 8, no. 2 (Feb. 2018): e019831; https://doi.org/10.1136/bmjopen-2017-019831). 어떤 리뷰 연구에서는 비영리 기관에서 자금을 지원했던 연구에서 더 심한 결과 스위칭이 있었음을 밝혀내기도 했다: Alberto Falk Delgado & Anna Falk Delgado, 'Outcome Switching in Randomized Controlled Oncology Trials Reporting on Surrogate Endpoints: A Cross-Sectional Analysis', *Scientific Reports* 7, no. 1 (Dec.2017): 9206; https://doi.org/10.1038/s41598-017-09553-y.

89. 대학에서 내가 가끔 참석하는 강의 시리즈의 경우 점심 식사가 제공되는데 항상 '제약회사에서 제공하지 않은 점심'으로 확실히 표시돼 있다. 이것만 봐도 의학 분야의 연구자들이 자기도 모르는 사이에 제약회사로부터 무심코 선물을 받게 될까 봐 두려워하고 있음을 알 수 있다. 이런 선물들은 받는 순간부터 모든 논문의 '이해 충돌' 섹션에 밝혀야 하기 때문이다.

90. See Tom Chivers, 'Does Psychology Have a Conflict-of-Interest Problem?', *Nature* 571, no. 7763 (July 2019): pp. 20-23; https://doi.org/10.1038/d41586-019-02041-5

91. Lisa A. Bero & Quinn Grundy, 'Why Having a (Nonfinancial) Interest is Not a Conflict of Interest', *PLOS Biology* 14, no. 12 (21 Dec. 2016): e2001221; https://doi.org/10.1371/journal.pbio.2001221. 나의 주장과는 달리 베로와 그룬디는 금전적 이해충돌은 지적 충돌과는 다른 종류이며 두 가지를 혼동할 경우 모든 것이 혼란스러워진다고 주장했다. 어느 쪽이든 다음에 재현 위기와 관련 있는 과학 논문을 쓸 때는 '내가 이전에 재현 위기에 관한 책을 썼는데 과학이 완전히 멀쩡하다는 사실이 밝혀지면 좀 어색할 것 같다'라고 밝히는 것의 효과에 대해 논해야 할까? 실제로 이런 식으로까지 해야 한다는 정말로 강력한 주장도 있다.

92. Sharon Begley, 'The Maddening Saga of How an Alzheimer's "Cabal" Thwarted Progress toward a Cure for Decades', *STAT News*, 25 June 2019; https://www.statnews.com/2019/06/25/alzheimers-cabal-thwarted-

progress-toward-cure/

93. Yan-Mei Huang et al., 'Major Clinical Trials Failed the Amyloid Hypothesis of Alzheimer's Disease', *Journal of the American Geriatrics Society* 67, no. 4 (April 2019): pp. 841-44; https://doi.org/10.1111/jgs.15830; and Francesco Panza et al., 'A Critical Appraisal of Amyloid-ß-Targeting Therapies for Alzheimer Disease', *Nature Reviews Neurology* 15, no. 2 (Feb. 2019): pp. 73-88; https://doi.org/10.1038/s41582-018-0116-6

94. Karl Herrup, 'The Case for Rejecting the Amyloid Cascade Hypothesis', *Nature Neuroscience* 18, no. 6 (June 2015): pp. 794-99; https://doi.org/10.1038/nn.4017

95. Judith R. Harrison & Michael J. Owen, 'Alzheimer's disease: The amyloid hypothesis on trial', *British Journal of Psychiatry* 208, no. 1 (Jan. 2016): pp. 1-3; http://doi.org/10.1192/bjp.bp.115.167569

96. G. McCartney et al., 'Why the Scots Die Younger: Synthesizing the Evidence', *Public Health* 126, no. 6 (June 2012): pp. 459-470, p. 467; https://doi.org/10.1016/j.puhe.2012.03.007. 이런 흔하지 않은 이해관계의 충돌을 밝힌 사례에 대한 논의가 다음에 나와 있다: G. L. McCartney et al., 'When Do Your Politics Become a Competing Interest?', *BMJ* 342 (25 Jan. 2011): d269; https://doi.org/10.1136/bmj.d269

97. 꼭 그의 정치적 신념을 위한 것은 아니다. 모든 것을 완전히 공개하는 분위기이기 때문에 나의 정치적 성향에 대해서 밝힌다면: 매우 심각한 사회적 자유주의자인 반면, 온건한 경제적 자유주의자라고 할 수 있다. 이해에 도움이 된다면, 나는 www.politicalcompass.org의 오른쪽 하단 사분면에서 왼쪽 어딘가에 있다고 할 수 있겠다.

98. José L. Duarte et al., 'Political Diversity Will Improve Social Psychological Science', *Behavioral and Brain Sciences* 38 (2015): e130; https://doi.org/10.1017/S0140525X14000430

99. 한 조사 연구에서는 심리학자들이 얼마나 진보적인지와 그들이 논문을 검토하거나 누구를 고용할지에 대한 결정을 내릴 때 보수주의자로 보이는 사람들을 얼마나 차별하는지 사이에 상관관계가 있는 것으로 나타났다. Yoel Inbar & Joris Lammers, 'Political Diversity in Social and Personality Psychology',

Perspectives on Psychological Science 7, no. 5 (Sept. 2012): pp. 496-503; https://doi.org/10.1177/1745691612448792. 그러나 2019년 연구에서는 '자유주의' 또는 '보수주의'로 평가된 연구(연구의 결론에 어떤 사람들이 만족할 것인가를 기준으로 판단)간에 재현성의 차이를 발견하지 못했다는 점에 주목해야 한다. Diego A. Reinero et al., 'Is the Political Slant of Psychology Research Related to Scientific Replicability?', preprint, *PsyArXiv* (7 Feb. 2019); https://doi.org/10.31234/osf.io/6k3j5

100. Lee Jussim, 'Is Stereotype Threat Overcooked, Overstated, and Oversold?', *Rabble Rouser*, 30 Dec. 2015; https://www.psychologytoday.com/gb/blog/rabble-rouser/201512/is-stereotype-threat-overcooked-overstated-and-oversold
101. Paulette C. Flore & Jelte M. Wicherts, 'Does Stereotype Threat Influence Performance of Girls in Stereotyped Domains? A Meta-Analysis', *Journal of School Psychology* 53, no. 1 (Feb. 2015): pp. 25-44; https://doi.org/10.1016/j.jsp.2014.10.002 and Paulette C. Flore et al., 'The Influence of Gender Stereotype Threat on Mathematics Test Scores of Dutch High School Students: A Registered Report', *Comprehensive Results in Social Psychology* 3, no. 2 (4 May 2018): pp. 140-74; https://doi.org/10.1080/23743603.2018.1559647 . 고정관념 위협 연구에 있어서의 출판 편향에 관한 더 많은 증거를 보고 싶다면 다음을 참조하라. Oren R. Shewach et al., 'Stereotype Threat Effects in Settings with Features Likely versus Unlikely in Operational Test Settings: A Meta-Analysis', *Journal of Applied Psychology* 104, no. 12 (Dec. 2019): pp. 1514-34; https://doi.org/10.1037/apl0000420
102. 이어서 같은 저자들은 고정 관념 위협과 수학 성적의 성별 차이에 대해 완전하게 사전 등록된 대규모 실험을 실시했다. 그 결과 고정관념 위협의 효과는 발견하지 못했다: Flore et al., 'Gender Stereotype Threat'.
103. Corinne A. Moss-Racusin et al., 'Gender Bias Produces Gender Gaps in STEM Engagement', *Sex Roles* 79, no. 11-12 (Dec. 2018): pp. 651-70; https://doi.org/10.1007/s11199-018-0902-z. For a range of others, see *The Underrepresentation of Women in Science: International and Cross-Disciplinary Evidence and Debate*, eds., Stephen J. Ceci et al., (Frontiers Research Topics: Frontiers Media

SA, 2018); https://doi.org/10.3389/978-2-88945-434-1

104. Jill B. Becker et al, 'Female Rats Are Not More Variable than Male Rats: A Meta-Analysis of Neuroscience Studies', *Biology of Sex Differences* 7, no. 1 (Dec. 2016): 34; https://doi.org/10.1186/s13293-016-0087-5

105. International Mouse Phenotyping Consortium, Natasha A. Karp, et al., 'Prevalence of Sexual Dimorphism in Mammalian Phenotypic Traits', *Nature Communications* 8, no. 1 (Aug. 2017): 15475; https://doi.org/10.1038/ncomms15475

106. Rebecca M. Shansky, 'Are Hormones a "emale Problem" for Animal Research?', Science 364, no. 6443 (31 May 2019): pp. 825-6; https://doi.org/10.1126/science.aaw7570, p. 826. 샨스키의 설명과 같이, 이제 많은 연구 기금 지원 기관들과 저널들은 실험에 남성과 여성 모두를 포함하도록 연구자들에게 요구하고 있다.

107. Cordelia Fine, *Testosterone Rex: Unmaking the Myths of Sex of Our Gendered Minds* (London: Icon Books, 2017).

108. Cordelia Fine, 'Feminist Science: Who Needs It?', *Lancet* 392, no. 10155 (Oct. 2018): pp. 1302-3; https://doi.org/10.1016/S0140-6736(18)32400-0

109. 같은 책. p. 1303. 이것은 철학적 주장의 하나인 '입장 이론'의 한 버전이다. 입장 이론은 칼 마르크스의 저술과 함께 그가 강조한 개인의 정체성이나 경험(마르크스에게 그것은 노동계급의 정체성과 경험이었다)이 현실에 대한 각자의 견해를 형성하며, 우리는 특히 우리가 놓치기 쉬운 소외된 사람들의 관점을 경청해야 한다는 주장에 뿌리를 두고 있다. 이에 대해서는 엘리자베스 앤더슨의 책 중 입장 이론 편을 참조하라. 'Feminist Epistemology and Philosophy of Science', *The Stanford Encyclopedia of Philosophy*, ed. Edward N. Zalta (Spring 2020 Edition); https://plato.stanford.edu/archives/spr2020/entries/feminism-epistemology

110. Jason E. Lewis et al., 'The Mismeasure of Science: Stephen Jay Gould versus Samuel George Morton on Skulls and Bias', *PLOS Biology* 9, no. 6 (7 June 2011): e1001071; https://doi.org/10.1371/journal.pbio.1001071. 새로운 측정에는 씨앗이나 총알이 아니라 작은 아크릴 공이 사용됐다. 이것은 우연히도 모턴의 19세기 측정법이 21세기 표준에서 크게 벗어나지 않았다는 것을 보여준다. 1988년에 두개골의 재측정이 있었는데, 그 결과 모턴과 같은 인종주의적 결론에 이르지는 않

았지만 대체로 그의 측정 결과에는 동의하는 결론이 도출됐다. John S. Michael, 'A New Look at Morton's Craniological Research', *Current Anthropology* 29, no. 2 (April 1988): pp. 349–54; https://doi.org/10.1086/203646

111. '내가《인간에 대한 오해The Mismeasure of Man》란 책을 쓴 원래 이유에는 개인적 이유와 직업적 이유가 섞여 있다. 우선 내가 이 문제에 대해 강한 감정을 가지고 있었음을 고백한다. 나는 사회 정의를 찾기 위한 캠페인에 적극적으로 참여하는 전통을 가진 가정에서 자랐다'. Gould, *The Mismeasure of Man*, p. 36.
112. Lewis et al., 'The Mismeasure of Science', p. 6.
113. Michael Weisberg, 'Remeasuring Man', *Evolution & Development* 16, no. 3 (May 2014): pp. 166–78; https://doi.org/10.1111/ede.12077. See also Michael Weisberg & Diane B. Paul, 'Morton, Gould, and Bias: A Comment on "The Mismeasure of Science"', ed. David Penny, *PLOS Biology* 14, no. 4 (19 April 2016): e1002444; https://doi.org/10.1371/journal.pbio.1002444
114. Mitchell, 'The Fault in his Seeds'.
115. Jonathan Michael Kaplan et al., 'Gould on Morton, Redux: What Can the Debate Reveal about the Limits of Data?', *Studies in History and Philosophy of Science Part C: Studies in History and Philosophy of Biological and Biomedical Sciences* 52 (Aug. 2015): pp. 22–31; https://doi.org/10.1016/j.shpsc.2015.01.001. The point is also made by Joseph L. Graves, 'Great Is Their Sin: Biological Determinism in the Age of Genomics', *Annals of the American Academy of Political and Social Science* 661, no. 1 (Sept. 2015): pp. 24–50; https://doi.org/10.1177/0002716215586558
116. 물론 인종차별은 이것들 중 사회적 영향 측면에서 단연코 가장 해롭다. 여기서 내가 말하고자 하는 요점은 인종차별이 모든 과학적 결과에 대한 우리의 관점을 편향시킬 수 있다는 것이다.

제5장

격언: Charles Caleb Cotton, *Lacon, or Many Things in Few Words* (London, 1820).

1. Daniel Hirschman, 'Stylized Facts in the Social Sciences', *Sociological Science* 3 (2016): pp. 604-26; https://doi.org/10.15195/v3.a26
2. 이 연구는 한동안 온라인에서 진행된 '작업 중 논문'이었지만(이 책의 마지막 장에서 다루어지겠지만 경제학 분야에서는 흔하게 볼 수 있는 연구 방식이다), 나중에는 공식적으로 출판됐다. Carmen M. Reinhart and Kenneth S. Rogoff, 'Growth in a Time of Debt', *American Economic Review* 100, no. 2 (May 2010): pp. 573-78; https://doi.org/10.1257/aer.100.2.573
3. 오스본: George Osborne, 'Mais Lecture - A New Economic Model', 24 Feb. 2010; https://conservative-speeches.sayit.mysociety.org/speech/601526; 공화당 의원: United States Senate Committee on the Budget, 'Sessions, Ryan Issue Joint Statement On Jobs Report, Call For Senate Action On Budget', 8 July 2011; https://www.budget.senate.gov/chairman/newsroom/press/sessionsryan-issue-joint-statement-on-jobs-report-call-for-senate-action-on-budget
4. Paul Krugman, 'How the Case for Austerity Has Crumbled', *New York Review of Books*, 6 June 2013; https://www.nybooks.com/articles/2013/06/06/how-case-austerity-has-crumbled/
5. Thomas Herndon et al., 'Does High Public Debt Consistently Stifle Economic Growth? A Critique of Reinhart and Rogoff', *Cambridge Journal of Economics* 38, no. 2 (April 2013): pp. 257-79; https://doi.org/10.1093/cje/bet075
6. 레인하트와 로고프는 엑셀 오류는 인정했지만, 다른 많은 점에서는 비평가들의 의견에 동의하지 않았다: Carmen M. Reinhart & Kenneth S. Rogoff, 'Reinhart-Rogoff Response to Critique', *Wall Street Journal*, 16 April 2013; https://blogs.wsj.com/economics/2013/04/16/reinhart-rogoff-response-tocritique/
7. Herndon et al., 'High Public Debt', p. 14.
8. Betsey Stevenson & Justin Wolfers, 'Refereeing Reinhart-Rogoff Debate', *Bloomberg Opinion*, 28 April 2013; https://www.bloomberg.com/opinion/articles/2013-04-28/refereeing-the-reinhart-rogoff-debate
9. Michèle B. Nuijten, 'statcheck - a Spellchecker for Statistics', *LSE Impact of Social Sciences*, 28 Feb. 2018; https://blogs.lse.ac.uk/impactofsocialsciences/2018/02/28/statcheck-a-spellchecker-for-statistics/. You can find the

statcheck app at: http://statcheck.io/

10 Michèle B. Nuijten et al., 'The Prevalence of Statistical Reporting Errors in Psychology (1985-2013)', *Behavior Research Methods* 48, no. 4 (Dec. 2016): pp. 1205-26; https://doi.org/10.3758/s13428-015-0664-2. It should be noted that statcheck has its critics - see Thomas Schmidt, 'Statcheck Does Not Work: All the Numbers. Reply to Nuijten et al. (2017)', *PsyArXiv* (preprint), 22 Nov. 2017; https://doi.org/10.31234/osf.io/hr6qy

11. Nicholas J. L. Brown & James A. J. Heathers, 'The GRIM Test: A Simple Technique Detects Numerous Anomalies in the Reporting of Results in Psychology', *Social Psychological and Personality Science* 8, no. 4 (May 2017): pp. 363-69; https://doi.org/10.1177/1948550616673876

12. 계산기를 사용해 시도해보거나 다음 링크에서 앱을 사용할 수 있다: http://nickbrown.fr/GRIM

13. Leon Festinger & James M. Carlsmith, 'Cognitive Consequences of Forced Compliance', *Journal of Abnormal and Social Psychology* 58, no. 2 (1959): pp. 203-10; https://doi.org/10.1037/h0041593

14. 실제로 20달러를 받은 세 번째 그룹이 있었다. 그들은 돈을 받지 못한 사람들만큼 주어진 일이 지루하다고 응답했다. 아마도 그것은 그들이 신념을 바꾸는 것이 아니라 받았던 기분 좋은 돈을 생각함으로써 인지 부조화를 줄였기 때문일 것이다.

15. Matti Heino, 'The Legacy of Social Psychology', *Data Punk*, 13 Nov. 2016; https://mattiheino.com/2016/11/13/legacy-of-psychology/

16. 구글 학술검색에 따르면, 2020년 1월 현재 이 논문은 4,200회가 넘게 인용된 기록을 가지고 있다.

17. Carlisle (2012), Anaesthesia. See also this profile of Carlisle: David Adam, 'How a Data Detective Exposed Suspicious Medical Trials', *Nature* 571, no. 7766 (July 2019): pp. 462-64; https://doi.org/10.1038/d41586-019-02241-z

18. See J. M. Kendall, 'Designing a Research Project: Randomised Controlled Trials and Their Principles', *Emergency Medicine Journal* 20, no. 2 (1 March 2003): pp. 164-68; https://doi.org/10.1136/emj.20.2.164

19. J. B. Carlisle (2012), 'The Analysis of 168 Randomised Controlled Trials to Test Data Integrity: Analysis of 168 Randomised Controlled Trials to Test Data

Integrity', *Anaesthesia* 67, no. 5 (May 2012): pp. 521-37; https://doi.org/10.1111/j.1365-2044.2012.07128.x

20. J. B. Carlisle, 'Data Fabrication and Other Reasons for Non-Random Sampling in 5087 Randomised, Controlled Trials in Anaesthetic and General Medical Journals', *Anaesthesia* 72, no. 8 (Aug. 2017): pp. 944-52; https://doi.org/10.1111/anae.13938. 칼라일의 주요 목표 중 하나는 마취학 분야에서 의심스러워 보이는 임상 실험들이 다른 의학 분야에서보다 더 나쁜지를 테스트하는 것이었다. 결론적으로 그는 마취학 분야에서의 실수들은 비마취학 분야와 비슷하다고 결론지었다.
21. 모든 사람이 칼라일의 방법에 감명을 받은 것은 아니다: 〈마취학Anesthesiology〉 편집자들은 칼라일 통계의 일부 결함을 신랄하게 지적하는 비판 논문을 썼고, 오류가 아닌 사기가 무작위화 실패의 주요 원인이라고 암시한 것에 대해 그를 비난했다(Evan D. Kharasch & Timothy T. Houle, 'Errors and Integrity in Seeking and Reporting Apparent Research Misconduct', *Anesthesiology* 127, no. 5 (Nov. 2017): pp. 733-37; https://doi.org/10.1097/ALN.0000000000001875). 이에 대해 칼라일은 내가 보기에는 매우 확신을 가지고 다음과 같이 답했다(J. B. Carlisle, 2018, 'Seeking and Reporting Apparent Research Misconduct: Errors and Integrity & a Reply', *Anaesthesia* 73, no. 1 (Jan. 2018): pp. 126-28; https://doi.org/10.1111/anae.14148). 하지만 이것은 관찰자 스스로도 관찰될 필요가 있다는 또 다른 흥미로운 사례로 볼 수 있다. 어쨌든, 우리는 다음 장에서 이 방법이 매우 중요한 영양학 임상 연구에서 무작위 추출 실패로 이어졌음을 확인하게 될 것이다. 따라서 칼라일 방법이 완전히 틀리지는 않았다고 할 수 있겠다.
22. Jelte M. Wicherts et al., 'The Poor Availability of Psychological Research Data for Reanalysis', *American Psychologist* 61, no. 7 (2006): pp. 726-28; https://doi.org/10.1037/0003-066X.61.7.726. See also Caroline J. Savage & Andrew J. Vickers, 'Empirical Study of Data Sharing by Authors Publishing in PLoS Journals', *PLOS ONE* 4, no. 9 (18 Sept. 2009): e7078; https://doi.org/10.1371/journal.pone.0007078. And Carol Tenopir et al., 'Data Sharing by Scientists: Practices and Perceptions', *PLOS ONE* 6, no. 6 (29 June 2011): e21101; https://doi.org/10.1371/journal.pone.0021101. And Garret Christensen & Edward Miguel, 'Transparency, Reproducibility, and the Credibility of Economics Research' (Cambridge, MA: National Bureau of Economic Research,

Dec. 2016); https://doi.org/10.3386/w22989. 연구 기간이 길어질수록 데이터 가용성이 낮아지는 것에 대해서는, see Timothy H. Vines et al., 'The Availability of Research Data Declines Rapidly with Article Age', *Current Biology* 24, no. 1 (Jan. 2014): pp. 94-97; https://doi.org/10.1016/j.cub.2013.11.014

23. American Type Culture Collection Standards Development Organization Workgroup ASN-0002, 'Cell Line Misidentification: The Beginning of the End', *Nature Reviews Cancer* 10, no. 6 (June 2010): pp. 441-48; https://doi.org/10.1038/nrc2852, see the timeline on p. 444.

24. 대장암: 'Retraction: Critical Role of Notch Signaling in Osteosarcoma Invasion and Metastasis', *Clinical Cancer Research* 19, no. 18 (15 Sept. 2013); pp. 5256-57; https://doi.org/10.1158/1078-0432.CCR-13-1914; 돼지: E. Milanesi et al., 'Molecular Detection of Cell Line Cross-Contaminations Using Amplified Fragment Length Polymorphism DNA Fingerprinting Technology', *In Vitro Cellular & Developmental Biology - Animal* 39, no. 3-4 (March 2003): pp. 124-30; https://doi.org/10.1007/s11626-003-0006-z; 쥐: Janyaporn Phuchareon et al., 'Genetic Profiling Reveals Cross-Contamination and Misidentification of 6 Adenoid Cystic Carcinoma Cell Lines: ACC2, ACC3, ACCM, ACCNS, ACCS and CAC2', *PLOS ONE* 4, no. 6 (25 June 2009): e6040; https://doi.org/10.1371/journal.pone.0006040

25. American Type Culture Collection Standards Development Organization Workgroup ASN-0002, 'Cell Line Misidentification'.

26. Serge P. J. M. Horbach & Willem Halffman, 'The Ghosts of HeLa: How Cell Line Misidentification Contaminates the Scientific Literature', *PLOS ONE* 12, no. 10 (12 Oct. 2017): e0186281; https://doi.org/10.1371/journal.pone.0186281. 모든 셀 분야 논문의 약 0.8퍼센트는 잘못 식별된 셀 라인을 이용해 작성됐으나, 문제가 있는 연구들 중 하나를 참고 문헌이라고 언급한 논문은 10퍼센트에 달한다(자기 인용 제외).

27. Yaqing Huang et al., 'Investigation of Cross-Contamination and Misidentification of 278 Widely Used Tumor Cell Lines', *PLOS ONE* 12, no. 1 (20 Jan. 2017): e0170384; https://doi.org/10.1371/journal.pone.0170384

28. 85퍼센트가 오염됐다: Fang Ye et al., 'Genetic Profiling Reveals an Alarming

Rate of Cross-Contamination among Human Cell Lines Used in China', *The FASEB Journal* 29, no. 10 (Oct. 2015): pp. 4268-72; https://doi.org/10.1096/fj.14-266718; see also Xiaocui Bian et al., 'A Combination of Species Identification and STR Profiling Identifies Cross-Contaminated Cells from 482 Human Tumor Cell Lines', *Scientific Reports* 7, no. 1 (Dec. 2017): 9774; https://doi.org/10.1038/s41598-017-09660-w. 다음 링크에서 잘못 식별된 모든 셀 라인(책 집필 당시 529 셀 라인)의 사전 등록 정보를 찾아 볼 수 있다. https://iclac.org/databases/cross-contaminations/. 우연히도 우리가 제3장에서 오보카타 하루코에 대해 다룰 때 접했던 'STAP' 줄기세포도 논문에 기술된 것과는 다른 종류의 쥐에서 나온 것으로서 잘못 식별된 사례의 일종이다. 이것은 그녀 논문의 가짜 사진을 포함한 다른 문제와는 별개다. Haruko Obokata et al., 'Retraction Note: Bidirectional Developmental Potential in Reprogrammed Cells with Acquired Pluripotency', *Nature* 511, no. 7507 (July 2014): p. 112; https://doi.org/10.1038/nature13599

29. Horbach & Halfmann, 'The Ghosts of HeLa'.
30. Editorial, 'Towards What Shining City, Which Hill?', *Nature* 289, no. 5795 (Jan. 1981): p. 212; https://doi.org/10.1038/289211a0
31. Christopher Korch & Marileila Varella-Garcia, 'Tackling the Human Cell Line and Tissue Misidentification Problem Is Needed for Reproducible Biomedical Research', *Advances in Molecular Pathology* 1, no. 1 (Nov. 2018): pp. 209-228, e36; https://doi.org/10.1016/j.yamp.2018.07.003
32. 2010: American Type Culture Collection Standards Development Organization Workgroup ASN-0002, 'Cell Line Misidentification'; 2012: John R. Masters, 'End the Scandal of False Cell Lines', *Nature* 492, no. 7428 (Dec. 2012): p. 186; https://doi.org/10.1038/492186a; 2015: 'Announcement: Time to Tackle Cells' Mistaken Identity', *Nature* 520, no. 7547 (April 2015): p. 264; https://doi.org/10.1038/520264a; 2017: Norbert E. Fusenig, 'The Need for a Worldwide Consensus for Cell Line Authentication: Experience Implementing a Mandatory Requirement at the International Journal of Cancer', *PLOS Biology* 15, no. 4 (17 April 2017): e2001438; https://doi.org/10.1371/journal.pbio.2001438; 2018: Jaimee C. Eckers et al., 'Identity

Crisis – Rigor and Reproducibility in Human Cell Lines', *Radiation Research* 189, no. 6 (June 2018): pp. 551–52; https://doi.org/10.1667/RR15086.1

33. Korch & Varella-Garcia, 'Tackling the Human Cell Line'.

34. 물론, 일반적으로 많은 사람들은 동물 실험을 하는 것 자체가 윤리에 어긋난다고 생각한다. 동물을 대상으로 연구를 할 수밖에 없을 때, 과학자들은 가능한 한 윤리적인 연구를 하기 위해 일련의 원칙에 동의해야 한다. 이것은 '3R' 원칙이라고 불린다. Replacement(대체; 되도록이면 동물 이외의 것을 연구에 사용해야 한다. 예를 들면 가능한 인간을 대상으로 하는 것), Reduction(축소; 가능한 한 적은 수의 동물로부터 최대한 유용한 정보를 얻어야 한다), Refinement(개선; 연구에 사용되는 동안 동물들의 복지 수준이 최대한 높은지 확인한다). 이 원칙은 다음 문헌에서 처음 사용됐다. William M. S. Russell & Rex L. Burch, *The Principles of Humane Experimental Technique*, Special ed. (Potters Bar: UFAW, 1992). 과학자들이 어떻게 이 원칙을 지키기 위해서 노력하는지에 대한 더 많은 정보는 영국의 3R 국가 센터의 웹사이트에서 찾을 수 있다. https://www.nc3rs.org.uk/

35. Malcolm R. Macleod et al., 'Risk of Bias in Reports of In Vivo Research: A Focus for Improvement', *PLOS Biology* 13, no. 10 (13 Oct. 2015): e1002273; https://doi.org/10.1371/journal.pbio.1002273

36. See Jennifer A. Hirst et al., 'The Need for Randomization in Animal Trials: An Overview of Systematic Reviews', *PLOS ONE* 9, no. 6 (6 June 2014): e98856; https://doi.org/10.1371/journal.pone.0098856

37. 특히 인간을 대상으로 하는 의학 실험에서 블라인딩은 매우 중요하다. 특히 실험 참가자가 자신들이 어떤 치료를 받고 있는지 모르도록 해야 한다. 실험 참가자들의 기대가 연구 결과에 영향을 주는 것을 방지하기 위해서다. 연구자와 참여자 모두 결과에 영향을 줄 수 있는 정보를 모르도록 하는 이와 같은 경우를 '이중 블라인드' 연구라고 한다. 연구의 대상이 사람이 아닐 때는 진짜 치료를 받고 있는지 위약을 받고 있는지 모르도록 하는 블라인딩이 우선순위가 낮은 것은 분명하다. 하지만 여전히 몇몇 경우에서는 고려해야 할 문제일 수 있다.

38. 매클라우드와 동료들은 또한 제4장에서 다룬 이해 충돌 섹션에 해당 진술이 포함됐는지 여부에 대해서도 검토했다.

39. Malcolm R. Macleod et al., 'Evidence for the Efficacy of NXY-059 in Experimental Focal Cerebral Ischaemia Is Confounded by Study Quality',

Stroke 39, no. 10 (Oct. 2008): pp. 2824-29; https://doi.org/10.1161/STROKEAHA.108.515957

40. 이 점을 보여주는 전형적인 실제 사례는 많은 통계 교과서에 실린 1936년 미국 대통령 선거다. 당시 〈문학 다이제스트Literary Digest〉지는 200만 명을 표본으로 하는 대규모 여론조사를 실시했지만 무작위로 표본을 채취하는 데 실패했다. 참가자들에게 전화로 연락을 취했기 때문이다. 당시 부유층만이 집에 전화를 가지고 있었기 때문에 표본 추출에 편향이 개입됐다. 그 결과 그들은 공화당 후보인 앨프 랜던이 프랭클린 D. 루스벨트에 압승할 것이라고 선거 결과를 완전히 틀리게 예측했다. 실제로 루스벨트는 61퍼센트의 득표율을 얻었고, 그 이후 〈문학 다이제스트〉는 폐간됐다. Sharon L. Lohr and J. Michael Brick, 'Roosevelt Predicted to Win: Revisiting the 1936 Literary Digest Poll', *Statistics, Politics and Policy* 8, no. 1, 26 Jan. 2017; https://doi.org/10.1515/spp-2016-0006
41. Joseph P. Simmons et al., 'Life after P-Hacking: Meeting of the Society for Personality and Social Psychology', 41 Joseph P. Simmons et al., 'Life after P-Hacking: Meeting of the Society for Personality and Social Psychology', SSRN, (New Orleans, LA, 17-19 Jan. 2013); https://doi.org/10.2139/ssrn.2205186, (New Orleans, LA, 17-19 Jan. 2013); https://doi.org/10.2139/ssrn.2205186
42. 효과 존재 여부를 신뢰성 있게 검출하는 문제에 대해 이야기할 때, 저자들은 많은 문헌에서 사용하고 있는 기준에 대해 언급하고 있다. 실제 효과가 존재하는 경우를 대상으로 통계 테스트를 했을 때의 결과가 효과 있음으로 나올 확률이 80퍼센트 이상이면(즉, p-값이 0.05 미만인 경우) 여러분의 통계적 검정력은 인정받게 된다. 물론 통계적 검정력이 더 높거나 표본이 충분히 클 경우(혹은 효과가 충분히 클 경우) 여러분의 통계적 검정력은 이 최소 기준을 훨씬 상회하게 될 것이다. 통계적 검정력 80퍼센트의 경우, 효과가 실제로 있음에도 효과의 검출을 놓칠 확률이 20퍼센트라는 의미이고 이 경우를 거짓 음성이라고 이야기하게 된다.
43. Katherine S. Button et al., 'Power Failure: Why Small Sample Size Undermines the Reliability of Neuroscience', *Nature Reviews Neuroscience* 14, no. 5 (May 2013): pp. 365-76; https://doi.org/10.1038/nrn3475. See in particular Table 2.
44. 하지만 신경과학계의 다양한 하부 분야에 걸쳐 이와 관련해 상당히 많은 변화가 있었다. Camilla L. Nord et al., 'Power-up: A Reanalysis of "Power Failure" in Neuroscience Using Mixture Modeling', *Journal of Neuroscience* 37, no. 34 (23

Aug. 2017): pp. 8051-61; https://doi.org/10.1523/JNEUROSCI.3592-16.2017

45. 임상 시험: Herm J. Lamberink et al., 'Statistical Power of Clinical Trials Increased While Effect Size Remained Stable: An Empirical Analysis of 136,212 Clinical Trials between 1975 and 2014', *Journal of Clinical Epidemiology* 102 (Oct. 2018): pp. 123-28; https://doi.org/10.1016/j.jclinepi.2018.06.014. 생물 의학 연구: Estelle Dumas-Mallet et al., 'Low Statistical Power in Biomedical Science: A Review of Three Human Research Domains', *Royal Society Open Science* 4, no. 2 (Feb. 2017): 160254; https://doi.org/10.1098/rsos.160254. 경제: John P. A. Ioannidis et al., 'The Power of Bias in Economics Research', *Economic Journal* 127, no. 605 (1 Oct. 2017): F236-65; https://doi.org/10.1111/ecoj.12461. 뇌 이미지: Henk R. Cremers et al., 'The Relation between Statistical Power and Inference in FMRI', ed. Eric-Jan Wagenmakers, *PLOS ONE* 12, no. 11 (20 Nov. 2017): e0184923; https://doi.org/10.1371/journal.pone.0184923. 간호 연구: Cadeyrn J. Gaskin & Brenda Happell, 'Power, Effects, Confidence, and Significance: An Investigation of Statistical Practices in Nursing Research', *International Journal of Nursing Studies* 51, no. 5 (May 2014): 795-806; https://doi.org/10.1016/j.ijnurstu.2013.09.014. 행동 생태학: M. D. Jennions & Anders Pape Møller, 'A Survey of the Statistical Power of Research in Behavioral Ecology and Animal Behavior', *Behavioral Ecology* 14, no. 3 (1 May 2003): pp. 438-45; https://doi.org/10.1093/beheco/14.3.438. 심리학: Denes Szucs & John P. A. Ioannidis, 'Empirical Assessment of Published Effect Sizes and Power in the Recent Cognitive Neuroscience and Psychology Literature', ed. Eric-Jan Wagenmakers, *PLOS Biology* 15, no. 3 (2 Mar. 2017): e2000797; https://doi.org/10.1371/journal.pbio.2000797

46. Leif D. Nelson et al., 'Psychology's Renaissance', *Annual Review of Psychology* 69, no. 1 (4 Jan. 2018): pp. 511-34; https://doi.org/10.1146/annurev-psych-122216-011836

47. 이것은 경매에서 가끔 이야기되는 '승자의 저주winner's curse'의 또 다른 버전이다. 승자의 저주는 경매에서 낙찰된 사람이 경매에 올라온 물건의 가치를 실제보다 더 높게 평가하는 현상을 의미한다. 과학에서는 형태를 바꾸는 그리스 신화의 인물 이름을 따서 '프로테우스 현상'이라고 부르기도 한다. 기본적인 아이디어는 특정 효과의

발견 초기에는 종종 그 크기가 연구들마다 극적으로 달라진다는 것이다. 이것은 부분적으로 우리가 논의해왔던 통계적 검정력에 차이가 있어 일부 연구들의 경우 작은 효과를 볼 수 없는 능력이 없기 때문이다. John P. A. Ioannidis & Thomas A. Trikalinos, 'Early Extreme Contradictory Estimates May Appear in Published Research: The Proteus Phenomenon in Molecular Genetics Research and Randomized Trials', *Journal of Clinical Epidemiology* 58, no. 6 (June 2005): pp. 543-49; https://doi.org/10.1016/j.jclinepi.2004.10.019. Nathan P. Lemoine et al., 'Underappreciated Problems of Low Replication in Ecological Field Studies', *Ecology* 97, no. 10 (Oct. 2016): pp. 2554-61; https://doi.org/10.1002/ecy.1506; and Button et al., 'Power Failure'.

48. 이와 비슷한 이슈는 특정 분야에서의 통계적 검정력을 조사한 앞에 언급한 연구에도 영향을 미친다. 그 연구에서는 해당 연구들의 통계적 검정력을 사후에 추정한다. 즉, '그들이 발견한 효과를 감지하기 위해 얼마나 큰 통계적 검정력을 가지고 있었는가?' 라고 묻는 것이다. 하지만 해당 연구가 실제 효과의 크기를 과대평가했다면, 이 사후 연구 방법 역시 그들의 통계적 검정력을 과대평가하게 될 것이다. 그래서 사후 통계적 검정력 테스트 결과는 실제로는 그렇지 않은데도 해당 연구에서 사용된 통계적 검정력에 아무런 문제가 없다고 믿게 만들 수 있다. 이보다 더 나은 방법은 효과의 현실적 의미를 근거로 이상적인 효과의 크기를 소, 중, 대 중에서 추정하는 것이다. 통증 척도, 달러 소득, 온도 또는 속도 등의 변화처럼 더 확실한 지표에서 의미 있는 차이를 사용할 수도 있다. 그리고 그러한 크기의 효과를 신뢰성 있게 탐지할 수 있는 통계적 검정력을 결정하는 것이다(즉, 충분한 수의 참가자나 관찰 실험 횟수를 결정한다). Andrew Gelman, 'Don't Calculate Post-Hoc Power Using Observed Estimate of Effect Size' (2018); http://www.stat.columbia.edu/~gelman/research/unpublished/power_surgery.pdf

49. Herm J. Lamberink et al., 'Statistical Power of Clinical Trials Increased While Effect Size Remained Stable: An Empirical Analysis of 136,212 Clinical Trials between 1975 and 2014', *Journal of Clinical Epidemiology* 102 (Oct. 2018):pp. 123-28; https://doi.org/10.1016/j.jclinepi.2018.06.014. 여기서 내가 이야기하고 있는 효과의 사이즈는 코헨 d-값 0.21이다. 해당 치료법으로 도움을 받을 사람들의 수에 대한 나의 해석은 크리스토퍼 마그누손이 만든 다음 웹사이트에 있는 매우 유용한 계산기를 사용해 얻은 것이다: https://rpsychologist.com/d3/cohend/

50. Stefan Leucht et al., 'How Effective Are Common Medications: A Perspective Based on Meta-Analyses of Major Drugs', *BMC Medicine* 13, no. 1 (Dec. 2015):253; https://doi.org/10.1186/s12916-015-0494-1. 광범위하게 사용되고 있는 의학적 치료법의 효과 크기를 살펴본 이 연구는 큰 효과 크기를 갖는 일반적 치료법(예를 들면, 위산 수준에 큰 영향을 미치는 오메프라졸과 같은 양성자-펌프 억제제)에 대해서도 다뤘지만, 심장 질환 예방을 위한 아스피린 처방처럼 효과가 놀랄 만큼 작았던 일부 치료법에 대해서도 다루고 있다. 물론, 효과가 작은 약이라도 그 약이 필요한 수백만 명의 사람들에게 처방된다면 사회적 차원에서는 매우 유익할 수 있다. 그로 인해 수백만 달러의 의료비용을 절감할 수 있기 때문이다. 그런데도 연구의 저자들은 '약물의 효능에 대해 좀 더 현실적일 필요가 있다'(4페이지)고 권고했다. 논문에 언급된 세 가지 치료법의 효과 크기는 코헨 d-값이 0.55인 것으로 각주가 붙어 있다. Tiago V. Pereira et al., 'Empirical Evaluation of Very Large Treatment Effects of Medical Interventions', *JAMA* 308, no. 16 (24 Oct. 2012): 1676-84; https://doi.org/10.1001/jama.2012.13444
51. E.g. Gilles E. Gignac & Eva T. Szodorai, 'Effect Size Guidelines for Individual Differences Researchers', *Personality and Individual Differences* 102 (Nov. 2016): pp. 74-78; https://doi.org/10.1016/j.paid.2016.06.069
52. 다행히도 시릴 버트 이후로 믿을 수 있는 쌍둥이 연구가 많이 있다. 이에 대한 리뷰 연구는 다음을 참조하라. Tinca J. C. Polderman et al., 'Meta-Analysis of the Heritability of Human Traits Based on Fifty Years of Twin Studies', *Nature Genetics* 47, no. 7 (July 2015): 702-9; https://doi.org/10.1038/ng.3285
53. 인지 능력에 대한 후보 유전자와의 연관성에 대한 리뷰 논문은 다음을 참조하라. Antony Payton, 'The Impact of Genetic Research on Our Understanding of Normal Cognitive Ageing: 1995 to 2009', *Neuropsychology Review* 19, no. 4 (Dec. 2009): pp. 451-77; https://doi.org/10.1007/s11065-009-9116-z
54. Dominique J-F de Quervain et al., 'A Functional Genetic Variation of the 5-HT2a Receptor Affects Human Memory', *Nature Neuroscience* 6, no. 11 (Nov. 2003): pp. 1141-42; https://doi.org/10.1038/nn1146
55. Marcus R. Munafò et al., 'Serotonin Transporter (5-HTTLPR) Genotype and Amygdala Activation: A Meta-Analysis', *Biological Psychiatry* 63, no. 9 (May 2008): pp. 852-57; https://doi.org/10.1016/j.biopsych.2007.08.016

56. 요즘은 소비자에게 직접 서비스하는 유전형질 분석 업체에게 침 표본을 보내면 100파운드 정도의 비용으로 2주 이내에 여러분이 어떤 유전적 변형을 가지고 있는지 알 수 있게 된다.

57. 문제의 특성과 수천 종이 넘는 유전적 변이가 어떻게 연결돼 있는지를 테스트할 때 GWAS가 앞 장에서 살펴봤던 다중 비교 문제에 빠지는 것은 아닌지 궁금할 것이다. 다중 비교의 함정은 거짓 양성 결과가 나타날 위험이 계산된 p-값의 크기가 커질수록 함께 증가하는 것이다. GWAS 연구진은 이 문제에 대해 잘 알고 있으며 이에 따라 p-값 기준을 대폭 낮췄다. 0.05 컷오프 값을 사용하는 대신 5×10^{-8}(또는 0.00000005)보다 작은 경우에만 p-값이 통계적으로 유의미하다고 받아들인다.

58. Laramie E. Duncan et al., 'How Genome-Wide Association Studies (GWAS) Made Traditional Candidate Gene Studies Obsolete', *Neuropsychopharmacology* 44, no. 9 (Aug. 2019): pp. 1518-23; https://doi.org/10.1038/s41386-019-0389-5

59. 여기서 '희귀하다'는 유용한 단어다. 예를 들어, 우리는 학습 장애와 어떤 형태의 자폐 스펙트럼 장애와 관련 있는 많은 희귀한 돌연변이를 알고 있다. Mari E. K. Niemi et al., 'Common Genetic Variants Contribute to Risk of Rare Severe Neurodevelopmental Disorders', *Nature* 562, no. 7726 (Oct. 2018): pp. 268-71; https://doi.org/10.1038/s41586-018-0566-4. 내가 알고 있기로는 대규모 유전체 조합 연구의 무자비한 공격에도 유일하게 살아남은 일반적인 '후보 유전자'는 APOE 유전자에 나타난 변이다. 이 변이는 확실하게 알츠하이머를 앓을 위험과 관련 있는 것으로 보인다. Riccardo E. Marioni et al., 'GWAS on Family History of Alzheimer's Disease', *Translational Psychiatry* 8, no. 1 (Dec. 2018): 99; https://doi.org/10.1038/s41398-018-0150-6

60. IQ: Christopher F. Chabris et al., 'Most Reported Genetic Associations with General Intelligence are Probably False Positives', *Psychological Science* 23, no. 11 (Nov. 2012): pp. 1314-23; https://doi.org/10.1177/0956797611435528. 우울증: Richard Border et al., 'No Support for Historical Candidate Gene or Candidate Gene-by-Interaction Hypotheses for Major Depression Across Multiple Large Samples', *American Journal of Psychiatry* 176, no. 5 (May 2019): pp. 376-87; https://doi.org/10.1176/appi.ajp.2018.18070881. 조현병: M. S. Farrell et al., 'Evaluating Historical Candidate Genes for Schizophrenia', *Molecular Psychiatry* 20, no. 5 (May 2015): pp. 555-62; https://doi.org/10.1038/mp.2015.16

61 Scott Alexander, '5-HTTLPR: A Pointed Review', *Slate Star Codex*, 7 May 2019; https://slatestarcodex.com/2019/05/07/5-httlpr-a-pointed-review/

62. 예를 들면 낮은 통계적 검정력은 다음 논문의 초록 부분에 언급돼 있다: H. Clarke et al., 'Association of the *5-HTTLPR* Genotype and Unipolar Depression: A Meta-Analysis', Psychological Medicine 40, no. 11 (Nov. 2010): pp. 1767-78; https://doi.org/10.1017/S0033291710000516. 우연히도 후보 유전자 논문에는 출판 편향이 크게 작용하고 있다고 자신 있게 이야기해도 무방하다. 후보 유전자들이 어떻게 환경과 작용하는지에 대한 연구에 포함된 이러한 증거를 보려면 다음을 참조하라. Laramie E. Duncan & Matthew C. Keller, 'A Critical Review of the First 10 Years of Candidate Gene-by-Environment Interaction Research in Psychiatry', *American Journal of Psychiatry* 168, no. 10 (Oct. 2011): pp. 1041-49; https://doi.org/10.1176/appi.ajp.2011.11020191

63. R. A. Fisher, 'XV. - The Correlation between Relatives on the Supposition of Mendelian Inheritance', *Transactions of the Royal Society of Edinburgh* 52, no. 2 (1919): pp. 399-433; https://doi.org/10.1017/S0080456800012163. See the historical discussion in Peter M. Visscher et al., '10 Years of GWAS Discovery: Biology, Function, and Translation', *American Journal of Human Genetics* 101, no. 1 (July 2017): pp. 5-22; https://doi.org/10.1016/j.ajhg.2017.06.005

64. 복잡한 특성에 영향을 미치는 유전자를 유전학자들이 거의 완벽하게 이해하고 있다는 이야기를 하려는 것은 아니다. 단지 그들이 더 나은 방법으로 대체하기 위해 문제가 있는 낡은 방법들을 폐기해왔다는 점을 이야기하고자 하는 것이다. 어떤 유전자들이 연관돼 있는지, 다른 그룹에 속해 있는 사람들에서는 어떤 유전자가 관련돼 있는지, 사회적 및 인구학적으로 차이가 나는 복잡한 상황에 부딪혔을 때 우리의 분석은 얼마나 형편없을지, 특히 질병을 앓고 있는 사람들을 돕고자 할 때 우리가 가지고 있는 유전학적 지식으로 무엇을 해야 할지, 유전자는 어떤 영향을 미치는지 등을 파악하려면 우리의 상상을 초월할 정도의 연구 양이 필요하다. 이와 관련된 유용한 리뷰 문헌은 다음과 같다. Vivian Tam et. al, 'Benefits and Limitations of Genome-Wide Association Studies', *Nature Reviews Genetics* 20, no. 8 (Aug. 2019): pp. 467-84; https://doi.org/10.1038/s41576-019-0127-1

65. 동물 연구에 있어서 통계적 검정력이 가지고 있는 재미있는 역설이 있다. 어쩌면 직관과는 반대로 짧은 기간에 더 많은 동물들을 실험에 사용하는 것이 더 나은 방법이

다. 표본 크기를 키워서 통계적 검정력을 증가시키면 좀 더 신뢰성 있는 결과를 얻게 되기 때문이다. 이렇게 얻은 연구 결과는 아무리 세월이 지나도 문제없고 재현 테스트도 통과할 수 있다. 그렇지 않으면 계속해서 결론도 없이 추가적 정보를 제공하지 못하는 동물 실험을 오랫동안 반복해야 하는데, 이런 일을 피하는 것이 결국 더 많은 동물들이 죽는 것을 방지하는 효과가 있는 것이다.

66. For example, see Christine R. Critchley, 'Public Opinion and Trust in Scientists: The Role of the Research Context, and the Perceived Motivation of Stem Cell Researchers', *Public Understanding of Science* 17, no. 3 (July 2008): pp. 309-27; https://doi.org/10.1177/0963662506070162

제6장

격언: Reid Harrison, 'The Springfield Files', *The Simpsons*, Steven Dean Moore, dir. (Season 8, Episode 10, 12 Jan. 1997).

1. F. Wolfe-Simon et al., 'A Bacterium That Can Grow by Using Arsenic Instead of Phosphorus', *Science* 332, no. 6034 (3 June 2011): pp. 1163-66; https://doi.org/10.1126/science.1197258
2. 엄밀히 말하면 석순이 아니라 투파다. 투파는 석순과 비슷한 모양이지만 약간 다른 성질을 가지고 있다. 내부가 약간 더 스폰지 같다; https://itotd.com/articles/2773/tufa/
3. 울프 사이먼의 연구는 우주생물학의 하위 분야 학문에 속한다. 실험실에서 연구할 다른 행성에서 온 외계 생명체가 없을 때, 우주생물학자들은 그 생명체가 어떻게 생겼을지에 대한 연구를 한다. 한 가지 방법은 모노레이크와 같은 열악한 환경에 사는 박테리아와 같은 이른바 '극한성 생물'을 살펴보는 것이다.
4. Paul Davies, 'The "Give Me a Job" Microbe', *Wall Street Journal*, 4 Dec. 2010; https://on.wsj.com/2PAX4ut
5. Tom Clynes, 'Scientist in a Strange Land', Popular Science, 26 Sept. 2011; https://www.popsci.com/science/article/2011-09/scientist-strange-land/. 울프 사이먼은 〈글래머〉 지와 프로필 인터뷰를 하기도 했다: Anne Gowen, 'This

Rising Star's Four Rules for You', *Glamour*, June 2011; https://bit.ly/2wbLLCb
6. 과학 저널리스트 칼 짐머의 기사는 많은 회의주의자들의 이야기를 인용하고 있다: Carl Zimmer, '"This Paper Should Not Have Been Published": Scientists See Fatal Flaws in the NASA Study of Arsenic-Based Life', Slate, 7 Dec. 2010; https://slate.com/technology/2010/12/the-nasa-study-of-arsenic-basedlife-was-fatally-flawed-say-scientists.html
7. 레드필드의 블로그에서 #arseniclife 해시태그를 검색하면 다음과 같은 많은 게시물을 찾을 수 있다 : http://rrresearch.fieldofscience.com/
8. Editorial, 'Response Required', Nature 468, no. 7326 (Dec. 2010): p. 867; https://doi.org/10.1038/468867a
9. 보도 자료는 다음 링크에서 확인할 수 있다: https://www.nasa.gov/home/hqnews/2010/nov/HQ_M10-167_Astrobiology.html
10. Jason Kottke, 'Has NASA Discovered Extraterrestrial Life?', Kottke, 29 Nov. 2010; https://kottke.org/10/11/has-nasa-discovered-extraterrestrial-life. 영화 〈E.T. The Extra-Terrestrial〉에 나오는 장면을 포함하고 있는 다음 논문도 참조하라: 'NASA to Unveil Details of Quest for Alien Life', Fox News, 2 Dec. 2010; https://www.foxnews.com/science/nasa-to-unveil-details-of-quest-for-alien-life
11. Quoted in Tony Phillips, ed. 'Discovery of "Arsenic-Bug" Expands Definition of Life', 2 Dec. 2010; https://science.nasa.gov/science-news/science-at-nasa/2010/02dec_monolake
12. 이 모든 것들은 당시 〈사이언스〉의 편집장이었던 브루스 앨버츠의 각주에 언급돼 있다. B. Alberts, 'Editor's Note', Science 332, no. 6034 (3 June 2011): p. 1149; https://doi.org/10.1126/science.1208877
13. M. L. Reaves et al., 'Absence of Detectable Arsenate in DNA from Arsenate-Grown GFAJ-1 Cells', *Science* 337, no. 6093 (27 July 2012): pp. 470-73; https://doi.org/10.1126/science.1219861
14. Erb et al., 'GFAJ-1 Is an Arsenate-Resistant, Phosphate-Dependent Organism', *Science* 337, no. 6093 (27 July 2012): pp. 467-70; https://doi.org/10.1126/science.1218455
15. Clynes, 'Scientist in a Strange Land'.

16. 이런 일이 일어나지 않는다는 뜻은 아니다. 과학적 결과를 출판할 때의 직업적 위험은 당신의 발견이 언론에 잘못 전달되거나 오해받거나 심하게 훼손될 수 있다는 것이다. 실수의 범위는 사소한 것에서부터 심각하고 해로운 것까지 다양하다. 후자의 예로서는, 2011년 일어난 스테틴의 부작용에 대한 부정확한 미디어의 공포 조장 사례가 있다. 스테틴은 잘 입증된 안전한 약물로서 심장 질환의 위험을 감소시키지만, 사람들이 그 사건 이후 몇 년간 복용을 하지 않았다. 이런 사태에는 미디어가 영향을 미친 것으로 보인다. Anthony Matthews et al., 'Impact of Statin Related Media Coverage on Use of Statins: Interrupted Time Series Analysis with UK Primary Care Data', *BMJ* (28 June 2016): i3283; https://doi.org/10.1136/bmj.i3283
17. P. S. Sumner et al., 'The Association between Exaggeration in Health-Related Science News and Academic Press Releases: Retrospective Observational Study', *BMJ* 349, (9 Dec. 2014): g7015; https://doi.org/10.1136/bmj.g7015
18. 동물 모델에 대해 훌륭하게 요약된 역사는: Aaron C. Ericsson et al., 'A Brief History of Animal Modeling', *Missouri Medicine* 110, no. 3 (June 2013): pp. 201-5; https://www.ncbi.nlm.nih.gov/pubmed/23829102
19. D. G. Contopoulos-Ioannidis et al., 'Life Cycle of Translational Research for Medical Interventions', *Science* 321, no. 5894 (5 Sept. 2008): pp. 1298-99, https://doi.org/10.1126/science.1160622
20. J. P. Garner, 'The Significance of Meaning: Why Do Over 90% of Behavioral Neuroscience Results Fail to Translate to Humans and What Can We Do to Fix It?', *ILAR Journal* 55, no. 3 (20 Dec. 2014): pp. 438-56; https://doi.org/10.1093/ilar/ilu047
21. https://twitter.com/justsaysinmice. 그런데, 우리는 앞 장에서 본 바와 같이 쥐와 같은 동물에 대한 연구의 질이 낮다는 것을 잊어서는 안 된다.
22. 종종 약간 다른 버전을 볼 수 있다: '상관관계는 인과관계를 암시하지 않는다'. 여기에는 '암시imply'라는 단어의 다의적 의미 때문에 애매한 부분이 있다. 단어의 강한 정의에 의하면 (춤이 존재한다는 것은 댄서가 있다는 것을 '암시'하는 것과 같이, 논리적으로 A는 B를 포함하는 방식) 이 말은 확실히 사실이다. 하지만 단어의 약한 정의 버전에서는 (상사로부터 약간 퉁명스러운 이메일을 받는 것이 당신에게 불만이 있다는 것을 '암시'하는 것과 같이, A는 B에 대해 분명하게 밝히지 않으면서도 B임을 시사하는 방식) 이 말은 정답이

아니다. 그런 약한 정의에 의하면, 상관관계는 때때로 인과관계가 전혀 없는 상황에서도 인과관계를 암시하게 되기 때문이다. 이렇게 표현해 보자: 만약 후자의 정의에서 상관관계가 인과관계를 의미하지 않았다면, 둘 사이에 그렇게 큰 혼란은 없었을 것이다.

23. Janie Corley et al., 'Caffeine Consumption and Cognitive Function at Age 70: The Lothian Birth Cohort 1936 Study', *Psychosomatic Medicine* 72, no. 2 (Feb. 2010): pp. 206-14; https://doi.org/10.1097/PSY.0b013e3181c92a9c

24. 또한 두 변수 사이에 상관관계가 있을 수 있는 또 다른 덜 알려진 이유가 있다: 그것은 '충돌 편향'이다. 다음과 같은 훌륭한 블로그 게시물은 이 문제에 대해 자세히 논하고 있다: Julia Rohrer, 'That One Weird Third Variable Problem Nobody Ever Mentions: Conditioning on a Collider', *The 100% CI*, March 14, 2017; http://www.the100.ci/2017/03/14/that-one-weird-third-variable-problem-nobody-evermentions-conditioning-on-a-collider/. 여기에서 들고 있는 사례는, 놀랍게도 전체 인구에서는 전혀 상관관계가 없는 것으로 나타났지만 대학생 표본만 들여다보면 IQ와 양심 사이에 부정적인 상관관계가 있을 수 있다는 것이다. IQ와 양심 모두 대학에 갈 기회를 높이는 특성이기 때문이다. 이 두 특성이 낮은 사람들은 대학생 표본에서 제외됐다. 대학생 표본에서는 낮은 IQ, 낮은 양심의 사람들이 제외돼 있다는 사실로 인해 두 변수 사이에는 거짓된 상관관계가 만들어진다. 이것은 매우 다루기 까다로운 문제이고, 우리가 생각하는 것보다 더 많은 연구에 퍼져 있는 문제다. Marcus R. Munafò et al., 'Collider Scope: When Selection Bias Can Substantially Influence Observed Associations', *International Journal of Epidemiology* 47, no. 1 (27 Sept. 2017): pp. 226-35; https://doi.org/10.1093/ije/dyx206

25. 정말 스스로를 질리게 하고 싶다면, 철학자 데이비드 흄의 '유도 문제'를 읽어보라. 여기서 핵심적으로 이야기하고 있는 것은 상관관계는 인과관계가 아니라는 것이다. 이전에 일어났던 일들이 다시 일어날 것이라고 주장하는 데는 합리적인 근거가 없음을 이야기하고 있다. (이와 관련된 고전적 문제는 내일 아침 해가 뜬다는 것을 증명하는 것이다. '항상 그랬었다'라는 것은 그것을 믿는 논리적 근거가 되지 않는다.) 이 문제는 수백년 동안 철학계에서 논의돼왔으며, 많은 매우 똑똑한 사상가들이 이 문제를 해결하려고 노력했지만, 어떤 이들은 이 문제는 절대 풀 수 없다고 생각한다. 이에 대한 훌륭한 논의는 다음에서 제공된다. Leah Henderson, 'The Problem of Induction',

Stanford Encyclopedia of Philosophy, ed. Edward N. Zalta, Winter 2019; https://plato.stanford.edu/archives/win2019/entries/induction-problem

26. Rachel C. Adams et al., 'Claims of Causality in Health News: A Randomised Trial', *BMC Medicine* 17, no. 1 (Dec. 2019): 91; https://doi.org/10.1186/s12916-019-1324-7
27. Isabelle Boutron et al., 'Three Randomized Controlled Trials Evaluating the Impact of "Spin" in Health News Stories Reporting Studies of Pharmacologic Treatments on Patients'/Caregivers' Interpretation of Treatment Benefit', *BMC Medicine* 17, no. 1 (Dec. 2019): 105; https://doi.org/10.1186/s12916-019-1330-9
28. Nick Davies, *Flat Earth News: An Award-Winning Reporter Exposes Falsehood, Distortion and Propaganda in the Global Media* (London: Vintage Books, 2009). Daniel Jackson and Kevin Moloney, 'Inside Churnalism: PR, Journalism and Power Relationships in Flux', *Journalism Studies* 17, no. 6 (17 Aug. 2016): pp. 763-80; https://doi.org/10.1080/1461670X.2015.1017597
29. Estelle Dumas-Mallet et al., 'Poor Replication Validity of Biomedical Association Studies Reported by Newspapers', *PLOS ONE* 12, no. 2 (21 Feb. 2017): e0172650; https://doi.org/10.1371/journal.pone.0172650
30. 이것은 비과학자들이 쓴 인기 있는 과학 서적들을 논의의 대상에서 제외하기 위한 것은 아니다. 그런 책들도 역시 큰 문제를 안고 있기 쉽다. 글래드웰이 쓴 종합 에세이집《당신이 무언가에 끌리는 이유What the Dog Saw》를 리뷰하면서 스티븐 핑커는 '아이곤 밸류 문제Igon Values Problem'라는 용어를 만들어냈다. 이 용어는 글래드웰이 많은 통계 분석에서 중요하게 사용되는 수학적 콘셉트인 아이겐밸류Eigenvalues 라는 단어를 난도질했던 것을 묘사하기 위해 만들어졌다. 글래드웰은 아마도 그가 인터뷰했던 사람들 중 하나가 이 단어를 사용하는 것을 들었으나 이후로 그 내용이 무엇인지에 대해서 찾아보려는 노력은 하지 않았을 것이 틀림없다. 아이곤 밸류는 인기 과학 서적에서 너무 흔하게 나타난다. 이것은 과학 작가가 쓰고자 하는 분야에 대해 전문가가 아닐 경우 발생할 수 있는 이해도의 격차를 나타내는 말이다. 하지만 우리가 이제 곧 살펴보게 되겠지만, 과학자들이 자신들의 전문 분야에 대해 글을 쓸 때도 아이곤 밸류만큼이나 심각한 문제가 있는 책을 만들 수 있다. Steven Pinker, 'Malcolm Gladwell, Eclectic Detective', *New York Times*, 7 Nov. 2009; https://www.

nytimes.com/2009/11/15/books/review/Pinker-t.html

31. Carol S. Dweck, *Mindset: The New Psychology of Success* (New York: Ballantine Books, 2008): pp. 6, 15. 드웩은 이 책을 쓰고 있는 시점에 1,350만 명이 본 인기 있는 TEDx 강연을 했다. TED 홈페이지에서 1,020만 명 그리고 유튜브에서 330만 명이 이 강연을 봤다. 이 강연에서 그녀는 '모든 아동들은 자신들이 잘 성장할 수 있는 곳에서 살 인간으로서의 기본권리를 가지고 있다'라고 말했다. Carol Dweck, 'The Power of Believing That You Can Improve', presented at *TEDxNorrkoping*, Nov. 2014; https://www.ted.com/talks/carol_dweck_the_power_of_believing_that_you_can_improve

32. 같은 책. ix.

33. Holly Yettick et al., 'Mindset in the Classroom: A National Study of K-12 Teachers', Editorial Projects in Education, Bethesda, MD: Education Week Research Center, 2016; https://www.edweek.org/media/ewrc_mindsetintheclassroom_sept2016.pdf. 이것은 대표적인 표본은 아니다. 따라서 주의를 필요로 한다. 2020년 2월, 구글에서 '마인드셋'이라는 것을 영국 학교들의 웹사이트를 뜻하는 '.sch.uk' 도메인에서만 검색한 결과, 43,200개의 결과를 얻을 수 있었으며, 이것으로 이 아이디어의 인기를 어느 정도 알 수 있었다. 현재 영국에는 32,000개가 조금 넘는 학교가 있을 뿐이다: 'Key UK Education Statistics', British Educational Suppliers Association, 28 Oct. 2019; https://www.besa.org.uk/key-uk-education-statistics/

34. Victoria F. Sisk et al., 'To What Extent and Under Which Circumstances Are Growth Mind-Sets Important to Academic Achievement? Two Meta-Analyses', *Psychological Science* 29, no. 4 (April 2018): pp. 549-71; https://doi.org/10.1177/0956797617739704. 마인드셋에 대해 회의적인 연구자들에 의해 실시된 더 많은 연구 결과를 찾아보려면 다음을 참조하라. Alexander P. Burgoyne et al., 'How Firm Are the Foundations of Mind-Set Theory? The Claims Appear Stronger Than the Evidence', *Psychological Science*, 3 Feb. 2020; https://doi.org/10.1177/0956797619897588

35. 통계 애호가를 위해 밝혀두자면, 상관관계 및 실험 효과는 각각 피어슨Pearson r-값 0.10과 코헨 d-값 0.08에 해당한다. d-값 0.08에 대해 또 다른 관점에서 살펴보는 방법은, 분포도에서 96.8퍼센트가 중복된다는 것 외에, 마인드셋 그룹에서 무작위

로 사람을 선택한 후 그 사람의 성적이 대조군의 평균을 상회하는지 혹은 그에 못 미치는지 여부를 확인하는 것이다. 효과가 없을 경우 이 확률은 50퍼센트가 된다(평균은 동일함). 메타 분석 결과, 성장 마인드셋을 갖도록 훈련받은 사람들의 경우 대조군 평균 성적보다 높을 확률이 52.3퍼센트였다. 계산은 다음을 참조했다. https://rpsychologist.com/d3/cohend/

36. 메타 분석 결과 특히 위험에 처한 아동(예: 열악한 환경의 아동)이 마인드셋 훈련으로 더 많은 혜택을 받을 수 있다는 몇 가지 증거가 있었다. 이는 성장 마인드셋 지지자들이 실시한 최근 대규모 연구에서도 마찬가지였다. 전체적으로 메타 분석과 유사한 결과를 발견했다. David S. Yeager et al., 'A National Experiment Reveals Where a Growth Mindset Improves Achievement', *Nature* 573, no. 7774 (Sept. 2019): pp. 364-69; https://doi.org/10.1038/s41586-019-1466-y

37. 과장이 어떻게 과학적인 '임무 변경mission creep' 을 일으킬 수 있는지에 대한 완벽한 예시를 원한다면, 2011년 드웩과 그의 동료들이 다소 약해 보이는 증거에 근거해 성장 마인드셋이 중동 평화를 촉진하는 데도 사용될 수 있다고 주장한 〈사이언스〉 발표 논문을 참조하라. E. Halperin et al., 'Promoting the Middle East Peace Process by Changing Beliefs About Group Malleability', *Science* 333, no. 6050 (23 Sept. 2011): pp. 1767-69; https://doi.org/10.1126/science.1202925

38. 교육계에서 과장의 또 다른 예는 어떤 면에서 성장 마인드셋 개념의 두 번째 버전이라고 할 수 있는 '그릿grit'이다. 이것은 심리학자인 앤절라 더크워스가 주창한 개념이다. 삶이 당신의 인생에 장애물을 놓더라도 포기하지 않고 열정을 가진 일에 매달릴 수 있는 능력이 성공의 열쇠이며, 이것은 타고난 재능보다 훨씬 더 중요하다는 것이다. 그녀가 던진 메시지에 대한 사람들의 반응은 엄청났다: 이 책을 쓸 당시, 그녀의 해당 주제에 대한 TED 강연은 2,550만 회의 조회수를 기록했고(TED 웹사이트에서 1,950만 회, 유튜브에서 600만 회: Angela Lee Duckworth, 'Grit: The Power of Passion and Perseverance', presented at *TED Talks Education*, April 2013; https://www.ted.com/talks/angela_lee_duckworth_grit_the_power_of_passion_and_perseverance), 이어서 나온 그녀의 책 《그릿》은 〈뉴욕타임스〉의 베스트셀러가 됐으며 계속해서 꾸준히 팔리고 있다. 마인드셋과 마찬가지로 그릿은 많은 학교에서 채택하고 있는 철학의 한 부분이 됐다. 이 중에는 KIPP(지식은 힘 프로그램Knowledge is Power Program)에 소속된 학교들이 있다. KIPP은 미국에서 가장 큰 학교 단체로서 9만 명에 달하는 학생들을 가르치고 있다(https://www.kipp.org/approach/character/). 더크워스는 그녀가 내

놓은 연구 결과가 지나치게 과장되고 있다는 사실이 걱정스러워졌다. 2015년 NPR과의 인터뷰에서 '열망이 과학을 앞서가고 있다'라고 이야기했다(Anya Kamenetz, 'A Key Researcher Says "Grit" Isn't Ready For High-Stakes Measures', *NPR*, 13 May 2015; https://www.npr.org/sections/ed/2015/05/13/405891613/akey-researcher-says-grit-isnt-ready-for-high-stakes-measures). 그릿의 효과(혹은 그것을 가르치려는 노력)가 극도로 미미하다는 메타 분석 연구 결과를 감안하면 현명한 발언이었다. Cred et al., 'Much Ado about Grit: A Meta-Analytic Synthesis of the Grit Literature', *Journal of Personality and Social Psychology* 113, no. 3 (Sept. 2017): pp. 492-511; https://doi.org/10.1037/pspp0000102. And Marcus Cred , 'What Shall We Do About Grit? A Critical Review of What We Know and What We Don't Know', *Educational Researcher* 47, no. 9 (Dec. 2018): pp. 606-11; https://doi.org/10.3102/0013189X18801322

39. 사실 이것은 바그 연구 결과 중 하나가 재현에 실패한 데 대한 반응이었다. 제3장에서 살펴보았던 '노인들을 생각하는 것만으로도 걷는 것이 느려진다'라는 연구였다. 대니얼 카너먼은 학교심리학자들에게 공개서한을 작성했다. 그는 편지에서 '폭주 기관차가 탈선하는 사고가 다가오고 있는 것'이 걱정되며 그들에게 연구 방향을 바꾸기를 촉구했다.

40. John Bargh, *Before You Know It: The Unconscious Reasons We Do What We Do* (London: Windmill Books, 2018).

41. 심리학자 울리히 쉬막이 올린 블로그의 게시물은 바그의 책에 대한 자세한 '정량적 리뷰'에 해당한다. 그는 바그가 인용한 각 연구 결과들을 우리가 얼마나 신뢰할 수 있을지에 대해 평가했다: Ulrich Schimmack, '"Before You Know It" by John A. Bargh: A Quantitative Book Review', *Replication Index*, 28 Nov. 2017; https://replicationindex.com/2017/11/28/before-you-know-it-by-john-a-bargh-aquantitative-book-review/. 더불어, '책의 정량적 리뷰'는 많은 과학자들이 따라야 할 훌륭한 아이디어였다.

42. Bargh, *Before You Know It*, p. 16.

43. Serena Chen et al., 'Relationship Orientation as a Moderator of the Effects of Social Power', *Journal of Personality and Social Psychology* 80, no. 2 (2001): pp. 173-87; https://doi.org/10.1037/0022-3514.80.2.173

44. Christopher F. Chabris et al., 'No Evidence that Experiencing Physical

Warmth Promotes Interpersonal Warmth: Two Failures to Replicate', *Social Psychology* 50, no. 2 (Mar. 2019): pp. 127-32; https://doi.org/10.1027/1864-9335/a000361. 바그에게는 다행히도 이 구체적 커피-컵 재현 시도의 결과는 바그가 책을 내고 난 후 출판됐다. 하지만 이것과 유사한 그의 '따뜻함'이라는 개념에 대한 연구를 재현하려는 시도(커피 컵 대신 치료용 핫팩을 들고 있는 것과 같은) 역시 실패했기 때문에 사람들은 그가 자신의 연구 결과에 대해 좀 더 신중해졌다고 생각했다. Dermot Lynott et al., 'Replication of "Experiencing Physical Warmth Promotes Interpersonal Warmth" by Williams and Bargh (2008)', *Social Psychology* 45, no. 3 (May 2014): pp.216-22; https://doi.org/10.1027/1864-9335/a000187

45. 여러분은 에이미 커디의 사례를 기억할 것이다. 그녀의 베스트셀러는 후에 p-해킹의 전형적인 사례로 밝혀진 연구 결과에 근거하고 있다. 제2장과 제4장을 참조하라.
46. Matthew Walker, *Why We Sleep: The New Science of Sleep and Dreams* (London: Allen Lane, 2017).
47. https://www.ted.com/talks/matt_walker_sleep_is_your_superpower. 2019년 11월 기준 조회 수는 TED 사이트에서 670만이고 유튜브에서는 330만이었다.
48. Richard Smith, 'Why We Sleep - One of Those Rare Books That Changes Your Worldview and Should Change Society and Medicine', *TheBMJOpinion*, 20 June 2018; https://blogs.bmj.com/bmj/2018/06/20/richard-smith-why-we-sleep-oneof-those-rare-books-that-changes-your-worldview-and-should-change-society-andmedicine/
49. Walker, *Why We Sleep*, pp. 3-4.
50. Alexey Guzey, 'Matthew Walker's "Why We Sleep" Is Riddled with Scientific and Factual Errors', 15 Nov. 2019; https://guzey.com/books/why-we-sleep/
51. Xiaoli Shen et al., 'Nighttime Sleep Duration, 24-Hour Sleep Duration and Risk of All-Cause Mortality among Adults: A Meta-Analysis of Prospective Cohort Studies', *Scientific Reports* 6, no. 1 (Feb. 2016): p. 21480; https://doi.org/10.1038/srep21480
52. Yuheng Chen et al. (2018), 'Sleep Duration and the Risk of Cancer: A Systematic Review and Meta-Analysis Including Dose-Response Relationship', *BMC Cancer 18*, no. 1 (Dec. 2018): p. 1149; https://doi.org/10.1186/s12885-018-5025-y

53. Andrew Gelman, '"Why We Sleep" Data Manipulation: A Smoking Gun?', *Statistical Modeling, Causal Inference, and Social Science*, 27 Dec. 2019; https://statmodeling.stat.columbia.edu/2019/12/27/why-we-sleep-data-manipulation-asmoking-gun/. 《우리는 왜 잠을 자야 할까》에 대한 비판에 대해 워커가 내놓은 것으로 보이는 반응이 있음을 주목할 필요가 있다. SleepDiplomat, 'Why We Sleep: Responses to Questions from Readers', 19 Dec. 2019; https://sleepdiplomat.wordpress.com/2019/12/19/why-we-sleep-responses-to-questions-from-readers/
54. 인기 과학 서적에 대한 몇 가지 논의는 다음을 참조하라. Christopher F. Chabris, 'What Has Been Forgotten About Jonah Lehrer', 12 Feb. 2013; http://blog.chabris.com/2013/02/what-has-been-forgotten-about-jonah.html
55. Christiaan H. Vinkers et al., 'Use of Positive and Negative Words in Scientific PubMed Abstracts between 1974 and 2014: Retrospective Analysis', *BMJ* 351(14 Dec. 2015): h6467; https://doi.org/10.1136/bmj.h6467. 매년 발표되는 논문의 숫자가 증가하고 있음을 분석 결과에 반영하고 있음에 주목하라. 또한 분석할 필요가 있었을 것 같은 다음과 같은 구체적인 문구도 있다: 나는 내가 몇 번이나 다음 문장을 읽었는지(가끔은 몇 번이나 썼는지!) 까먹었다 '이 논문은 여기에 대해 처음으로 연구했다'
56. 이후의 연구는 암 연구 분야에서 '전례 없는' 이라는 단어를 어떻게 사용하고 있는지에 대해 구체적으로 살펴보는 데 집중됐다. 연구 대상이 됐던 사례의 1/3 정도는 이 단어를 사실과는 다르게 사용하고 있음을 발견했다: 저자들이 연구 결과가 '전례 없는' 발견이었다고 밝히고 있었지만, 같은 치료법에 대해 심지어 더 큰 효과를 보고했던 논문들이 이미 존재하고 있었다. Kristy Tayapongsak Duggan et al., 'Use of Word "Unprecedented" in the Media Coverage of Cancer Drugs: Do "Unprecedented" Drugs Live up to the Hype?', *Journal of Cancer Policy* 14 (Dec. 2017): pp. 16-20; https://doi.org/10.1016/j.jcpo.2017.09.010
57. Vinkers et al., 'Use of Positive and Negative Words', p. 2. 비록 미미하지만 논문의 초록에서 부정적인 단어가 사용되는 빈도 역시 이상한 일이지만 증가했다. 따라서 우리는 논문 초록들이 좀 더 극단적이 됐다고 이야기할 수 있다. 반면 중립적이거나 무작위적으로 선택된 단어들의 경우 사용 빈도에 차이가 전혀 없었다.
58. 사실 과학계의 발전이 시간이 갈수록 느려지고 있다는 증거들이 발견되고 있다.

Tyler Cowen and Ben Southwood, 'Is the Rate of Scientific Progress Slowing Down?', 5 Aug. 2019; https://bit.ly/3ahf70m

59. *Nature*: https://www.nature.com/authors/author_resources/about_npg.html; *Science*: https://www.sciencemag.org/about/mission-and-scope; *Cell*: https://www.cell.com/cell/aims; *Proceedings of the National Academy of Sciences*: http://www.pnas.org/page/authors/purpose-scope

60. 〈뉴잉글랜드 의학 저널〉: https://www.nejm.org/about-nejm/about-nejm

61. Isabelle Boutron, 'Reporting and Interpretation of Randomized Controlled Trials with Statistically Nonsignificant Results for Primary Outcomes', *JAMA* 303, no. 20 (26 May 2010): pp. 2058-64; https://doi.org/10.1001/jama.2010.651. See also Isabelle Boutron & Philippe Ravaud, 'Misrepresentation and Distortion of Research in Biomedical Literature', *Proceedings of the National Academy of Sciences* 115, no. 11 (13 Mar. 2018): pp. 2613-19; https://doi.org/10.1073/pnas.1710755115

62. Matthew Hankins, 'Still Not Significant', *Probable Error*, 21 April 2013; https://mchankins.wordpress.com/2013/04/21/still-not-significant-2/. 종양학 분야의 문헌에서 이런 문장들을 사용하는 일이 만연하고 있다는 분석 결과가 있다. Kevin T. Nead, Mackenzie R. Wehner, & Nandita Mitra, 'The Use of "Trend" Statements to Describe Statistically Nonsignificant Results in the Oncology Literature', *JAMA Oncology* 4, no. 12 (1 Dec. 2018): pp. 1778-79; https://doi.org/10.1001/jamaoncol.2018.4524. 이런 문장들은 마치 결과가 항상 유의미한 쪽으로 움직이고 있음을 묘사하기 위해 사용되고 있다는 사실이 지적됐다. p-값에 상관없이 당신이 얻은 연구 결과들을 이런 목적론적 방식으로 바라본다면 숫자들이 반대로 움직이고 있지 않다는 사실은 어떻게 알 수 있을까? 이 문제에 있어서, 통계적 유의미성의 기준상 바람직한 쪽에 있는 숫자들이 0.05를 넘어서 움직이기 위해 그들이 할 수 있는 모든 것을 다하고 있지 않다고 어떻게 확신할 수 있는가? 과학자들은 알 수 없는 이유로 0.05보다 약간 작은 p-값에 대해서는 절대 '유의미함에서 멀어지는 경향'이라는 표현을 쓰고 싶어 하지 않는다('Dredging for P': http://www.senns.demon.co.uk/wprose.html). 더 나아가, 제4장에서 임계 p-값을 임의의 기준으로 설명한 것과 내가 여기서 이 임계 p-값을 약간 초과한 결과를 얻었지만 여전히 의미 있는 것으로 해석하는(혹은 유의미한 쪽으로 움직이고 있다고 해석하는) 과학자들에 대해 비판하는 것 사

이에 모순이 있는 것처럼 보일 수 있다. 요점은 p-값을 가지고 게임을 하려면 규칙을 지켜야 한다는 것이다. 시작 시 p<0.05의 결과만 유의미하게 받아들이겠다고 선언한 경우, 일단 결과를 확인한 후에는 축구 골대를 이동해서는 안 된다. 그렇지 않으면 임계값은 자신이 가지고 있던 유용한 기능을 잃게 된다. 즉, 가설이 잘못됐을 때 거짓 양성 결과가 나타날 위험을 제어하는 기능을 잃는 것이다.

63. Mark Turrentine, 'It's All How You "Spin" It: Interpretive Bias in Research Findings in the Obstetrics and Gynecology Literature', *Obstetrics & Gynecology* 129, no. 2 (Feb. 2017): pp. 239-42; https://doi.org/10.1097/AOG.0000000000001818

64. Emmanuelle Kempf et al., 'Overinterpretation and Misreporting of Prognostic Factor Studies in Oncology: A Systematic Review', *British Journal of Cancer* 119, no. 10 (Nov. 2018): pp. 1288-96; https://doi.org/10.1038/s41416-018-0305-5. 이런 종류의 과장 사례의 한 예는, 리뷰에 실린 각기 다른 31편의 연구에서 발견할 수 있는데, 과학자들이 자신들이 발견한 유의미한 p-값은 테이블 중간에 눈에 띄게 표시하고 그렇지 않은 p-값들은 결과 테이블 아래에 표시된 각주 안에 숨기는 방식이다.

65. J. Austin et al., 'Evaluation of Spin within Abstracts in Obesity Randomized Clinical Trials: A Cross-Sectional Review: Spin in Obesity Clinical Trials', *Clinical Obesity* 9, no. 2 (April 2019): e12292; https://doi.org/10.1111/cob.12292

66. Lian Beijers et al., 'Spin in RCTs of Anxiety Medication with a Positive Primary Outcome: A Comparison of Concerns Expressed by the US FDA and in the Published Literature', *BMJ Open* 7, no. 3 (Mar. 2017): e012886; https://doi.org/10.1136/bmjopen-2016-012886

67. David Marc Anton Mehler & Konrad Paul Kording, 'The Lure of Causal Statements: Rampant Mis-Inference of Causality in Estimated Connectivity', *ArXiv:1812.03363 [q-Bio]*, 8 Dec. 2018; http://arxiv.org/abs/1812.03363. 이 논문은 '그레인저 인과관계'라는 용어의 출현에 대해 다루고 있다. 이것은 노벨 경제학상을 수상한 클라이브 그레인저가 1960년대에 도입한 개념이다. 하나의 '시계열' 데이터(예: 주식 시장의 변동)가 다른 데이터(예: 한 국가의 다른 경제 지표)의 변화를 나중에 예측한다면 이는 기본적인 상관관계에서 한 단계 벗어난 것이라는 생각이다. 이 경우, 일부 연구자들은 주식시장의 변화가 '그레인저 인과관계'로 경제 변화를 야기

시켰다고 말할 것이다. 이러한 상관관계는 흥미로울 수는 있지만, 여전히 또 다른 상관관계에 불과하며 제3의 교란 변수가 존재할 가능성에 대한 우려도 마찬가지로 강하게 적용된다(제3의 병행 시간 추세가 첫 번째 시장 변동을 일으키고 이것이 이후 경제 지표의 변화를 야기했을 수 있음). 당신의 연구가 처음부터 인과관계를 밝히고자 하는 목적을 가지고 설계(실험을 통하거나 데이터의 인과 구조를 영리하게 추론할 수 있는 또 다른 방법을 통해) 되지 않았음에도 '야기시키는caused'이라는 단어를 쓰는 것은 큰 화재가 될 불을 가지고 노는 불장난과 다름없다.

68. Taixiang Wu et al., 'Randomized Trials Published in Some Chinese Journals: How Many Are Randomized?', *Trials* 10, no. 1 (Dec. 2009): p. 46; https://doi.org/10.1186/1745-6215-10-46

69. Trevor A. McGrath et al., 'Overinterpretation of Research Findings: Evidence of "Spin" in Systematic Reviews of Diagnostic Accuracy Studies', *Clinical Chemistry* 63, no. 8 (1 Aug. 2017): p. 1362; https://doi.org/10.1373/clinchem.2017.271544. See also Kellia Chiu et al., '"Spin" in Published Biomedical Literature: A Methodological Systematic Review', *PLOS Biology* 15, no. 9 (11 Sept. 2017): e2002173; https://doi.org/10.1371/journal.pbio.2002173

70. 내가 알고 있는 한 의료 분야에서 과학 논문에서의 과장 효과를 무작위적으로 통제된 조건으로 연구한 사례는 한 건이 있었다. 연구자들은 암 연구 분야에서 무효 결과를 유효한 결과를 얻은 것처럼 포장한 한 논문의 초록을 골랐다. 그런 후 근거 없는 과장을 모두 제거하고 모든 결과를 정직하게 보고하도록 과장 없는 논문을 다시 썼다. 그들은 이 논문 초록을 300명의 의료인들에게 보여줬다. 이들은 어쨌거나 항상 약물이나 치료법을 결정하는 지위에 있는 사람이기 때문에 이런 논문들이 목표로 삼는 독자다. 확실히 의료인들은 과장된 표현이 들어가 있는 치료법을 더 효과적인 것으로 받아들였다. 하지만 중요한 것은 이 연구에서 밝히고자 하는 효과는 상대적으로 작은 것이었고 p-값은 0.05보다 약간 아래에 있는 정도였다. 나로서는 이 연구에 더 많은 신뢰를 갖기 전에 재현 연구 결과를 확인하고 싶다. 따라서 여기서는 각주로 이 부분을 표시하고 싶다. Isabelle Boutron et al., 'Impact of Spin in the Abstracts of Articles Reporting Results of Randomized Controlled Trials in the Field of Cancer: The SPIIN Randomized Controlled Trial', *Journal of Clinical Oncology* 32, no. 36 (20 Dec. 2014): pp. 4120-26; https://doi.org/10.1200/JCO.2014.56.7503

71. Ed Yong, *I Contain Multitudes: The Microbes within Us and a Grander View of Life* (New York: HarperCollins, 2016).
72. Timothy Caulfield, 'Microbiome Research Needs a Gut Check', *Globe and Mail*, 11 Oct. 2019; https://www.theglobeandmail.com/opinion/article-microbiomeresearch-needs-a-gut-check/
73. Andi L. Shane, 'The Problem of DIY Fecal Transplants', *Atlantic*, 16 July 2013; https://www.theatlantic.com/health/archive/2013/07/the-problem-of-diyfecal-transplants/277813/
74. Dina Kao et al., 'Effect of Oral Capsule- vs Colonoscopy-Delivered Fecal Microbiota Transplantation on Recurrent Clostridium Difficile Infection: A Randomized Clinical Trial', *JAMA* 318, no. 20 (28 Nov. 2017): p. 1985; https://doi.org/10.1001/jama.2017.17077. 이런 종류로 최초로 기록된 이식 사례는 1958년이었으나 이후 수십 년간 해당 치료법은 관심의 대상이 아니었다. B. Eiseman et al., 'Fecal Enema as an Adjunct in the Treatment of Pseudomembranous Enterocolitis', *Surgery* 44, no. 5 (Nov. 1958): pp. 854-59; https://www.ncbi.nlm.nih.gov/pubmed/13592638
75. Wenjia Hui et al., 'Fecal Microbiota Transplantation for Treatment of Recurrent C. Difficile Infection: An Updated Randomized Controlled Trial Meta-Analysis', *PLOS ONE* 14, no. 1 (2019): e0210016; https://doi.org/10.1371/journal.pone.0210016; Theodore Rokkas et al., 'A Network Meta-Analysis of Randomized Controlled Trials Exploring the Role of Fecal Microbiota Transplantation in Recurrent Clostridium Difficile Infection', *United European Gastroenterology Journal* 7, no. 8 (Oct. 2019): pp. 1051-63; https://doi.org/10.1177/2050640619854587
76. 마이크로바이옴과 우울증, 불안, 조현병: Jane A. Foster & Karen-Anne McVey Neufeld, 'Gut-Brain Axis: How the Microbiome Influences Anxiety and Depression', *Trends in Neurosciences* 36, no. 5 (May 2013): pp. 305-12; https://doi.org/10.1016/j.tins.2013.01.005; T. G. Dinan et al., 'Genomics of Schizophrenia: Time to Consider the Gut Microbiome?', *Molecular Psychiatry* 19, no. 12 (Dec. 2014): pp. 1252-57; https://doi.org/10.1038/mp.2014.93. 심장병: Shadi Ahmadmehrabi Shadi & W. H. Wilson Tang, 'Gut Microbiome and Its Role

in Cardiovascular Diseases', *Current Opinion in Cardiology* 32, no. 6 (Nov. 2017): pp. 761-66; https://doi.org/10.1097/HCO.0000000000000445. 비만: Clarisse A. Marotz & Amir Zarrinpar, 'Treating Obesity and Metabolic Syndrome with Fecal Microbiota Transplantation', *Yale Journal of Biology and Medicine* 89, no. 3 (2016): pp. 383-88; https://www.ncbi.nlm.nih.gov/pmc/articles/PMC5045147/. 암: Chen et al., 'Fecal Microbiota Transplantation in Cancer Management: Current Status and Perspectives', *International Journal of Cancer* 145, no. 8 (15 Oct. 2019): pp. 2021-31; https://doi.org/10.1002/ijc.32003. 알츠하이머병: Ana Sandoiu, 'Stool Transplants from "Super Donors" Could Be a Cure-All', *Medical News Today*, 22 January 2019; https://www.medicalnewstoday.com/articles/324238. 파킨슨병: T. Van Laar et al., 'Faecal Transplantation, Pro- and Prebiotics in Parkinson's Disease; Hope or Hype?', *Journal of Parkinson's Disease* 9, no. s2 (30 Oct. 2019): pp. S371-79; https://doi.org/10.3233/JPD-191802. 자폐증: Stefano Bibbò et al., 'Fecal Microbiota Transplantation: Past, Present and Future Perspectives', *Minerva Gastroenterologica e Dietologica*, no. 4 (Sept. 2017): pp. 420-30; https://doi.org/10.23736/S1121-421X.17.02374-1

77. 그 문장에서 내가 '원인'이라는 단어를 썼을 수도 있다. 하지만 마이크로바이옴과 관련된 많은 주장들의 인과관계에 대해서는 분명하게 밝혀진 것이 전혀 없는 상태다. Kate E. Lynch et al., 'How Causal Are Microbiomes? A Comparison with the Helicobacter Pylori Explanation of Ulcers', *Biology & Philosophy* 34, no. 6 (Dec. 2019): 62; https://doi.org/10.1007/s10539-019-9702-2

78. 제3장에서 다뤘듯이 앤드루 웨이크필드에 의해 장 건강과 자폐증 간에 연관성이 있을 수도 있다는 점이 제기됐다는 사실을 놓쳐서는 안 된다. 예를 들면 자폐증을 앓고 있는 사람들이 종종 제한된 음식을 먹게 된다는 사실과 같이, 장내 미생물의 차이가 자폐증을 유발했거나 혹은 자폐증에 의해 거꾸로 그런 차이가 생겼다고 확실하게 이야기할 수 있으려면 앞으로도 가야 할 길이 멀고도 험난하다.

79. 몇몇 분석에 한하지만, 그들은 단지 5명의 자폐아와 3명의 대조군을 표본으로 삼았다.

80. Gil Sharon et al., 'Human Gut Microbiota from Autism Spectrum Disorder Promote Behavioral Symptoms in Mice', *Cell* 177, no. 6 (May 2019): 1600-1618.e17; https://doi.org/10.1016/j.cell.2019.05.004

81. Derek Lowe, 'Autism Mouse Models for the Microbiome?', *In the Pipeline*, 31 May 2019; https://blogs.sciencemag.org/pipeline/archives/2019/05/31/autismmouse-models-for-the-microbiome
82. Sharon et al., 'Human Gut Microbiota', p.1162.
83. California Institute of Technology, 'Gut Bacteria Influence Autism-like Behaviors in Mice' (news release), 30 May 2019; https://www.eurekalert.org/pub_releases/2019-05/ciot-gbi052319.php
84. Jon Brock, 'Can Gut Bacteria Cause Autism (in Mice)?', *Medium*, 14 June 2019; https://medium.com/dr-jon-brock/can-gut-bacteria-cause-autism-in-mice-582306fd7235; see also Nicholette Zeliadt, 'Study of Microbiome's Importance in Autism Triggers Swift Backlash', *Spectrum News*, 27 June 2019, https://www.spectrumnews.org/news/study-microbiomes-importance-autism-triggers-swift-backlash/
85. Thomas Lumley, 'Analysing the Mouse Microbiome Autism Data', *Not Stats Chat*, 16 June 2019; https://notstatschat.rbind.io/2019/06/16/analysing-themouse-autism-data/; see also Jon Brock's own analysis, at the following page: https://rpubs.com/drbrocktagon/506022
86. Zheng et al., 'The Gut Microbiome from Patients with Schizophrenia Modulates the Glutamate-Glutamine-GABA Cycle and Schizophrenia-Relevant Behaviors in Mice', *Science Advances* 5, no. 2 (Feb. 2019): p. 8; https://doi.org/10.1126/sciadv.aau8317. A critique in the form of a Twitter thread can be found here: https://twitter.com/WiringTheBrain/status/1095012297200844800
87. 우리가 회의적일 수밖에 없는 데는 추가적인 이유가 더 있다. 2015년에 외과적으로 결장을 제거함으로써 관련된 장내 미생물도 함께 없어진 1,500명에 달하는 결장 절제 환자들을 대상으로 실시된 연구는 수술 후 수년간 환자들을 관찰해 통제군에 비해 심장 관련 질환을 앓을 확률이 낮은지 추적했다. 만약 장내 미생물이 심장 질환을 일으키는 데 크게 기여한다면 결장 절제 수술을 받은 사람들은 장내 미생물의 활동이 활발하지 않을 것이고 그에 따라 심장 질환을 앓을 위험이 줄어들 것이라고 기대할 수 있다. 하지만 결과적으로는 차이가 없었다. Anders Boeck Jensen et al., 'Long-Term Risk of Cardiovascular and Cerebrovascular Disease after

Removal of the Colonic Microbiota by Colectomy: A Cohort Study Based on the Danish National Patient Register from 1996 to 2014', *BMJ Open* 5, no. 12 (Dec. 2015): e008702; https://doi.org/10.1136/bmjopen-2015-008702

88. William P. Hanage, 'Microbiology: Microbiome Science Needs a Healthy Dose of Scepticism', *Nature* 512, no. 7514 (Aug. 2014): pp. 247-48; https://doi.org/10.1038/512247a. Gwen Falony et al., 'The Human Microbiome in Health and Disease: Hype or Hope', *Acta Clinica Belgica* 74, no. 2 (4 Mar. 2019): pp. 53-64; https://doi.org/10.1080/17843286.2019.1583782; and J. Taylor, 'The Microbiome and Mental Health: Hope or Hype?', *Journal of Psychiatry and Neuroscience* 44, no. 4 (1 July 2019): pp. 219-22; https://doi.org/10.1503/jpn.190110

89. '운동 능력을 향상시킬': Andrew Holtz, 'Harvard Researchers' Speculative, Poop-Based Sports Drink Company Raises Questions about Conflicts of Interest', *Health News Review*, 19 Oct. 2017; https://www.healthnewsreview.org/2017/10/harvard-researchers-speculative-poop-based-sports-drink-company-raises-questionsabout-conflicts-of-interest/; see also the *Lancet Gastroenterology & Hepatology* (Editorial), 'Probiotics: Elixir or Empty Promise?', *Lancet Gastroenterology & Hepatology* 4, no. 2 (Feb. 2019): p. 1; https://doi.org/10.1016/S2468-1253(18) 30415-1; '직장 천공': Shapiro, Nina, 'There Are Trillions Of Reasons Not To Cleanse Your Colon', *Forbes*, 19 Sept. 2019; https://www.forbes.com/sites/ninashapiro/2019/09/19/there-are-trillions-of-reasons-not-to-cleanse-your-colon/; for the dangers, see also Doug V. Handley et al., 'Rectal Perforation from Colonic Irrigation Administered by Alternative Practitioners', *Medical Journal of Australia* 181, no. 10 (15 Nov. 2004): pp. 575-76; https://doi.org/10.5694/j.1326-5377.2004.tb06454.x. 그 모든 노력들은 어떤 경우에도 아무런 의미가 없다. 대장 세척에 의해 모든 장내 미생물이 씻겨 나간 후 2주가 지나고 나면 세척 이전의 상태로 모든 것이 다시 돌아온다. Naoyoshi Nagata et al., 'Effects of Bowel Preparation on the Human Gut Microbiome and Metabolome', *Scientific Reports* 9, no. 1 (Dec. 2019): p. 4042; https://doi.org/10.1038/s41598-019-40182-9. The nationality of your microbiome: https://atlasbiomed.com/uk/microbiome/results. See also Kavin Senapathy,

'Keep Calm And Avoid Microbiome Mayhem', *Forbes*, 7 March 2016; https://www.forbes.com/sites/kavinsenapathy/2016/03/07/keep-calm-and-avoid-microbiome-mayhem/

90. 우유: Josh Harkinson, 'The Scary New Science That Shows Milk Is Bad For You', *Mother Jones*, Dec. 2015; https://www.motherjones.com/environment/2015/11/dairy-industry-milk-federal-dietary-guidelines/; 베이컨: 'Killer Full English: Bacon Ups Cancer Risk', *LBC News*, 17 April 2019; https://www.lbc.co.uk/news/killer-full-english-bacon-ups-cancer-risk/; eggs: Physicians' Committee for Responsible Medicine, 'New Study Finds Eggs Will Break Your Heart', 16 March2016; https://www.pcrm.org/news/blog/new-study-finds-eggs-will-break-yourheart. 다음과 같은 부제가 뒤따라왔다: '미국인들은 일 년에 인당 279개의 달걀을 먹고 있으며, 새로운 연구에 의하면 이것이 미국인들을 죽이고 있다' [원본 논문에서도 볼드체로 표시돼 있다]. 원본 논문은 다음과 같다. Victor Zhong et al., 'Associations of Dietary Cholesterol or Egg Consumption with Incident Cardiovascular Disease and Mortality', *JAMA* 321, no. 11 (19 Mar. 2019): p. 1081; https://doi.org/10.1001/jama.2019.1572. For a detailed critique, see Zad Rafi, 'Revisiting Eggs and Dietary Cholesterol', *Less Likely*, 22 March 2019; https://lesslikely.com/nutrition/eggs-cholesterol/. 이와 관련해 내가 가장 좋아하는 언론의 패러디는 클릭홀 사이트에서 볼 수 있다. 'Nutritional Shake-Up: The FDA Now Recommends That Americans Eat A Bowl Of 200 Eggs On Their 30th Birthday And Then Never Eat Any Eggs Again', *Clickhole*, 24 Oct. 2017; https://news.clickhole.com/nutritional-shake-up-the-fda-now-recommends-that-ameri-1825121901

91. 수년간 과장된 연구 결과의 발표가 이어진 후, 대중들은 이 분야의 연구에 대해 신뢰를 잃고 회의적인 시선을 보내기 시작했다. 이 점은 이전에 영양학자인 케빈 클라트에 의해 지적된 바 있다: https://twitter.com/kcklatt/status/902558341414694912. 영국 영양학 재단에서 실시한 설문 조사는 사람들이 영양학 연구 결과 발표되는 '복합적인 메시지'를 매우 혼란스럽게 여기는 여러 증거가 있음을 지적했다. 물론 설문 조사의 대상이 된 사람들이 얼마나 인구학적으로 대표성이 있는지는 의문이다; https://www.nutrition.org.uk/press-office/pressreleases/1156-mixedmessages.html

92. 제대하고 난 그 이듬해 사망한 다스 사례에 대한 자세한 요약 보고는 다음을 참조하라. Geoffrey P. Webb, 'Dipak Kumar Das (1946-2013) Who Faked Data about Resveratrol & the Magic Red Wine Ingredient That Cures Everything?', *Dr Geoff Nutrition*, 10 Nov. 2017; https://drgeoffnutrition.wordpress.com/2017/11/10/dipak-kumar-das-1946-2013-who-faked-dataabout-resveratrol-the-magic-red-wine-ingredient-that-cures-everything/
93. 최근 붉은 살코기에 대한 연구 수준 논쟁이 한참이다. 여기서 한쪽 편은 정육산업과 연계된 진영이고 다른 쪽은 붉은 살코기의 소비가 줄어들면 혜택을 입게 될 채소 가공품 업계와 연계된 진영이다. Rita Rubin, 'Backlash Over Meat Dietary Recommendations Raises Questions About Corporate Ties to Nutrition Scientists', *JAMA* 323, no. 5 (4 Feb. 2020): 401; https://doi.org/10.1001/jama.2019.21441
94. John P. A. Ioannidis and John F. Trepanowski, 'Disclosures in Nutrition Research: Why it is Different', *JAMA* 319, no. 6 (13 Feb. 2018): p. 547; https://doi.org/10.1001/jama.2017.18571
95. 예를 들면 영국 국가 건강 서비스의 웹페이지를 보라: https://www.nhs.uk/live-well/eat-well/different-fats-nutrition/, 그리고 메이요 클리닉의 자료도 살펴보라: Mayo Clinic Staff, 'Dietary Fats: Know Which Types to Choose', 1 Feb. 2019; https://www.mayoclinic.org/healthy-lifestyle/nutrition-and-healthy-eating/in-depth/fat/art-20045550
96. Steven Hamley, 'The Effect of Replacing Saturated Fat with Mostly N-6 Polyunsaturated Fat on Coronary Heart Disease: A Meta-Analysis of Randomised Controlled Trials', *Nutrition Journal* 16, no. 1 (Dec. 2017): p. 30; https://doi.org/10.1186/s12937-017-0254-5
97. 또한 지방산의 종류에 따른 차이는 없었다는 연구 결과는 출판되는 데까지 비정상적으로 긴 시간이 걸렸다. 이것은 저자들이나 동료 검토자들이 그런 연구 결과가 출판돼 나오는 것을 보기 꺼려한다는 점을 시사한다.
98. For a full explanation, see Matti Miettinen et al., 'Effect of Cholesterollowering Diet on Mortality from Coronary Heart-Disease and Other Causes', *Lancet* 300, no. 7782 (Oct. 1972): pp. 835-38; https://doi.org/10.1016/S0140-6736(72)92208-8

99. 어떤 실험에서든, 바꿀 것은 관심을 갖는 변수뿐이다. 이 경우 먹는 것이 포화 지방이냐 혹은 불포화 지방이냐의 차이다. 그러나 일부 실험에서는 그룹들 간에 다른 방식으로 차이를 뒀다. 예를 들어 다른 식이요법 조언을 받거나 한 경우에서는 다른 약물을 투여 받는 차이를 보였다.

100. Jonathan D. Schoenfeld & John P. A. Ioannidis, 'Is Everything We Eat Associated with Cancer? A Systematic Cookbook Review', *American Journal of Clinical Nutrition* 97, no. 1 (1 Jan. 2013): pp. 127-34; https://doi.org/10.3945/ajcn.112.047142

101. 실제로, 우리가 다른 분야에서 봤던 것과 같은 양상대로, 최초의 연구에서는 암 발병 위험성이 크다고 보고됐던 것들이 뒤따른 메타 분석에서는 처음보다는 훨씬 더 효과가 작다는 것이 발견되는 경향이 있다.

102. 무작위화된 실험에서는 영양학적 상관관계가 더 이상 나타나지 않았던 사례들은 다음을 참조하라. S. Stanley Young & Alan Karr, 'Deming, Data and Observational Studies: A Process out of Control and Needing Fixing', *Significance* 8, no. 3 (Sept. 2011): pp. 116-20; https://doi.org/10.1111/j.1740-9713.2011.00506.x. However, for some push-back against this idea see 'Myth 4' in Ambika Satija et al., 'Perspective: Are Large, Simple Trials the Solution for Nutrition Research?', *Advances in Nutrition* 9, no. 4 (1 July 2018): p. 381; https://doi.org/10.1093/advances/nmy030. 심각한 문제는 무작위화된 통제 실험에서는 실험 비용이 매우 높기 때문에 관찰 연구에 비해 훨씬 표본 크기가 작아지는 경향이 있다는 것이다. 이로 인해 실제로는 원본 실험과의 정확한 비교가 되지 않는다는 문제가 있다. 하지만 영양 역학 분야의 역사상 어딘가에는 그런 연구가 있었을 것이라는 점은 확신한다.

103. Jakob Westfall & Tai Yarkoni, 'Statistically Controlling for Confounding Constructs Is Harder than You Think', *PLOS ONE* 11, no. 3 (31 Mar. 2016): e0152719; https://doi.org/10.1371/journal.pone.0152719

104. Edward Archer et al., 'Controversy and Debate: Memory-Based Methods Paper 1: The Fatal Flaws of Food Frequency Questionnaires and Other Memory-Based Dietary Assessment Methods', *Journal of Clinical Epidemiology* 104 (Dec. 2018): p. 113; https://doi.org/10.1016/j.jclinepi.2018.08.003

105. 음식 섭취 횟수 설문 연구의 유효성에 대한 강한 비판에 대해서는 다음을 참조하

라. Edward Archer et al., 'Validity of U.S. Nutritional Surveillance: National Health and Nutrition Examination Survey Caloric Energy Intake Data, 1971-2010', *PLOS ONE* 8, no. 10 (9 Oct. 2013): e76632; https://doi.org/10.1371/journal.pone.0076632. 어떤 사람들은 비판 자체가 과도하고 과장돼 있다고 생각한다. 이에 대한 수준 있는 방어에 대해서는 다음을 참조하라. James R. H bert et al., 'Considering the Value of Dietary Assessment Data in Informing Nutrition-Related Health Policy', *Advances in Nutrition* 5, no. 4 (1 July 2014): pp. 447-55; https://doi.org/10.3945/an.114.006189. 추가적인 논쟁에 대해서는 다음을 참조하라. Alex Berezow, 'Is Nutrition Science Mostly Junk?', *American Council on Science and Health*, 20 Nov. 2018; https://www.acsh.org/news/2018/11/19/nutrition-sciencemostly-junk-13611; David Nosowitz, 'The Bizarre Quest to Discredit America's Most Important Nutrition Survey', *TakePart*, 29 July 2015; http://www.takepart.com/article/2015/06/29/america-dietary-guidelines-self-reporting

106. Trepanowski & Ioannidis, 'Disclosures in Nutrition'.

107. Satija et al., 'Perspective'. 이 논문은 내가 여기서 비판했던 많은 점들에 대해 영양학 연구를 방어하고 있다. Edward Giovannucci, 'Nutritional Epidemiology: Forest, Trees and Leaves', *European Journal of Epidemiology* 34, no. 4 (April 2019): pp. 319-25; https://doi.org/10.1007/s10654-019-00488-4. Ioannidis's response: John P. A. Ioannidis, 'Unreformed Nutritional Epidemiology: A Lamp Post in the Dark Forest', *European Journal of Epidemiology* 34, no. 4 (April 2019): pp. 327-31; https://doi.org/10.1007/s10654-019-00487-5

108. Ramón Estruch et al., 'Primary Prevention of Cardiovascular Disease with a Mediterranean Diet', *New England Journal of Medicine* 368, no. 14 (4 April 2013): pp. 1279-90; https://doi.org/10.1056/NEJMoa1200303

109. Gina Kolata, 'Mediterranean Diet Shown to Ward Off Heart Attack and Stroke', *New York Times*, 25 Feb. 2013; https://www.nytimes.com/2013/02/26/health/mediterranean-diet-can-cut-heart-disease-study-finds.html

110. David Brown, 'Mediterranean Diet Reduces Cardiovascular Risk', *Washington Post*, 25 Feb. 2013; https://www.washingtonpost.com/national/health-science/mediterranean-diet-reduces-cardiovascular-risk/2013/02/25/

20396e16-7f87-11e2-a350-49866afab584_story.html

111. California Walnut Commission, 'Landmark Clinical Study Reports Mediterranean Diet Supplemented with Walnuts Significantly Reduces Risk of Stroke and Cardiovascular Diseases' (news release), 25 Feb. 2013; https://www.prnewswire.com/news-releases/landmark-clinical-study-reports-mediterraneandiet-supplemented-with-walnuts-significantly-reduces-risk-of-stroke-andcardiovascular-diseases-192989571.html

112. '증명': Universitat de Barcelona, 'Mediterranean Diet Helps Cut Risk of Heart Attack, Stroke: Results of PREDIMED Study Presented' (news release), 25 Feb. 2013; https://www.sciencedaily.com/releases/2013/02/130225181536.htm; '강력한 증거': M. Guasch-Ferré et al., 'The PREDIMED Trial, Mediterranean Diet and Health Outcomes: How Strong Is the Evidence?', *Nutrition, Metabolism and Cardiovascular Diseases* 27, no. 7 (July 2017): p. 6; https://doi.org/10.1016/j.numecd.2017.05.004

113. J. B. Carlisle, 'Data Fabrication and Other Reasons for Non-Random Sampling in 5087 Randomised, Controlled Trials in Anaesthetic and General Medical Journals', *Anaesthesia* 72, no. 8 (Aug. 2017): pp. 944-52; https://doi.org/10.1111/anae.13938

114. Ramón Estruch et al., 'Primary Prevention of Cardiovascular Disease with a Mediterranean Diet Supplemented with Extra-Virgin Olive Oil or Nuts', *New England Journal of Medicine* 378, no. 25 (21 June 2018): e34 (34); https://doi.org/10.1056/NEJMoa1800389

115. Citations calculated using Google Scholar; 'corrected version': Estruch et al., 'Primary Prevention . . . Olive Oil or Nuts'.

116. Julia Belluz, 'This Mediterranean Diet Study Was Hugely Impactful. The Science Has Fallen Apart', *Vox*, 13 Feb. 2019; https://www.vox.com/science-and-health/2018/6/20/17464906/mediterranean-diet-science-health-predimed

117. 또한 연구가 조기에 중단됐기 때문에 효과의 크기는 부풀려졌을 가능성이 크다. Dirk Bassler et al., 'Early Stopping of Randomized Clinical Trials for Overt Efficacy Is Problematic', *Journal of Clinical Epidemiology* 61, no. 3 (Mar. 2008):pp.

241-46; https://doi.org/10.1016/j.jclinepi.2007.07.016

118. Arnav Agarwal & John P. A. Ioannidis, 'PREDIMED Trial of Mediterranean Diet: Retracted, Republished, Still Trusted?', *BMJ* (7 Feb. 2019): p. 1341; https://doi.org/10.1136/bmj.l341. 식이요법이 뇌출혈에만 효과가 있고 심장마비나 사망률에는 영향이 없다는 사실은 '복합적 종료'라고 불리는 방법을 사용했기 때문에 연구 결과에서는 모호하게 나온다. 임상 실험에서는 통계적 검정력을 높여주기 때문에 이런 식으로 여러 결과가 복합적으로 뒤섞여서 나오는 것이 보통이다. 단점은 적용된 방법의 구체적인 효과를 해석해내기가 매우 어렵다는 점이다. Christopher McCoy, 'Understanding the Use of Composite Endpoints in Clinical Trials', *Western Journal of Emergency Medicine* 19, no. 4 (29 June 2018): pp. 631-34; https://doi.org/10.5811/westjem.2018.4.38383. See also Eric Lim et al., 'Composite Outcomes in Cardiovascular Research: A Survey of Randomized Trials', *Annals of Internal Medicine* 149, no. 9 (4 Nov. 2008): pp. 612-17; https://doi.org/10.7326/0003-4819-149-9-200811040-00004. 결론적으로 저자들은 수많은 다른 결과에 대해서도 테스트를 진행했으나 이 과정에서 만들어진 상당한 숫자의 p-값에 대해서는 어떤 수정도 하지 않았고, 이로 인해 거짓 양성 결과를 만들어낼 위험성을 높였다.

119. OPERA는 Oscillation Project with Emulsion-tRacking Apparatus의 약어다. 아이디어를 간략히 요약하면 스위스에 설치된 방출기와 이탈리아에 설치된 검출기 사이를 중성미자가 이동할 때 어떻게 성질('진동')을 바꾸는지를 관찰하는 것이다. 더 자세한 내용은 다음을 참조하라. http://operaweb.lngs.infn.it/

120. Ransom Stephens, 'The Data That Threatened to Break Physics', *Nautilus*, 28 Dec. 2017; http://nautil.us/issue/55/trust/the-data-that-threatened-to-break-physics-rp

121. T. Adam et al., 'Measurement of the Neutrino Velocity with the OPERA Detector in the CNGS Beam', *Journal of High Energy Physics* 2012, no. 10 (Oct. 2012): 93; https://doi.org/10.1007/JHEP10(2012)093

122. CERN, 'OPERA Experiment Reports Anomaly in Flight Time of Neutrinos from CERN to Gran Sasso', 23 Sept. 2011; https://home.cern/news/press-release/cern/opera-experiment-reports-anomaly-flight-time-neutrinos-cern-gran-sasso

123. 'CERN Scientists "Break the Speed of Light"', *Daily Telegraph*, 22 Sept. 2011; https://www.telegraph.co.uk/news/science/8782895/CERN-scientistsbreak-the-speed-of-light.html and 'The Speed of Light: Not So Fast?', ABC News, 24 Sept. 2011; https://www.youtube.com/watch?v=zgmL47lD7RA
124. 사실 73나노세컨드가 과소평가됐다; 연구자들은 약간의 지연을 발생시킨 타이밍 회로에서 두 번째 문제를 찾아냈다. 두 가지 문제가 합쳐져서 60나노세컨드를 과소평가하는 결과가 발생했다. Stephens, 'The Data That Threatened'.
125. Lisa Grossman, 'Faster-than-Light Neutrino Result to Get Extra Checks', *New Scientist*, 25 Oct. 2011; https://www.newscientist.com/article/dn21093-faster-than-light-neutrino-result-to-get-extra-checks/
126. Antonio Ereditato, 'OPERA: Ereditato's Point of View', *Le Scienze*, 30 March 2012; http://www.lescienze.it/news/2012/03/30/news/opera_ereditatos_point_of_view-938232/
127. Jason Palmer, 'Faster-than-Light Neutrinos Could Be down to Bad Wiring', *BBC News*, 23 Feb. 2012; https://www.bbc.co.uk/news/science-environment-17139635; Lisa Grossman & Celeste Biever, 'Was Speeding Neutrino Claim a Human Error?', *New Scientist*, 23 Feb. 2012; https://www.newscientist.com/article/dn21510-was-speeding-neutrino-claim-a-human-error/

제7장

격언: Cormac McCarthy, *No Country for Old Men* (London: Picador, 2005).

1. Sukey Lewis, 'Cleaning Up: Inside the Wildfire Debris Removal Job That Cost Taxpayers $1.3 Billion', *KQED*, 19 July 2018; https://www.kqed.org/news/11681280/cleaning-up-inside-the-wildfire-debris-removal-job-that-costtaxpayers-1-3-billion
2. 이와 관련 있는 비뚤어진 동기 부여는 미국의 희귀종 보호 법률이다. 이 법률의 발효는 결국 토지 소유주들이 희귀종들의 보금자리를 파괴하도록 유도하는 효과를 낳았

다. 그렇게 해야 자신들의 토지가 규제로 묶이는 것을 방지할 수 있었기 때문이었다. Jacob P. Byl, 'Accurate Economics to Protect Endangered Species and Their Critical Habitats', *SSRN* preprint (2018);https://doi.org/10.2139/ssrn.3143841

3. Cary Funk & Meg Hefferon, 'As the Need for Highly Trained Scientists Grows, a Look at Why People Choose These Careers', *Fact Tank*, 24 Oct. 2016; https://www.pewresearch.org/fact-tank/2016/10/24/as-the-need-for-highly-trained-scientists-grows-a-look-at-why-people-choose-these-careers/
4. Melissa S. Anderson et al., 'Extending the Mertonian Norms: Scientists' Subscription to Norms of Research', *Journal of Higher Education* 81, no. 3 (May 2010): pp.366-93; https://doi.org/10.1080/00221546.2010.11779057. 하지만 그들은 동료들이 이러한 규범을 따르는 것에 꼭 동의하지는 않았다. Melissa Anderson et al., 'Normative Dissonance in Science: Results from a National Survey of U.S. Scientists', *Journal of Empirical Research on Human Research Ethics* 2, no. 4 (Dec. 2007): pp. 3-14; https://doi.org/10.1525/jer.2007.2.4.3
5. Darwin Correspondence Project, 'Letter no. 5986' (6 March 1868); https://www.darwinproject.ac.uk/letter/DCP-LETT-5986.xml
6. '40만 편 정도의 논문': Steven Kelly, 'The Continuing Evolution of Publishing in the Biological Sciences', *Biology Open* 7, no. 8 (15 Aug. 2018): bio037325; https://doi.org/10.1242/bio.037325; '240만 개의 새로운 논문': Andrew Plume & Daphne van Weijen, 'Publish or Perish? The Rise of the Fractional Author ...', *Research Trends*, Sept. 2014; https://www.researchtrends.com/issue-38-september-2014/publish-or-perish-the-rise-of-the-fractional-author/. 미국 국가 과학 재단의 보고에 의하면 2016년 중국은 미국을 제치고 단일 국가로서는 가장 많은 과학 논문을 배출한 나라가 됐다. Jeff Tollefson, 'China Declared World's Largest Producer of Scientific Articles', *Nature* 553, no. 7689 (18 Jan. 2018): p. 390; https://doi.org/10.1038/d41586-018-00927-4
7. Lutz Bornmann & Rüdiger Mutz, 'Growth Rates of Modern Science: A Bibliometric Analysis Based on the Number of Publications and Cited References: Growth Rates of Modern Science: A Bibliometric Analysis Based on the Number of Publications and Cited References', *Journal of the Association*

for Information Science and Technology 66, no. 11 (Nov. 2015): pp. 2215-22; https://doi.org/10.1002/asi.23329

8. 한 조사에서는 16만 5,000달러에 달하는 보상금이 지급된 사례도 있다고 밝혔다. 이것은 1년 연봉의 20배에 해당하는 것이다. 평균 보상금은 4만 4,000달러 수준이다. 의도치 않게 이 모든 데이터들은 중국 대학의 낮은 월급 수준을 드러내게 됐다. 콴에 의하면 1년 연봉은 8,600달러 정도다. 일부 사례에서는 보상금으로 주어진 돈의 일부가 개인적인 용도로 사용됐고 나머지는 과학자들이 미래의 연구를 위해 다시 투자했음이 드러났다. 실제 돈의 액수와 그 보상금이 사용되는 방법은 여전히 베일에 싸여 있다. Wei Quan et al., 'Publish or Impoverish: An Investigation of the Monetary Reward System of Science in China (1999-2016)', *Aslib Journal of Information Management* 69, no. 5 (18 Sept. 2017): pp. 486-502; https://doi.org/10.1108/AJIM-01-2017-0014
9. Alison Abritis, 'Cash Bonuses for Peer-Reviewed Papers Go Global', *Science*, 10 Aug. 2017; https://doi.org/10.1126/science.aan7214. See also Editorial, 'Don't Pay Prizes for Published Science', *Nature* 547, no. 7662 (July 2017): p. 137; https://doi.org/10.1038/547137a
10. 해당 정책은 적어도 영향력이 있는 저널에 발표를 장려한다는 좁은 목적에 대해서는 효과가 있는 것으로 보인다. 한 분석 연구에 따르면 현금 보상 정책을 도입한 국가들의 경우 〈사이언스〉에 투고한 논문의 수가 46퍼센트 증가했음을 밝히고 있다. 이것은 다른 인센티브보다 훨씬 더 큰 폭의 증가를 이끌어냈다. 하지만 실제 이 논문들의 채택률은 거꾸로 더 악화되는 결과로 이어졌다. 즉, 과학자들은 세계 최고 저널을 대상으로 무차별 사격을 하는 방법을 택한 것이었다. 하지만 실제 결과는 별로 좋지 않았다. C. Franzoni et al., 'Changing Incentives to Publish', *Science* 333, no. 6043 (5 Aug. 2011): pp. 702-3; https://doi.org/10.1126/science.1197286. 아이러니하게도 실제 〈사이언스〉에 발표된 이 논문의 저자들 중 한 사람은 출판 보너스로 3,500달러를 받았다. 하지만 그는 이 돈을 자선단체에 기부했다. Alison Abritis, 'Cash Bonuses for Peer-Reviewed Papers Go Global', *Science*, 10 Aug. 2017; https://doi.org/10.1126/science.aan7214
11. https://www.ref.ac.uk. 다른 국가들은 이에 대해 논쟁을 거친 후 결국은 유사한 프로세스를 사용하지 않기로 결정했다: Gunnar Sivertsen, 'Why Has No Other European Country Adopted the Research Excellence Framework?', *LSE*

Impact of Social Sciences, 18 Jan. 2018; https://blogs.lse.ac.uk/impactofsocialsciences/2018/01/16/why-has-no-other-european-country-adopted-the-research-excellence-framework/

12. '발표하지 않으면 사라진다publish or perish'라는 문구의 기원을 찾으려는 결론 내려지지 않은 시도에 대해서는 다음을 참조하라. Eugene Garfield, 'What is the Primordial Reference for the Phrase "Publish or Perish"?', *Scientist* 10, no. 2 (10 June 1996): p. 11.
13. Albert N. Link et al., 'A Time Allocation Study of University Faculty', *Economics of Education Review* 27, no. 4 (Aug. 2008): pp. 363-74; https://doi.org/10.1016/j.econedurev.2007.04.002
14. 내가 인용한 것은 킹 제임스 버전이다. 이것은 머튼 규범을 주창한 로버트 머튼의 '과학의 문맥'에 처음 등장했다. R. K. Merton, 'The Matthew Effect in Science: The Reward and Communication Systems of Science Are Considered', *Science* 159, no. 3810 (5 Jan. 1968): pp. 56-63; https://doi.org/10.1126/science.159.3810.56
15. Thijs Bol et al., 'The Matthew Effect in Science Funding', *Proceedings of the National Academy of Sciences* 115, no. 19 (8 May 2018): pp. 4887-90; https://doi.org/10.1073/pnas.1719557115
16. 이것은 두 가지 주요한 증거에 의해 증명되고 있다. 첫 번째는 과학 분야에서 Ph.D 학위를 취득한 사람들 중 대부분은 끝까지 과학자로 남아 있지 않는다는 것이다. 왕립 학회가 2010년 실시한 분석에 의하면 Ph.D중 53퍼센트는 학위 취득 후 즉시 과학계를 떠났고, 그나마 과학계에 합류했던 사람들 중 26.5퍼센트는 그들 경력의 이른 시기에 과학계를 떠나는 것으로 밝혀졌다. 17퍼센트는 학계를 떠나 산업계나 정부에서 연구를 계속한다. 결론적으로는 3.5퍼센트만이 끝까지 과학계에 남고 이 중 풀타임 교수직까지 오르는 비율은 0.45퍼센트에 불과하다. Royal Society, *The Scientific Century: Securing Our Future Prosperity* (London: Royal Society, 2010); https://royalsociety.org/-/media/Royal_Society_Content/policy/publications/2010/4294970126.pdf. 두 번째 증거는 과학자들을 대상으로 한 설문 조사에서 나온다. 2020년 초에 웰컴 트러스트에서 실시한 설문 조사에서 78퍼센트 이상의 과학자들은 과학계에 조장돼 있는 극심한 경쟁 환경이 '불친절하고 공격적인 조건'을 만들었다는 점에 동의했다. Wellcome Trust, *What Researchers Think about*

the Culture They Work In (London: Wellcome Trust, 2020); https://wellcome.ac.uk/reports/what-researchers-think-about-research-culture

17. Fran ois Brischoux & Fr d ric Angelier, 'Academia's Never-Ending Selection for Productivity', *Scientometrics* 103, no. 1 (April 2015): pp. 333-36; https://doi.org/10.1007/s11192-015-1534-5. 다른 연구에서도 비슷한 경향이 나타났다. 캐나다 심리학계의 구직 시장에서 나타난 유사한 증거에 대해서는 다음을 참조하라. Gordon Pennycook & Valerie A. Thompson, 'An Analysis of the Canadian Cognitive Psychology Job Market (2006-2016)', *Canadian Journal of Experimental Psychology/Revue Canadienne de Psychologie Exp rimentale* 72, no. 2 (June 2018): pp. 71-80; https://doi.org/10.1037/cep0000149
18. David Cyranoski et al., 'Education: The PhD Factory', *Nature* 472, no. 7343 (April 2011): pp. 276-79; https://doi.org/10.1038/472276a. 아마도 이토록 많은 Ph.D들이 연구와 관련된 직업을 선택하지 않고 떠돌아다니고 있는데 왜 현대 산업화된 경제에서 요구하는 수요를 만족시킬 만큼 충분한 사람들이 과학, 기술, 공학, 수학 분야로 진출하고 있지 않아 위기라고 하는 말을 종종 듣는 이유가 무엇일지 궁금할 것이다. 한 문헌 리뷰 결과는 실제로 이 두 가지 현상이 동시에 사실이라고 밝히고 있다. 너무 많은 수의 Ph.D들이 대학 교수직을 찾고 있는 반면 정부나 산업계의 수요를 충족하기에는 모자라기 때문이다. Yi Xue & Richard Larson, 'STEM Crisis or STEM Surplus? Yes and Yes', *Monthly Labor Review* (26 May 2015); https://doi.org/10.21916/mlr.2015.14
19. Richard P. Heitz, 'The Speed-Accuracy Tradeoff: History, Physiology, Methodology, and Behavior', *Frontiers in Neuroscience* 8 (11 June 2014): p. 150; https://doi.org/10.3389/fnins.2014.00150
20. 이런 현상은 렘코 히센에 의해 수학적으로 정리됐다. 'Why the Reward Structure of Science Makes Reproducibility Problems Inevitable', *Journal of Philosophy* 115, no. 12 (2018): pp. 661-74; https://doi.org/10.5840/jphil20181151239. Daniel Sarewitz, 'The Pressure to Publish Pushes down Quality', *Nature* 533, no. 7602 (May 2016): p. 147; https://doi.org/10.1038/533147a
21. 나는 내 주장에 반하는 연구가 나타났다는 사실에 감사해야 할 것 같다: Daniele Fanelli et al., 'Misconduct Policies, Academic Culture and Career Stage, Not Gender or Pressures to Publish, Affect Scientific Integrity', *PLOS ONE* 10,

no. 6 (17 June 2015): e0127556; https://doi.org/10.1371/journal.pone.0127556. 2015년 실시된 한 연구에서 연구진들은 2010년과 2011년에 발생한 모든 과학 논문에 대한 철회 횟수 및 공개 수정 건수를 집계했다. 이 기간 동안 발생한 과학 문헌에 수정이 이뤄져야 했던 모든 경우에 대해 조사한 것이었다. 그들은 매 연구자들의 논문 수정 횟수를 논문 발표 건수라든지 소속된 국가와 같은 다른 특징들과 연관시켜 분석을 진행했다. 여기서 내려진 결론은 논문 발표에는 장려금을 주고 과학적 위법 행위에 대해서는 별다른 정책을 가지고 있지 않은 국가일수록 논문 철회율이 높았다. 여기까지는 나의 주장이 맞는 것 같다. 하지만 그들이 발견한 또 다른 점은 연간 논문 발생 횟수가 더 높은 과학자들일수록 전체적으로 논문 철회 횟수는 더 적었다는 것이다. 그들은 이것을 '발표하지 않으면 사라진다'라는 생각이 더 많은 과학적 위법 행위를 발생시킨다는 기존의 관념과는 배치되는 증거라고 해석했다. 하지만 논문 철회라는 것은 매우 드물고도 극단적인 행위다. 논문 철회 과정은 과학 문헌에서 논문을 삭제해야 할 뿐만 아니라 종종 사기 같은 중대한 위반 행위가 결부된 경우가 많기 때문이다. 그리고 2015년 연구는 해당 논문들의 품질에 대해서는 아무런 분석도 하지 않았기 때문에 '발표하지 않으면 사라진다'라는 일반적 관념을 방어하는 수단으로는 사용할 수 없다는 것이 내 견해다. 또한 그들은 더 규칙적으로 논문을 발표하는 과학자들이 더 많이 수정을 하는 경향이 있다는 것도 발견했다. 그들은 이것이 좋은 일이라고 주장한다. 그들에 의하면 수정은 '오명을 남기지 않기' 때문이다. 나는 이것은 이상한 주장이라고 생각한다. 내 경험상, 수정은 분명히 오명을 남길 뿐만 아니라, 말 자체의 정의상 오류가 있다. 애초에 하지 말았어야 할 실수를 바로잡는 행위이기 때문이다.

22. Quan et al., 'Publish or Impoverish'.
23. '살라미 슬라이싱'이라는 표현을 과학에 대해서 사용했던 사례 중 내가 발견할 수 있었던 가장 첫 번째 사례는 다음과 같다. John Maddox, 'Is the Salami Sliced Too Thinly?', *Nature* 342, no. 6251 (Dec. 1989): p. 733; https://doi.org/10.1038/342733a0. 이 논문에서는 이런 표현이 등장하기 이전에는 한동안 은유적 표현을 사용했다고 밝히고 있다. 살라미 슬라이싱이란 표현은 이전에는 다른 영역에서 사용됐었다. 예를 들면 직원이 회사로부터 많은 양의 돈을 훔쳐낼 때 오랜 시간을 두고 조금씩 돈을 훔치는 행위를 표현하는 데 사용됐다.
24. 나는 관련된 모든 논문을 인용하고 싶지는 않다. 그렇게 하게 되면 논문의 저자들이 이기는 꼴이 되기 때문이다. 하지만 한 편은 인용을 하겠다. Xing Chen et

al., 'A Novel Relationship for Schizophrenia, Bipolar and Major Depressive Disorder Part 5: A Hint from Chromosome 5 High Density Association Screen', *American Journal of Translational Research* 9, no. 5 (2017): pp. 2473-91; https://www.ncbi.nlm.nih.gov/pubmed/28559998

25. 그러나 어떤 논문도 인종 간의 차이점을 발견하지 못했다. 따라서 이 논문들은 효과 없는 결과를 발표한 것이다. Glen I. Spielmans et al., 'A Case Study of Salami Slicing: Pooled Analyses of Duloxetine for Depression', *Psychotherapy and Psychosomatics* 79, no. 2 (2010): pp. 97-106; https://doi.org/10.1159/000270917

26. 추가적인 예로서 항정신성 약물에 대한 논문들을 들었다. Glen. I. Spielmans et al., '"Salami Slicing" in Pooled Analyses of Second-Generation Antipsychotics for the Treatment of Depression', *Psychotherapy and Psychosomatics* 86, no. 3 (2017): pp. 171-72; https://doi.org/10.1159/000464251

27. 물론, 이 책의 중요한 논점은 형편없는 질의 연구 결과들이 채택되고 출판되는 것을 감안할 때 과학 저널의 동료 평가와 편집 기준이 매우 부족하다는 것이다. 하지만 사기 저널의 경우 이러한 시도조차 하지 않는다.

28. 이와 유사한 사기성 사업으로 가짜 학술 대회가 있다. 규칙적으로 발송되는 이메일을 통해 과학자들을 초청하고 있다. 이에 대해 좋은 리뷰 연구가 있다. James McCrostie, '"Predatory Conferences" Stalk Japan's Groves of Academia', *Japan Times*, 11 May 2016; https://www.japantimes.co.jp/community/2016/05/11/issues/predatory-conferences-stalk-japans-groves-academia/ and Emma Stoye, 'Predatory Conference Scammers Are Getting Smarter', *Chemistry World*, 6 Aug. 2018; https://www.chemistryworld.com/news/predatory-conference-scammersare-getting-smarter/3009263.article

29. 덴버의 콜로라도대학교 도서관 직원인 제프리 비올은 사기 저널들을 대상으로 1인 캠페인을 벌였다. Jeffrey Beall, 'What I Learned from Predatory Publishers', *Biochemia Medica* 27, no. 2 (15 June 2017): pp. 273-78; https://doi.org/10.11613/BM.2017.029. 그가 작성했던 의심 저널 리스트는 결국 인터넷상에서 사라졌다. https://retractionwatch.com/2017/01/17/bealls-list-potential-predatory-publishers-go-dark/. 하지만 새로운 버전인 '미끼 저널 의심 리스트'는 다음에서 찾을 수 있다. https://predatoryjournals.com/journals/. Pravin Bolshete, 'Analysis of Thirteen Predatory Publishers: A Trap for Eager-to-Publish

Researchers', *Current Medical Research and Opinion* 34, no. 1 (2 Jan. 2018): pp. 157-62; https://doi.org/10.1080/03007995.2017.1358160 and Agnes Grudniewicz et al., 'Predatory Journals: No Definition, No Defence', *Nature* 576, no. 7786 (Dec. 2019): pp. 210-12; https://doi.org/10.1038/d41586-019-03759-y

30. 이 논문은 공식적으로 발표된 적은 없다. 뱀플루가 저널에서 요구한 출판비 150달러 지불하지 않았기 때문이다(더 자세한 내용은 다음을 참조하라. Joseph Stromberg, '"Get Me Off Your Fucking Mailing List" Is an Actual Science Paper Accepted by a Journal', *Vox*, 21 Nov. 2014; https://www.vox.com/2014/11/21/7259207/scientific-paper-scam). 컴퓨터 과학자 데이비드 마지에르와 에디 콜러가 비슷한 목적으로 그보다 몇 년 전에 써 놓았던 논문의 본문은 다음 링크에서 전체 내용을 읽을 수 있다: http://www.scs.stanford.edu/~dm/home/papers/remove.pdf

31. Quoted in Ivan Oransky, 'South Korean Plant Compound Researcher Faked Email Addresses so He Could Review His Own Studies', *Retraction Watch*, 24 Aug. 2012; https://retractionwatch.com/2012/08/24/korean-plant-compoundresearcher-faked-email-addresses-so-he-could-review-his-own-studies/

32. 한 가지 사례에 대한 자세한 논의와 이것을 통과시켰던 편집장의 자기 과실 고백은 다음을 참조하라. Adam Cohen et al., 'Organised Crime against the Academic Peer Review System: Organised Crime against the Academic Peer Review System', *British Journal of Clinical Pharmacology* 81, no. 6 (June 2016): pp. 1012-17; https://doi.org/10.1111/bcp.12992

33. Alison McCook, 'A New Record: Major Publisher Retracting More than 100 Studies from Cancer Journal over Fake Peer Reviews', *Retraction Watch*, 20 April 2017; https://retractionwatch.com/2017/04/20/new-record-major-publisherretracting-100-studies-cancer-journal-fake-peer-reviews/

34 Vincent Larivière et al., 'The Decline in the Concentration of Citations, 1900-2007', *Journal of the American Society for Information Science and Technology* 60, no. 4 (April 2009): pp. 858-62; https://doi.org/10.1002/asi.21011 9

35. 같은 책. 적어도 과학계는 인문학만큼 상황이 나쁘지 않다. 인문학 분야에서 발표된 논문의 20퍼센트만이 발표 후 5년 이내에 다른 논문에 의해 피인용된다. 물론 과학계와 인문학계는 인용에 대한 관습이 다르다. 인문학계의 경우 논문보다는 서적을

더 많이 인용하는 것이 현실이다. 그렇다 하더라도 인용되지 못한 80퍼센트의 논문들이 우리의 지식에 얼마나 기여를 했을지는 의문스럽다.

36. J. E. Hirsch, 'An Index to Quantify an Individual's Scientific Research Output', *Proceedings of the National Academy of Sciences* 102, no. 46 (15 Nov. 2005): pp. 16569-72; https://doi.org/10.1073/pnas.0507655102
37. 만약 구글 학술검색이 h-지수를 과대평가하고 있다는 점을 지적하지 않았다면 내가 게을렀던 것이다. 구글 학술검색의 경우 인용으로 간주하는 경우에 대해서 매우 관대하기 때문이다. h-지수를 계산하는 다른 방식도 있다. 웹 오브 사이언스Web of Science와 같은 사이트가 그런 예다. 이 경우 인용으로 간주하는 방식이 더 보수적이고 이로 인해 피인용 횟수도 더 낮은 값을 보인다.
38. Bram Duyx et al., 'Scientific Citations Favor Positive Results: A Systematic Review and Meta-Analysis', *Journal of Clinical Epidemiology* 88 (Aug. 2017): pp. 92-101; https://doi.org/10.1016/j.jclinepi.2017.06.002; see also R. Leimu and J. Koricheva, 'What Determines the Citation Frequency of Ecological Papers?', *Trends in Ecology & Evolution* 20, no. 1 (Jan. 2005): pp. 28-32; https://doi.org/10.1016/j.tree.2004.10.010
39. '전체 인용 횟수의 3분의 1': Dag W. Aksnes, 'A Macro Study of Self-Citation', *Scientometrics* 56, no. 2 (2003): pp. 235-46; https://doi.org/10.1023/A:1021919228368. 살라미 슬라이싱 방법과 함께 사용할 수 있다. 만약 당신이 낸 살라미 슬라이싱 논문들이 서로를 인용하게 된다면 당신을 제외하고는 아무도 당신의 연구 결과를 읽거나 인용하지 않았는데도 훨씬 높은 피인용 횟수를 만들어낼 수 있다. 나는 이를 살라미가 스스로에게 등을 돌려 링소세지가 되는 것과 같다고 표현하고 싶으나, 은유적 표현을 너무 과도하게 사용하나 싶다.
40. 더 극단적인 사례를 보려면 다음을 참조하라. John P. Ioannidis (2015), 'A Generalized View of Self-Citation: Direct, Co-Author, Collaborative, and Coercive Induced Self-Citation', *Journal of Psychosomatic Research* 78, no. 1 (Jan. 2015): pp. 7-11; https://doi.org/10.1016/j.jpsychores.2014.11.008
41. Colleen Flaherty, 'Revolt Over an Editor', *Inside Higher Ed*, 30 April 2018; https://www.insidehighered.com/news/2018/04/30/prominent-psychologist-resigns-journal-editor-over-allegations-over-self-citation. 또 다른 유사 사례로 이번에는 자폐 스펙트럼 장애 연구의 세계를 살펴보자. Pete

Etchells & Chris Chambers, 'The Games We Play: A Troubling Dark Side in Academic Publishing', *Guardian*, 12 March 2015; https://www.theguardian.com/science/head-quarters/2015/mar/12/games-we-play-troubling-dark-side-academic-publishing-Matson-sigafoos-lancioni

42. Eiko Fried, '7 Sternberg Papers: 351 References, 161 Self-Citations', *Eiko Fried*, 29 March 2018; https://eiko-fried.com/sternberg-selfcitations/
43. Brett D. Thombs et al., 'Potentially Coercive Self-Citation by Peer Reviewers: A Cross-Sectional Study', *Journal of Psychosomatic Research* 78, no. 1 (Jan. 2015): pp. 1-6; https://doi.org/10.1016/j.jpsychores.2014.09.015
44. 스턴버그가 이 특정 방법을 사용해 시스템을 속이려 했다는 사실은 아이러니하다. 2017년 그는 학계를 위한 조언을 담은 책에서 다음과 같이 말했기 때문이다. '자기 표절은 스스로의 연구 결과를 적절하게 인용하는 데 실패할 때 발생한다. 극단적인 경우 이전에 논문이 발표됐었다는 언급 없이 정확히 같은 논문을 두 번 발표하려는 시도를 하는 사람도 있을 것이다.' Robert J. Sternberg, & Karin Sternberg, *The Psychologist's Companion: A Guide to Professional Success for Students, Teachers, and Researchers* (Cambridge: CUP, 2016): p.141.
45. 해당 문장이 처음으로 출판됐던 원본 논문은 다음과 같다. Robert J. Sternberg, 'WICS: A New Model for Cognitive Education', *Journal of Cognitive Education and Psychology* 9, no. 1 (Feb. 2010): pp. 36-47; https://doi.org/10.1891/1945-8959.9.1.36. 논문 철회 문구 '중복 출판 사유로 인해'는 사설에 나와 있다. 'Retraction Notice for "WICS: A New Model for School Psychology" by Robert J. Sternberg', *School Psychology International* 39, no. 3 (June 2018): p. 329; https://doi.org/10.1177/0143034318782213. 다음도 참조하라. Nicholas J. L. Brown, 'Some Instances of Apparent Duplicate Publication by Dr. Robert J. Sternberg', *Nick Brown's Blog*, 25 April 2018; https://steamtraen.blogspot.com/2018/04/some-instances-of-apparent-duplicate.html
46. Tracey Bretag & Saadia Carapiet, 'A Preliminary Study to Identify the Extent of Self-Plagiarism in Australian Academic Research', *Plagiary: Cross-Disciplinary Studies in Plagiarism, Fabrication, and Falsification* 2, no. 5 (2007): pp. 1-12.
47. Éric Archambault & Vincent Larivière, 'History of the Journal Impact Factor: Contingencies and Consequences', *Scientometrics* 79, no. 3 (June 2009): pp. 635-

49; https://doi.org/10.1007/s11192-007-2036-x

48. 기술적으로 약간 혼란스럽게도 임팩트 팩터는 저널이 2년 동안 발표했던 논문들이 피인용된 평균 횟수를 해당 연도에 집계한 숫자다. 물론 이 자료가 다 집계되려면 해당 연도는 다 지나가야 한다. 따라서 이 숫자는 발표되는 시점과는 약간은 시차가 있다. 예를 들면 2020년에 발표된 어떤 저널의 임팩트 팩터는 2017년과 2018년 해당 저널에 발표된 논문들이 2019년 동안 얼마나 인용됐는지 평균을 계산해 얻어진다.

49. 궁금할지도 모를 경우를 대비해 밝혀두자면, 〈미국 감자 연구 저널〉의 현재 임팩트 팩터는 1.095이다.

50. Vincent Larivière et al., 'A Simple Proposal for the Publication of Journal Citation Distributions', *bioRxiv*, 5 July 2016; https://doi.org/10.1101/062109; see also Vincent Larivière & Cassidy R. Sugimoto, 'The Journal Impact Factor: A Brief History, Critique, and Discussion of Adverse Effects', in *Springer Handbook of Science and Technology Indicators*, eds. Wolfgang Glänzel, Henk F. Moed, Ulrich Schmoch, & Mike Thelwall, pp. 3-24 (Cham: Springer International Publishing, 2019); https://doi.org/10.1007/978-3-030-02511-3_1. For the other side of the argument, see Lutz Bornmann & Alexander I. Pudovkin, 'The Journal Impact Factor Should Not Be Discarded', *Journal of Korean Medical Science* 32, no. 2 (2017): p. 180-82; https://doi.org/10.3346/jkms.2017.32.2.180

51. Richard Monastersky, 'The Number That's Devouring Science', *Chronicle of Higher Education*, 14 Oct. 2005; https://www.chronicle.com/article/the-numberthats-devouring/26481

52. A. W. Wilhite & E. A. Fong, 'Coercive Citation in Academic Publishing', *Science* 335, no. 6068 (2 Feb. 2012): pp. 542-43; https://doi.org/10.1126/science.1212540

53. Phil Davis, 'The Emergence of a Citation Cartel', *Scholarly Kitchen*, 10 April 2012; https://scholarlykitchen.sspnet.org/2012/04/10/emergence-of-a-citation-cartel/

54. Paul Jump, 'Journal Citation Cartels on the Rise', *Times Higher Education*, 21 June 2013; https://www.timeshighereducation.com/news/journal-citationcartels-on-the-rise/2005009.article. 이 인용 카르텔은 자신들만의 엘리엇호의 네스를 발견했을 수도 있다: 2017년 인용 데이터를 입력했을 때 서로 간

에 과도하게 많이 인용을 해주는 저자들을 그룹으로 묶어서 표시할 수 있는 알고리듬이 2017년 개발됐다. Iztok Fister Jr. et al., 'Toward the Discovery of Citation Cartels in Citation Networks', *Frontiers in Physics* 4:49 (15 Dec. 2016); https://doi.org/10.3389/fphy.2016.00049

55. Charles Goodhart, 'Monetary Relationships: A View from Threadneedle Street', *Papers in Monetary Economics* I (Reserve Bank of Australia, 1975). 이 특정 문구는 다음 논문 때문이다. Marilyn Strathearn, 'Improving Ratings: Audit in the British University System', *European Review* 5, no. 3 (July 1997): pp. 305-21; https://doi.org/10.002/(SICI)1234-981X(199707)5:3<305::AID-EURO184>3.0.CO;2-4
56. Paul E. Smaldino & Richard McElreath, 'The Natural Selection of Bad Science', *Royal Society Open Science* 3, no. 9 (Sept. 2016): 160384; https://doi.org/10.1098/rsos.160384
57. Andrew D. Higginson & Marcus R. Munafò, 'Current Incentives for Scientists Lead to Underpowered Studies with Erroneous Conclusions', *PLOS Biology* 14, no. 11 (10 Nov. 2016): p.6; https://doi.org/10.1371/journal.pbio.2000995
58. David Robert Grimes et al., 'Modelling Science Trustworthiness under Publish or Perish Pressure', *Royal Society Open Science* 5, no. 1 (Jan. 2018); https://doi.org/10.1098/rsos.171511
59. 워싱턴 DC 국립 미술 갤러리에 같은 화가가 다른 연금술사를 그린 또 다른 버전이 있다.
60. See Anton Howes, 'Age of Invention: When Alchemy Works', *Age on Invention*, 6 Oct. 2019; https://antonhowes.substack.com/p/age-of-invention-when-alchemy-works and Richard Conniff, 'Alchemy May Not Have Been the Pseudoscience We All Thought It Was', *Smithsonian Magazine*, Feb. 2014; https://www.smithsonianmag.com/history/alchemy-may-not-been-pseudoscience-we-thought-it-was-180949430/
61. 연금술사와 현대 과학자들 간의 가장 큰 차이점은 현대 과학자들에게는 금을 만드는 것이 현실적으로 가능하다는 점이다. 제6장에서 살펴봤듯이, 자신의 연구 결과를 과장하고 단순화함으로써 책을 베스트셀러로 만들거나 순회 강연에 인기 있는 강사가 될 마음의 준비가 돼 있는 과학자들에게는 엄청난 금전적 보상이 따를 수 있다.

62. Marc A. Edwards & Siddhartha Roy, 'Academic Research in the 21st Century: Maintaining Scientific Integrity in a Climate of Perverse Incentives and Hypercompetition', *Environmental Engineering Science* 34, no. 1 (Jan. 2017): pp. 51-61; https://doi.org/10.1089/ees.2016.0223
63. Tal Yarkoni, 'No, It's Not The Incentives - It's You', *[Citation Needed]*, 2 Oct. 2018; https://www.talyarkoni.org/blog/2018/10/02/no-its-not-the-incentives-its-you/
64. See Edwards & Roy, 'Academic Research', Fig. 1.

제8장

격언: Michael Nielsen http://michaelnielsen.org/blog/the-future-of-science-2/

1. Y. A. de Vries et al., 'The Cumulative Effect of Reporting and Citation Biases on the Apparent Efficacy of Treatments: The Case of Depression', *Psychological Medicine* 48, no. 15 (Nov. 2018): pp. 2453-55; https://doi.org/10.1017/S0033291718001873
2. 같은 책. p. 2453.
3. 구체적으로, 그들은 미화와 인용 편향 사례를 발견했다. 심리치료 임상 시험은 신약처럼 사전 등록이 필요하지 않기 때문에 그 외의 다른 문제들은 발견하기가 매우 어렵다.
4. 몇몇 국가에서 이것은 부분적으로는 개인정보 보호법 때문이다. Charles Seife, 'Research Misconduct Identified by the US Food and Drug Administration: Out of Sight, Out of Mind, Out of the Peer-Reviewed Literature', *JAMA Internal Medicine* 175, no. 4 (1 April 2015): pp. 567-577; https://doi.org/10.1001/jamainternmed.2014.7774. Michael Robinson, 'Canadian Researchers Who Commit Scientific Fraud Are Protected by Privacy Laws', *The Star*, 12 July 2016; https://www.thestar.com/news/canada/2016/07/12/canadian-researchers-who-commit-scientific-fraudare-protected-by-privacy-laws.html

5. Ivan Oransky & Adam Marcus, 'Governments Routinely Cover up Scientific Misdeeds. Let's End That', *STAT News*, 15 Dec. 2015; https://www.statnews.com/2015/12/15/governments-scientific-misdeeds/
6. Chia-Yi Hou, 'Sweden Passes Law For National Research Misconduct Agency', *Scientist*, 10 July 2019; https://www.the-scientist.com/news-opinion/sweden-passes-law-for-national-research-misconduct-agency-66129
7. Morten P. Oksvold, 'Incidence of Data Duplications in a Randomly Selected Pool of Life Science Publications', *Science and Engineering Ethics* 22, no. 2 (April 2016): pp. 487-96; https://doi.org/10.1007/s11948-015-9668-7. M. Enrico Bucci et al., 'Automatic Detection of Image Manipulations in the Biomedical Literature', *Cell Death & Disease* 9, no. 3 (Mar. 2018): p. 400; https://doi.org/10.1038/s41419-018-0430-3. 더불어 두 번째 논문은 AI 알고리듬이 세포 생물학 문헌에서 놀랄 만큼 많은 양의 이미지 복제 건수를 검출해 냈다는 사실을 밝히고 있다.
8. 기술 발전 덕분에 과학자들은 과학 문헌을 훨씬 더 자세히 볼 수 있게 됐다. 제3장에서 우리는 논문 철회가 된 이후에도 계속해서 인용되는 좀비 논문 문제에 대해 다뤘었다. 이 문제를 자동으로 해결할 수 있는 방법이 있다. 무료로 다운로드 받을 수 있는 조테로Zotero라는 참고 문헌 관리 소프트웨어를 이용하면 된다. 많은 과학자들이 각 논문마다 필요한 문헌들을 저장하고 분류하기 위해서 사용하고 있는 소프트웨어로서 시간을 절약하고 실수를 예방하는 데 많은 도움을 주고 있다. 나도 이 책을 쓰는 데 사용하고 있다. 조테로는 최근 리트랙션 워치와 파트너쉽 관계를 맺었다고 발표했다. 이를 통해 인용하려는 논문이 이미 철회가 됐을 때는 표시가 됨으로써 이미 철회된 논문이라는 정보를 줄 수 있게 된다. Dan Stillman, 'Retracted Item Notifications with Retraction Watch Integration', *Zotero*, 14 June 2019; https://www.zotero.org/blog/retracted-item-notifications/ 심지어 더 발달된 알고리듬을 사용하면 수만 편의 논문을 스캔해 인간이 읽었을 때는 파악하기 어려운 특징들을 발견함으로써 특정 논문이 재현 가능할지도 예측할 수 있다는 주장이 있다. Adam Rogers, 'Darpa Wants to Solve Science's Reproducibility Crisis With AI', *Wired*, 15 Feb. 2019; https://www.wired.com/story/darpa-wants-to-solve-sciences-replication-crisis-with-robots/
9. 정교한 알고리듬이 수만 편의 논문을 훑어보고 사람에게는 불분명하지만 어쩌면 복

제될지도 모를 그들의 발견의 모든 특징을 찾아낼 수 있다는 제안도 있다. Adam Rogers, 'Darpa Wants to Solve Science's Reproducibility Crisis With AI', *Wired*, 15 Feb. 2019; https://www.wired.com/story/darpa-wants-to-solve-sciences-replication-crisis-with-robots/

10. 그런 프로그램 중의 하나가 알마크다운[RMarkdown]이다: https://rmarkdown.rstudio.com/
11. 이런 방면으로 훨씬 더 급진적인 제안이 심리학자 제프 로우더의 '처음부터 데이터를 공개[born-open data]'하자는 아이디어다. 실험에 참가한 새로운 참가자로부터 데이터가 얻어지면 이것을 온라인 데이터 베이스에 매일 자동으로 업로드 되도록 하는 것이다. Jeffrey N. Rouder, 'The What, Why, and How of Born-Open Data', *Behavior Research Methods* 48, no. 3 (Sept. 2016): pp. 1062-69; https://doi.org/10.3758/s13428-015-0630-z
12. Mark Ziemann et al., 'Gene Name Errors are Widespread in the Scientific Literature', *Genome Biology* 17, no. 1 (Dec. 2016): 177; https://doi.org/10.1186/s13059-016-1044-7
13. 'Ottoline Leyser on How Plants Decide What to Do', *The Life Scientific*, BBC Radio 4, 16 May 2017.
14. Brian A. Nosek et al., 'Scientific Utopia: II. Restructuring Incentives and Practices to Promote Truth Over Publishability', *Perspectives on Psychological Science* 7, no. 6 (Nov. 2012): pp. 615-631; https://doi.org/10.1177/1745691612459058, p.619.
15. 〈생체임상의학의 부정적 결과 저널 *Journal of Negative Results in Biomedicine*〉에 실린 논문들은 여기서 찾아볼 수 있다: https://jnrbm.biomedcentral.com/articles. 전문적이지 않아 보이는 〈부정적 결과: 생태학과 진화생물학*Journal of Negative Results: Ecology and Evolutionary Biology*〉라는 저널도 있으나 투고되는 논문은 거의 없다. 2014년과 2015년에는 한 편의 논문도 싣지 않았고 2016년에는 두 편의 논문이 발표됐다. 2018년에 1편의 논문이 발표된 후로는 아직 추가 논문 발표는 없다. 무효인 결과만을 싣는 저널에 논문을 발표하는 것에 사람들이 얼마나 관심이 없는지를 이 사례보다 더 잘 나타내 주는 예는 없을 것이다; http://www.jnr-eeb.org/index.php/jnr
16. 첫 번째 단어는 'Public Library of Science'를 의미한다. 〈플로스 원[PLOS ONE]〉의 전

략은 '관심도'와는 무관하게 동료 평가를 통과하는 논문은 어떤 것이든 싣는다는 것이었고 이 아이디어는 엄청난 성공으로 이어졌다. 이로 인해 논문 발표 건수로만 볼 때 세계에서 가장 큰 저널이 될 수 있었다. 이 저널은 2017년 같은 출판 전략을 표방하고 있는 대형 저널인 〈사이언티픽 리포트[Scientific Reports]〉에 의해 인수됐다: Phil Davis, 'Scientific Reports Overtakes PLoS ONE As Largest Megajournal', 6 April 2017; https://scholarlykitchen.sspnet.org/2017/04/06/scientific-reports-overtakes-plos-one-as-largest-megajournal/ 〈사이언티픽 리포트〉가 인기가 있는 것은 부분적으로는 네이처 출판 그룹이 운영하는 저널로서 세계에서 가장 유명한 저널인 〈네이처〉의 후광 효과를 입고 있기 때문이라고 할 수 있다. '파급 효과와는 무관하게 수준 높은 논문이면 어떤 것이든 출판' 한다는 모델을 채택하고 있는 다른 저널로는 〈피어제이[PeerJ]〉 (https://peerj.com/) 와 〈왕립 학회 오픈 사이언스[Royal Society Open Science]〉 (https://royalsocietypublishing.org/journal/rsos)를 들 수 있다.

17. https://www.apa.org/pubs/journals/psp/?tab=4
18. Sanjay Srivastava, 'A Pottery Barn Rule for Scientific Journals', *The Hardest Science*, 27 Sept. 2012; https://thehardestscience.com/2012/09/27/a-pottery-barnrule-for-scientific-journals/ 이것은 '포터리 반[Pottery Barn] 룰'이라고 불린다. 미국 소매 체인점인 포터리 반에서 이런 룰을 적용하고 있는 것으로 알려져 있기 때문이다. 하지만 정작 포터리 반에는 이런 룰이 없기 때문에 일종의 도시에서 떠도는 일종의 전설과도 같은 것이라고 할 수 있다. Daniel Grant, 'You Break It, You Buy It? Not According to the Law', *Crafts Report*, April 2005; https://web.archive.org/web/20061207233337/http:/www.craftsreport.com/april05/break_not_buy.html
19. B. A. Nosek et al., 'Promoting an Open Research Culture', *Science* 348, no. 6242 (26 June 2015): 1422-25; https://doi.org/10.1126/science.aab2374. See also https://cos.io/top/
20. Jop de Vrieze, '"Replication Grants" Will Allow Researchers to Repeat Nine Influential Studies That Still Raise Questions', *Science*, 11 July 2017; https://doi.org/10.1126/science.aan7085
21. 20세기 후반부에 잘 알려진 사례 2건을 들었다: David Bakan, 'The Test of Significance in Psychological Research', *Psychological Bulletin* 66, no. 6 (1966): pp. 423-37; https://doi.org/10.1037/h0020412. And: Jacob Cohen, 'The Earth

Is Round (p 〈 .05)', *American Psychologist* 49, no. 12 (1994): pp. 997-1003; https://doi.org/10.1037/0003-066X.49.12.997

22. Stephen Thomas Ziliak & Deirdre N. McCloskey, *The Cult of Statistical Significance: How the Standard Error Costs Us Jobs, Justice, and Lives, Economics, Cognition, and Society* (Ann Arbor: University of Michigan Press, 2008): p. 33.
23. Valentin Amrhein et al., 'Scientists Rise up against Statistical Significance', *Nature* 567, no. 7748 (March 2019): pp. 305-7; https://doi.org/10.1038/d41586-019-00857-9
24. 이런 관점에서 더 자세한 내용은 다음을 참조하라. Geoff Cumming, 'The New Statistics: Why and How', *Psychological Science* 25, no. 1 (Jan. 2014): pp. 7-29; https://doi.org/10.1177/0956797613504966; and Lewis G. Halsey, 'The Reign of the p-Value Is Over: What Alternative Analyses Could We Employ to Fill the Power Vacuum?', *Biology Letters* 15, no. 5 (31 May 2019): 20190174; https://doi.org/10.1098/rsbl.2019.0174
25. 효과 크기와 p-값을 알고 있다면 신뢰구간을 구할 수 있고 반대로 신뢰구간에서 효과 크기와 p-값을 구하는 것도 가능하다. D. G. Altman & J. M. Bland, 'How to Obtain the Confidence Interval from a P Value', *BMJ* 343 (16 July 2011): d2090; https://doi.org/10.1136/bmj.d2090 and D. G. Altman & J. M. Bland, 'How to Obtain the P Value from a Confidence Interval', *BMJ* 343 (8 Aug. 2011): d2304; https://doi.org/10.1136/bmj.d2304
26. John P. A. Ioannidis, 'The Importance of Predefined Rules and Prespecified Statistical Analyses: Do Not Abandon Significance', *JAMA* 321, no. 21 (4 June 2019): p. 2067; https://doi.org/10.1001/jama.2019.4582
27. Quoted in Andrew Gelman, '"Retire Statistical Significance": The Discussion', *Statistical Modeling, Causal Inference, and Social Science*, 20 March 2019; https://statmodeling.stat.columbia.edu/2019/03/20/retire-statistical-significance-the-discussion/
28. 이런 의미에서 베이즈 이론은 '예외적인 주장은 예외적인 증거를 필요로 한다'라는 칼 세이건의 유명한 말을 수학적 버전으로 이야기하는 것이다.
29. p-값이 우연히 속해 있는 광범위한 통계적 전통을 빈도 통계학frequentist statistics이라고 부른다. p-값을 이용하는 사람들은 근본적으로 빈도에 관심이 있기 때문이다. 테스

트하고 있는 가설이 사실이 아닐 경우 실험을 무한히 반복할 때 p-값이 0.05 이하인 결과를 얻을 수 있는 빈도에 특히 관심이 많다.

30. 베이즈 통계학에 대한 입문서로는 주석이 붙어 있는 필독서 리스트가 유용하다. Etz et al., 'How to Become a Bayesian in Eight Easy Steps: An Annotated Reading List', *Psychonomic Bulletin & Review* 25, no. 1 (Feb. 2018): 219-34; https://doi.org/10.3758/s13423-017-1317-5. Richard McElreath, Statistical Rethinking: *A Bayesian Course with Examples in* R *and Stan*, Chapman & Hall/CRC Texts in Statistical Science Series 122 (Boca Raton:CRC Press/Taylor & Francis Group, 2016).

31. 사면초가에 몰려 있는 p-값에 대한 매우 수준 높은 변호를 다음에서 찾아볼 수 있다. Victoria Savalei & Elizabeth Dunn, 'Is the Call to Abandon P-Values the Red Herring of the Replicability Crisis?', *Frontiers in Psychology* 6:245 (6 March 2015); https://doi.org/10.3389/fpsyg.2015.00245; Paul A. Murtaugh, 'In Defense of P Values', *Ecology* 95, no. 3 (March 2014): pp. 611-17; https://doi.org/10.1890/13-0590.1; and S. Senn, 'Two Cheers for P-Values?', *Journal of Epidemiology and Biostatistics* 6, no. 2 (1 March 2001): 193-204; https://doi.org/10.1080/135952201753172953

32. Daniel J. Benjamin et al., 'Redefine Statistical Significance', *Nature Human Behaviour* 2, no. 1 (Jan. 2018): pp. 6-10; https://doi.org/10.1038/s41562-017-0189-z. 이에 대한 반응이 어떤지도 살펴보라. Daniël Lakens et al., 'Justify Your Alpha', *Nature Human Behaviour* 2, no. 3 (March 2018): pp. 168-71; https://doi.org/10.1038/s41562-018-0311-x. p-값을 사용하면서도 항상 결과를 0과 비교함으로써 단순한 시나리오에서 벗어나고자 하는 새로운 통계적 모델도 있다. Daniël Lakens et al., 'Equivalence Testing for Psychological Research: A Tutorial', *Advances in Methods and Practices in Psychological Science* 1, no. 2 (June 2018): pp. 259-69; https://doi.org/10.1177/2515245918770963

33. 다른 대안으로는, 과학자들이 통계 분석은 진행하고 독립된 통계학자들에게 그 해석을 맡기는 방법도 있다. Isabelle Boutron & Philippe Ravaud, 'Misrepresentation and Distortion of Research in Biomedical Literature', *Proceedings of the National Academy of Sciences* 115, no. 11 (13 March 2018): pp. 2613-19; https://doi.org/10.1073/pnas.1710755115

34. 혹은 통계학자들이 실험 설계가 애초부터 마음에 들지 않을 때다. 로널드 피셔는 1938년 유명한 말을 했다. '실험이 끝난 후 통계학자들과 의논하는 것은 그들에게 사후검시를 하라고 얘기하는 것과 다를 바 없다. 아마도 통계학자들이 말할 수 있는 것은 실험이 왜 죽었는지에 대해서 일 것이다.' https://www.gwern.net/docs/statistics/decision/1938-fisher.pdf
35. '규격 곡선 분석': Uri Simonsohn et al., 'Specification Curve: Descriptive and Inferential Statistics on All Reasonable Specifications', *SSRN Electronic Journal* (2015); https://doi.org/10.2139/ssrn.2694998. '효과 진동 분석': Chirag J. Patel et al., 'Assessment of Vibration of Effects Due to Model Specification Can Demonstrate the Instability of Observational Associations', *Journal of Clinical Epidemiology* 68, no. 9 (Sept. 2015): pp. 1046-58; https://doi.org/10.1016/j.jclinepi.2015.05.029. '다중 우주 분석': Sara Steegen et al., 'Increasing Transparency Through a Multiverse Analysis', *Perspectives on Psychological Science* 11, no. 5 (Sept. 2016): pp. 702-12; https://doi.org/10.1177/1745691616658637
36. Amy Orben & Andrew K. Przybylski, 'The Association between Adolescent Well-Being and Digital Technology Use', *Nature Human Behaviour* 3, no. 2 (Feb. 2019): pp. 173-82; https://doi.org/10.1038/s41562-018-0506-1. Full disclosure: Orben and Przybylski are friends and colleagues of mine.
37. Sam Blanchard, 'Smartphones and Tablets Are Causing Mental Health Problems in Children as Young as TWO by Crushing Their Curiosity and Making Them Anxious', *MailOnline*, 2 Nov. 2018; https://www.dailymail.co.uk/health/article-6346349/Smartphones-tablets-causing-mental-health-problems-children-young-two.html
38. For example, see Jean M. Twenge, 'Have Smartphones Destroyed a Generation?', *Atlantic*, Sept. 2017; https://www.theatlantic.com/magazine/archive/2017/09/hasthe-smartphone-destroyed-a-generation/534198/; and Jean M. Twenge, IGEN: *Why Today's Super-Connected Kids Are Growing up Less Rebellious, More Tolerant, Less Happy - and Completely Unprepared for Adulthood (and What This Means for the Rest of Us)* (New York: Atria Books, 2017).
39. '비디오 게임 장애': https://www.who.int/features/qa/gaming-disorder/en/; Antonius J. van Rooij et al., 'A Weak Scientific Basis for Gaming Disorder:

Let Us Err on the Side of Caution', *Journal of Behavioral Addictions* 7, no. 1 (March 2018): pp. 1-9; https://doi.org/10.1556/2006.7.2018.19; '온라인 포르노 중독': Rubén de Alarcón et al., 'Online Porn Addiction: What We Know and What We Don't - A Systematic Review', *Journal of Clinical Medicine* 8, no. 1 (15 Jan. 2019): p. 91; https://doi.org/10.3390/jcm8010091; '아이폰 중독': André Spicer, 'The iPhone Is the Crack Cocaine of Technology. Don't Celebrate Its Birthday', *Guardian*, 29 June 2017; https://www.theguardian.com/commentisfree/2017/jun/29/appleiphone-ten-years-old-crippling-addiction; '계속해서 늘고 있다': Christopher Snowdon, 'Evidence-Based Puritanism', *Velvet Glove, Iron Fist*, 10 Jan. 2019; https://velvetgloveironfist.blogspot.com/2019/01/evidence-based-puritanism.html

40. 같은 연구자들은 다른 데이터 세트를 대상으로 다중 우주 분석법을 적용해 대체적으로 같은 결론에 이른 연구를 수행했다: 즉, '스크린 타임' 공포는 과장됐다는 결론이다. Amy Orben & Andrew K. Przybylski, 'Screens, Teens, and Psychological Well-Being: Evidence from Three Time-Use-Diary Studies', *Psychological Science* 30, no. 5 (May 2019): pp. 682-96; https://doi.org/10.1177/0956797619830329. Amy Orben et al., 'Social Media's Enduring Effect on Adolescent Life Satisfaction', *Proceedings of the National Academy of Sciences* 116, no. 21 (21 May 2019): 10226-28; https://doi.org/10.1073/pnas.1902058116. 그렇다고 해서 온라인에서의 활동이 무해하다거나 일부 아동들에게 스크린 타임이 아무 문제가 없다고 이야기하고자 하는 것은 아니다. 그러나 평균적으로 볼 때 그 효과는 언론이 믿도록 조장해놓은 공포스러운 수준보다는 훨씬 약하다는 것이다.
41. 타임라인은 ClinicalTrials.gov의 웹사이트에 제공돼 있다: https://clinicaltrials.gov/ct2/about-site/history. 또한 다음도 참조하라. Jamie L. Todd et al., 'Using ClinicalTrials.Gov to Understand the State of Clinical Research in Pulmonary, Critical Care, and Sleep Medicine', *Annals of the American Thoracic Society* 10, no. 5 (Oct. 2013): pp. 411-17; https://doi.org/10.1513/AnnalsATS.201305-111OC
42. Sophie Scott, 'Pre-Registration Would Put Science in Chains', *Times Higher Education*, 25 July 2013; https://www.timeshighereducation.com/comment/opinion/pre-registration-would-put-science-in-chains/2005954.article
43. Eric-Jan Wagenmakers et al., 'An Agenda for Purely Confirmatory Research',

Perspectives on Psychological Science 7, no. 6 (Nov. 2012): pp. 632-38; https://doi.org/10.1177/1745691612463078

44. Robert M. Kaplan & Veronica L. Irvin, 'Likelihood of Null Effects of Large NHLBI Clinical Trials has Increased Over Time', *PLOS ONE* 10, no. 8 (5 Aug. 2015): e0132382; https://doi.org/10.1371/journal.pone.0132382

45. 여기서 지적돼야 하는 것은 우리가 아직은 다음과 같은 궁극적인 질문에 대한 답을 가지고 있지 않다는 점이다: 사전 등록된 연구들의 반복 재현성이 더 높은가? 시간과 더 많은 메타-사이언스 연구 데이터만이 이 질문에 대한 답을 줄 수 있을 것이다.

46. Kent Anderson, 'Why Is ClinicalTrials.Gov Still Struggling?', *Scholarly Kitchen*, 15 March 2016; https://scholarlykitchen.sspnet.org/2016/03/15/why-is-clinicaltrials-gov-still-struggling/; Monique Anderson, 'Compliance with Results Reporting at ClinicalTrials.Gov', *New England Journal of Medicine* 372, no. 11 (12 Mar. 2015): pp. 1031-39; https://doi.org/10.1056/NEJMsa1409364; Ruijan Chen et al., 'Publication and Reporting of Clinical Trial Results: Cross Sectional Analysis across Academic Medical Centers', *BMJ* (17 Feb. 2016): i637; https://doi.org/10.1136/bmj.i637; Ben Goldacre et al., 'Compliance with Requirement to Report Results on the EU Clinical Trials Register: Cohort Study and Web Resource', *BMJ* (12 Sept. 2018): k3218; https://doi.org/10.1136/bmj.k3218. 또한 심리학계에서 나타난 초기 증거들은 사전 등록 분석 제도의 이상이 현실과 항상 일치하는 것은 아니라는 점을 말해주고 있다: Aline Claesen et al., 'Preregistration: Comparing Dream to Reality', preprint, *PsyArXiv*, 9 May 2019; https://doi.org/10.31234/osf.io/d8wex

47. '〈사이언스〉에 의한 조사에 따르면': Charles Piller, 'FDA and NIH Let Clinical Trial Sponsors Keep Results Secret and Break the Law', *Science*, 13 Jan. 2020; https://doi.org/10.1126/science.aba8123; 'scofflaws': Charles Piller, 'Clinical Scofflaws?' *Science*, 13 Jan. 2020; https://doi.org/10.1126/science.aba8575

48. S. D. Turner et al., 'Publication Rate for Funded Studies from a Major UK Health Research Funder: A Cohort Study', *BMJ Open* 3, no. 5 (2013): e002521; https://doi.org/10.1136/bmjopen-2012-002521; Fay Chinnery et al., 'Time to Publication for NIHR HTA Programme-Funded Research: A Cohort Study', *BMJ Open* 3, no. 11 (Nov. 2013): e004121; https://doi.

org/10.1136/bmjopen-2013-004121. See also Paul Glasziou & Iain Chalmers, 'Funders and Regulators Are More Important than Journals in Fixing the Waste in Research', *TheBMJOpinion*, 6 Sept. 2017; https://blogs.bmj.com/bmj/2017/09/06/paul-glasziou-and-iain-chalmersfunders-and-regulators-are-more-important-than-journals-in-fixing-the-waste-inresearch/

49. Christopher Chambers, 'Registered Reports: A New Publishing Initiative at Cortex', *Cortex* 49, no. 3 (March 2013): pp. 609-10; https://doi.org/10.1016/j.cortex.2012.12.016. 이 책을 쓰고 있는 시점에 225개 저널에서 결과 등록 제도를 선택할 수 있도록 하고 있다. 비록 매우 적은 숫자이지만 점점 더 늘어나고 있다 (https://cos.io/rr/). Chris Chambers, *The Seven Deadly Sins of Psychology: A Manifesto for Reforming the Culture of Scientific Practice* (Princeton: Princeton University Press, 2017).

50. 결과 등록 제도하에서 초기에 수행된 연구들은 그림 4에 나타난 것과 같이 관심을 집중시키는 결과를 낳았다: 심리학과 생물의학 분야에서 사전 등록제하에서 이루어진 연구들의 경우 61퍼센트가 무효 결과를 보였다. 이것은 일반적인 미등록 연구의 경우에 10퍼센트만이 무효 결과가 나오는 것과 매우 다른 결과다. Christopher Allen & David M. A. Mehler, 'Open Science Challenges, Benefits and Tips in Early Career and Beyond', *PLOS Biology* 17, no. 5 (1 May 2019): e3000246; https://doi.org/10.1371/journal.pbio.3000246 (see their Figure 1); 심리학 분야에서 거의 동일한 결과를 얻었던 다음 사례도 참조하라. Anne M. Scheel et al., 'An Excess of Positive Results: Comparing the Standard Psychology Literature with Registered Reports', *PsyArXiv*, preprint , 5 Feb. 2020; https://doi.org/10.31234/osf.io/p6e9c. 이런 차이가 발생하는 원인에 대해 또 다른 설명도 가능하다. 만약 사전 등록을 실시하고 수행하는 연구들과 사전 등록하지 않은 연구들이 서로 다르다면 사전 등록제도 자체와는 무관하게 이미 해당 분야의 연구들에서 긍정적인 결과와 부정적인 결과가 나타날 확률이 다르다는 사실을 발견할 수 있을 것이다. 예를 들면 과학자들이 결과에 대해 회의적이거나 현실로 나타나기 어렵다고 생각되는 실험에 대해서는 사전 등록을 해 진행할 가능성이 많아지게 되기 때문이다.

51. 실제로 17세기 왕립 학회에 의해 시작된 과학 저널은 과학을 개방해 소수 개인의 개인적 취미 이상의 것을 만드는 첫 단계 중 하나라고 생각할 수 있다. Paul A. David,

'The Historical Origins of "Open Science": An Essay on Patronage, Reputation and Common Agency Contracting in the Scientific Revolution', *Capitalism and Society* 3, no. 2 , 24 Jan. 2008; https://doi.org/10.2202/1932-0213.1040

52. 도움이 되는 내용 요약은 다음에서 볼 수 있다 : Marcus R. Munafò et al., 'A Manifesto for Reproducible Science', *Nature Human Behaviour* 1, no. 1 (Jan. 2017): 0021; https://doi.org/10.1038/s41562-016-0021
53. 오픈 사이언스 프레임워크Open Science Framework은 (https://osf.io/) 데이터가 저장될 수 있는 온라인 공간의 하나이며 이곳에 시간이 표시돼 있는 사전 등록 문헌, 작업 중인 논문 외에 많은 것들을 저장할 수 있다.
54. 이것을 실행하고 있는 출판사 중 하나는 일반 생물학 저널인 〈이라이프eLife〉다: 이곳에 실린 어떤 논문이라도 찾아본다면, 그곳에는 이전 버전의 논문과 함께 논문에 대한 리뷰 링크가 같이 실려 있음을 알 수 있다; https://elifesciences.org
55. 하지만 이런 일은 실제로 일어난다. 이 책을 쓰고 있는 시점에 행동 생태학 분야에서도 이러한 사례가 많이 발생하고 있다. Giuliana Viglione, '"Avalanche" of Spider-Paper Retractions Shakes Behavioural-Ecology Community', *Nature* 578, no. 7794 (Feb. 2020): 199-200; https://doi.org/10.1038/d41586-020-00287-y
56. 이것은 단순히 데이터를 온라인상 어디에 올려두는 것처럼 간단한 일은 아니다. 연구자들로부터 데이터를 요청받는 일종의 게이트키퍼를 둠으로써 누가 특정 데이터에 접근했는지에 대한 기록이 남아 있도록 하는 것이 합리적이다. 이것은 등록 제도와 같은 원리다. 손쉽게 얻을 수 있는 무료 데이터 세트를 다운로드해서 p-해킹을 통해 유의미해 보이는 결과를 도출한 후 이것을 마치 처음부터 그런 결과를 예상하고 가설을 세운 것처럼 논문으로 내려는 연구원들을 저지하는 장애물 역할을 하는 것이다. 그러나 게이트키퍼를 운영하는 것은 데이터가 저장되는 온라인 데이터베이스와 더불어 자금 지원이 필요한 일이다. 이런 이유로 인해 과학자들은 과거에 이런 시도를 충분히 하지 못했다. 이런 일은 자금 지원 기관이 더 잘 할 수 있는 분야다.
57. S. Herfst et al., 'Airborne Transmission of Influenza A/H5N1 Virus Between Ferrets', *Science* 336, no. 6088 (22 June 2012): pp. 1534-41; https://doi.org/10.1126/science.1213362
58. National Research Council et al., *Perspectives on Research with H5N1 Avian Influenza: Scientific Inquiry, Communication, Controversy: Summary of a Workshop* (Washington, D.C.: National Academies Press, 2013); https://doi.

org/10.17226/18255. Appendix B: Official Statements.

59. Daniel Stokols et al., (2008), 'The Science of Team Science', *American Journal of Preventive Medicine* 35, no. 2 (Aug. 2008): S77-89; https://doi.org/10.1016/j.amepre.2008.05.002

60. OPERA 그룹이 그런 팀들 중의 하나다. 빛보다 빠른 중성미자를 발견한 사람들은 그렇지 않았다.

61. For example, see the Psychiatric Genomics Consortium: https://www.med.unc.edu/pgc/

62. 이에 대한 논의는 다음을 참조하라. Peter M. Visscher et al., '10 Years of GWAS Discovery: Biology, Function, and Translation', *The American Journal of Human Genetics* 101, no. 1 (July 2017): pp. 5-22; https://doi.org/10.1016/j.ajhg.2017.06.005. 물론 유전학 연구는 항상 과도하고 근거 없는 과장의 대상이 돼왔다. Timothy Caulfield, 'Spinning the Genome: Why Science Hype Matters', *Perspectives in Biology and Medicine* 61, no. 4 (2018): pp. 560-71; https://doi.org/10.1353/pbm.2018.0065

63. '신경과학': http://enigma.ini.usc.edu/; 'cancer epidemiology': https://epi.grants.cancer.gov/InterLymph/; 'psychology': https://psysciacc.org/; 'translational medical research': http://www.dcn.ed.ac.uk/camarades/default.htm. 일부 연구자들은 '적대적 협업'을 시작했다. 이것은 과학에 있어서 조직적인 회의주의를 분명하게 드러내는 활동이다. 특정 과학적 이슈에 대해 다른 견해를 갖는 연구자들과 의도적으로 함께 일함으로써 자신들이 가질 수 있는 편향을 극복하려는 노력이다. 만약 양쪽 진영이 해당 이론을 테스트하는 합리적인 방법에 대해 합의하고 이 시험을 함께 진행한다면, 얻은 결과는 이 과정에 참여했던 모든 사람을 설득시킬 수 있을 것이다. 적대적 협업의 가장 좋은 사례는 초능력의 존재를 옹호하는 쪽과 의심하는 쪽이 협업해 진행한 실험이다. 이 실험은 누군가 자신의 뒤통수를 쳐다보고 있을 때 사람들이 이를 알아차릴 수 있는지를 테스트하는 것이었다. 실험 결과를 여기서 미리 공개하지는 않겠다. 한 번쯤 읽어볼 만한 가치가 있는 실험이기 때문이다. Marilyn Schlitz et al., 'Of Two Minds: Sceptic-Proponent Collaboration within Parapsychology', *British Journal of Psychology* 97, no. 3 (Aug. 2006): pp. 313-22; https://doi.org/10.1348/000712605X80704

64. https://www.usa.gov/government-works

65. https://www.coalition-s.org/
66. Holly Else, 'Radical Open-Access Plan Could Spell End to Journal Subscriptions', *Nature* 561, no. 7721 (Sept. 2018): pp. 17-18; https://doi.org/10.1038/d41586-018-06178-7. 모든 사람이 오픈 액세스 운동을 본능적으로 지지하는 것은 아니라는 점을 밝혀둬야 할 것 같다. 인공지능 연구자인 대니얼 알링톤은 오픈 액세스의 장점과 단점에 대해 훌륭하고 자세하게 논했다. Daniel Allington, 'On Open Access, and Why It's Not the Answer', *Daniel Allington*, 15 Oct. 2013; http://www.danielallington.net/2013/10/open-access-why-not-answer/
67. Randy Schekman, 'Scientific Research Shouldn't Sit behind a Paywall', *Scientific American*, 20 June 2019; https://blogs.scientificamerican.com/observations/scientific-research-shouldnt-sit-behind-a-paywall/. 나는 캘리포니아대학교와 엘스비어에 대해 언급하기로 마음먹었다. 이 글을 쓰고 있는 시점에 캘리포니아대학교와 엘스비어가 큰 분쟁에 휘말려 있었기 때문이다. 캘리포니아대학교는 엘스비어에 구독료 인하를 요청했으나 엘스비어는 이를 거절했다. 그러자 캘리포니아대학교는 엘스비어 구독을 취소하는 것으로 강력 대응했다. University of California Office of Scholarly Communication, 'UC and Elsevier', 20 March 2019; https://osc.universityofcalifornia.edu/uc-publisher-relationships/uc-and-elsevier/
68. 한 보고서에 의하면 과학출판사인 엘스비어는 적어도 수년간에 걸쳐 애플, 구글, 아마존보다 더 높은 영업 이익을 기록했다: Stephen Buranyi, 'Is the Staggeringly Profitable Business of Scientific Publishing Bad for Science?', *Guardian*, 27 June 2017; https://www.theguardian.com/science/2017/jun/27/profitable-business-scientific-publishing-bad-for-science. 과학 출판계에 있어서 엘스비어의 태도가 정말 말도 안 된다는 것이 2016년 드러났다. 엘스비어가 '온라인 동료 평가 시스템'이라는 아이디어를 특허 출원하면서였다. 이 특허는 전자 프런티어 재단Electronic Frontier Foundation이 2016년 8월 이 달의 바보 같은 특허로 선정했다. Daniel Nazer & Elliot Harmon, 'Stupid Patent of the Month: Elsevier Patents Online Peer Review', *Electronic Freedom Foundation*, 31 Aug. 2016; https://www.eff.org/deeplinks/2016/08/stupid-patent-month-elsevier-patents-online-peerreview. 엘스비어가 저지른 더 많은 죄에 대해서는 다음을 참조하라.

Tal Yarkoni, 'Why I Still Won't Review for or Publish with Elsevier & and Think You Shouldn't Either', *[Citation Needed]*, 12 Dec. 2016; https://www.talyarkoni.org/blog/2016/12/12/why-i-stillwont-review-for-or-publish-with-elsevier-and-think-you-shouldnt-either/

69. Buranyi, 'Is the Staggeringly Profitable ... Bad for Science?'
70. 엘스비어와는 매우 다르게 출판사 와일리[Wiley]는 새로운 출판 모델을 도입하는 문제에 대해 적극적인 관심을 보였다: Diana Kwon, 'As Elsevier Falters, Wiley Succeeds in Open-Access Deal Making', *Scientist*, 26 March 2019; https://www.the-scientist.com/news-opinion/as-elsevier-falters&wiley-succeeds-in-open-accessdeal-making-65664
71. 물리학 분야에서의 사전 인쇄물은 arXiv, (https://arxiv.org/)에서 찾아볼 수 있다. 이 사이트의 이름은 '아카이브[archive]'로 발음된다. X가 그리스 문자로는 카이[chi]이기 때문이다. 경제학 분야의 사전 인쇄물은 보통은 '작업 중인 논문'이라고 불리며 여러 곳에서 찾아볼 수 있는데, 그중 하나는 National Bureau of Economic Research(https://www.nber.org/papers.html)이다. 생물학 분야의 사전 인쇄물 메인 서버는 bioRxiv(https://www.biorxiv.org/)이고 의학 분야는 medRxiv(https://www.medrxiv.org)이다. 심리학 분야는 PsyArXiv(https://psyarxiv.com/)이다. 그 외 분야의 서버 리스트는 다음에서 찾아볼 수 있다. https://osf.io/preprints/. 생물학 분야에서 사전 인쇄가 얼마나 빨리 대세가 됐는지에 대해서는 다음을 보라. Richard J. Abdill & Jan Blekhman, 'Tracking the Popularity and Outcomes of All bioRxiv Preprints', *eLife* 8 (24 April 2019):e45133; https://doi.org/10.7554/eLife.45133. 여러분은 사전 인쇄물 서버가 어떻게 운영되는지 궁금할 것이다. 일부 서버들은 과학 기금에 의해 운영되고 있으나 다른 서버들은 보다 지속 가능한 운영 모델을 가지고 있다. 예를 들면 arXiv는 다양한 대학들과 협약을 맺고 초기 운영 자금을 일정 금액 낸 후 소속 연구원들이 얼마나 많은 사전 인쇄물을 다운로드하고 사용하는지에 따라 돈을 더 내게 하는 방식을 사용하고 있다(https://arxiv.org/about/ourmembers).
72. 각주 54에서 밝혔듯이, 일부 기득권 저널들이 동료 평가 과정을 공개하기 시작했다.
73. 이 아이디어의 다양한 버전에 대해서는 다음을 참조하라. Brian A. Nosek & Yoav Bar-Anan, 'Scientific Utopia: I. Opening Scientific Communication', *Psychological Inquiry* 23, no. 3 (July 2012): pp. 217-43; https://doi.

org/10.1080/10478 40X.2012.692215; and by Bodo M. Stern & Erin K. O'Shea, 'A Proposal for the Future of Scientific Publishing in the Life Sciences', *PLOS Biology* 17, no. 2 (12 Feb. 2019): e3000116; https://doi.org/10.1371/journal.pbio.3000116. Aliaksandr Birukou et al., 'Alternatives to Peer Review: Novel Approaches for Research Evaluation', *Frontiers in Computational Neuroscience* 5 (2011); https://doi.org/10.3389/fncom.2011.00056

74. 이 아이디어의 유망한 실증 사례는 '피어 커뮤니티 인Peer Community In(PCI)'다. 연구자들이 각자의 분야에서 미발표된 사전 인쇄물을 무료로 검토하고 추천하는 커뮤니티를 만드는 것이 목표이다. 이 글을 쓰고 있는 시점에 PCI에는 진화생물학, 생태학, 고생물학, 동물과학, 곤충학, 회로 신경과학 및 유전체학 분야의 동료 커뮤니티가 만들어져 있다; https://peercommunityin.org/

75. Stern & O'Shea ('A Proposal for the Future')는 저널들이 '재현 실험이 필요한 논문'이나 '의문스러운 주장을 포함하고 있는 논문'과 같은 식으로 이슈들을 분류해야 한다고 제안하고 있다.

76. 이러한 시스템과 위에서 살펴봤던 '등록 보고서' 제도를 결합하는 것이 어떨까 상상할 수 있을 것이다. 그렇게 되면 작성이 완료된 논문뿐만 아니라 연구 계획부터 사전 인쇄하고 평가할 수 있게 된다. 이때 오류 확인 알고리듬을 함께 사용할 수 있다. 이것은 오래된 저널에서뿐만 아니라 사전 인쇄물 서버에도 쉽게 적용할 수 있다.

77. 실제로 작은 규모로 무엇인가를 실험하고 있다. 이에 대해서는 다음 링크에서 설명하고 있다: https://asapbio.org/eisen-appraise

78. 대부분의 사전 인쇄물 서버들은 논문을 사전 스크린하고 있음을 밝혀둬야겠다. 악의적인 의도를 가진 사람들이나 괴짜 '독립 연구자'들이 최악의 말도 안 되는 논문을 올려놓는 것을 피하기 위해서다. 하지만 논문 전체에 대한 리뷰는 하고 있지 않다. 이에 소요되는 시간을 감안한다면 불가능한 일이기 때문이다.

79. Roland Fryer (2016), 'An Empirical Analysis of Racial Differences in Police Use of Force [Working Paper]', (Cambridge, MA: National Bureau of Economic Research, July 2016); https://doi.org/10.3386/w22399

80. 같은 책. p. 5.

81. Quoctrung Bui & Amanda Cox, 'Surprising New Evidence Shows Bias in Police Use of Force but Not in Shootings', *New York Times*, 11 July 2016; https://www.nytimes.com/2016/07/12/upshot/surprising-new-evidence-

shows-bias-inpolice-use-of-force-but-not-in-shootings.html
82. Larry Elder, 'Ignorance of Facts Fuels the Anti-Cop "Movement"', *RealClear Politics*, 14 July 2016; https://www.realclearpolitics.com/articles/2016/07/14/ignorance_of_facts_fuels_the_anti-cop_movement_131188.html
83. Uri Simonsohn, 'Teenagers in Bikinis: Interpreting Police-Shooting Data', *Data Colada*, 14 July 2016; http://datacolada.org/50
84. 이러한 사실은 23.8퍼센트의 수치를 보고한 바로 다음 줄에 언급됐다. 하지만 프라이어가 언론과 소통하는 과정에서는 나타나지 않았다. 프라이어의 연구에 대한 추가적인 비판은 경제학자들의 쓴 블로그에서 확인할 수 있다: Rajiv Sethi, 'Police Use of Force: Notes on a Study', 11 July 2016; https://rajivsethi.blogspot.com/2016/07/police-use-of-force-noteson-study.html; and Justin Feldman, 'Roland Fryer is Wrong: There is Racial Bias in Shootings by Police', 12 July 2016; https://scholar.harvard.edu/jfeldman/blog/roland-fryer-wrong-there-racial-bias-shootings-police
85. Roland Fryer, 'An Empirical Analysis of Racial Differences in Police Use of Force', *Journal of Political Economy* 127, no. 3 (June 2019): pp. 1210-61; https://doi.org/10.1086/701423
86. 사실 프라이어의 사전 인쇄물은 여러 명의 동료 경제학자들에 의해 검토됐었다. 단지 공식적으로 동료 검토 과정을 거치고 발표되지 않았을 뿐이다. Daniel Engber, 'Was This Study Even Peer-Reviewed?', *Slate*, 25 July 2016; https://slate.com/technology/2016/07/roland-fryers-research-on-racial-bias-in-policing-wasnt-peerreviewed-does-that-matter.html
87. https://www.biorxiv.org/content/early/recent(경고 문구는 임시적인 것임을 기억하라. 이 책이 출판되는 시점에는 변경되거나 없어질 수 있다).
88. Kai Kupferschmidt, 'Preprints Bring "Firehose" of Outbreak Data', *Science* 367, no. 6481 (28 Feb. 2020): pp. 963-64; https://doi.org/10.1126/science.367.6481.963
89. Erin McKiernan et al., 'The "Impact" of the Journal Impact Factor in the Review, Tenure, and Promotion Process', *Impact of Social Sciences*, 26 April 2019; https://blogs.lse.ac.uk/impactofsocialsciences/2019/04/26/the-impact-ofthe-journal-impact-factor-in-the-review-tenure-and-promotion-

process/

90. Jeffrey S. Flier (2019), 'Credit and Priority in Scientific Discovery: A Scientist's Perspective', *Perspectives in Biology and Medicine* 62, no. 2 (2019): pp. 189-215, https://doi.org/10.1353/pbm.2019.0010

91. 이것은 다른 분야에서는 매우 다를 수 있다. 수학과 그보다는 덜하지만 물리학 분야에서는 저자 리스트를 알파벳순으로 쓰고 있다. 물론 이러한 관행은 갈수록 드문 일이 되고 있긴 하다. Ludo Waltman, 'An Empirical Analysis of the Use of Alphabetical Authorship in Scientific Publishing', *Journal of Informetrics* 6, no. 4 (Oct. 2012): pp. 700-711; https://doi.org/10.1016/j.joi.2012.07.008

92. Smriti Mallapaty, 'Paper Authorship Goes Hyper', *Nature Index*, 30 Jan. 2018; https://www.natureindex.com/news-blog/paper-authorship-goes-hyper

93. Dan L. Longo & Jeffrey M. Drazen, 'Data Sharing', *New England Journal of Medicine* 374, no. 3 (21 Jan. 2016): p. 276-277; https://doi.org/10.1056/NEJMe1516564. 〈뉴잉글랜드 의학 저널New England Journal of Medicine〉의 편집자들은 기생 연구자들이 '원본 논문의 연구자들이 주장했던 것을 뒤집는 용도로 해당 데이터들을 사용'할지도 모른다고 (p.276) 초조해했다. 이는 스스로 모순임을 드러내는 문장이다. 하지만 이와 관련해 논의할 가치가 있는 우려도 있다. 만약 여러분이 데이터를 공개하고 그 데이터를 사용해 무엇을 할지에 대한 계획을 온라인에 게시한다면 다른 누군가가 이를 가로챌 수 있기 때문이다. 다른 과학자들이 여러분의 데이터를 이용해 분석을 진행하고 여러분에 앞서 서둘러 출판 프로세스를 밟을 수 있다. 혁신성에 과도한 초점이 맞춰져 있는 분야에서 누군가가 여러분을 앞질러 같은 내용의 논문을 발표해버린다면 과학자로서의 경력에는 치명적인 재앙이 될 수 있다. 하지만 얼마나 이런 일들이 자주 발생하는지는 분명하지 않고, 이와 관련해서 두 가지 정도의 요점을 지적할 수 있다. 첫 번째는, 민감한 상황에서는 사전 등록에 대해 엠바고를 걸 수 있다. 이를 통하면 여러분이 분석을 완료하고 난 이후에만 대중에게 공개가 된다. 하지만 가설을 등록한 시점에 대해서는 타임 스탬프가 찍히게 된다. 두 번째는, 물론 다른 사람들이 여러분보다 먼저 논문을 발표하는 것이 좌절감을 주기는 하겠지만 같은 데이터를 대상으로 다른 사람들이 같은 분석을 시도하는 것은 사실은 좋은 일이다. 두 개의 다른 버전의 분석 결과를 비교함으로써 실수나 간과점을 찾아낼 수 있을 것이기 때문이다. 이런 이유 때문에 적어도 한 저널(〈플로스 바이올로지PLOS Biology〉)은 논문 발표가 늦었던 연구자들도 논문을 제출할 수 있도록 하고 있

다. 공평한 출판의 기회를 제공하기 위해서다: *The PLOS Biology* Staff Editors, 'The Importance of Being Second', *PLOS Biology* 16, no. 1 (29 Jan. 2018): e2005203; https://doi.org/10.1371/journal.pbio.2005203
94. 일단의 연구자들이 T-지수라는 것을 제안했다. 이 지수는 공동 집필한 논문에 대해 해당 저자가 얼마나 기여했는지를 토대로 h-지수를 다시 계산한 것이다. 만약 저자가 대부분의 프로젝트를 끌고 가는 위치에 있었다면 T-지수는 높아질 것이고, 다른 연구자들을 도와주는 위치에 있었다면 낮은 점수를 받게 될 것이다. 하지만 이 계산법은 모든 사람이 각 논문에 대해 각자의 기여도가 얼마나 됐는지를 솔직하게 밝힌다는 전제하에 가능한 방법이다. 이것은 너무 낙관적인 가정이라고 할 수 있다. 또한 이런 지수 역시도 h-지수와 마찬가지로 여전히 조작될 수 있는 가능성이 있기 때문에 모든 관심을 이것에 기울여서는 안 된다. Mohammad Tariqur Rahman et al., 'The Need to Quantify Authors' Relative Intellectual Contributions in a Multi-Author Paper', *Journal of Informetrics* 11, no. 1. (Feb. 2017): pp. 275-281; https://doi.org/10.1016/j.joi.2017.01.002. H. W. Shen & A. L. Barab si, 'Collective Credit Allocation in Science', *Proceedings of the National Academy of Sciences* 111, no. 34 (26 Aug. 2014): pp. 12325-30; https://doi.org/10.1073/pnas.1401992111
95. 하나의 사례로 다음을 참조하라. David Moher et al., 'Assessing Scientists for Hiring, Promotion, and Tenure', *PLOS Biology* 16, no. 3 (29 Mar. 2018): e2004089; https://doi.org/10.1371/journal.pbio.2004089. 연구 평가 시스템에 대한 샌프란시스코 선언에서는 과학자들을 고용하고 연구 결과를 평가하는 데 있어서 조작 가능한 지표를 사용하는 것에 강하게 반대하고 있다. https://sfdora.org
96. Florian Naudet et al., 'Six Principles for Assessing Scientists for Hiring, Promotion, and Tenure', *Impact of Social Sciences*, 4 June 2018; https://blogs.lse.ac.uk/impactofsocialsciences/2018/06/04/six-principles-for-assessingscientists-for-hiring-promotion-and-tenure/
97. Scott O. Lilienfeld, 'Psychology's Replication Crisis and the Grant Culture: Righting the Ship', *Perspectives on Psychological Science* 12, no. 4 (July 2017): pp. 661-64; https://doi.org/10.1177/1745691616687745
98. John P. A. Ioannidis, 'Fund People Not Projects', Nature 477, no. 7366 (Sept. 2011): pp. 529-31; https://doi.org/10.1038/477529a and Emma Wilkinson, 'Wellcome Trust to Fund People Not Projects', *Lancet* 375, no. 9710 (Jan. 2010):

pp. 185-86; https://doi.org/10.1016/S0140-6736(10)60075-X

99. Ferris C. Fang & Arturo Casadevall, 'Research Funding: The Case for a Modified Lottery', *MBio* 7, no. 2 (4 May 2016): p. 5; https://doi.org/10.1128/mBio.00422-16

100. Ferris C. Fang et al., 'NIH Peer Review Percentile Scores Are Poorly Predictive of Grant Productivity', *eLife* 5 (16 Feb. 2016): e13323; https://doi.org/10.7554/eLife.13323

101. Kevin Gross & Carl T. Bergstrom, 'Contest Models Highlight Inherent Inefficiencies of Scientific Funding Competitions', ed. John P. A. Ioannidis, *PLOS Biology* 17, no. 1 (2 Jan. 2019): p.1, e3000065; https://doi.org/10.1371/journal.pbio.3000065

102. Dorothy Bishop, 'Luck of the Draw', *Nature Index*, 7 May 2018; https://www.natureindex.com/news-blog/luck-of-the-draw. See also Simine Vazire, 'Our Obsession with Eminence Warps Research', *Nature* 547, no. 7661 (July 2017): p. 7; https://doi.org/10.1038/547007a

103. See Paul Smaldino et al., 'Open Science and Modified Funding Lotteries Can Impede the Natural Selection of Bad Science', *Open Science Framework*, preprint (28 Jan. 2019); https://doi.org/10.31219/osf.io/zvkwq

104. 〈미국 정치학회 저널The American Journal of Political Science〉에서는 연구자들에게 데이터를 공유하도록 요구하고 있고, 동료 평가 과정을 통해 모든 논문들이 재현 가능한지를 명시적으로 검증하고 있다.

105. Nosek et al., 'Promoting an Open Science Culture'.

106. 또한 많은 저널들이 서명한 출판 윤리 위원회(COPE, Committee on Publication Ethics): https://publicationethics.org/guidance/Guidelines에서 제안하고 있는 가이드라인도 있다. 여기서는 과학자들의 위법 행위를 다루는 데 있어 최선의 가이드라인을 제공하고 있다. 문제는 편집자들이 이 지침을 실제로 따르도록 하는 데 있다.

107. 보도 자료에 경고 문구를 포함시키면 언론의 과학 보도 수준을 향상시킬 수 있다는 증거가 있다. 제6장에서 다뤘던 대로 연구자들이 무작위 통제 실험 조건하에 보도 자료 내용을 조작했을 때, '이 주장들은 인과관계가 아니라 상관관계'라는 취지의 문장을 보도 자료에 삽입했을 때는 20퍼센트의 뉴스 기사들이 이 문장을 보도에

포함시켰음을 발견했다. 이런 문구를 삽입하지 않았을 때는 아무도 그런 보도를 하지 않았다. 그리고 보도 자료에 이러한 종류의 주의사항을 삽입할 경우 기자들의 관심이 줄어들 것이라고 걱정하지 않아도 된다. 같은 연구에서는 더 주의 깊게 작성된 보도 자료(과장이 적은 보도 자료)를 배포한다고 해서 뉴스기사로 바뀔 가능성이 낮아진다는 어떠한 증거도 발견하지 못했기 때문이다. 그 외 여러 편의 보도 자료 관련 연구에서도 같은 결론에 이르렀다. Rachel Adams et al., 'Claims of Causality in Health News'. See also Petroc Sumner et al., 'Exaggerations and Caveats in Press Releases and Health-Related Science News', *PLOS ONE* 11, no. 12 (15 Dec. 2016): e0168217; https://doi.org/10.1371/journal.pone.0168217. And Lewis Bott et al., 'Caveats in Science-Based News Stories Communicate Caution without Lowering Interest', *Journal of Experimental Psychology: Applied* 25, no. 4 (Dec. 2019): pp. 517-42; https://doi.org/10.1037/xap0000232. 빛보다 빠른 중성미자 사례의 경우 조심스럽게 작성된 보도 자료가 좀 더 객관적인 뉴스 보도를 이끌어냈음을 목격한 바 있다.

108. Leonid Tiokhin et al., 'Honest Signaling in Academic Publishing', *Open Science Framework*, preprint (13 June 2019); https://doi.org/10.31219/osf.io/gyeh8

109. 예를 들면 〈심리 과학〉 저널에 게재된 다음 사설을 참조하라. Eric Eich, 'Business Not as Usual', *Psychological Science* 25, no. 1 (Jan. 2014): pp. 3-6; https://doi.org/10.1177/0956797613512465

110. Marcus Munafò, 'Raising Research Quality Will Require Collective Action', *Nature* 576, no. 7786 (10 Dec. 2019): p. 183 https://doi.org/10.1038/d41586-019-03750-7. 유사한 사례가 네덜란드의 오픈 사이언스 커뮤니티 운동Open Science Communities initiatives (https://osf.io/vz2sy/)과 LMU 뮌헨의 오픈 사이언스 센터다(https://www.osc.uni-muenchen.de/index.html). 성공적인 또 다른 풀뿌리 운동이 리프로듀서빌리티ReproducibiliTea다. 여기서는 연구원 경력을 가지고 있는 사람들이 오픈 사이언스와 관련된 이슈들에 대해 토론할 수 있는 '저널 클럽' 미팅을 개최하고 있다: https://reproducibilitea.org/

111. Tom E. Hardwicke et al., 'Calibrating the Scientific Ecosystem Through Meta-Research', *Annual Review of Statistics and Its Application* 7, no. 1 (7 March 2020); https://doi.org/10.1146/annurev-statistics-031219-041104

112. 물론 이 경우에 상황이 과도하게 진행될 수 있다. 우리가 앞에서 살펴본 에이미 커

디 사례의 경우 연관된 과학이 얼마나 형편없는지와는 무관하게 온라인에서 이루어진 논쟁은 지나친 집단 따돌림과 함께 거의 그런 상황을 고소하게 여기는 분위기였다. Susan Dominus, 'When the Revolution Came for Amy Cuddy', *New York Times*, 18 Oct. 2017; https://www.nytimes.com/2017/10/18/magazine/when-the-revolution-came-for-amy-cuddy.html. 여기서 집단 따돌림 문제를 제기하는 것은 이 책의 범위를 벗어나는 것이기는 하나, 여전히 언급할 만한 가치가 있는 이슈다. 과학계에서 개혁이 필요한 또 다른 문제는 바로 권력 문화다. 학계에는 지위를 남용해 학생들이나 다른 연구자들을 따돌림시키고, 괴롭히고, 심지어 성적으로 공격하는 사례가 너무도 많이 (물론 단 한 건만 있어도 안 되는 일이긴 하다) 존재한다. 최근 심리학계에서 일어난 두 건의 사건이 이러한 암울한 현실을 대변하고 있다. 사회 신경과학자 타니아 싱어는 2018년 라이프치히 막스 플랑크 연구소의 인간 인지학 및 두뇌 과학 연구소 임원직에서 물러났다. 그녀가 수년간 그녀의 연구팀을 악의적으로 괴롭혔다는 혐의가 제기됐기 때문이다. 예를 들면 그녀는 박사 후 연구원이 임신을 했다는 사실을 알고 소리를 질렀다고 전해졌다. 그녀가 임신 휴가를 떠날 경우 싱어의 연구가 중단될 위기에 처해 있었기 때문이다. 이 상황이 아이러니한 것은 싱어의 주요 연구 관심사가 인간의 공감 능력에 대한 것이었기 때문이다(Kai Kupferschmidt, 'She's the World's Top Empathy Researcher. But Colleagues Say She Bullied and Intimidated Them', *Science*, 8 Aug. 2018; https://doi.org/10.1126/science.aav0199). 또한 다트머스대학교에서는 세 명의 심리학과 교수(토드 헤더톤, 윌리엄 켈리, 폴 웰런)가 교수직에서 해임되고 캠퍼스 출입이 금지됐다. 그들이 16년간 학생들을 괴롭히고, 성폭행과 심지어 강간까지 저질렀다는 사실을 9명의 여성들이 고발했기 때문이다. The Dartmouth Senior Staff, 'New Allegations of Sexual Assault Made in Ongoing Lawsuit against Dartmouth', *The Dartmouth*, 2 May 2019; https://www.thedartmouth.com/article/2019/05/new-allegations-of-sexual-assault-made-inongoing-lawsuit-against-dartmouth

113. Brian Nosek, 'Strategy for Culture Change', *Center for Open Science*, 11 July 2019; https://cos.io/blog/strategy-culture-change/
114. Florian Markowetz, 'Five Selfish Reasons to Work Reproducibly', *Genome Biology* 16:274 (Dec. 2015); https://doi.org/10.1186/s13059-015-0850-7
115. William Robin, 'How a Somber Symphony Sold More Than a Million Records', *New York Times*, 9 June 2017; https://www.nytimes.com/2017/06/09/

arts/music/how-a-somber-symphony-sold-more-than-a-million-records.html. 크시슈토프 펜데레츠키가 지휘하는 폴란드 국립 라디오 심포니 오케스트라의 앨범이 2019년에 도미노 레코딩 사에서 출시됐다: https://open.spotify.com/album/6r4bpBHOQzQ8oJoYmzmKZK

116. Luke B. Howard, 'Henry M. Górecki's Symphony No. 3 (1976) As A Symbol of Polish Political History', *Polish Review* 52, no. 2 (2007): pp. 215-22; https://www.jstor.org/stable/25779666

117. 이러한 구분은 진화생물학에서의 오래된 논쟁을 떠올리게 한다. 그것은 진화가 꾸준하고 점진적으로 발생하는지('점진론') 혹은 보통은 잠잠하다가 갑자기 새로운 종의 출현에 폭발적 증가가 일어나는 것이 반복되는지('단속적 평형론')에 대한 논쟁이다. Kim Sterelny, *Dawkins vs. Gould: Survival of the Fittest* (Thriplow: Icon Books, 2007).

118. 우리가 이 책에서 다뤘던 모든 문제들을 바로잡고 나면, 더 큰 걱정거리로 관심을 옮겨야 한다. 궁극적으로, 우리는 과학적 발견이 세상을 설명하고 미래를 예측하는 강력한 이론으로 발전되기를 원한다. Michael Muthukrishna & Joseph Henrich, 'A Problem in Theory', *Nature Human Behaviour* 3, no. 3 (Mar. 2019): pp. 221-29; https://doi.org/10.1038/s41562-018-0522-1. 하지만 어떤 과학적 발견도 재현 실험에서 산산조각이 날 수 있는 세상에서, 너무 복잡한 이론은 우리를 완전히 잘못된 길로 이끌고 갈 수 있다. Ian J. Deary, Looking Down on Human Intelligence: From Psychometrics to the Brain, *Oxford Psychology Series*, no. 34 (Oxford: Oxford University Press, 2000), particularly pp. 108-109. 이론 구축보다 우리가 더 이루고자 원하는 현실적인 목표는 삼각측지다. 많은 다른 각도에서부터 접근해 하나의 해답에 이르는 것을 말한다. 다양한 가정하에 다양한 종류의 연구를 진행했을 때 이것들이 모두 하나의 답으로 수렴되는지를 확인하는 것이다. Marcus R. Munafò & George Davey Smith, 'Robust Research Needs Many Lines of Evidence', *Nature* 553, no. 7689 (25 Jan. 2018): pp. 399-401; https://doi.org/10.1038/d41586-018-01023-3; and Debbie A. Lawlor et al., 'Triangulationin Aetiological Epidemiology', *International Journal of Epidemiology* 45, no. 6 (20 Jan. 2017): pp. 1866-86; https://doi.org/10.1093/ije/dyw314. 삼각측지의 역사적 사례는 다음을 참조하라. George Davey Smith, 'Smoking and Lung Cancer: Causality, Cornfield and an Early Observational Meta-Analysis',

International Journal of Epidemiology 38, no. 5 (1 Oct. 2009): pp. 1169-71; https://doi.org/10.1093/ije/dyp317. 하지만 개별 연구 결과 자체를 신뢰할 수 없다면 이것들을 삼각측지에 사용한다는 것은 애초부터 가망 없는 일이다.

119. 고전적 사례는 초록 형광 단백질(GFP, green fluorescent protein)의 발견이다. 이 단백질은 자외선을 받으면 밝게 빛나는데, 세포 내에 특정 단백질이 있는지에 대한 지표나 태그로서 현재 생물학 분야에서는 일상적으로 사용되고 있는 것이다. 이 발견은 우리의 생물학적 지식을 넓히는 데 있어서 엄청나게 중요한 발전이라고 할 수 있다. 이 발견으로 인해 모든 새로운 종류의 연구들이 이어졌으나 그 출발은 매우 평범했다: 시모무라 오사무(2008년 GFP의 발견으로 노벨 화학상을 공동 수상했음)는 이 단백질을 1960년대에 자체 발광 해파리의 단백질을 정제하는 과정에서 발견했다. 이 프로젝트는 거의 희망이 없다고 포기했던 프로젝트였다. Osamu Shimomura, 'Biographical: NobelPrize.org', Nobel Media (2008); https://www.nobelprize.org/prizes/chemistry/2008/shimomura/biographical/. 비현실적이었던 연구가 결국은 예상치 못한 중대한 진보로 이어진 다른 사례들은 다음을 참조하라. Jay Bhattacharya & Mikko Packalen, 'Stagnation and Scientific Incentives', *National Bureau of Economic Research Working Paper* no. 26752 (Feb. 2020); https://doi.org/10.3386/w26752
120. Bhattacharya & Packalen, 'Stagnation and Scientific Incentives'.
121. Michèle B. Nuijten et al., 'Practical Tools and Strategies for Researchers to Increase Replicability', *Developmental Medicine & Child Neurology* 61, no. 5 (Oct. 2018): pp. 535-39; https://doi.org/10.1111/dmcn.14054
122. See e.g. Daniele Fanelli, 'Opinion: Is Science Really Facing a Reproducibility Crisis, and Do We Need It To?', *Proceedings of the National Academy of Sciences* 115, no. 11 (13 Mar. 2018): pp. 2628-31; https://doi.org/10.1073/pnas.1708272114

에필로그

1. https://eventhorizontelescope.org
2 '심각한 면역 질환': Ewelia Mamcarz et al., 'Lentiviral Gene Therapy Combined

with Low-Dose Busulfan in Infants with SCID-X1', *New England Journal of Medicine* 380, no. 16 (18 April 2019): pp. 1525-34; https://doi.org/10.1056/NEJMoa1815408; 'cystic fibrosis': Francis S. Collins, 'Realizing the Dream of Molecularly Targeted Therapies for Cystic Fibrosis', *New England Journal of Medicine* 381, no. 19 (7 Nov. 2019): pp. 1863-65; https://doi.org/10.1056/NEJMe1911602

3. Alison J. Rodger et al., 'Risk of HIV Transmission through Condomless Sex in Serodifferent Gay Couples with the HIV-Positive Partner Taking Suppressive Antiretroviral Therapy (PARTNER): Final Results of a Multicentre, Prospective, Observational Study', *Lancet* 393, no. 10189 (June 2019): pp. 2428-38; https://doi.org/10.1016/S0140-6736(19)30418-0
4. Kazuya Tsurumoto et al., 'Quantum Teleportation-Based State Transfer of Photon Polarization into a Carbon Spin in Diamond', *Communications Physics* 2, no. 1 (Dec. 2019): 74; https://doi.org/10.1038/s42005-019-0158-0
5. Yuqian Ma et al., 'Mammalian Near-Infrared Image Vision through Injectable and Self-Powered Retinal Nanoantennae', *Cell* 177, no. 2 (April 2019): pp. 243-55; https://doi.org/10.1016/j.cell.2019.01.038
6. Elizabeth A. Handley, 'Findings of Research Misconduct', *Federal Register* 84, no. 216 (7 Nov. 2019): pp. 60097-98; https://ori.hhs.gov/sites/default/files/2019-11/2019-24291.pdf. For background, see Alison McCook, '$200M Research Mis - conduct Case against Duke Moving Forward, as Judge Denies Motion to Dismiss', *Retraction Watch*, 28 April 2017; https://retractionwatch.com/2017/04/28/200mresearch-misconduct-case-duke-moving-forward-judge-denies-motion-dismiss/
7. Ian Sample, 'Top Geneticist "Should Resign" Over His Team's Laboratory Fraud', *Guardian*, 1 Feb. 2020; https://www.theguardian.com/education/2020/feb/01/david-latchman-geneticist-should-resign-over-his-team-science-fraud
8. 원본 논문: D. R. Oxley et al., 'Political Attitudes Vary with Physiological Traits', *Science* 321, no. 5896 (19 Sept. 2008): pp. 1667-70; https://doi.org/10.1126/science.1157627. 재현 연구 논문의 저자들은 스토리를 다시 썼

다: Kevin Arceneaux et al., 'We Tried to Publish a Replication of a Science Paper in Science. The Journal Refused', *Slate*, 20 June 2019; https://slate.com/technology/2019/06/science-replication-conservatives-liberals-reacting-to-threats.html. 그들의 재현 연구는 결국 다음과 같이 출판됐다. Bert N. Bakker et al., 'Conservatives and Liberals Have Similar Physiological Responses to Threats', *Nature Human Behaviour* (10 Feb. 2020); https://doi.org/10.1038/s41562-020-0823-z

9. Dalmeet Singh Chawla, 'Russian Journals Retract More than 800 Papers after "Bombshell" Investigation', *Science*, 8 Jan. 2020; https://doi.org/10.1126/science.aba8099
10. Richard Van Noorden, 'Highly Cited Researcher Banned from Journal Board for Citation Abuse', *Nature* 578, no. 7794 (Feb. 2020): pp. 200-201; https://doi.org/10.1038/d41586-020-00335-7
11. Drummond Rennie, 'Guarding the Guardians: A Conference on Editorial Peer Review', *JAMA* 256, no. 17 (7 Nov. 1986): p. 2391; https://doi.org/10.1001/jama.1986.03380170107031
12. Charles Babbage, *Reflections on the Decline of Science in England, and on Some of Its Causes* (London: B. Fellowes, 1830); https://www.gutenberg.org/files/1216/1216-h/1216-h.htm
13. *International Biographical Dictionary of Computer Pioneers*, ed. John A.N. Lee (Chicago, Ill.: Fitzroy Dearborn, 1995).
14. Simon Chaplin et al., 'Wellcome Trust Global Monitor 2018', *Wellcome Trust*, 19 June 2019; https://wellcome.ac.uk/reports/wellcome-global-monitor/2018, Chapter 3.
15. Ipsos MORI에서 실시한 과학에 대한 신뢰도 조사에서 영국 사람들이 과학자를 신뢰하는 비율은 2018년에 85퍼센트에 이르는 것으로 나타났다. 이것은 1997년 처음 설문 조사가 실시된 이래로 22퍼센트가 상승한 수치다. Gideon Skinner & Michael Clemence, 'Ipsos MORI Veracity Index 2018', Ipsos MORI, Nov. 2018; https://www.ipsos.com/sites/default/files/ct/news/documents/2018-11/veracity_index_2018_v1_161118_public.pdf
16. 특별히 심리학 분야의 사례를 보려면 다음을 참조하라. Farid Anvari and Daniël

Lakens, 'The Replicability Crisis and Public Trust in Psychological Science', *Comprehensive Results in Social Psychology* 3, no. 3 (2 Sept. 2018): pp. 266-86; https://doi.org/10.1080/23743603.2019.1684822. 과학계에 재현 위기가 존재한다는 사실을 분명히 알려줬을 때 사람들이 어떻게 반응하는지에 대한 또 다른 연구가 있었다. 연구 결과 단지 17퍼센트의 사람들만이 그 이유 때문에 과학을 신뢰하지 않는다고 답했다. Markus Wei kopf et al., 'Wissenschaftsbarometer 2018', Wissenschaft im *Dialog*, 2018; https://www.wissenschaft-im-dialog.de/fileadmin/user_upload/Projekte/Wissenschaftsbarometer/Dokumente_18/Downloads_allgemein/Broschuere_Wissenschaftsbarometer2018_Web.pdf [German].

17. 적어도 내가 아는 한, 원래 존 다이아몬드가 한 말이었다. Nick Jeffery, '"There Is No Such Thing as Alternative Medicine"', *Journal of Small Animal Practice* 56, no. 12 (Dec. 2015): pp. 687-88; https://doi.org/10.1111/jsap.12427

18. Alex Csiszar, *The Scientific Journal: Authorship and the Politics of Knowledge in the Nineteenth Century* (Chicago: University of Chicago Press, 2018), pp. 262-3.

19. Ben Guarino, 'USDA Orders Scientists to Say Published Research Is "Preliminary"', *Washington Post*, 19 April 2019; https://www.washingtonpost.com/science/2019/04/19/usda-orders-scientists-say-published-research-is-preliminary/. 미 행정부는 또한 정치적인 목적의 일종의 역광고에 관여했다는 비난을 받아왔다. 미국 농무부 과학자들의 연구 결과가 기후변화의 위험성을 강조하는 것으로 나타날 경우 일반적으로 적용되던 표준적인 연구 발표 정책을 포기했기 때문이다. Helena Bottemiller Evich, 'Agriculture Department Buries Studies Showing Dangers of Climate Change', *Politico*, 23 June 2019; https://www.politico.com/story/2019/06/23/agriculture-department-climate-change-1376413

20. Ben Guarino, 'After Outcry, USDA Will No Longer Require Scientists to Label Research "Preliminary"', *Washington Post*, 10 May 2019; https://www.washingtonpost.com/science/2019/05/10/after-outcry-usda-will-no-longer-require-scientists-label-researchpreliminary/

21. Adam Marcus & Ivan Oransky, 'Trump Gets Something Right about Science, Even If for the Wrong Reasons', *Washington Post*, 1 May 2019; https://www.

washingtonpost.com/opinions/2019/05/01/trump-gets-something-right-aboutscience-even-if-wrong-reasons/

22. '트로핌 리센코': a good brief account is given in John Grant, *Corrupted Science: Fraud, Ideology and Politics in Science* (London: Facts, Figures & Fun, 2007). 'Stalin's USSR and Mao's China': https://www.theatlantic.com/science/archive/2017/12/trofim-lysenko-soviet-union-russia/548786/. 러시아에서 최근에 리센코의 주장이 인기를 얻고 있다는 불편한 진실에 대해 다음을 참조하라. Edouard I. Kolchinsky et al., 'Russia's New Lysenkoism', *Current Biology* 27, no. 19 (Oct. 2017): R1042-47; https://doi.org/10.1016/j.cub.2017.07.045

23. '창조론': Gayatri Devi, 'Creationism Isn't Just an Ideology & It's a Weapon of Political Control', *Guardian*, 22 Nov. 2015; https://www.theguardian.com/commentisfree/2015/nov/22/creationism-isnt-just-an-ideology-its-a-weapon-ofpolitical-control; '백신': 아이러니하게도 이탈리아에서 가장 강력하게 백신접종 거부를 주장하던 정치인 중 하나가 2019년 수두에 걸려 병원에 입원하는 일이 일어났다: Tom Kington, 'Italian "Anti-Vax" Advocate Massimiliano Fedriga Catches Chickenpox', *The Times*, 20 March 2019; https://www.thetimes.co.uk/article/massimiliano-fedriga-no-vax-advocate-catches-chickenpox-cbnpkdbh6; 'HIV와 에이즈': Pride Chigwedere et al., 'Estimating the Lost Benefits of Antiretroviral Drug Use in South Africa', *JAIDS* 49, no. 4 (Dec. 2008): pp. 410-15; https://doi.org/10.1097/QAI.0b013e31818a6cd5; '줄기세포 기술': Sohini C, 'Bowel Cleanse for Better DNA: The Nonsense Science of Modi's India', *South China Morning Post*, 13 Jan. 2019; https://www.scmp.com/week-asia/society/article/2181752/bowel-cleanse-better-dna-nonsense-science-modis-india

24. '깨끗하고 친환경적인': Scottish National Party, 'Why Have the Scottish Government Banned GM Crops?', n.d.; https://www.snp.org/policies/pb-why-have-the-scottish-government-banned-gm-crops/; '값싼 포퓰리즘': Euan McColm, 'Ban on GM crops is embarrassing', The Scotsman, 18 Aug. 2015; https://www.scotsman.com/news/opinion/euan-mccolm-ban-on-gm-crops-is-embarrassing-1-3862228; '극히 우려되는': Erik Stokstad, 'Scientists Protest Scotland's Ban of GM Crops', Science, 17 Aug. 2015;

https://doi.org/10.1126/science.aad1632

25. Émile Zola, Proudhon et Courbet I, quoted and translated in Dorra, *Symbolist Art Theories: A Critical Anthology* (Berkeley: University of California Press, 1994).

부록

1. Daniel S. Himmelstein, 'Sci-Hub Provides Access to Nearly All Scholarly Literature', *eLife* 7 (1 Mar. 2018): e32822; https://doi.org/10.7554/eLife.32822
2. 미끼 저널의 온라인 리스트는 다음에서 찾아볼 수 있다. https://beallslist.weebly.com/
3. 임상 실험 분야에서 많은 국가와 지역의 실험 등록소는 다음 URL에서 찾아 볼 수 있다. https://www.hhs.gov/ohrp/international/clinical-trialregistries/index.html. 다른 분야의 경우 다음 웹사이트를 살펴보라. https://arxiv.org/, https://www.biorxiv.org/ and https://osf.io/. 사전 등록된 많은 논문들이 링크를 통해 연결될 것이다. 임상 실험의 경우 여러분이 쓸 수 있는 등록 ID 번호가 표시돼 있다.
4. 이것은 종종 발표된 논문의 마지막 섹션에 있다. 또한 일부 저널에서는 오픈 데이터, 오픈 메소드 또는 사전 등록된 논문의 경우 컬러풀한 '배지'를 달아 표시하고 있다. 이러한 저널 목록은 다음에서 확인할 수 있다. https://cos.io/our-services/open-science-badges/
5. 이 아이디어는 내 친구 살로니 다타니가 낸 것이다.
6. 구글 학술검색에서는 'cited by' 기능을 각 논문의 아래에 배치함으로써 이런 목적을 달성하도록 하고 있다.
7. https://www.sciencemediacentre.org/; 다른 나라에도 사이언스 미디어 센터가 존재한다. 독일 버전은 다음을 참조하라: https://www.sciencemediacenter.de/. 더 자세한 내용은 다음을 참조하라. Ewan Callaway, 'Science Media: Centre of Attention', *Nature* 499, no. 7457 (July 2013): pp. 142-44; https://doi.org/10.1038/499142a
8. https://pubpeer.com/
9. 한 가지 팁은 저널 논문의 URL을 트위터의 검색 창에 붙여넣기만 하면 된다. 이렇게 하면 저널 논문에 링크된 모든 트윗과 피드백된 의견을 볼 수 있다. 많은 과학자들이

기존의 방식에서 벗어나 그들 분야의 논문을 트위터에서 접근 가능한 방법으로 비평하기 위해 노력하고 있다. 이런 비평 정보들은 아직 일반 대중들에게는 충분히 활용되고 있지 못하다.

10. 논문이 어떻게 인용되는지에 대해 더 나은 통찰력을 얻을 수 있도록 도와주는 사이트[scite]라고 하는 흥미로운 새로운 도구가 나타났다(https://scite.ai/). 여기에 사용된 알고리듬은 실제 과학자의 판단을 근거로 훈련됐다. 논문의 본문에서 특정 연구를 인용할 때의 맥락을 분석하는 것이다. '뒷받침하는' '상반되는' 혹은 단순히 '언급하는' 중 어떤 표현을 사용했는지를 파악하는 것이다. 물론 알고리듬이 아직 개발 중이고 완벽한 기능을 발휘하고 있지는 못하지만, 인용하는 논문에 실린 해당 연구와 관련된 요약 텍스트를 제공함으로써 독자들이 스스로 판단할 수 있게끔 하고 있다. 이는 과학자들의 삶을 더 편하게 만들고 실수를 방지하는 목적으로 끊임없이 등장하는 기술적 도구의 한 예에 불과하다.

찾아보기

ㄷ

ㄹ

ㅁ

ㅂ

ㅅ

ㅇ

ㅈ

ㅊ

ㅋ

ㅌ

ㅍ

ㅎ

기타

사이언스 픽션

초판 1쇄 인쇄 2022년 1월 10일
초판 1쇄 발행 2022년 1월 19일

지은이 스튜어트 리치
옮긴이 김종명
펴낸이 신경렬

편집장 유승현
기획편집부 최장욱 최혜빈 김정주
마케팅 장현기 **홍보** 박수진
디자인 박현경
경영기획 김정숙 김태희
제작 유수경

편집 김승규

펴낸곳 ㈜더난콘텐츠그룹
출판등록 2011년 6월 2일 제2011-000158호
주소 04043 서울시 마포구 양화로 12길 16, 7층(서교동, 더난빌딩)
전화 (02)325-2525 | **팩스** (02)325-9007
이메일 book@thenanbiz.com | **홈페이지** www.thenanbiz.com
ISBN 978-89-8405-590-2 03400

SCIENCE
FICTIONS